2020年中国水稻产业发展报告

中国水稻研究所　国家水稻产业技术研发中心　编

中国农业科学技术出版社

图书在版编目（CIP）数据

2020 年中国水稻产业发展报告 / 中国水稻研究所，国家水稻产业技术研发中心编 . —北京：中国农业科学技术出版社，2020.11

ISBN 978 - 7 - 5116 - 5009 - 2

Ⅰ.①2… Ⅱ.①中…②国… Ⅲ.①水稻-产业发展-研究报告-中国-2020 Ⅳ.①F326.11

中国版本图书馆 CIP 数据核字（2020）第 173967 号

责任编辑	崔改泵
责任校对	贾海霞

出 版 者	中国农业科学技术出版社 北京市中关村南大街 12 号　邮编：100081
电　　话	（010）82109194（出版中心）　（010）82109704（发行部） （010）82109709（读者服务部）
传　　真	（010）82106650
网　　址	http://www.castp.cn
经 销 者	各地新华书店
印 刷 者	北京科信印刷有限公司
开　　本	787mm×1 092mm　1/16
印　　张	18.75
字　　数	445 千字
版　　次	2020 年 11 月第 1 版　2020 年 11 月第 1 次印刷
定　　价	65.00 元

《2020 年中国水稻产业发展报告》
编委会

前　言

　　2019年，全国水稻种植面积44 541.0万亩，比2018年减少743.2万亩；亩产470.6kg，提高2.2kg，创历史新高；总产20 961.0万t，减产251.9万t。2019年，国家稻谷最低收购价保持不变，早籼稻、中晚籼稻和粳稻每50kg分别为120元、126元和130元；主产区早籼稻、中晚籼稻和粳稻收购量分别为599.9万t、2 852万t、2 753万t，同比减少178.8万t、84万t和649万t；投放最低收购价稻谷7 053.0万t，实际成交1 563.7万t，同比增长27.3%，成交率为22.2%，创近年新高。进口大米254.6万t，减少53.1万t；出口274.8万t，增加65.9万t，自2010年以来大米贸易再次实现净出口。国内稻米市场价格继续小幅下滑，2019年12月早籼稻、晚籼稻和粳稻的月平均收购价格分别为119.12元/50kg、125.70元/50kg和131.24元/50kg，分别比2018年同期下跌2.8%、4.1%和12.2%，粳稻市场跌幅较大。

　　2019年，世界稻谷产量7.32亿t，比2018年减产350多万t，减幅0.5%，仍为历史次高水平。主要原因是亚洲主产国印度、孟加拉国、巴基斯坦、泰国、越南等水稻生长期间气候条件总体有利，水稻生产形势较好。2019年，世界大米进口贸易量4 376.4万t，比2018年减少314.8万t；国际大米市场价格震荡下行，美国长粒米、印度25%破碎率大米、巴基斯坦25%破碎率大米全年平均价格分别为500.5美元/t、360.7美元/t和323.8美元/t，分别比2018年下跌5.8%、3.5%和10.1%。

　　2019年，水稻基础研究继续取得令人瞩目的进展。国内外科学家以水稻为研究对象，在 *Nature* 及其子刊、*Science*、*PNAS* 等国际顶尖学术期刊上发表了一批研究论文。具体情况如下。

　　Nature Communication 共发表8篇，分别是：南京农业大学万建民院士团队利用全基因组关联分析鉴定到一个氮高效基因 *OsNPF6.1*，该基因编码一个硝酸根转运因子；该研究为解析水稻氮素吸收和利用的遗传基础提供了帮助，并为培育高氮素利用率水稻新品种提供了新的基因资源。中国水稻研究所钱前院士团队应用籼稻品种9311和粳稻品种日本晴配组构建遗传材料，克隆了一个控制水稻氮素利用的基因 *OsNR2*，将籼稻 *OsNR2* 等位基因导入粳稻中，能够显著增加粳稻氮素利用效率，并增加有效分蘖，增加稻谷产量。

中国科学院上海植物生理生态研究所韩斌院士团队联合上海师范大学黄学辉教授团队开发了一套新的数量性状基因定位方法——GradedPool‑Seq，并应用 Guangzhan 63/Fuhui 67 衍生后代定位到一个控制水稻产量的基因 $GW3p6$。中国科学院遗传与发育生物学研究所李家洋院士团队研究发现赤霉素信号通路中的关键抑制因子 DELLA 蛋白 SLR1 可以与 MOC1 蛋白结合，通过抑制 MOC1 蛋白降解而促进分蘖伸长；赤霉素 GA 能够导致 SLR1 蛋白降解，进而无法抑制 MOC1 蛋白被降解，使得植株株高增加而分蘖减少。中国科学院植物研究所何振艳研究员团队应用全基因组关联分析鉴定出一个控制水稻籽粒镉元素积累的基因 $OsCd1$，为解析水稻镉积累遗传基础提供了帮助，也为培育低镉籼稻新品种提供了新的基因资源。扬州大学严长杰教授团队研究鉴定出一个控制稻米蛋白质含量的基因 $OsGluA2$，该基因编码一个谷蛋白前体，其正向调控稻米蛋白含量，并对多个稻米品质性状具有多效性，为解释籼粳亚种间稻米蛋白质含量变异提供了理论研究基础。中国科学院上海植物逆境中心朱健康研究员团队通过基因编辑对非编码小 RNA $miR156$ 基因家族进行了系统性研究，发现 $miR156$ 突变可以解除其对靶基因 IPA1 的抑制，进而抑制赤霉素途径并改变赤霉素通路基因表达，最终实现对水稻生长发育的调控。法国 Université de Perpignan Via Domitia 的 Olivier Panaud 教授团队开发了一款能够从大数据中检测转座元件插入多态性的软件 TRACKPOSON，应用前人公布的 3 000 份水稻遗传资源基因组测序结果，对反转录转座子家族进行了分析，共检测 50 000 个转座元件插入多态性位点。

　　Nature Plants 共发表 3 篇，分别是：中国科学院遗传与发育生物学研究所储成才研究员团队研究发现氮信号途径关键受体蛋白 NRT1.1B 可以与磷信号途径关键抑制因子 SPX4 结合，同时氮信号途径关键转录因子 NLP3 也受到 SPX4 调控，揭示了氮磷协同利用实现植物营养平衡的分子机制。南京农业大学杨东雷教授团队研究发现下调 $miR156$ 的表达或过表达 $miR156$ 的靶基因 IPA1 和 $OsSPL7$ 能够提高水稻白叶枯病抗性，miR156‑IPA1 是调控水稻生长与抗病的重要因子，并据此建立了一种培育高产抗病水稻新品种的育种策略；意大利 University of Milan 的 Fabio Fornara 教授团队通过转录组分析的手段，鉴定到一个在短日照条件下表达水平显著降低的转录因子 $PINE1$，能够降低茎生长对赤霉素的敏感性，揭示了水稻协调开花与赤霉素依赖型茎生长的调控网络。

　　Science 发表了 1 篇，日本埼玉大学 Yuzuru Tozawa 团队应用 BBC 抗性品种和敏感型品种杂交发展遗传材料，通过图位克隆鉴定到一个控制 β‑三酮类

除草剂 BBC 抗性的基因 *HIS*1。*HIS*1 基因编码一个 Fe（Ⅱ）/2-氧戊二酸依赖型加氧酶，其通过催化 β-三酮除草剂的羟基化作用来解毒。系谱分析发现，*HIS*1 除草剂抗性等位基因来源于籼稻品种 Peta，且主要存在籼稻中，粳稻主要携带除草剂敏感型等位基因。在拟南芥中过表达该基因，能够同时提高 BBC 和其他 3 种 β-三酮类除草剂抗性。该基因的发掘能够为培育抗除草剂水稻品种提供有利的基因资源。

PNAS 发表了 7 篇，分别是：中国科学院遗传与发育生物学研究所李家洋院士团队研究发现，独脚金内酯人工合成类似物 GR24 能够激活水稻细胞分裂素氧化酶/脱氢酶基因 *OsCKX*9 的表达。该研究揭示了独脚金内酯与细胞分裂素之间存在交互作用，独脚金内酯可通过其响应基因 *OsCKX*9 调控细胞分裂素水平，继而影响细胞分裂素下游信号通路来调控水稻株型发育。华中农业大学张启发院士团队以杂交稻汕优 63 及其亲本珍汕 97 和明恢 63 为材料，在 4 种不同生长条件下对 3 种水稻组织进行转录组测序，共检测到 3 270 个 ASE 基因，为杂种优势遗传和分子机理的解析提供了重要线索。中国科学院上海植物生理和生态研究所杨贞标研究员和薛红卫研究员团队研究发现 *OsRac*1 是水稻籽粒大小和产量的正向调控因子，过表达 *OsRac*1 可增大颖壳和提高灌浆速率，增加粒宽、提高粒重，最终提高产量；干涉或敲除 *OsRac*1 则造成相反效果。南京农业大学张正光教授团队研究发现，植株在受到稻瘟病菌入侵时，捕光复合体蛋白 LHCB5 可被磷酸化，使得叶绿体中电子大量积累，继而诱发活性氧积累，激活抗病相关基因，最终加强植株稻瘟病抗性，揭示了水稻利用光照调控自身免疫的分子机制。中国科学院遗传与发育生物学研究所储成才研究员团队鉴定到一个显性早熟位点 *Ef-cd*，*Ef-cd* 可以与水稻抽穗期基因 *OsSOC*1 上的靶位点反向互补，调控 *OsSOC*1 表达，影响 *OsSOC*1 的 H3K36 甲基化水平，促进水稻抽穗。我国台湾"中央研究院" Shih Ming-Che 团队研究发现，SUB1A-1 蛋白的 C 末端可以与 N 末端结合，防止 N 末端被降解。同时鉴定到另外两个 Ⅶ 型乙烯应答因子——*ERF*66 和 *ERF*67，它们可以被 *SUB1A-1* 激活。过表达 *ERF*66 或 *ERF*67 能够激活一系列厌氧生存基因，从而提高水稻耐淹能力。日本名古屋大学 Makoto Matsuoka 团队首先应用 169 个粳稻品种，对 8 个株型相关基因进行了主成分分析，发现第一主成分主要与茎长、穗长和穗数有关，第二主成分主要与抽穗期和穗数有关。进一步采用主成分为指标进行全基因组关联分析，鉴定到一个编码 SPINDLY 的基因 *OsSPY*。该基因能够通过激活赤霉素信号抑制蛋白 SLR1 抑制赤霉素通路，实现对水稻生长发育的调控。

在水稻栽培、植保、品质、加工等应用技术研究方面，水稻科技工作在稻田生态与环境调控机制研究、水稻弱势粒充实机理及调控途径研究、水稻绿色高质高效栽培理论等方面取得积极进展；水稻精量穴直播技术、杂交稻单本密植机插高产高效栽培技术、水稻叠盘出苗育秧技术等稻作新技术、新体系推广应用；机插同步侧深施肥、稻田培肥技术、水稻节水灌溉技术、防灾减灾等研究稳步推进；病虫害发生规律与预测预报技术、化学防治替代技术、化学防治技术、水稻与病虫害互作关系、水稻重要病虫害的抗药性及机理、水稻病虫害分子生物学等方面均取得了显著进展；以金龟子绿僵菌为主要代表的绿色生物农药，以结合香根草、螟虫性诱技术、赤眼蜂和低毒化学农药，以植保无人机为代表的高效施药技术等综合措施在水稻病虫害防控方面得到广泛应用；稻米品质的理化基础、生态环境对品质的影响及肥力、种植技术、交互因素等农艺措施对稻米品质的影响研究，以及水稻重金属积累的遗传调控研究、水稻重金属胁迫耐受机理研究、水稻重金属污染控制技术研究及稻米中重金属污染状况及风险评价等方面也取得积极进展；智能色选、糙谷净化、稻谷热风-真空联合干燥和矿物质元素指纹分析等许多新型稻米加工技术快速应用，稻谷副产品也获得了较大限度的综合利用。

2019 年，通过省级以上审定的水稻品种 1 325 个，比 2018 年增加 327 个，增幅达到 32.8%。其中，国家审定品种 373 个，增加 105 个；地方审定品种 952 个，增加 222 个；科研单位为第一完成单位的育成品种占 31.5%，下降 2.9 个百分点；种业公司育成的品种占 68.5%，育成品种比重继续增加。农业农村部确认宁粳 7 号、深两优 862 等 10 个品种（组合）为 2019 年超级稻品种，取消因推广面积未达要求的国稻 1 号、金优 299 等 9 个品种的超级稻冠名。全国杂交水稻和常规水稻制种面积 311 万亩，比 2018 年减少 29 万亩，其中杂交稻制种面积比 2018 年减少 18%，常规稻制种面积比 2018 年增长 1%。全年水稻种子出口量减少 13.7%，出口金额减少 9.4%。

根据农业农村部稻米及制品质量监督检验测试中心分析，2015 年以来我国稻米品质达标率持续回升，2019 年检测样品达标率达到 51.8%，比 2018 年上升了 8.2 个百分点。其中，籼稻达标率 53.5%，上升 10.1 个百分点；粳稻达标率 45.4%，下降 2.0 个百分点；整精米率、直链淀粉含量和碱消值的达标率分别比 2018 年上升了 13.1、1.6 和 1.4 个百分点，垩白度则下降了 0.2 个百分点。

本年度报告的前 5 章，由中国水稻研究所种质保存与评价、基因定位、稻作营养、转基因生态、基因资源挖掘研究室组织撰写，第六章和第十章均由农业农村部稻米及制品质量监督检验测试中心组织撰写，第七章由江南大学食品学院组织撰写，第九章由中国种子集团战略规划部组织撰写，其余章节在中粮集团大米部、全国农业技术推广服务中心粮食作物处等单位的热心支持下，由中国水稻研究所稻作发展研究室完成撰写。报告还引用了大量不同领域学者和专家的观点，在此表示衷心感谢！

　　囿于编者水平，疏漏及不足之处在所难免，敬请广大读者和专家批评指正。

编　者

2020 年 6 月

目　　录

上篇　2019 年中国水稻科技进展动态

第一章　水稻品种资源研究动态 ················· 3

　　第一节　国内水稻品种资源研究进展 ············· 3

　　第二节　国外水稻品种资源研究进展 ············· 9

　　参考文献 ································ 11

第二章　水稻遗传育种研究动态 ················· 15

　　第一节　国内水稻遗传育种研究进展 ············· 15

　　第二节　国外水稻遗传育种研究进展 ············· 26

　　参考文献 ································ 29

第三章　水稻栽培技术研究动态 ················· 33

　　第一节　国内水稻栽培技术研究进展 ············· 33

　　第二节　国外水稻栽培技术研究进展 ············· 39

　　参考文献 ································ 40

第四章　水稻植保技术研究动态 ················· 43

　　第一节　国内水稻植保技术研究进展 ············· 43

　　第二节　国外水稻植保技术研究进展 ············· 65

　　参考文献 ································ 68

第五章　水稻基因组编辑技术研究动态 ············· 84

　　第一节　基因组编辑技术在水稻中的研究进展 ········· 84

　　第二节　基因组编辑技术在水稻基因功能研究及育种上的应用 ··· 89

　　参考文献 ································ 95

第六章　稻米品质与质量安全研究动态 ············· 98

　　第一节　国内稻米品质研究进展 ··············· 98

第二节　国内稻米质量安全研究进展 ………………………………… 103

第三节　国外稻米品质与质量安全研究进展 …………………………… 109

参考文献 ……………………………………………………………………… 116

第七章　稻谷产后加工与综合利用研究动态 ……………………………… 121

第一节　国内稻谷产后加工与综合利用研究进展 …………………… 121

第二节　国外稻谷产后加工与综合利用研究进展 …………………… 145

参考文献 ……………………………………………………………………… 155

下篇　2019 年中国水稻生产、质量与贸易发展动态

第八章　中国水稻生产发展动态 …………………………………………… 173

第一节　国内水稻生产概况 ………………………………………… 173

第二节　世界水稻生产概况 ………………………………………… 189

第九章　中国水稻种业发展动态 …………………………………………… 195

第一节　国内水稻种业发展环境 …………………………………… 195

第二节　国内水稻种子生产动态 …………………………………… 197

第三节　国内水稻种子市场动态 …………………………………… 199

第四节　国内水稻种业企业发展动态 ……………………………… 201

第十章　中国稻米质量发展动态 …………………………………………… 207

第一节　国内稻米质量情况 ………………………………………… 207

第二节　国内稻米品质发展趋势 …………………………………… 216

第十一章　中国稻米市场与贸易动态 ……………………………………… 219

第一节　国内稻米市场与贸易概况 ………………………………… 219

第二节　国际稻米市场与贸易概况 ………………………………… 226

附表 ……………………………………………………………………………… 232

上篇

2019 年
中国水稻科技进展动态

第一章　水稻品种资源研究动态

2019 年，国内外科学家在水稻起源与驯化研究上取得新进展。沈阳农业大学陈温福院士研究团队应用生物大数据分析方法，揭示了亚洲高纬度杂草稻与粳型栽培稻的遗传趋异始于栽培稻驯化后的遗传改良，其杂草化的实质是基因组的半驯化（Sun et al，2019）。法国佩皮尼昂大学的 Olivier Panaud 研究团队通过对全球 3 000 份水稻核心种质重测序的大数据集分析，发现水稻起源于 3 个不同的驯化事件（Carpentier et al，2019）。中国农业大学孙传清教授课题组鉴定了一个控制水稻分蘖角度的基因 TIG1，在水稻驯化过程中，TIG1 基因启动子区的自然变异使水稻株型由倾斜生长转变为直立生长（Zhang W et al，2019）。中国科学院亚热带农业生态研究所、华中农业大学及湖南杂交水稻研究中心等合作，发现了 HAN1 基因的自然变异增加植物的抗寒特性（Mao et al，2019）。

第一节　国内水稻品种资源研究进展

一、栽培稻的起源与驯化

作物杂草化，尤其是杂草稻的起源与演化至今尚未破解。Sun 等（2019）测序组装了第一个高质量的杂草稻参考基因组（WR04－6），应用群体遗传学、演化场景推演、比较基因组学等生物大数据分析方法分析发现，高纬度杂草稻 WR04－6 基因组的驯化程度介于栽培稻日本晴与野生稻 w1943 之间，该研究揭示了亚洲高纬度杂草稻与粳型栽培稻的遗传趋异始于栽培稻驯化后的遗传改良，其杂草化的实质是基因组的半驯化，研究结果对发掘来源于杂草稻的优良适应性基因具有重要的应用价值。

种子落粒性的消失是作物驯化过程中的一个重要事件。Jiang 等（2019）通过诱变的野生水稻导入系群体鉴定到了一个落粒性丢失突变体 ssh1。通过 MutMap 的方法和遗传转化实验，分离出了一个控制籽粒脱落的遗传因子 SSH1，该基因是 SNB 的一个等位基因，SNB 基因第 9 个内含子 C/A 的点突变会改变该基因 mRNA 的可变剪切，并通过改变种子和花梗之间连接处离层和维管束的发育降低 ssh1 突变体中的种子落粒性。

Zhang 等（2019）发现一个控制粒长和芒长的基因 GLA，其编码 EFPL 家族成员，是 GAD1/RAE2 的新等位基因。单倍型和转基因分析发现，发生在 GLA 启动子区域的插入缺失（InDel1）影响籽粒的长度，而发生在编码区的插入缺失（InDel3）影响芒的长短或有无。最小生成树和基因渗入区显示一个对于芒形成非常重要的基因 An－1 会优先被驯化，并且 An－1 突变成 an－1 紧跟 GLA 和 An－2。随后，粳稻和籼稻群体之间发生了基因流。品质分析显示 GLA 导致了籽粒品质下降。在遗传改良过程中，籼稻芒少受到了选择，而粳稻中短籽、芒少与高品质一起受到了选择。

Chen 等（2019）回顾了水稻多样性的遗传和基因组研究的最新进展。近年来，解开稻属物种的遗传多样性的秘密，为水稻驯化，杂种优势和复杂性状的基因组学的研究提供了坚实的知识基础。对许多野生稻（*Oryza rufipogon*）和亚洲栽培稻（*Oryza sativa*）种质进行基因组测序和分析，现在可以确定水稻驯化的全基因组特征和解锁亚洲栽培稻的起源。此外，对非洲水稻（*Oryza glaberrima*）品种的基因组变异及其密切相关的野生祖先 *Oryza barthii* 种质的类似研究为支持非洲水稻独立驯化理论提供了有力证据。

为了进一步揭示水稻株型驯化的调控机制，Zhang W 等（2019）利用一个分蘖倾斜生长的野生稻渗入系，通过图位克隆，鉴定了一个控制水稻分蘖角度的基因 *TIG1*（Tiller Inclined Growth 1）。在水稻驯化过程中，*TIG1* 基因启动子区的自然变异使水稻株型由倾斜生长转变为直立生长。*TIG1* 基因的克隆不仅为揭示水稻分蘖角度的调控机制提供了重要线索，而且为深入阐释水稻驯化过程中株型演变的分子机理提供了新的认识。

Zheng 等（2019）从全基因组水平分析揭示了水稻驯化过程中复杂性状中非编码变异的作用。首次对栽培稻和野生稻非编码区的 lncRNAs 进行了深入的注释和描述。研究发现，水稻中大量与驯化相关的变化反映了由部分非转录蛋白质的基因组决定的性状选择。对 lncRNAs 的选择通过改变在淀粉合成和谷物色素沉着中起作用的基因的表达，促进了驯化水稻籽粒品质的变化。

Peng 等（2019）研究发现自然条件下一个活跃的反转录转座子 HUO（"活"），该转座子广泛存在于野生稻基因组中，部分存在于考古水稻样本和农家种中，但在现代栽培稻中丢失。研究揭示 HUO 通过表观遗传学途径影响基因组水平的功能基因，激活基因组的不稳定性/防卫反应。但由于 HUO 的存在不利于栽培稻高产稳产的需求，该转座子在水稻驯化和育种过程中被逐步选择性删除。该研究首次提出转座子元件也可以像功能基因一样，在物种驯化过程中被选择，拓展了人们对转座子功能和物种驯化机理的认识。

S1 是亚洲栽培稻和非洲栽培稻种间杂种不育一个最重要的基因座。马生健和刘耀光（2019）运用 PCR 方法，对 IRAT216 与 IRAT216S1 的 S1 基因进行了测序比对，发现 IRAT216 与'日本晴'的 S1 序列完全相同，但 IRAT216 与 IRAT216S1 的 S1 序列间存在多处变异。针对有效变异区对 S1 基因在分子水平上进行了进化调查，确定了 S1 在物种进化中的意义。该研究为 S1 基因在各物种中的分化变异、水稻在进化中地位划分和水稻的起源研究提供了理论参考。

稻作的起源与传播一直是学术界关注的热点。广东茶岭遗址是岭南地区新石器时代末期到商周时期的重要遗存。夏秀敏等（2019）综合植硅体、大植物遗存等证据，研究表明至少在距今 4 400 年前，茶岭先民已经开始种植以粳稻为主的栽培稻。研究人员对岭南地区的史前水稻遗存分析发现：新石器时代末期，栽培稻开始出现在岭南地区，分别在距今 5 000 年、4 500 年前后传入广东和广西地区，此后遍布粤北石峡文化各遗存中，并沿珠江进一步向岭南内陆和珠江三角洲地区扩散。

二、遗传多样性与资源评价

黄娟等（2019）利用 25 对 SSR 标记，对来自中国及 5 个亚洲国家（尼泊尔、老挝、缅甸、柬埔寨及越南）11 个居群的 280 份普通野生稻进行遗传多样性分析。结果表明：所有个体平均等位基因数为 17.32，有效等位基因数为 8.71，期望杂合度为 0.87，Shannon 指数为 2.34，基因流为 0.72，固定指数为 0.43。研究认为，加强收集亚洲各国的野生稻资源，充分分析其遗传多样性对推进我国水稻育种工作具有重要意义。

唐如玉等（2019）利用 25 对 SSR 标记对三峡库区的 81 份优异稻种资源进行了遗传多样性和群体结构分析。共检测到 56 个等位基因，有效等位基因数变异范围为 1.077～2.582，多态性信息量（PIC）为 0.069～0.539，Shannon 指数为 0.158～1.017，Nei's 基因多样性指数为 0.071～0.665。聚类分析、群体结构分析和主成分分析结果显示，供试材料可分为 2 个类群。

为了更加准确地了解水稻新品系的亲缘关系，林增顺等（2019）选用 20 对 SRAP 标记对 42 个水稻新品系进行了遗传多样性分析。结果表明，20 对引物扩增出 204 个等位位点，多态百分率为 66.2%；每对引物分别检测出等位基因变异数为 2～9 个，供试水稻新品系间的遗传差异系数为 0.02～0.29，聚类分析将供试品种聚为七大类群。

李小湘等（2019）采用 39 对 SSR 引物检测了江永野生稻居群在 1982 年、2008 年、2017 年的遗传多样性，采用 38 对 In Del 引物检测了江永野生稻居群在 1982 年、2008 年、2017 年的籼-粳基因频率。结果表明：在 1982 年取样保存在异位圃的 40 份样本的遗传多样性稍高于 2008 年、2017 年原位保护区样本的遗传多样性。通过聚类分析和主坐标分析，发现野生稻居群与 4 份栽培粳稻聚为一类，4 份栽培籼稻单独聚成一类，显示江永野生稻与粳稻的血缘近于籼稻。

张希瑞等（2019）利用 152 对 SSR 引物对吉林省 51 份不同年代水稻品种的遗传多样性水平和不同年代品种间的遗传关系进行了分析。结果表明，152 对 SSR 引物共检测到 648 个等位变异，观测等位基因数、基因多样性指数、多态性信息量和 Shannon 信息指数的均值分别为 4.2630、0.3654、0.5563 和 1.0422。基于遗传相似系数可以将供试品种划分为 2 个亚群，聚类结果与其育成年代基本相同。

王复标等（2019）利用 60 对 SSR 标记对 190 份水稻材料进行了遗传多样性分析与群体遗传结构分析，并进行了标记与农艺性状的关联分析。结果显示，190 份水稻材料的遗传相似系数（GS）变异范围为 0.62～0.97。按群体遗传结构可将供试材料分为 3 个亚群。该研究获得的 8 个农艺性状相关的分子标记可以作为辅助育种培育高产水稻品种的分子标记。

陈玲等（2019）利用 24 个在云南流行和国内外强致病白叶枯病菌系对云南 8 个居群（OF1～OF8）的 31 份药用野生稻材料进行接种鉴定，结果显示，31 份药用野生稻的抗菌率均在 50.0% 以上，其中 OF2－1 的抗菌率最高，为 100.0%。8 个居群中，以 OF5 和 OF7 的抗菌率最高，均为 100.0%。该研究表明，云南药用野生稻具有特异的优良抗白叶枯病基因，其在遗传研究和品种改良方面具有较大应用潜力。

李松等（2019）利用 18 对 SSR 核心引物分析了腾冲本地糯谷和推广种植的 20 份品种间的遗传多样性。结果表明：Nei's 多样性指数为 0.155～0.384，Shannon 指数为 0.280～0.567，SSR 多态性指数（PIC）平均值为 0.63，遗传相似系数平均 0.710。在遗传相似系数 0.70 处可将 20 个品种划分为 4 类。研究结果为腾冲市水稻种质改良和新品种选育提供了参考依据。

江川等（2019）对 45 份漳浦野生稻的 43 个表型性状进行遗传多样性、相关性和聚类分析，并采用田间病区诱发和室内接种鉴定两种方法进行苗期稻瘟病抗性鉴定评价。结果表明：漳浦野生稻具有丰富的遗传多样性，31 个质量性状和 12 个数量性状的遗传多样性指数范围分别为 0.24～1.43 和 1.83～2.09。聚类分析表明 45 份漳浦野生稻可聚为 5 个类群。共鉴定筛选出抗病材料 3 份，中抗材料 6 份。

孙现军等（2019）对来自国内外不同地区的 550 份水稻资源进行全生育期耐盐性鉴定。根据产量耐盐系数筛选了 121 份耐盐水稻资源（产量耐盐系数≥0.8），在 0.5% 盐胁迫持续处理 42d 后，筛选了 78 份耐盐水稻资源（耐盐表型为 3 级）。该研究筛选的耐盐水稻资源为培育耐盐新品种及深入研究耐盐机制提供材料。

唐力琼等（2019）通过对 502 份水稻种质资源进行鉴定评价，结果表明，单株有效穗数、穗粒数、千粒重等产量性状变幅和变异系数较大，说明各地区水稻资源产量具有较大差异；所有水稻种质资源均能正常抽穗，平均生育期为 118d；绝大部分资源株高为 90～120cm。部分香稻、陆稻种质资源及抗病性强的珍贵资源具有较大利用价值，对于突破水稻品种选育障碍具有重要意义。

刘业涛等（2019）从非洲地区收集的水稻种质资源进行耐热资源筛选。结果表明，品种'SDWG005'在不同温度下的耐热指数皆大于 0.9，耐热综合指数为 6.462，表现出极强的耐热性；品种'SDWG001'在不同温度下的耐热指数大于 0.5，耐热综合指数为 4.163，表现出强耐热性。该研究表明来源于非洲的水稻中可能存在宝贵的可用于育种的耐热资源和基因。

王彩芬等（2019）通过芽期、苗期、孕穗期、全生育期耐盐性鉴定，对宁夏水稻主栽品种的耐盐性进行了全面评价。结果表明：耐盐性强的主栽品种有宁粳 44 号、宁粳 48 号、宁粳 51 号、宁粳 52 号、宁粳 54 号，耐盐性较强的主栽品种有：宁粳 28 号、宁粳 41 号。该试验结果可为宁夏水稻生产提供指导。

Zhang 等（2019）为了提高重金属污染耕地的利用效率，2014—2016 年面向社会广泛征集双季稻品种 285 个，在湖南省重金属污染严重的长株潭区域及省内其他典型镉污染区，进行了镉低积累水稻品种筛选及验证试验，共筛选出应急性镉低积累水稻品种

25 个。大田验证试验表明，通过品种筛选、水分管理及酸度调整等栽培技术，基本能够保证稻米镉含量达到国家标准，保证粮食生产安全。

陈璋琦等（2019）以浙江省主栽的常规籼稻、常规粳稻、籼粳杂交稻各 3 个品种为材料，比较了标准发芽试验、耐旱性测定、耐涝性测定及模拟大田试验 4 种活力测定方法。结果表明，不同水稻品种种子活力差异显著，籼粳杂交稻品种种子活力较好，为高活力种子类型，其中甬优 1540 的活力最佳；常规稻品种种子活力均较弱。相关性分析结果发现，淹水发芽指数与所有指标均呈显著相关关系。

为了解我国水稻资源的表型多样性水平，陈越等（2019）通过变异系数、遗传多样性指数、聚类分析、相关分析、主成分分析、逐步回归分析等方法对来自我国 6 个省份的 60 份水稻资源的 15 个主要表型性状的多样性水平进行了分析。结果表明：15 个表型性状的变异系数为 9.58%～47.15%，遗传多样性指数为 1.810～2.041；以水稻资源的来源为单位，6 个省份水稻资源的表型性状遗传多样性指数均值为 0.9446～1.9636，各个省份水稻资源的遗传多样性指数差异较大。聚类分析可将 60 份水稻资源划分为 3 个类群，各类群表型性状差异明显；15 个表型性状数据主成分分析和综合评价表明，60 份水稻资源中四川的蜀恢 527 为表型综合性状排名第 1。上述表型性状数据与由主成分分析得到的可用于评价水稻资源优劣的综合评价值，可筛选出综合性状较优的水稻资源，能够为后续水稻育种工作提供优良的亲本和中间材料。

何宇涵等（2019）为探究河南粳稻遗传多样性，利用水稻农艺性状和 SSR 分子标记对 22 份粳稻新品系进行遗传多样性分析。结果表明，在 13 对引物中共检测出 40 个等位基因，每个位点平均 3.1 个等位基因，引物多态性指数为 0.208，平均遗传相似系数为 0.701。8 个农艺性状主成分分析发现，生育期是反映品系间差异的最主要成分。以遗传相似性系数和生育期为指标聚类分析，在欧氏距离为 9 处将 22 份粳稻新品系分为四大类。豫南粳稻的多态性位点、多态位点百分率、Nei's 基因多样性指数、Shannon 指数高于沿黄粳稻，生育期比沿黄粳稻短。

王利和薛仁风（2019）总结了云南省元江县水稻生产现状，水稻传统地方品种生产中存在问题及遭受威胁，哈尼梯田的恢复方式和战略意义，水稻传统地方品种保护与利用建议。在回顾相关研究的基础上，通过加强政策环境和长期激励机制的开发与示范，实现云南水稻传统地方品种基因多样性保护和可持续利用的主流化。揭示了云南省元江县水稻古老地方品种的现状，发现其中存在的问题并针对云南水稻古老地方品种基因资源的保护与可持续利用提出建议和意见，对促进云南哈尼梯田的遗产价值和文化多样性的保护具有重要意义。

三、有利基因发掘与利用

Mao 等（2019）报道了一个 QTL - HAN1 在温带水稻上具有耐冷性。驯化过程中，HAN1 在籼稻和粳稻之间的自然变异有差异。来自温带粳稻的一个特异等位基因，在两种粳稻生态型的分化过程中，在启动子中获得一个预测的 MYB 顺式作用元件，增强了温带水稻的耐冷性，并使其适应温带气候。该研究结果拓展了人们对水稻向北扩散的认识，为提高水稻的耐冷性提供了一个目标基因。

上海交通大学陈功友教授团队揭示了病原菌效应蛋白 PthXo2 与植物感病基因（SWEET13）间的协同进化关系，提出了利用基因编辑技术阻断病原菌效应蛋白与植物感病基因间的协同进化，从而使植物因丧失效应蛋白诱导的感病性（ETS）而获得广谱抗病（RLS）的新途径（Xu et al，2019）。

为了研究 miRNA 在水稻与褐飞虱互作中的作用，Dai 等（2019）进行了 miRNA 测序，鉴定到了水稻中响应褐飞虱的 OsmiR396。OsmiR396 负调控水稻的褐飞虱抗性，过表达 OsmiR396 其中一个褐飞虱响应靶基因 OsGRF8，能够增强水稻对褐飞虱的抗性。该研究揭示了一个新的由 OsmiR396 - OsGRF8 - OsF3H 类黄酮通路介导的褐飞虱抗性调控机制，同时也揭示了 miRNA 应用于水稻褐飞虱抗性育种的潜力。

扬州大学农学院刘巧泉教授研究团队成功克隆了控制稻米蒸煮与食味品质最重要基因——蜡质基因（Waxy、Wx）的祖先等位基因 Wx^{lv}，阐明了栽培稻中不同 Wx 等位基因间的进化关系，为稻米蒸煮与食味品质改良提供了重要的基因资源和技术支撑（Zhang et al，2019）。

韦宇等（2019）对来源于小粒野生稻基因渗入系的抗病材料桂恢 1561 和感病材料桂 1025 的重组自交系株系进行南方水稻黑条矮缩病抗性鉴定，并进行了 QTL 定位。结果表明：共检测到 4 个抗性 QTL（qSRBSDV3、qSRBSDV4、qSRBSDV7 和 qSRBSDV12），其中 qSRBSDV4 为主效抗性位点，最高可解释 37.5% 的表型变异。

施力军等（2019）建立作图群体，对普通野生稻 Oryza rufipogon Griff 抗源'DY19'抗细菌性条斑病（Bacterial leaf streak，BLS）的基因采用集团分离分析法进行遗传分析，并进行初步定位。结果表明：F₂ 群体中抗病与感病争株符合 1:3 分离比，说明普通野生稻抗源'DY19'的抗 BLS 符合单基因遗传模式，受 1 对主效隐性基因 bls2 控制。初步将该基因定位在第二号染色体分子标记 SL03（23 474 851bp）与 SL04（24 484 154 bp）区域内。

Liu 等（2019）报道了一个光捕获蛋白 LHCB5，控制水稻对稻瘟病的广谱抗性。研究发现，LHCB5 启动子区的单核苷酸多态性与基因的表达水平相关，并决定了其编码蛋白的磷酸化水平，高水平的磷酸化 LHCB5 通过增加细胞内活性氧积累以增强对稻瘟病的抗性。值得注意的是，该蛋白的磷酸化过程受到光的诱导，在一定程度上解释了为什么阴雨天易发生病害流行。

中国科学院微生物所刘俊研究组发现一个水稻功能基因 OsTPR1 在调控水稻抵抗稻瘟病菌侵染的过程中起到重要作用。通常情况下，稻瘟病菌分泌一种名为 MoChia1 的几丁质酶，作用于自身分泌的几丁质等模式分子，使其免于被水稻膜受体识别从而进一步避免激活水稻植株免疫反应，但 OsTPR1 可特异性与 MoChia1 互作，从而释放 MoChia1 对几丁质的降解作用，重启水稻植株免疫反应提高稻瘟病抗性（Yang et al，2019）。

Wang 等（2019）报道了水稻 *OsCNGC9*，编码一个环核苷酸门控通道蛋白，正调控稻瘟病抗性。研究发现水稻 PTI 相关的类受体激酶 OsRLCK185 与 OsCNGC9 互作，并造成 OsRLCK185 磷酸化进一步激活离子通道，诱发 PAMP 诱导的钙离子流量积累并最终导致活性氧爆发，增强植株对稻瘟病的抗性。

中国科学院上海生命科学研究院韩斌院士团队报道了一个控制水稻粒长且决定小穗数量的关键基因 *GL6*，该基因编码植物特有的 PLATZ 转录因子。研究表明 *GL6* 与 *RPC53* 和 *TFC1* 互作参与到 RNA 聚合酶Ⅲ转录过程，进一步通过促进幼穗和籽粒中细胞增殖调控籽粒长度和小穗数量，能够为水稻高产育种提供重要的基因资源（Wang et al，2019）。

第二节　国外水稻品种资源研究进展

一、栽培稻的起源与驯化

最近 3 000 份水稻遗传资源的公布为从物种水平研究水稻遗传多样性提供了可能。Carpentier 等（2019）基于这些水稻遗传资源研究了水稻基因组的反转录转座子特性，开发了 TRACKPOSON 软件，该软件能够从大数据中特异性地检测转座元件插入多态性（TIP），并将该软件应用在 32 个反转录转座子家族中，在 3 000 份水稻资源中成功鉴定到超过 50 000 个 TIP。研究人员利用 TIP 数据集进行了水稻驯化起源的追踪研究。该研究显示水稻起源于 3 个不同的驯化事件。

Fujino 等（2019）通过比较携带和不携带 *Pi-cd* 稻瘟病抗性基因品种的基因组序列，发现在 *Pi-cd* 位点富集了品种特异的转座子。稻瘟病抗性基因携带品种 Kitakurin（KK）和 Hoshinoyume（HS）在 *Pi-cd* 位点转座子的特征基因型与 AA 基因组稻属相比是特异的。研究人员发现在 KK 中 Kitaake（KT）在 *Pi-cd* 位点的基因型仅与非洲南方野生稻和分布在世界水稻种质库中的粳稻亚种及日本水稻种质库中的热带粳稻完全相同，而在普通野生稻品种中不存在。这种 *Pi-cd* 位点不同的基因型分布明确证明了 *Pi-cd* 位点是由非洲南方野生稻特异地渗入栽培稻的热带粳稻中。

Veltman 等（2019）评估了 206 份驯化和野生非洲水稻的全基因组序列，尽管遗传多样性分析支持严重瓶颈引起了驯化，但近代和强烈的积极的选择没有明确地指出驯化的候选基因，表明非洲水稻的驯化与亚洲水稻通过选择不同的等位基因或选择的模式不同。群体结构分析显示，5 个基因簇位于不同的地理区域。对驯化基因的进一步分析表明，在西南地区驯化基因表现出不同的单倍型，表明至少有一个关键的驯化性状可能起源于那里。

De Leon 等（2019）利用 98 个 SSR 标记和 *Rc* 基因特异标记分析了加利福尼亚杂草稻的遗传多样性及其起源。通过系统聚类分析发现，在加利福尼亚存在 4 种或 5 种遗传上不同的杂草稻生物型。个体间的种群结构和遗传距离分析揭示了加利福尼亚杂草稻水稻生物型不同的进化起源，其祖先来自籼稻、Aus 稻和粳稻，也可能来自美国南部的杂草稻和野生稻。

Civan 等（2019）分析了 1 000 多份野生稻和栽培稻品种的全基因组遗传多样性，结果表明，aus 水稻类型起源于印度次大陆一个地方野生种群和从亚洲东部起源中心区域传播到该地区的驯化粳稻之间的杂交。研究人员确定 aus 作为印度次大陆原始的农作物，后来又出现籼稻、粳稻和 aromatic（一种当地农业的特殊产品）。

Choi 等（2019）对 282 份非洲栽培稻及其演化祖先巴蒂野生稻的重测序数据进行遗传起源分析，研究发现非洲栽培稻的遗传结构与地理分布具有关联性，其中起源西非的栽培稻与分布于非洲的巴蒂野生稻具有相似的进化信号。对驯化相关的核心遗传位点进行分析表明，进化相关的突变位点在各个野生稻类群中均能检测到，据此提出非洲栽培稻的无中心起源驯化假说。

二、遗传多样性与遗传结构

Muto 等（2019）从 SSR 标记的多态性数据评估了老挝北部和万象省水稻种质的遗传变异。研究人员将 314 份种质分为 Ⅰa（低地粳稻组）、Ⅰb（高地粳稻组）和 Ⅱ（籼稻组）3 个集群。Ⅰb 类品种主要生长在山区，Ⅱ 类品种通常在盆地和沿着河流生长。少数 Ⅰa 类品种只生长在华潘、川圹和万象 3 个省份。Ⅱ 类中的低地栽培种主要在万象。该研究认为很多品种抽穗期的变异对光照敏感是由于光周期敏感性和基本营养生长性复杂的遗传机制所造成。

普通野生稻是一种广泛分布于越南湄公河三角洲的海峡和河流沿线的多年生野生稻物种。Lam 等（2019）试图找到该地区野生稻群体的遗传多样性中心及其相互关系。研究发现遗传多样性最高在同塔群体中。利用叶绿体插入缺失标记评价母体遗传多样性检测了 10 种质体类型，其中 5 种相对其他亚洲国家是新颖的。所有品种携带的线粒体类型被发现在一种特定的质体类型中。研究表明湄公河三角洲不仅是细胞核多样性中心，而且是母体遗传的多样性中心。

为了评价缅甸野生稻群体的遗传多样性和遗传结构，Shishido 等（2019）基于不同的生态条件选择了 7 个研究地点。利用 6 个 SSR 标记和 2 个叶绿体 DNA 标记对 1 559 个样品进行了多态性检测，共检测到 77 个等位基因。每个群体平均等位基因数范围为 3.167～8.667，平均预期杂合度范围为 0.140～0.701。研究发现叶绿体标记的多态性，4 个群体仅有一种模式；而其他 3 个群体表现出 2 或 5 个单倍型的组合。研究结果表明，缅甸野生稻群体中存在叶绿体 DNA 的变异。

Pathaichindachote 等（2019）采用 SSR 标记对 167 份泰国和国外水稻品种进行了遗传多样性和亲缘关系评价，共检测到 110 个等位基因，每个位点平均 8.46 个等位基因。基因多样性、杂合度和多态性信息量平均值分别为 0.59、0.02 和 0.56。聚类分析将 167 份水稻品种分为籼稻和粳稻亚种 2 个群组。

三、有利基因鉴定和资源筛选

Lee 等（2019）对 2 个水稻品种 Shingwang（抗病的）和 IIpum（感病的）的回交重组自交系中筛选出的重组单株的基因型和表型分析表明，将 Shingwang 中对水稻恶苗病抗性基因 $qBK1$ 限定在标记 InDel 18 和 InDel 19-4 之间 35kb 的范围内。对该区域序列分析表明，共有 4 个候选基因，$LOC\_Os01g41770$、$LOC\_Os01g41780$、$LOC\_Os01g41790$ 和 $LOC\_Os01g41800$。该研究鉴定的与 $qBK1$ 紧密连锁的分子标记可用于水稻恶苗病的分子标记辅助育种。

Phi 等（2019）采用感病粳稻品种 Taichung 65 和尼瓦拉野生稻品种 IRGC105715 杂交衍生的 BC_1F_1 群体，在第 4 号染色体上发现了一个主效稻叶蝉抗性 QTL（$qGRH4.2$），可解释 67.6% 的表型变异。$qGRH4.2$ 在 BC_3F_2 群体中被鉴定为 $GRH6$，进一步将其定位在标记 G6-c60k 和 7L16f 间约 31.2kb 的区域。该研究结果将促进 GRH 抗性基因在水稻分子标记辅助育种中的利用。

日本名古屋大学 Matsuoka 研究团队通过对影响水稻株型的几个农艺性状进行主成分分析，并利用降维后生成的 PC1 进行全基因组关联分析发掘到一个控制水稻株型的新基因 $OsSPY$。该基因通过激活赤霉素信号抑制蛋白 SLR1 调控赤霉素响应水平，从而进一步决定水稻植株形态（Yano et al，2019）。

韩国首尔大学研究人员发现水稻 HD-zip 转录因子 $OsTF1L$ 可有效提高水稻的耐旱性，研究表明当水稻在营养生长时期遭遇干旱时，过表达该基因可以促进植株光合效率并同时降低失水率。更为重要的是，与非过表达对照相比，干旱处理条件下过表达水稻植株可显著增加产量。进一步研究发现，过表达 $OsTF1L$ 促进了水稻组织中木质素积累，并通过干旱时加强气孔关闭以应对失水胁迫（Bang et al，2019）。

参 考 文 献

陈玲，张敦宇，陈越，等.2019.云南药用野生稻种质资源的白叶枯病抗性评价［J］.南方农业学报，50（7）：1417-1425.

陈越，张敦宇，丁明亮，等.2019.多个省份水稻资源的表型多样性与优异资源的筛选［J］.浙江农业学报，31（11）：1779-1789.

陈璋琦，王蓓，何雨，等.2019.浙江省主栽水稻品种种子活力鉴定与评价［J］.种子，38（2）：7-11.

何宇涵，刘李鑫哲，炎会敏，等.2019.河南粳稻新品系的遗传多样性分析［J］.分子植物育种，17（11）：3746-3754.

黄娟，高利军，高菊，等.2019.亚洲 6 国普通野生稻群体遗传多样性分析［J］.南方农业学报，32（2）：232-240.

江川，朱业宝，陈立喆，等.2019.漳浦野生稻表型遗传多样性分析及稻瘟病抗性评价［J］.植物遗传资源学报，20（5）：1170-1177.

李松，张世成，董云武，等.2019.基于 SSR 标记的云南腾冲水稻的遗传多样性分析［J］.作物杂志，5：15-21.

李小湘，赵文锦，黎用朝，等.2019.江永普通野生稻遗传多样性和籼粳基因频率监测分析［J］.植物遗传资源学报，20（3）：685-694.

林增顺，刘冠明，徐庆国.2019.利用 SRAP 标记分析水稻新品系遗传多样性［J］.基因组学与应用生物学，38（4）：1683-1688.

刘业涛，穆麒麟，王毅，等.2019.从非洲水稻材料中筛选耐高温种质资源［J］.中国农学通报，35（12）：8-12.

马生健，刘耀光.2019.S1 基因结构解析与分子进化分析［J］.分子植物育种，17（2）：458-465.

施力军，罗登杰，赵严，等.2019.普通野生稻抗细菌性条斑病基因的遗传分析与定位［J］.华南农业大学学报，40（2）：1-5.

孙现军，姜奇彦，胡正，等.2019.水稻资源全生育期耐盐性鉴定筛选［J］.作物学报，45（11）：1656-1663.

唐力琼，林力，韩义胜，等.2019.海南水稻种质资源评价及多样性分析［J］.中国种业，10：54-56.

唐如玉，邹玉霞，陈娇，等.2019.三峡库区优异稻种资源遗传多样性及群体结构分析［J］.植物遗传资源学报，20（6）：1408-1417.

王彩芬，安永平，马静.2019.宁夏水稻主栽品种耐盐性评价［J］.宁夏农林科技，60（1）：6-8.

王复标，石军，郑卓，等.2019.水稻遗传多样性及其农艺性状与 SSR 标记的关联分析［J］.四川大学学报（自然科学版），56（5）：976-982.

王利，薛仁风.2019.云南省元江县水稻传统地方品种基因多样性保护与可持续利用［J］.农学学报，9（11）：1-5.

韦宇，李孝琼，陈颖，等.2019.小粒野生稻渗入系抗南方水稻黑条矮缩病 QTL 分析及利用［J］.贵州农业科学，47（9）：1-5.

夏秀敏，张萍，吴妍.2019.广东珠江三角洲地区茶岭遗址的水稻遗存分析［J］.第四纪研究，39（1）：24-36.

张希瑞，高文硕，王敬国，等.2019.吉林省水稻品种的遗传多样性及株型演化分析［J］.江苏农业学报，35（3）：497-505.

Bang S，Lee D，Jung H，et al. 2019. Overexpression ofOsTF1L, a rice HD-Zip transcription factor, promotes lignin biosynthesis and stomatal closure that improves drought tolerance［J］. Plant Biotechn J，17（1）：118-131.

Carpentier M，Manfroi E，Wei F，et al. 2019. Retrotranspositional landscape of Asian rice revealed by 3000 genomes［J］. Nat Commu，10：24.

Chen E，Huang X，Tian Z，et al. 2019. The genomics of *Oryza* species provides insights into rice domestication and heterosis［J］. Annu Rev Plant Biol，70：639-665.

Choi J，Zai M，Gutaker R，et al. 2019. The complex geography of domestication of the African rice *Oryza glaberrima*［J］. Plos Genetics，15（3）：e1007414.

Civan P，Ail S，Batista-Navarro R，et al. 2019. Origin of the aromatic group of cultivated rice (*Oryza sativa* L.) traced to the Indian subcontinent [J]. Genome Biol Evol, 11 (3): 832 – 843.

Dai Z, Tan J, Zhou C, et al. 2019. The OsmiR396 – OsGRF 8 – OsF3H – flavonoid pathway mediates resistance to the brown planthopper in rice (*Oryza sativa*) [J]. Plant Biotech J, 17 (8): 1657 –1669.

De Leon T, Karn E, Al – Khatib K, et al. 2019. Genetic variation and possible origins of weedy rice found in California [J]. Ecol Evol, 9: 5835 – 5848.

Fujino K, Hirayama Y, Obara M, et al. 2019. Introgression of the chromosomal region with the Pi – cd locus from *Oryza meridionalis* into *O. sativa* L. during rice domestication [J]. Theor Appl Genet, 132: 1981 – 1990.

Jiang L, Ma X, Zhao S, et al. 2019. The APETALA2 – like transcription factor SUPERNUMERARY BRACT controls rice seed shattering and seed size [J]. Plant Cell. 31 (1): 17 – 36.

Lam D, Buu B, Lang N, et al. 2019. Genetic diversity among perennial wild rice *Oryza rufipogon* Griff. , in the Mekong Delta [J]. Ecol Evol, 9 (5): 2964 – 2977.

Liu M, Zhang S, Hu J, et al. 2019. Phosphorylation – guarded light – harvesting complex II contributes to broad – spectrum blast resistance in rice [J]. Proc Natl Acad Sci, 116 (35): 17572 – 17577.

Lee S, Kim N, Hur Y, et al. 2019. Fine mapping of qBK1, a major QTL for bakanae disease resistance in rice. Rice, 12 (1): 36.

Mao D, Xin Y, Tan Y, et al. 2019. Natural variation in the *HAN*1 gene confers chilling tolerance in rice and allowed adaptation to a temperate climate [J]. Proc Natl Acad Sci, 116 (9): 3494 – 3501.

Muto C, Ebana K, Kawano K, et al. 2019. Genetic variation in rice (*Oryza sativa* L.) germplasm from northern Laos [J]. Breeding Sci, 69: 272 – 278.

Pathaichindachote W, Panyawut N, Sikaewtung K, et al. 2019. Genetic diversity and allelic frequency of selected Thai and exotic rice germplasm using SSR markers [J]. Rice Sci, 26 (6): 393 – 403.

Peng Y, Zhang Y, Gui Y, et al. 2019. Elimination of a retrotransposon for quenching genome instability in modernrice [J]. Mol Plant, 12 (10): 1395 – 1407.

Phi C, Fujita D, Yamagata Y, et al. 2019. High – resolution mapping of GRH6, a gene from *Oryza nivara* (Sharma et Shastry) confering resistance to green rice leafhopper (*Nephotettix cincticeps* Uhler) [J]. Breeding Sci, 69: 439 – 446.

Shishido R, Akimoto M, Htut T, et al. 2019. Assessment of genetic diversity and genetic structure of wild rice populations in Myanmar [J]. Breeding Sci, 69: 471 – 477.

Sun J, Ma D, Tang L, et al. 2019. Population genomic analysis and de novo assembly reveal the origin of weedy rice as an evolutionary game [J]. Mol Plant, 12 (5): 632 – 647.

Veltman M, Flowers J, Andel T, et al. 2019. Origins and geographic diversification of African rice (*Oryza glaberrima*) [J]. PLoS One, 14 (3): e0203508.

Wang A, Hou Q, Si L, et al. 2019. The PLATZtranscription factor GL6 affects grain length and number in rice [J]. Plant Physiol, 180 (8): 2077 – 2090.

Wang J, Liu X, Zhang A, et al. 2019. A cyclic nucleotide – gated channel mediates cytoplasmic calcium elevation and disease resistance in rice [J]. Cell Research, 29 (10): 820 – 831.

Xu Z, Xu X, Gong Q, et al. 2019. Engineering broad – spectrum bacterial blight resistance by simultaneously disrupting variable TALE‐binding elements of multiple susceptibility genes in rice［J］. Mol Plant，12（4）：1434‐1446.

Yang C，Yu Y，Huang J，et al. 2019. Binding of theMagnaporthe oryzae Chitinase MoChia1 by a Rice Tetratricopeptide Repeat Protein Allows Free Chitin to Trigger Immune Responses［J］. The Plant Cell，31（1）：172‐188.

Yano K，Morinaka Y，Wang F，et al. 2019. GWAS with principal component analysis identifies a gene comprehensively controlling rice architecture［J］. Proc Natl Acad Sci，116（42）：21262‐21267.

Zhang C，Zhu J，Chen S，et al. 2019. Wxlv，the ancestral allele of rice *waxy* gene［J］. Mol Plant，12：1157‐1166.

Zhang W，Tan L，Sun H，et al. 2019. Natural variations at TIG1 encoding a TCP transcription factor contribute to plant architecture domestication in rice［J］. Mol Plant，12：1075‐1089.

Zhang YP，Zhang Z Y，Sun X M，et al. 2019. Natural alleles of GLA for grain length and awn development were differently domesticated in rice subspecies *japonica* and *indica*［J］. Plant biotechnology journal，17：1547‐1559

Zhang Y Z，Fang B H，Teng Z N，et al. 2019. Screening and verifcation of rice varieties with low cadmium accumulation［J］. Agri Sci Tec，20（3）：1‐10.

Zheng X，Chen J，Pang H，et al. 2019. Genome‐wide analyses reveal the role ofnoncoding variation in complex traits during rice domestication［J/OL］. Sci Advances，DOI：10. 1126/sciadv. aax3619.

第二章　水稻遗传育种研究动态

2019 年水稻分子遗传学研究稳步发展，取得了丰硕的成果。其中有两项研究发表在世界顶级学术期刊上。第一个是日本埼玉大学 Yuzuru Tozawa 教授团队关于"水稻 β-三酮类除草剂广谱抗性基因"的研究发表在 Science。该研究鉴定到一个自然变异的 β-三酮类除草剂广谱抗性基因 HIS1，它编码一个 Fe（Ⅱ）/2-氧戊二酸依赖性加氧酶，可通过催化 β-三酮类除草剂发生羟基化从而失去毒性。该基因的克隆为培育抗除草剂水稻品种提供了基因资源。第二个是美国加州大学戴维斯分校 Venkatesan Sundaresan 教授研究团队关于"基因工程实现水稻无性繁殖"的研究发表在 Nature 上。该研究对 3 个 MiMe 基因 BBM1、BBM2 和 BBM3 进行了基因敲除，同时在雌配子中异位表达 BBM1，使水稻有丝分裂替代减数分裂，实现无融合繁殖。该技术使通过无性繁殖固定 F_1 杂种优势成为可能。中国水稻研究所王克剑研究员团队几乎在同一时间于 Nature Biotechnology 上发表了相似的研究成果，在杂交稻中同时敲除 PAIR1、REC8、OSD1 和 MTL 四个基因，同样实现了水稻无性繁殖。

水稻科学家，尤其是国内科学家在其他国际主流高影响力学术期刊发表文章的数量继续呈现上升态势。这些研究涉及水稻生长发育的各个方面，克隆和鉴定了一批控制水稻产量、耐生物/非生物胁迫、元素吸收、生殖和发育等重要农艺性状的基因，并解析其分子调控机制。

第一节　国内水稻遗传育种研究进展

一、水稻产量性状分子遗传研究进展

南京农业大学张红生教授团队揭示了水稻 qGL3 通过油菜素甾醇信号途径调控水稻粒长的分子机制。张红生教授团队前期应用来自粳稻 N411 和籼稻 9311 配组发展的遗传群体克隆了粒长基因 qGL3，相较于 9311 等位基因，N411 所携带的 qgl3 等位基因增加粒长。最新研究发现，qGL3 蛋白可以与糖原合成激酶 GSK3 互相作用。水稻植株体内磷酸化的 GSK3 可以通过蛋白酶体途径降解。9311 的 qGL3 可以脱磷酸化 OsGSK3，从而起到稳定 OsGSK3 的作用；而 N411 的 qGL3 失去脱磷酸化功能。进一步研究发现，OsGSK3 可以与 OsBZR1 相互作用并将后者磷酸化，敲除 qGL3 和 OsGSK3 能够导致 OsBZR1 在细胞核中积累。该研究说明 qGL3 对粒型的控制是通过调控 OsGSK3 磷酸化水平和 OsBZR1 的核质分布实现的，这些结果为进一步阐明水稻粒型调控的分子机制提供了帮助（Gao et al，2019）。

中国科学院上海植物生理生态研究所韩斌院士团队与上海师范大学黄学辉教授团队开发了一套新的数量性状基因定位方法——GradedPool - Seq。该方法首先将 F_2 群体中个体按照表型分成不同的梯度池，然后对梯度池中植株进行混合测序。应用该方法，研究者应用 Guangzhan 63/Fuhui 67 衍生后代定位到一个控制水稻产量的基因 $GW3p6$。进一步研究发现 $GW3p6$ 是籽粒大小控制基因 $OsMADS1$ 的等位基因。通过构建近等基因系，将 Guangzhan 63 的 $OsMADS1$ 等位基因导入 Fuhui 67，显著增加粒重和粒长并提高稻谷产量。该研究为数量性状研究提供了新的思路（Wang C S et al，2019）。

中国科学院上海植物生理和生态研究所杨贞标研究员和薛红卫研究员团队报道了 $OsRac1$ 调控水稻籽粒大小的分子机制，研究发现 $OsRac1$ 是水稻籽粒大小和产量的正向调控因子。过表达 $OsRac1$ 可增大颖壳和提高灌浆速率，增加粒宽、提高粒重，最终提高产量；干涉或敲除 $OsRac1$ 则造成相反的效果。进一步分析发现，OsRac1 蛋白能够与另一水稻籽粒大小调控因子 OsMAPK6 互作。该研究为进一步解析水稻籽粒大小的遗传基础提供了帮助（Zhang Y et al，2019）。

山东农业科学院谢先芝研究员团队系统分析了 $OsmiR530$ 及其靶基因 $OsPL3$ 和上游调控因子 $OsPIL15$ 在水稻产量调控中的作用。该研究发现 $OsmiR530$ 在产量调控中起负向作用，干扰 $OsmiR530$ 的表达可以提高产量，过表达 $OsmiR530$ 导致籽粒变小，穗分支减少，最终减产。$OsPL3$ 有正向调控作用，敲除该基因导致产量降低。$OsPIL15$ 可以结合在 $OsmiR530$ 的启动子上，激活 $OsmiR530$ 的表达。遗传分析显示，$OsmiR530$ 在育种实践中可能受到人工选择。该研究揭示了一条新的产量调控通路，为高产水稻品种培育提供了新的基因资源（Sun et al，2019）。

华中农业大学邢永忠教授团队鉴定到一个控制水稻籽粒大小的新基因 $WG7$。$WG7$ 编码一个包含半胱氨酸—色氨酸结构域的转录因子，其在调控籽粒大小中具有正向作用，过表达该基因可增大粒宽，敲除该基因可以使粒宽变小。后续研究发现，WG7 蛋白可以结合在粒形控制基因 $OsMADS1$ 的启动子上，提高组蛋白 H3K4me3 甲基化，从而激活后者的表达，最终使得籽粒变宽。该研究为进一步解析水稻籽粒发育的分子机制提供了帮助（Huang et al，2019）。

中国水稻研究所钱前院士团队鉴定到一个转录因子 $AH2$ 的新等位突变体。与野生型相比，$ah2$ 籽粒变小、直链淀粉含量和凝胶稠度降低、蛋白质含量增加、结实率降低。同时，$ah2$ 突变体部分外壳失去了外层的硅化细胞，导致外层粗糙的表皮细胞向内层光滑的表皮细胞转化，内稃退化。该研究进一步应用遗传互补、Crispr/cas9 等手段对 $AH2$ 的功能进行了验证，并发现 $AH2$ 对多个下游基因具有抑制作用。该研究为解析水稻籽粒发育提供了新的基因资源（Ren et al，2019）。

二、水稻耐生物胁迫分子遗传研究进展

南京农业大学杨东雷教授团队研究发现，下调 $miR156$ 的表达或过表达 $miR156$ 的

靶基因 *IPA*1 和 *OsSPL*7 能够提高水稻白叶枯病抗性，但同时导致减产。在该过程中赤霉素信号通路起到重要作用。该研究进一步应用白叶枯病诱导表达型启动子驱动 *IPA*1 表达发现，在无病原菌侵染时，*IPA*1 可通过增粗茎秆、减少分蘖和增大穗型提高产量，而在病原菌侵染时，*IPA*1 可被诱导高表达，从而提高白叶枯病抗性。该研究发现 miR156 – *IPA*1 是调控水稻生长与抗病的重要因子，并据此建立了一种培育高产抗病水稻新品种的育种策略（Liu M M et al，2019a）。

中国科学院上海植物生理生态研究所何祖华研究员团队首先鉴定到稻瘟病广谱抗性基因 *PigmR* 的一个互作蛋白——PIBP1，其编码一种新的 RRM 转录因子。*PigmR* 可促进 PIBP1 蛋白在核中的积累。敲除 *PIBP*1 及其同源基因 *Os*06*g*02240 导致植株稻瘟病抗性显著下降。进一步研究发现 PIBP1 蛋白及其同源蛋白 Os06g02240 可以结合在稻瘟病抗性基因 *OsWAK*14 和 *OsPAL*1 的启动子上，激活它们的表达，从而提高稻瘟病抗性。该研究发现了新的 RRM 转录因子 *PIBP*1 和 *Os*06*g*02240，并揭示了其激活下游免疫基因表达调控水稻广谱抗病性的机制（Zhai et al，2019）。

南京农业大学张正光教授团队研究发现，植株在受到稻瘟病菌入侵时，捕光复合体蛋白 LHCB5 可被磷酸化，使得叶绿体中电子大量积累，继而诱发活性氧积累，激活抗病相关基因，最终加强植株稻瘟病抗性。种质资源分析发现，*LHCB*5 启动子存在自然变异，使得其转录水平在不同水稻品种中存在差异，而且其转录水平与自身蛋白的磷酸化水平正相关。更有意思的是，LHCB5 的磷酸化水平是可遗传的。该研究揭示了水稻利用光照调控自身免疫的分子机制（Liu M X et al，2019b）。

北京大学李毅教授团队研究发现了一个新的条纹叶枯病抗性调控因子 *SPL*9，*SPL*9 编码一个转录因子，可以结合在 miR528 的启动子上并激活后者的表达。*SPL*9 功能缺失突变能够下调 miR528 表达，继而缓解 miR528 在 mRNA 水平上对 AO 的降解，最终增强条纹叶枯病抗性。相反，过表达 *SPL*9 导致 miR528 表达增加、AO 降低和条纹叶枯病抗性减弱。有意思的是，在 miR528 无功能背景下过表达 *SPL*9，或者表达不受 miR528 调控的 AO，均能抑制条纹叶枯病毒的入侵。该研究为进一步解析水稻条纹叶枯病防御反应提供了基础（Yao et al，2019）。

中国水稻研究所张健研究员团队与黄世文研究员团队合作研究发现，WRKY 转录因子家族成员 WRKY72 可以直接结合在茉莉酸合成关键基因 *AOS*1 的启动子上，通过提高甲基化水平抑制 *AOS*1 的表达，引起茉莉酸水平下降，导致植株白叶枯病抗性降低。而可被脱落酸诱导的 SnRK2 型激酶 SAPK10 可以磷酸化 WRKY72 蛋白的 Thr129 残基，降低 WRKY72 对 *AOS*1 启动子的结合，从而提升植株白叶枯病抗性。该研究为进一步解析水稻白叶枯病抗性机制提供了帮助（Hou et al，2019）。

三、水稻耐非生物胁迫分子遗传研究进展

林鸿宣院士团队揭示了水稻 tRNA^{His} 鸟苷转移酶调控水稻耐高温的分子机制（Chen

et al, 2019)。该研究筛选到一个对高温敏感的突变体 *aet*1, 图位克隆显示突变表型是由 *AET*1 基因突变导致的。*AET*1 编码一个 tRNA^{His} 鸟苷转移酶，负责 tRNA^{His} 的加工成熟，对于植株在高温下的正常生长具有重要作用。研究发现，AET1 蛋白可以与核糖体相关蛋白 RACK1A 和 eIF3h 发生互作，在细胞质中形成复合体。此外，AET1 蛋白还可以与生长素响应因子 *OsARF*19 和 *OsARF*23 的 mRNA 结合，*aet*1 突变体中 *OsARF*19 和 *OsARF*23 的翻译效率显著降低，蛋白水平明显下降，说明 *AET*1 可能通过生长素应答途径调控水稻高温条件下的生长发育。该研究为进一步解析水稻高温适应性提供了基础。

河北师范大学张胜伟教授团队研究发现，SIT1 活性受到蛋白磷酸酶 B'k-PP2A 的调控。高盐环境可以诱导 SIT1 蛋白 Thr515/516 残基磷酸化，而 B'k-PP2A 可以去磷酸化 SIT1 蛋白的该位点，从而抑制 SIT1 活性。过表达 B'k-PP2A 可以抑制高盐环境对 SIT1 蛋白的磷酸化，从而赋予植株耐高盐特性。进一步研究发现，SIT1 亦可以磷酸化 B'k-PP2A 的 Ser502 残基，使得 B'k-PP2A 更稳定并增强它们二者之间的结合。该研究为进一步解析水稻对盐胁迫应答的分子机制提供了帮助（Zhao et al, 2019）。

我国台湾"中央研究院"Shih Ming-Che 团队研究发现，水稻耐淹基因 *SUB1A-1* 属于Ⅶ型乙烯应答因子。Ⅶ型乙烯应答因子的特征之一是拥有不稳定的 N 末端，该末端被依赖于氧气的蛋白水解途径降解，而在低氧环境下该末端无法被降解，从而产生植物耐淹应答反应，这一特性被称为 N 规则。最新研究发现，SUB1A-1 蛋白的 C 末端可以与 N 末端结合，防止 N 末端被降解。该研究还鉴定到另外两个Ⅶ型乙烯应答因子——*ERF*66 和 *ERF*67，它们可以被 *SUB1A-1* 激活。过表达 *ERF*66 或 *ERF*67 能够激活一系列厌氧生存基因，从而提高水稻耐淹能力。该研究为进一步解析水稻对淹水环境的分子应答机制提供了帮助（Lin et al, 2019）。

四、水稻元素吸收与转运分子遗传研究进展

中国科学院遗传与发育生物学研究所储成才研究员团队发现氮信号途径关键受体蛋白 NRT1.1B 可以与磷信号途径关键抑制因子 SPX4 结合。NRT1.1B 可招募其互作蛋白——E3 泛素连接酶 NBIP1, 对 SPX4 进行降解。SPX4 的降解，使磷信号途径关键转录因子 PHR2 被激活，从而促进水稻磷的吸收和利用。同时，氮信号途径关键转录因子 NLP3 也受到 SPX4 调控。因此，NRT1.1B 介导的 SPX4 降解会同时释放磷信号和氮信号核心转录因子，从而激活氮磷应答基因表达，实现氮磷协同利用。该研究揭示了氮磷协同利用实现植物营养平衡的分子机制（Hu et al, 2019）。

中国农业科学院农业资源与农业区划研究所易可可研究员团队进一步解析了 *SPX*4 调控水稻无机磷酸盐稳态和信号传递的分子机制（Ruan et al, 2019）。*SPX*4 是水稻调控磷酸盐吸收和转运的重要调控基因。该研究新鉴定到 2 个 SPX4 的互作蛋白 SDEL1 和 SDEL2。这 2 个蛋白均编码含有 RING-finger 和 ZINC-finger 结构的 E3 泛素连接酶，

它们通过泛素化 SPX4 蛋白 K - 213 和 K - 299 残基介导 SPX4 的降解。过表达 SDEL1 和 SDEL2 导致植株即使在磷素充足的条件下，亦能激活植株磷饥饿应答程序。该研究为进一步解析水稻响应低磷胁迫的分子机制提供理论基础。

南京农业大学万建民院士团队利用全基因组关联分析鉴定到一个氮高效基因 OsNPF6.1，该基因编码一个硝酸根转运因子。在该基因上，优异单倍型 HapB 在低氮环境下能够提高氮素利用并提高产量。进一步研究发现，OsNPF6.1 受到氮高效转录因子 OsNAC42 的调控，该转录因子可以结合在 OsNPF6.1 的启动子上，激活 OsNPF6.1 的表达差异。品种资源分析显示，OsNPF6.1 的优异单倍型 HapB 起源于野生稻，但随着氮肥过度施用，该单倍型在栽培稻中大量丢失。该研究为解析水稻氮素吸收和利用的遗传基础提供了帮助，并为培育高氮素利用率水稻新品种提供了新的基因资源（Tang et al，2019）。

中国科学院植物研究所何振艳研究员团队应用全基因组关联分析鉴定到一个控制水稻籽粒镉元素积累的基因 OsCd1。OsCd1 属于主要协助转运蛋白超家族（major facilitator superfamily，MFS）成员。该基因主要的功能变异由 449 位上缬氨酸（Val）与天冬氨酸（Asp）之间的替换导致。其中 $OsCd1^{Val449}$ 主要存在于粳稻中，而 $OsCd1^{Asp449}$ 主要存在于籼稻中。将粳稻等位基因导入籼稻品种，可显著降低籽粒镉含量。该研究不仅为解析水稻镉积累遗传基础提供了帮助，也为培育低镉籼稻新品种提供了新的基因资源（Yan et al，2019）。

五、水稻株型分子遗传研究进展

中国科学院遗传与发育生物学研究所李家洋院士团队发现，独脚金内酯人工合成类似物 GR24 能够激活水稻细胞分裂素氧化酶/脱氢酶基因 OsCKX9 的表达。但该激活过程依赖独脚金内酯信号途径中关键的负调控因子 Dwarf53，在 dwarf53 突变体中观察不到这一激活过程。同时，GR24 能够抑制细胞分裂素 A 型响应调节基因 OsRR5 的表达，而且这种抑制作用依赖于 OsCKX9，在 osckx9 突变体中，观察不到这一抑制作用。进一步研究发现，OsCKX9 具有细胞分裂素催化活性，过表达 OsCKX9 能够抑制 d53 愈伤组织的褐变。而且，过表达和敲除 OsCKX9 均导致植株分蘖减少，株高变矮，穗子变小。该研究揭示了独脚金内酯与细胞分裂素之间存在交互作用，独脚金内酯可通过其响应基因 OsCKX9 调控细胞分裂素水平，继而影响细胞分裂素下游信号通路来调控水稻株型发育（Duan J et al，2019）。

中国科学院遗传与发育生物学研究所李家洋院士团队发现，赤霉素信号通路中的关键抑制因子 DELLA 蛋白 SLR1 可以与 MOC1 蛋白结合，通过抑制 MOC1 蛋白降解而促进分蘖的伸长。而赤霉素 GA 能够导致 SLR1 蛋白降解，进而无法抑制 MOC1 蛋白被降解，最终使得植株株高增加而分蘖减少。该研究为解析赤霉素信号协同调控水稻株高与分蘖的分子机理提供了帮助（Liao et al，2019）。

同时，李家洋院士团队研究发现 MOC1 和 MOC3 通过调控 *FON*1 的表达控制水稻分蘖芽的生长。MOC3 可以结合在 *FON*1 的启动子上激活后者表达。MOC1 虽然不能与 *FON*1 启动子结合，但其可以通过与 MOC3 结合，进一步激活 *FON*1 的表达。*FON*1 功能缺失将导致植株虽然产生正常的分蘖芽，但分蘖芽并不能生长，进而导致分蘖减少。该研究为进一步解析水稻分蘖形成提供了帮助（Shao G et al，2019）。

中国科学院遗传与发育生物学研究所王永红研究员与李家洋院士团队通过酵母双杂筛选到一个水稻分蘖角度调控因子 LAZY1 的互作蛋白 OsBRXL4。OsBRXL4 与 LAZY1 的互作发生在质膜上，决定着 LAZY1 的核定位，而 LAZY1 的核定位对于其行使功能至关重要。过表达 *OsBRXL*4 减少 LAZY1 蛋白在细胞核中的定位，导致植株分蘖角度加大。而干涉 *OsBRXL*4 及其同源基因 *OsBRXL*1 和 *OsBRXL*5，能够使得植株分蘖角度减小。该研究为进一步解析水稻分蘖角度调控遗传基础提供了帮助（Li et al，2019）。

华中农业大学王学路研究员团队揭示了独脚金内酯信号途径关键基因 *D*53 和油菜素内酯信号途径关键基因 *OsBZR*1 协同调控水稻分蘖的分子机制。该研究发现，OsBZR1 蛋白可以通过 D53 蛋白互作调控分蘖抑制基因 *FC*1 的表达。OsBZR1 可以直接结合在 *FC*1 的启动子上，然后通过招募 D53 蛋白抑制 *FC*1 的表达。该研究为进一步解析水稻分蘖的分子机制提供了帮助（Fang Z et al，2019）。

南京农业大学万建民院士团队鉴定了一个分蘖减少、茎秆强度加强、穗分枝数增加的突变体 *shi*1。图位克隆显示，*OsSHI*1 基因编码一个植物 SHORT INTERNODES 家族转录因子，具有一个 IGGH 结构域和一个锌指 DNA 结合结构域。进一步研究发现，OsSHI1 与水稻理想株型基因 IPA1 互作。OsSHI1 可通过与 *OsTB*1 和 *OsDEP*1 的启动子区结合，影响 IPA1 对 OsTB1 和 OsDEP1 的转录激活活性，引起分蘖数增加和穗减小。该研究揭示了水稻株型调控的新机制（Duan E et al，2019a）。

六、水稻生殖发育分子遗传研究进展

中国水稻研究所王克剑研究员团队首先应用 CRISPR/Cas9 基因编辑系统，在 F_1 杂交稻中对参与水稻减数分裂的 *PAIR*1、*REC*8 和 *OSD*1 三个基因进行了敲除，三基因突变体的减数分裂变的类似有丝分裂，所产生的配子变成了二倍体，而种子变成了四倍体。随后，对玉米单倍体诱导基因在水稻中的同源基因 *MTL* 进行了敲除，该突变体所产生的种子变成了单倍体。最后，研究者在 F_1 杂交稻中同时敲除了上述 4 个基因，获得了无融合生殖的杂交稻，其自交后代的基因型与亲本 F_1 杂交稻完全一致。该研究通过基因编辑系统将无融合生殖特性引入杂交稻当中，从而实现杂合基因型的固定（Wang C et al，2019）。

华南农业大学庄楚雄教授团队揭示了 *OsAGO*2 基因调控花药发育的表观遗传调控机制（Zheng et al，2019）。该研究发现，降低 *OsAGO*2 的表达能够导致 ROS 的过度积累，引起绒毡层细胞程序性死亡提早发生，进而导致花药发育异常。进一步研究发现，Os-

AGO2 蛋白可以直接与 *OsHXK*1 基因的启动子区结合。降低 *OsAGO*2 的表达,使得 *OsHXK*1 启动子区甲基化水平降低,继而导致后者表达增强。而过表达 *OsHXK*1 同样能够引起 ROS 的过度积累、绒毡层细胞程序性死亡提早和花粉败育。该研究说明 *OsAGO*2 通过表观遗传调控的方式,影响着 *OsHXK*1 对绒毡层 ROS 的动态平衡和细胞程序性死亡发生时间的控制。这种表观遗传调控机制或许对水稻育种具有潜在的应用价值。

中国水稻研究所曹立勇和程式华研究员团队鉴定到 个水稻雄性不育突变体 *tip*3,该突变体花药较小、呈淡黄色,无成熟花粉粒,乌氏体异常,绒毡层降解延迟。图位克隆显示 *TIP*3 编码一个具有转录活性的 PHD 指蛋白。进一步研究发现,TIP3 可以与调控绒毡层发育和花粉壁形成的转录因子 TDR 互作,TIP3 突变导致参与绒毡层发育和降解、孢粉素脂质单体生物合成和转运基因的表达异常。该研究为进一步解析水稻生殖发育的遗传基础提供了帮助(Yang Z et al,2019)。

七、水稻分子遗传学其他方面研究进展

等位基因特异表达(allele - specific expression,ASE)是指,在杂种 F_1 中来自两个亲本的等位基因的表达水平往往不相等,即来自某个亲本的等位基因比另一亲本表达水平高。华中农业大学张启发院士团队以杂交稻汕优 63 及其亲本珍汕 97 和明恢 63 为材料,在 4 种不同的生长条件下对 3 种水稻组织进行转录组测序,共检测到了 3270 个 ASE 基因。这些基因中,一些表现出偏好亲本一致性,即在各种生长条件下高表达等位基因总是来自同一亲本;另一些偏好亲本并不一致,即在不同生长条件下,高表达的等位基因并不相同,甚至有的基因在一些条件下父本等位基因高表达,而在另一条件下母本等位基因高表达。这两类基因在杂种优势中可能扮演不同的角色:一致型 ASE 基因可能引起完全显性,而不一致型 ASE 基因可能带来超显性。进一步分析发现,ASE 基因在染色体上存在富集现象,而这富集区域在实际育种中经常受到选择。该研究鉴定到的 ASE 基因及其表达模式为杂种优势遗传和分子机理的解析提供了重要线索(Shao L et al,2019)。

浙江大学毛传澡教授团队鉴定到一个调控水稻不定根发育的新基因 *OsSPL* 和一个不定根减少的突变体 *lcrn*1。图位克隆显示突变表型是由于转录因子 *OsSPL*3 突变造成的。*OsSPL*3 受 miR156 的靶基因,*lcrn*1 中 *ospl*3 上点突变干扰了 miR156 的调控,从而抑制了不定根的发育。染色质免疫沉淀测序和 RNA 测序发现 *OsMADS*50 是 *OsSPL*3 的下游靶基因之一,OsSPL3 蛋白可直接结合在 *OsMADS*50 启动子上对其进行调控。过表达 *OsMADS*50 可以使得植株不定根减少,而在 *lcrn*1 背景下敲除 *OsMADS*50 可使得 *lcrn*1 不定根数目部分恢复。该研究还发现 *OsSPL*3 的同源基因 *OsSPL*2 同样是 miR156 的靶基因,并通过 *OsMADS*50 调控水稻不定根的发育。该研究为进一步阐明水稻调控不定根发育的分子机制提供了基础(Shao Y et al,2019)。

中国科学院遗传与发育生物学研究所曹晓风研究员发现 MiR528 积累在植株体内受到精密调控。在转录水平上，miR528 表达呈现昼夜节律变化，并随着植株生长逐渐升高；在转录后水平上，植物体通过调节 miR528 前体的可变剪切的比例，调控成熟 miR528 的水平。进一步研究发现，miR528 在长日照下，可通过对靶基因 $OsRFI2$ 的调控促进抽穗。miR528 受到转录因子 $OsSPL9$ 的调控，OsSPL9 蛋白可以结合在 miR528 的启动子上，激活后者表达。而 miR528 启动子上 OsSPL9 蛋白的结合位点存在自然变异，OsSPL9 蛋白对 miR528 不同等位基因启动子的结合活性不同，继而使得不同等位基因的表达在水稻品种中出现差异。该研究揭示了水稻体内 miR528 精细调控机制，并为进一步解析水稻抽穗期遗传基础提供了帮助（Yang R et al，2019）。

扬州大学刘巧泉教授团队鉴定到控制稻米蒸煮食味品质最重要的基因——$Waxy$ 的野生稻等位基因 Wx^{lv}。该等位基因编码的淀粉合成酶活性更强，使胚乳中合成更多中短分子量的直链淀粉，导致米饭口感变差。该研究进一步解析了 Wx^{lv} 等位基因以及栽培稻中不同等位基因 Wx^b、Wx^a 和 Wx^{in} 之间的进化关系，能够为进一步解析稻米蒸煮与食味品质遗传基础提供帮助（Zhang C et al，2019）。

中科院遗传发育研究所储成才研究员在 PNAS 上发表了题为 "$Ef-cd$ locus shortens rice maturity duration without yield penalty" 的研究论文（Fang et al，2019a）。该研究鉴定到一个显性早熟位点 $Ef-cd$，该位点是一个长片段非编码 RNA。研究发现，$Ef-cd$ 可以与水稻抽穗期基因 $OsSOC1$ 上的靶位点反向互补，其可以调控 $OsSOC1$ 的表达，并且影响 $OsSOC1$ 的 H3K36 甲基化水平，从而促进水稻抽穗。与此同时，$Ef-cd$ 可以提高氮素利用效率和光合作用速率，从而弥补抽穗期缩短可能带来的影响。因此，该位点在缩短抽穗期的同时，并不会导致减产。对 1 439 份杂交稻品种进行分析发现，$Ef-cd$ 在 229 份材料中呈杂合状态，在 16 份材料中呈纯合状态，这些品种抽穗期显著低于不携带 $Ef-cd$ 等位基因的材料。该研究不仅为进一步解析水稻抽穗期的分子机制提供了帮助，并且为培育早熟水稻新品种提供了新的基因资源。

中国科学院上海植物逆境中心朱健康研究员团队通过基因编辑对非编码小 RNA $miR156$ 基因家族进行了系统性研究。研究发现 $miR156$ 基因家族中包括 $miR156a$、$miR156b$、$miR156c$、$miR156k$ 和 $miR156l$ 的一个亚家族成员突变，可加强种子休眠，可抑制穗发芽，而对株系、籽粒大小和稻谷产量无显著影响。而另一个包括 $miR156d$、$miR156e$、$miR156f$、$miR156g$、$miR156h$ 和 $miR156k$ 的亚基因家族成员突变，可以减少无效分蘖、增加株高和增大籽粒大小，但是对种子休眠无显著作用。进一步研究发现，$miR156$ 突变可以解除其对靶基因 $IPA1$ 的抑制，进而抑制赤霉素途径并改变赤霉素通路基因表达，最终实现对水稻生长发育的调控。该研究不仅为进一步解析水稻种子休眠的分子机制提供了帮助，也可以为在不影响稻谷产量的情况下抑制穗发芽提供了新的基因资源（Miao et al，2019）。

扬州大学严长杰教授团队鉴定到一个控制稻米蛋白质含量的基因 $OsGluA2$，该基因编码一个谷蛋白前体，其正向调控稻米蛋白含量，并对多个稻米品质性状具有多效性。

进一步研究发现，$OsGluA2$ 启动子上的 SNP 变异能够影响 $OsGluA2$ 转录水平。根据该变异，可将 $OsGluA2$ 分为两种主要的单倍型，其中 $OsGluA2^{HET}$ 稻米蛋白含量更高，主要存在于粳稻中；而另一单倍型 $OsGluA2^{LET}$ 稻米蛋白含量较低，主要存在于籼稻中。该研究为解释籼粳亚种间稻米蛋白质含量变异提供了理论研究基础（Yang Y et al，2019）。

八、育种材料创制与新品种选育

（一）水稻育种新材料创制

开展水稻种质资源的收集、筛选和评价，创制一批优良新种质及中间材料，能够为水稻育种提供丰富的资源性材料。2019 年，浙江省选育并审定通过了春江 88A、春江 35A、春江 25A、禾香 1A 和江 79S 等 5 个粳型不育系，这些粳型不育系开花习性好，配合力好，异交结实率较高；中智 S、七 S 和富 5S 等 3 个籼型光温敏两系水稻不育系，开花习性好，配合力较强。福建省选育并审定通过了双园 A、明禾 A、福祥 1A、澜达 A、闽农糯 6A、伍天 A、涵丰 A、律达 A、旗 2A、福昌 1A 等 10 个籼型三系不育系，禾 9S、紫 392S、红 19S、闽红 249S、272S、荟农 S、遂 S、元亨 S、春 S、闽 1303S、菁农 S 等 11 个籼型温敏两系核不育系，这些不育系具有开花习性好、柱头外露高、品质优良、配合力好等特点。江西省选育并审定通过了萍 S、营 S、紫宝 22S 等 3 个籼型两用核不育系，秀丰 A、昌盛 843A、国丰 143A、赣野 A、79A 等 5 个籼型三系不育系，不育性较稳定，可恢复性较好，配合力较强。湖北省选育并审定通过了裕丰 576A、襄 313A 等 2 个籼型三系不育系，襄 3S、鄂丰 7S、鄂丰 5S、汉光 56S、忠 605S、恩 1S 等 6 个籼型光温敏核不育系。

（二）水稻新品种选育

在农业农村部主要农作物品种审定绿色通道政策实施以及商业化育种体系的引领和推动下，水稻审定品种数量继续呈现大幅增长。2019 年全国水稻科研单位和种业企业等共选育 1 325 个水稻新品种通过国家和省级审定，比 2018 年增加 327 个，增幅达到 32.8%。通过国家审定品种 373 个（表 2-1），其中杂交稻品种 357 个、常规稻品种 16 个。杂交稻品种中，籼型三系杂交稻品种 138 个、占 38.7%，籼型两系杂交稻品种 212 个、占 59.4%，杂交粳稻品种 5 个、占 1.4%，籼粳交三系杂交稻 2 个、占 0.6%；常规稻品种中，常规粳稻 13 个、占 81.2%，常规籼稻 3 个、占 18.8%。分稻区育成品种结构看，东北稻区以常规粳稻品种为主，内蒙古、辽宁、吉林和黑龙江 4 省（自治区）合计审定通过 135 个水稻品种，其中常规粳稻品种 133 个，辽宁育成 2 个杂交粳稻品种。华北地区审定通过水稻品种 25 个，比 2018 年减少 3 个。其中，山东审定通过了 11 个品种，比 2018 年增加 5 个；河南审定通过了 9 个品种，和 2018 年数量一致；河北、天津分别审定 4 个和 1 个水稻品种。西北地区审定通过水稻品种 6 个，比 2018 年减少 2 个，其中陕西审定通过 5 个水稻品种，宁夏审定通过 1 个水稻品种。西南地区审定品种仍以籼型三系杂交稻为主，2019 年重庆、四川、贵州和云南 4 省（直辖市）合计审定通过 102 个水稻品种，比 2018 年增加 2 个，其中籼型三系杂交稻品种 66 个、占 64.7％，籼型两系杂交稻品种 11 个、占 10.8％，云南省审定通过 11 个常规粳稻品种。长江中下游稻区审定品种数量大幅增加，上海、江苏、浙江、安徽、江西、湖北和湖南 7 个省（直辖市）合计审定通过水稻新品种 314 个，比 2018 年增加 88 个，其中两系杂交水稻继续呈现快速发展势头，2019 年合计审定 115 个、占 36.6％，籼型三系杂交稻 86 个、占 27.4％，常规粳稻 47 个、占 15.0％，籼粳亚种间杂交水稻品种审定 10 个，继续保持较快发展势头，在相邻省份有多个组合通过审定。华南地区审定品种也大幅增长，福建、广东、广西和海南 4 个省（自治区）合计审定通过 370 个水稻新品种，比 2018 年增加 115 个，其中籼型三系杂交稻品种 235 个、占 63.5％，籼型两系杂交稻品种 79 个、占 21.4％，籼型不育系 21 个、占 5.7％。从选育单位来看，31.5％左右的品种由科研单位育成，68.5％的品种由种业公司育成，种业公司育成品种继续增加。

表 2-1 2019 年国家及主要产稻省（区、市）审定品种情况

审定级别	总数	类型								第一选育单位	
		常规籼稻	常规粳稻	籼型三系杂交稻	籼型两系杂交稻	粳型不育系	籼型不育系	杂交粳稻	籼粳交三系杂交稻	科研单位	种业公司
国家	373	3	13	138	212			5	2	50	323
天津	1		1								1
河北	4		4							4	
内蒙古	11		11							1	10
辽宁	19		17					2		12	7
吉林	48		48							34	14
黑龙江	57		57							33	24
上海	15		12	1				2		7	8
江苏	23		16	2				4	1	15	8
浙江*	19	5	4		2	5	3			17	2
安徽	57	3	14	9	30			1		5	52
福建*	61	1		27	10		21		2	38	23
江西*	72	12	1	29	20		8		2	22	50
山东	11		10					1		5	6
河南	9		2	2	4			1		4	5

（续表）

审定级别	总数	类型								第一选育单位	
		常规籼稻	常规粳稻	籼型三系杂交稻	籼型两系杂交稻	粳型不育系	籼型不育系	杂交粳稻	籼粳交三系杂交稻	科研单位	种业公司
湖北*	51	3		16	20	8			4	13	38
湖南	77	2		29	43				3	5	72
广东	86	21		46	19					47	39
广西	210	9		152	47			1	1	44	166
海南	13			10	3					4	9
重庆	16	1		14	1					9	7
四川	27		3	22	2					20	7
贵州	31	1		22	5			3		11	20
云南	28	4	11	8	3			2		16	12
陕西	5	1		2	2						5
宁夏	1		1							1	
新疆											

＊：部分省份审定品种中含不育系。

九、超级稻品种认定与示范推广

（一）新认定超级稻品种

2019 年，为规范超级稻品种认定，加强超级稻示范推广，根据《超级稻品种确认办法》（农办科〔2008〕38 号），经各地推荐和专家评审，新确认宁粳 7 号、深两优 862 等 10 个品种（组合）为 2019 年超级稻品种，取消因推广面积未达要求的国稻 1 号、金优 299、Ⅱ优 084、Ⅱ优 7954、准两优 527、甬优 6 号、天优 122、金优 527、D 优 202 等 9 个品种的超级稻冠名。2020 年，新确认苏垦 118、中组 143 等 11 个品种为 2020 年度超级稻品种，取消因推广面积未达要求的丰优 299、两优培九、内 2 优 6 号、淦鑫 688、Ⅱ优航 2 号、荣优 3 号、扬粳 4038、武运粳 24 号、楚粳 28 号、金优 785 等 10 个品种的超级稻冠名资格。截至 2020 年，由农业农村部冠名的超级稻示范推广品种共计 133 个。其中，籼型三系杂交稻 49 个、占 36.8%，籼型两系杂交稻 42 个、占 31.6%，粳型常规稻 25 个、占 18.8%，籼型常规稻 9 个、占 6.8%，籼粳杂交稻 8 个、占 6.0%。

（二）超级稻高产示范与推广

2019 年，在农业农村部水稻绿色高质高效创建等科技项目示范带动下，我国水稻绿色高产高效技术集成与示范力度继续加大，高产攻关在多个方面取得新的突破，再创多项世界纪录。其中，超级杂交稻品种'湘两优 900（超优千号）'在河北省邯郸市永年区的河北省硅谷农科院超级杂交稻示范基地，试验田内亩（15 亩＝1hm²。全书同）产 1 203.36kg。籼粳超级杂交稻'甬优 12 号'在浙江衢州江山攻关田亩产为 1 106.39kg，打破攻关田亩产 1 071.51kg 的浙江省最高纪录；百亩示范方平均亩产 1 032.04kg，打破浙江省水稻百亩示范方 1 017.28kg 的高产纪录。2019 年 10 月，全国超级稻现场观摩暨品质鉴评会在湖南省长沙市召开，对理化指标达国标 3 级以上的品种进行食味品质鉴评。本次活动共征集 66 份超级稻样品，占超级稻品种总数的 50%，其中粳稻样品 14 份，籼稻样品 52 份。依据国家农业行业标准《食用稻品种品质（NY/T 593—2013）》检测，稻米理化指标达国标 3 级及以上的样品 40 份，优质率达 60.6%，比 2018 年对全国 792 份水稻样品检测的优质率高出了 12.4 个百分点。

第二节　国外水稻遗传育种研究进展

一、水稻生长发育的分子遗传研究进展

日本名古屋大学 Nakazono Mikio 团队最新研究发现，IAA 蛋白功能缺失的 iaa 13 突变体中，不仅侧根数量降低，通气组织也同时减少。随后研究发现，IAA13 蛋白可以与 ARF19 蛋白互相作用，而 ARF19 可以调控 $LBD1-8$ 基因的表达。iaa 13 突变体中 $LBD1-8$ 表达下降，而在 iaa 13 背景下增强 $LBD1-8$ 的表达，可恢复通气组织发育、部分恢复侧根生长。该研究为进一步解析水稻侧根和通气组织发育的分子机制提供了帮助（Yamauchi et al，2019）。

印度国家植物基因组研究所 Tyagi Akhilesh K 团队发现 $OsMED14-1$ 主要在根、叶、花药和种子的发育早期表达。应用 RNAi 干涉 $OsMED14-1$ 的表达，能够使株高显著降低、叶片和茎秆变窄、侧根分支减少、小孢子发育不良、穗分支减少和种子变小。组织学分析显示，RNAi 干涉植株中器官变细是由于细胞变小和细胞数量减少共同引起的。随后的研究发现，RNAi 干涉植株中，细胞周期紊乱，生长素水平降低，而外源补充生长素可恢复 RNAi 干涉植株中侧根发育。此外，该研究还发现 OsMED14-1 蛋白与 YABBY5、TDR 和 MADS29 等 3 个转录因子存在互作，它们可能通过共同调控植株体内生长素的稳态最终影响水稻发育（Malik et al，2019）。

意大利 University of Milan 的 Fabio Fornara 教授团队通过转录组分析的手段，鉴定到一个在短日照条件下表达水平显著降低的转录因子 $PINE1$，能够降低茎生长对赤霉素的敏感性。进一步研究发现，成花素可以下调 $PINE1$ 的表达，从而增强茎生长对赤

霉素的响应，并促进植株开花。该研究揭示了水稻协调开花与赤霉素依赖型茎生长的调控网络（Gomez - Ariza et al，2019）。

FON2 和 ASP1 是两个调控茎尖分生组织干细胞增殖与分化的关键基因，二者突变会导致花发育缺陷，花序数量和结构均出现异常。东京大学 Hiro - Yuki Hirano 团队最新研究发现，ASP1 功能缺失能够导致 fon2 突变体的异常表型加重，花序数量进一步增加。fon2asp1 双基因突变体中，干细胞出现明显的过度扩增，花序分生组织极端扩大和分裂，导致主轴出现分叉。转录组分析发现，FON2 和 ASP1 共同调控一系列具有相似功能的基因。该研究表明 ASP1 和 FON2 协同调控水稻干细胞的正常增殖（Suzuki et al，2019）。

美国内布拉斯加州立大学 Walia Harkamal 团队研究表明 MADS78 和 MADS79 的表达在胚乳发育的合胞期达到峰值，而在细胞阶段被抑制。过表达 MADS78 和 MADS79 导致胚乳细胞化延迟，而基因敲除二者导致胚乳细胞化提早，并且 mads78 mads79 双突变体不能产生可育的种子。随后的研究发现，MADS78 和 MADS79 蛋白均可与另一个 MADS 转录因子 MADS89 互作，加强核定位过程。表达分析显示，MADS78 和 MADS79 受到另一个种子发育基因 Fie1 的负调控。进一步研究发现，MADS78 和 MADS79 突变导致生长素信号通路基因和淀粉生物合成基因表达异常，从而导致生长素稳态紊乱和淀粉颗粒结构异常。该研究为进一步解析水稻种子早期发育的分子机制提供了帮助（Paul et al，2020）。

二、水稻生物/非生物胁迫分子遗传研究进展

日本埼玉大学的 Yuzuru Tozawa 团队应用 BBC 抗性品种和敏感型品种杂交发展遗传材料，通过图位克隆鉴定到一个控制 β-三酮类除草剂 BBC 抗性的基因 HIS1。HIS1 基因编码一个 Fe（Ⅱ）/2-氧戊二酸依赖型加氧酶，其通过催化 β-三酮除草剂的羟基化作用来解毒。系谱分析发现，HIS1 除草剂抗性等位基因来源于籼稻品种 Peta，且主要存在籼稻中，粳稻主要携带除草剂敏感型等位基因。在拟南芥中过表达该基因，能够同时提高 BBC 和其他 3 种 β-三酮类除草剂的抗性。该基因的发掘能够为培育抗除草剂水稻品种提供有利的基因资源（Maeda et al，2019）。

韩国首尔大学 Kim Ju - Kon 团队对豆科植物尿素通透酶基因在水稻中的同源基因 OsUPS1 进行了系统性研究。结果表明，OsUPS1 主要在维管束中表达，蛋白定位在质膜上。利用标签激活的方式过表达 OsUPS1，在不同环境下进行检测。在正常大田环境下，转基因植株穗部表现出尿素积累；在水培环境下，低氮处理后重新补充硫酸铵，转基因植株根部表现出更强的氮吸收能力；在低氮土壤中补充不同浓度的氮素，转基因植株在 50% 氮素补充条件下表现更好的生长态势。进一步对 OsUPS1 进行组成型的过表达和 RNAi，结果显示过表达植株的叶、茎和根中表现出尿素积累；而 RNAi 植株尿素积累主要发生在根中。这些结果表明 OsUPS1 在水稻中可能主要负责氮素的分配，过表

达植株可增加源组织中尿素的积累，以备植株在低氮环境下使用（Redillas et al，2019）。

三、水稻分子遗传学其他方面研究进展（表 2 - 2）

美国加州大学戴维斯分校 Venkatesan Sundaresan 团队首先发现，雄配子中特异表达的 AP2 基因转录因子家族成员 BBM1 在合子胚胎起始中具有关键作用。在雌配子中异位表达 BBM1，可以使得雌配子绕过受精检查进行孤雌生殖。进一步应用 Crispr/Cas9 技术同时敲除 BBM1、BBM2 和 BBM3，导致雌配子不能进行减数分裂，最终导致植株胚胎发育终止。有意思的是，当在 bbm1、bbm2、bbm3 等 3 个基因同时突变的杂交 F_1 中表达 BBM1 时，植株无需受精，可直接形成具有活性的双倍体胚胎。该胚胎发育而成的植株与全基因组呈杂合的 F_1 基因型完全一致，即实现了杂交稻种子的无性繁殖，并且后续实验证明了通过这种无性繁殖特征可以遗传。该技术利用有丝分裂替代减数分裂建立了水稻无融合生殖体系，使得通过无性繁殖保持 F_1 杂种优势成为可能，其可以快速固定品种间、亚种间甚至远缘间的遗传优势，还可以省去杂交制种的巨大成本（Khanday et al，2019）。

印度 ICRISAT Campus 的 Kumar Arvind 团队采用前期公布的水稻 3 000 份品种基因组重测序结果，对影响水稻产量性状的 87 个基因和影响稻谷品质的 33 个基因的单倍型进行了分析，应用候选基因法对产量和品质性状进行了关联分析。结果表明，这些基因在水稻品种中存在显著变异，关联分析检测到其中 21 个基因对产量或品种性状有显著的基因型作用，包括 Sd1、MOC1、IPA1、DEP3、DEP1、SP1、LAX1、LP、OSH1、PHD1、AGP7、ROC5、RSR1、OsNAS3、Ghd7、TOB1、TRX1、OsVIL3、SNB、GS5 和 GW2。研究还发现，通过选择目标基因优势单倍型组合可以为培育优良水稻品种提供帮助（Abbai et al，2019）。

表 2 - 2 控制水稻重要农艺性状的部分基因

基因名称	基因产物	功能描述	参考文献
AET1	tRNA^{His} 鸟苷转移酶	突变导致高温敏感	Chen et al.，2019
AH2	转录因子	突变导致籽粒变小和结实率下降等	Ren et al.，2019
B'K - PP2A	蛋白磷酸酶	过表达提高耐盐性	Zhao et al.，2019
Ef - cd	非编码小 RNA	促进抽穗	Fang et al.，2019a
HAN1	氧化酶	粳稻等位基因增强耐冷性	Mao et al.，2019
HIS1	加氧酶	籼稻等位基因抗除草剂	Maeda et al.，2019
MADS78	转录因子	突变导致种子发育异常	Paul et al.，2020
MADS79	转录因子	突变导致种子发育异常	Paul et al.，2020

（续表）

基因名称	基因产物	功能描述	参考文献
OsAGO2	ARGONAUTE 蛋白	干涉导致花药发育异常	Zheng et al.，2019
OsBRXL4	Brevis Radix 类似蛋白	过表达增大分蘖角度，干涉效应相反	Li et al.，2019
OsCd1	协助转运蛋白超家族成员	粳稻等位基因降低稻米镉含量	Yan et al.，2019
OsCKX9	细胞分裂素氧化酶/脱氢酶	过表达和敲除均导致分蘖减少和株高降低等	Duan et al.，2019b
OsGluA2	谷蛋白前体	$OsGluA2^{HET}$ 提高稻米蛋白含量	Yang et al.，2019b
OsGSK3	糖原合成激酶	敲除导致增加粒长	Gao et al.，2019
OsMED14-1	介体亚基	干涉导致株高降低和穗分支减少等	Malik et al.，2019
OsmiR530	Micro RNA	过表达导致减产，干涉效应相反	Sun et al.，2019
OsNPF6.1	硝酸根转运因子	单倍型 HapB 提高氮素利用率	Tang et al.，2019
OsNR2	硝酸还原酶	籼稻等位基因提高氮素利用率	Ma et al.，2018
OsRac1	Rho 家族 GTP 酶	过表达增加粒宽，敲除效应相反	Zhang et al.，2019c
OsSHI1	转录因子	突变导致分蘖减少和穗分支增加	Duan et al.，2019a
OsSPL3	转录因子	突变导致不定根减少	Shao et al.，2019c
OsSPL9	转录因子	突变增强条纹叶枯病抗性	Yao et al.，2019
OsSPY	乙酰氨基葡萄糖转移酶	功能型等位基因降低株高，穗子变小	Yano et al.，2019
OsUPS1	尿素通透酶	控制氮素分配	Redillas et al.，2019
PIBP1	转录因子	敲除导致稻瘟病抗性降低	Zhai et al.，2019
SDEL1	E3 泛素连接酶	过表达提高磷吸收	Ruan et al.，2019
SDEL2	E3 泛素连接酶	过表达提高磷吸收	Ruan et al.，2019
TIG1	转录因子	籼稻等位基因减小分蘖角度	Zhang et al.，2019b
TIP3	转录因子	突变导致花药发育异常	Yang et al.，2019c
WG7	转录因子	过表达增加粒宽，敲除效应相反	Huang et al.，2019

参 考 文 献

Abbai R，Singh V K，Nachimuthu V V, et al. 2019. Haplotype analysis of key genes governing grain yield and quality traits across 3K RG panel reveals scope for the development of tailor – made rice with enhanced genetic gains [J]. Plant Biotechnol J, 17: 1612 – 1622.

Carpentier M C, Manfroi E, Wei F J, et al. 2019. Retrotranspositional landscape of Asian rice revealed by 3000 genomes [J]. Nature communications 10: 24.

Chen K, Guo T, Li X M, et al. 2019. Translational regulation of plant response to high temperature by a dual – function trna (his) guanylyltransferase in rice [J]. Mol Plant, 12: 1123 – 1142.

Duan E, Wang Y, Li X, et al. 2019a. OsSHI1 regulates plant architecture through modulating the transcriptional activity of IPA1 in rice [J]. Plant Cell, 31: 1026 – 1042.

Duan J, Yu H, Yuan K, et al. 2019b. Strigolactone promotes cytokinin degradation through transcriptional activation of CYTOKININ OXIDASE/DEHYDROGENASE 9 in rice [J]. Proc Natl Acad Sci USA, 116: 14319 – 14324.

Fang J, Zhang F, Wang H, et al. 2019a. Ef – cd locus shortens rice maturity duration without yield penalty [J]. Proc Natl Acad Sci USA, 116: 18717 – 18722.

Fang Z, Ji Y, Hu J, et al. 2019b. Strigolactones and brassinosteroids FC1 expression in rice tillering. Mol Plant EB/OL. doi: 10. 1016/j. molp.

Gao X Y, Zhang J Q, Zhang X J, et al. 2019. Rice qGL3/OsPPKL1 functions with the gsk3/shaggy – like kinase OsGSK3 to modulate brassinosteroid signaling [J]. Plant Cell, 31: 1077 – 1093.

Gomez – Ariza J, Brambilla V, Vicentini G, et al. 2019. A transcription factor coordinating internode elongation and photoperiodic signals in rice [J]. Nat Plants, 5: 358 – 362.

Hou Y, Wang Y, Tang L, et al. 2019. SAPK10 – mediated phosphorylation on WRKY72 releases its suppression onjasmonic acid biosynthesis and bacterial blight resistance [J]. Science, 16: 499 – 510.

Hu B, Jiang Z, Wang W, et al. 2019. Nitrate – NRT1. 1B – SPX4 cascade integrates nitrogen and phosphorus signalling networks in plants [J]. Nat Plants, 5: 637.

Huang Y, Bai X, Cheng N, et al. 2019. Wide Grain 7 increases grain width by enhancing H3K4me3 enrichment in the *OsMADS*1 promoter in rice (*Oryza sativa* L.) [J]. Plant J, doi: 10. 1111/tpj. 14646.

Khanday I, Skinner D, Yang B, et al. 2019. A male – expressed rice embryogenic trigger redirected for asexual propagation through seeds [J]. Nature, 565: 91 – 95.

Li Z, Liang Y, Yuan Y, et al. 2019. OsBRXL4 regulates shoot gravitropism and rice tiller angle through affecting LAZY1 nuclear localization [J]. Mol Plant, 12: 1143 – 1156.

Liao Z, Yu H, Duan J, et al. 2019. SLR1 inhibits MOC1 degradation to coordinate tiller number and plant height in rice [J]. Nature communications, 10: 2738.

Lin C C, Chao, Y T, Chen W C, et al. 2019. Regulatory cascade involving transcriptional and N – end rule pathways in rice under submergence [J]. Proc Natl Acad Sci USA, 116: 3300 – 3309.

Liu M M, Shi, Z Y, Zhang, X H, et al. 2019a. Inducible overexpression of Ideal Plant Architecture1 improves both yield and disease resistance in rice [J]. Nat Plants, 5: 389 – 400.

Liu M X, Zhang, S B, Hu, J X, et al. 2019b. Phosphorylation – guarded light – harvesting complex II contributes to broad – spectrum blast resistance in rice [J]. Proc Natl Acad Sci USA, 116: 17572 – 17577.

Ma S，Tang N，Li X，et al. (2018). Reversible histone H2Bmonoubiquitination fine－tunes abscisic acid signaling and drought response in rice [J]. Mol Plant，12：263－277.

Maeda H，Murata K，Sakuma N，et al. 2019. A rice gene that confers broad－spectrum resistance to beta－triketone herbicides [J]. Science，365：393－396.

Malik N，Ranjan R，Parida，S K，et al. 2019. Mediator subunit OsMED14_1 plays an important role in rice development [J/OL]. Plant J，doi：10.1111/tpj.14605.

Mao D，Xin Y，Tan Y，et al. 2019. Natural variation in the HAN1 gene confers chilling tolerance in rice and allowed adaptation to a temperate climate [J]. Proc Natl Acad Sci USA，116：3494－3501.

Miao C，Wang Z，Zhang L，et al. 2019. The grain yield modulator miR156 regulates seed dormancy through the gibberellin pathway in rice [J]. Nature communications，10：3822.

Ni L，Fu X，Zhang H，et al. 2018. Abscisic acid inhibits rice protein phosphatase PP45 via h2o2 and relieves repression of the Ca^{2+}/CaM－dependent protein kinase DMI3 [J]. Plant Cell，31：128－152

Paul P，Dhatt，B K，Miller M，et al. 2020. MADS78 and MADS79 are essential regulators of early seed development in rice [J]. Plant Physiol，182：933－948.

Redillas M，Bang，S W，Lee，D K，et al. 2019. Allantoin accumulation through overexpression of ureide permease1 improves rice growth under limited nitrogen conditions [J]. Plant Biotechnol J，17：1289－1301.

Ren D，Cui Y，Hu H，et al. 2019. AH2 encodes a MYB domain protein that determines hull fate and affects grain yield and quality in rice [J]. Plant J，100：813－824.

Ruan W，Guo M，Wang X，et al. 2019. Two RING－finger ubiquitin E3ligases regulate the degradation of SPX4，an internal phosphate sensor，for phosphate homeostasis and signaling in rice [J]. Mol Plant，12：1060－1074.

Shao G，Lu Z，Xiong J，et al. 2019a. Tiller bud formation regulators MOC1 and MOC3 cooperatively promote tiller bud outgrowth by activating FON1 expression in rice [J]. Mol Plant，12：1090－1102.

Shao L，Xing F，Xu C，et al. 2019b. Patterns of genome－wide allele－specific expression in hybrid rice and the implications on the genetic basis of heterosis [J]. Proc Natl Acad Sci USA，116：5653－5658.

Shao Y，Zhou，H Z，Wu Y，et al. 2019c. OsSPL3，an SBP－domain protein，regulates crown root development in rice [J]. Plant Cell，31：1257－1275.

Sun W，Xu，X H，Li Y，et al. 2019. OsmiR530 acts downstream of OsPIL15 to regulate grain yield in rice [J/OL]. New Phytol，doi：10.1111/nph.16399.

Suzuki C，Tanaka W，and Hirano，H. Y. 2019. Transcriptional corepressor ASP1 and CLV－Like signaling regulate meristem maintenance in rice [J]. Plant Physiol，180：1520－1534.

Tang W，Ye J，Yao X，et al. 2019. Genome－wide associated study identifies NAC42－activated nitrate transporter conferring high nitrogen use efficiency in rice [J]. Nature communications，10：5279.

Wang C，Liu Q，Shen Y，et al. 2019a. Clonal seeds from hybrid rice by simultaneous genome engineering of meiosis and fertilization genes [J]. Nat Biotechnol，37：283.

Wang C S，Tang S C，Zhan Q L，et al. 2019b. Dissecting a heterotic gene through GradedPool－Seq mapping informs a rice－improvement strategy [J]. Nature communications，10：2982.

Yamauchi T，Tanaka A，Inahashi H，et al. 2019. Fine control of aerenchyma and lateral root development through AUX/IAA – and ARF – dependent auxin signaling [J]. Proc Natl Acad Sci USA，116：20770 – 20775.

Yan H，Xu W，Xie J，et al. 2019. Author Correction：Variation of a major facilitator superfamily gene contributes to differential cadmium accumulation between rice subspecies [J]. Nature communications，10：3301.

Yang R，Li P，Mei H，et al. 2019a. Fine – tuning of MiR528 accumulation modulates flowering time in rice [J]. Mol Plant，12：1103 – 1113.

Yang Y，Guo M，Sun S，et al. 2019b. Natural variation of OsGluA2 is involved in grain protein content regulation in rice [J]. Nature communications，10：1949.

Yang Z，Sun L，Zhang P，et al. 2019c. TDR INTERACTING PROTEIN 3，encoding a PHD – finger transcription factor，regulates Ubisch bodies and pollen wall formation in rice [J]. Plant J，99：844 –861.

Yano K，Morinaka Y，Wang F，et al. 2019. GWAS with principal component analysis identifies a gene comprehensively controlling rice architecture [J]. Proc Natl Acad Sci USA，116：21262 – 21267.

Yao S，Yang Z，Yang R，et al. 2019. Transcriptional regulation of miR528 byOsSPL9 orchestrates antiviral response in rice [J]. Mol Plant，12：1114 – 1122.

Zhai K R，Deng Y W，Liang D，et al. 2019. RRM transcription factors interact with NLRs and regulate broad – spectrum blast resistance in rice. Mol Cell，74：996.

Zhang C，Zhu J，Chen S，et al. 2019a. Wx (lv)，the Ancestral ancestral Allele allele of Rice rice Waxy waxy Genegene [J]. Mol Plant，12：1157 – 1166.

Zhang W，Tan L，Sun H，et al. 2019b. Natural variations at TIG1 encoding a tcp transcription factor contribute to plant architecture domestication in rice [J]. Mol Plant，12：1075 – 1089.

Zhang Y，Xiong Y，Liu R，et al. 2019c. The Rho – family GTPase OsRac1 controls rice grain size and yield by regulating cell division [J]. Proc Natl Acad Sci USA，116：16121 – 16126.

Zhao J L，Zhang L Q，Liu N，et al. 2019. Mutual regulation of receptor – like kinase SIT1 and B'κ – PP2A shapes the early response of rice to salt stress [J/OL]. Plant Cell，DOI：https：//doi. org/10. 1105/tpc. 18. 00706

Zheng S，Li J，Ma L，et al. 2019. OsAGO2 controls ROS production and the initiation of tapetal PCD by epigenetically regulating OsHXK1 expression in rice anthers [J]. Proc Natl Acad Sci USA，116：7549 –7558.

第三章 水稻栽培技术研究动态

2019 年，我国水稻栽培技术研究在水稻高产栽培理论创新、技术研发与推广等方面做了人量工作，取得了丰硕成果。多项成果获国家与省部级科技进步奖励，如扬州大学戴其根教授领衔研发的"我国水稻主产区精确定量栽培关键技术创新与应用"获2019 年神农中华农业科技奖一等奖，该项成果创建了水稻主产区实用精确定量栽培技术体系，为我国水稻持续增产增效提供了重要支撑；中国农业科学院农业资源与农业区划研究所周卫研究员主导开发的"主要粮食作物养分资源高效利用关键技术"获 2019 年神农中华农业科技奖一等奖，该项成果全面构建了主要粮食作物（水稻、小麦、玉米）养分资源高效利用理论与技术体系，大幅度提高了养分资源利用效率、作物产量和综合效益；河南农业大学赵全志教授领衔研发的"水稻弱势籽粒灌浆充实机理及调控关键技术创新与应用"获 2019 年河南省科技进步一等奖，该项成果率先提出大穗型水稻品种籽粒灌浆充实的源—库质量理念，构建了籽粒相对充实度、伤流势、颖花伤流量等调控指标体系；黑龙江省农业科学院耕作栽培研究所张喜娟博士主导研发的"寒地粳稻机直播农机农艺关键技术研发与集成应用"获 2019 年黑龙江省科技进步一等奖，该项成果改进并研制了适于寒地水稻直播的整地机械和播种机械，实现了寒地水稻直播栽培技术的农机农艺相配套。在水稻高产栽培理论研究方面，科研工作者们在稻田生态与环境调控机制、水稻产量与效率层次差异形成机理、水稻弱势粒充实机理等方面研究取得了积极进展，进一步丰富和发展了水稻高产高效栽培的技术理论体系；在水稻机械化生产技术方面，水稻精量穴直播技术、杂交稻单本密植机插高产高效栽培技术、水稻叠盘出苗育秧技术等一批稻作新技术、新体系也逐步得到推广应用。此外，针对水稻生产中存在的过量施用氮肥、水肥利用效率低、气象灾害预防与补救等问题，科研工作者们在深施肥、肥料运筹、新型肥料选用、干湿交替灌溉、防灾减灾等方面也开展了相关研究工作，不断提升国内水稻栽培理论研究与技术创新水平。

第一节 国内水稻栽培技术研究进展

一、水稻高产高效栽培理论

（一）稻田生态与环境调控机制研究

全球气候变暖与温室气体浓度增加有关，正逐渐影响人类的生存环境和质量。甲烷（CH_4）是 3 种主要的温室气体（CO_2、CH_4、N_2O）之一，人类生产活动大量甲烷排放会造成气候变暖，稻田是大气中甲烷主要的人为排放源之一。刘少文等（2019）研究认为，稻田系统中秸秆还田 C/N 的相对含量可能是干扰氮肥水平对稻田 CH_4 排放作用的关键。当碳冗余时，投入无机氮可以减轻氮的限制作用从而显著提高 CH_4 排放；而碳不足时继续投入无机氮，CH_4 排放相对减少。Chen 等（2019）研究发现，拔节期至齐穗期水稻根系形态生理特征与稻田 CH_4 的排放关系密切，其中水稻根干重、根长、根系氧化力和根系泌氧能力等与稻田甲烷排放呈负相关关系，水稻根系分泌物中的苹果酸、柠檬酸和琥珀酸可促进根际土壤甲烷氧化菌的丰度与活性，有利于降低稻田甲烷排放。李帅帅等（2019）利用 Meta 分析方法研究发现，在湖南双季稻生产中合理采用免耕、复合种养措施（如稻田养鸭、稻田养鱼等）及合理化肥料投入等有利于平衡该区域水稻增产与 CH_4 减排。田昌等（2019）研究表明，与施用普通尿素相比，施用控释尿素可以减轻环洞庭湖典型双季稻连作区温室气体的排放。也有研究认为，施用控释尿素可显著降低稻田水面中的铵态氮含量，减少氨挥发损失率（黄思怡等，2019）。Dong 等（2019）研究发现，在长江下游稻—麦轮作区施用生物炭尽管不能提高水稻、小麦周年产量，但可以显著提高氮肥利用效率，减少氨挥发。也有学者发现，在稻田中仅添加生物炭可能会造成水稻减产及氮肥利用效率降低，但在施用生物炭的同时增加浮萍投入可有效减少氨挥发，提高水稻产量与氮肥利用效率（Sun et al, 2019）。

（二）水稻产量与效率层次差异研究

作物产量差是指作物在特定生态气候条件下能获得的潜在产量与农民实际产量之差，可以有效反应现阶段作物的生产水平和潜在的可增长幅度。近年来作物产量与效率层次差异形成机理的分析成为国际上作物学的研究热点之一。华中农业大学彭少兵教授团队利用全球产量差评估系统（Global Yield Gap Atlas），应用国际最新的水稻生长模型模拟我国不同区域各种水稻种植模式产量潜力的时空变化，同时结合相关统计数据评估农业气候区、省份以及国家水平的产量差。在此基础上，分析 2030 年我国水稻的供需平衡状况。结果发现，目前全国水稻平均产量差为潜在产量的 31%。在确保耕地面积不减少的前提下，通过品种改良和栽培技术创新，保持水稻单产年增长率与前 30 年相同的趋势以减少产量差，中国在 2030 年时水稻可以基本实现供给自足。此外，双季稻的产量差比单季稻高 6 个百分点，表现出更大的潜在增产空间，可以作为稻谷供需矛盾突出时调整种植结构、提高总产的优选策略（Deng et al, 2019）。

（三）水稻弱势粒充实机理及调控途径研究

水稻籽粒灌浆是籽粒形成的最重要生理过程，也是决定粒重、产量和稻米品质的决定性阶段，破解大穗型水稻弱势粒充实不良的成因与机制，发掘调控弱势粒灌浆的栽培途径已成为当前水稻研究的一个热点，同时也是难点。在水稻弱势粒充实机理方面，Zhang 等（2019）发现 *GF14f* 在强势粒和弱势粒中的表达模式具有时空差异：在灌浆的早期（花后的 5~15 天），弱势粒中 *GF14f* 的表达水平显著高于强势粒，但在灌浆中晚期（花后的 20～30 天），弱势粒中的表达低于强势粒，弱势粒中高丰度的 $GF14f$ 蛋白可能是其灌浆不良的重要原因。Zhao 等（2019）指出，miR1432 – OsACOT 可能通过调节脱落酸和生长素的合成和信号传导，进而调控水稻籽粒的灌浆，最终影响稻谷大小和重量。此外，栽培措施如水分、氮肥等对水稻弱势粒充实也具有重要的调控作用。Wang 等（2019）研究发现，灌浆期适度土壤干旱可以提高茎鞘中 α–淀粉酶（EC 3.2.1.1，α–amylase）和 β–淀粉酶（EC 3.2.1.2，β–amylase）活性及其相关基因的表达，促进茎鞘中 NSC 向籽粒中转运，进而改善大穗型水稻弱势粒灌浆。戚昌等（2019）研究发现，随着温度上升，晚粳稻南粳 9108 的结实率和千粒重不断降低，主要原因是温度影响晚粳稻籽粒内源激素含量和淀粉合成关键酶活性，进而影响籽粒灌浆、总淀粉及其组分的积累。Fu 等（2019）研究发现施氮量增加与否对每穗颖花数并没有影响，但高施氮量会导致弱势粒充实度降低。

二、水稻机械化生产技术

（一）水稻精量穴直播技术

水稻机械化直播是一种新型轻简栽培技术，整地后直接使用机械进行穴播、条播或撒播稻种，省去了育秧、拔秧、运秧和栽秧等主要作业环节，具有极其显著的省工、省力、高效优势。为满足不同区域、不同熟制、不同品种成行成穴有序种植的农艺要求，针对人工撒播存在的问题，华南农业大学罗锡文院士研究团队基于农机农艺融合，以机械精量穴直播为核心，以高产高效为目标，针对人工撒播稻无序生长、扎根浅、易倒伏等问题，深入分析了国内外机械撒播和条播的优缺点，首创"三同步"精量穴直播技术，发明了水稻精量穴直播机系列机具。揭示了机械化精量穴直播水稻的生长发育规律、需水需肥特性和杂草发生特点，创建了"精播全苗""基蘖肥一次深施"和"播喷同步杂草防除"的水稻精量穴直播配套农艺技术，实现了水稻机械化、轻简化高效种植。发明了与水稻精量穴直播配套的浸种剂、包衣剂、盲谷播种等。实现了精播全苗，比人工撒播成苗率提高 10% 以上，分蘖成穗率提高 5～10 个百分点。开展了缓控释肥在同步开沟起垄施肥精量穴直播技术中的试验研究与推广应用，研制了水稻生态专用肥，实现了基蘖肥一次深施，节肥 15% 以上，氮肥农学利用率提高 23%。创新研究了水稻精量穴直播的"播喷同步"＋苗期除草的杂草"一封一杀"防控技术，实现了杂草有效防控。同步开沟起垄水稻精量穴直播技术在田面上同时开设蓄水沟和播种沟，采用穴播方式将稻种播在垄上的播种沟中，实现了成行成穴有序生长和垄畦栽培，增加了根系入土深度。

（二）杂交稻单本密植机插高产高效栽培技术

针对杂交稻机插秧用种量大、秧龄期短、秧苗素质差、早晚季品种搭配难等生产问题，湖南农业大学邹应斌教授研究团队运用现代作物栽培学、现代机械工程科学和现代种子科学的技术原理，开展了机械化种子精选、包衣、精准播种等技术与装备的研究，突破了单粒定位播种、单本成苗、少种盘根、大蔸取秧等单本密植机插秧关键技术，结合本田促控技术，集成了"一粒种、一棵秧、一蔸禾"的"三一"技术体系。该技术体系不仅解决了目前普通机插秧用种量大、秧龄期短、秧苗素质差、双季稻品种不配套的问题，实现用种量减少 40%～70%、秧龄延长 5～10 天，同时也发挥了杂交稻分蘖力强、成穗率高、穗型大的优势和增产潜力，实现了机插双季稻的品种杂交化，是对小蔸密植和水稻机插秧技术的重大创新，是杂交水稻栽培技术的重要发展。2019 年，该项技术被列为农业农村部主推技术。

（三）水稻叠盘出苗育秧技术

水稻叠盘出苗育秧是针对现有水稻机插育秧方法存在的问题，根据水稻规模化生产及社会化服务的技术需求，经多年模式、装备和技术创新的一种现代化水稻机插二段育供秧新模式。该技术采用一个叠盘暗出苗为核心的育秧中心，由育秧中心集中完成育秧床土或基质准备、种子浸种消毒、催芽处理、流水线播种、温室或大棚内叠盘、保温保湿出苗等过程，而后将针状出苗秧连盘提供给用秧户，由不同育秧户在炼苗大棚或秧田等不同育秧场所完成后续育秧过程的一种"1 个育秧中心＋N 个育秧点"的育供秧模式。在暗室叠盘，通过控温控湿，创造利于种子出苗的环境，解决出苗难题，提早出苗 2～4 天，提高成秧率 15%～20%；种子出苗后分散育秧，便于运秧和管理，方便机插作业，有利于扩大育供秧能力，降低运输成本，推动机插育秧模式转型，育秧社会化服务。该技术目前已在我国长江中下游的浙江、江西、湖南等省大面积推广应用，增产效果显著，与传统育秧及机插技术相比，具有出苗率高，秧苗素质好，机插伤秧伤根率和漏秧率低，插后返青快和促进早发等优点。据初步统计，近几年在浙江省不同地方、季节、品种试验示范，增产幅度为 3%～15%，亩均增产 45.6 千克，通过节约育秧成本，节省机插漏秧补秧用工、节种和节肥，每亩节本增效 38 元。2019 年，该项技术被列为农业农村部主推技术。

三、水稻肥水管理技术

（一）稻田培肥技术

水稻单产高低又和土壤肥力水平密切相关，而合理进行土壤培肥是维持和提升土壤肥力水平的最主要措施，也是作物高产优质的重要保证。Dai 等（2019）以江西省南昌市自 1984 年始的有机肥料替代化肥氮素的长期试验为基础，设置 5 个有机替代处理，发现与等养分化肥比较，长期有机替代可显著提高水稻产量、土壤养分含量和 pH 值及碳、氮水解酶活性，且随替代比例的提高上述指标含量呈增加趋势。程会丹等

（2019）研究了连续 11 年减施 40％化肥下紫云英不同翻压量对双季稻产量及土壤活性有机碳、氮的影响，发现紫云英翻压 22.5～30t/hm² 具有最好的培肥稻田土壤的效果。张鹏等（2019）等认为，与冬季休闲相比，冬种紫云英、冬种油菜、冬种大蒜和冬季轮作（马铃薯、紫云英、油菜）均有利于稻田土壤团聚体稳定性的提高和各粒级下团聚体有机碳的积累，并以冬季轮作模式的效果最佳。李增强等（2019）认为，紫云英还田量为 45t/hm² 条件下，适当减少常规化肥用量能够显著增加土壤活性有机碳含量和碳转化酶活性，以配施 60％的化肥用量效果最佳。许云翔等（2019）比较了一次性施加生物炭对 6 年后稻田土壤肥力及酶活性的影响，发现土壤有机碳、有效磷和速效钾含量显著增加，土壤 pH 值和容重显著降低，但对土壤全氮含量无显著影响，土壤脲酶和酸性磷酸酶的活性显著增加。

（二）水稻高效施肥技术

节本、省工、稳产高产、高效、绿色的轻简化农业生产方式越来越受到重视。水稻机插同步侧深施肥是一项新兴技术，深入探究不同类型氮肥机械侧深施用对机插水稻产量及氮素利用效率的影响，有利于提高水稻机械化种植水平，为机插水稻节本增效提供理论依据。一份来自中国水稻研究所的研究成果表明，与人工撒施相比，机械侧深施肥可以显著提高氮肥利用率，增产的主要原因是其具有更多有效穗数和颖花总量。齐穗至成熟期，机械侧深施肥处理茎叶鞘氮素积累量和茎叶氮素表观转移量均显著高于其他施氮处理。此外，在穗分化期和齐穗期，相比其他施氮处理，机械侧深施肥处理的氮素积累量、SPAD 值、干物质积累量均显著增加（朱丛桦等，2019）。李思平等（2019）认为当栽植密度为 27 万穴/hm² 时，氮肥按照 288kg/hm² 和 216kg/hm² 施用，水稻产量和氮肥农学效率均较高，该组合在降低氮肥用量，控制合理密度的同时，实现了产量和效益的优化，值得在水稻生产中推荐应用。另一项基于机直播的研究指出，机直播稻在 300kg/hm² 的高氮水平下易取得高产，配套适宜直播密度可进一步提高水稻产量，但从稻田绿色生产和节本增效角度考虑，机直播稻适当降低施氮量至 225kg/hm²，配套 180×10⁴ 苗/hm² 直播密度仍可获得 9t/hm² 左右的产量，也值得推广（吴培等，2019）。郭俊杰等（2019）以江苏省为研究对象，通过对 1502 家农户进行调查，定量分析氮肥减量对水稻产量形成和氮素吸收利用的影响特征，发现将氮肥减量控制在 31％ 以内，同时进行优化管理，能够合理调控水稻各产量构成因素，实现水稻增产增效。氮肥用量不仅关系到水稻产量形成，对稻米品质也有一定影响。石吕等（2019）研究发现，后期氮素肥料均显著增加了稻米蛋白质及其组分含量，品种间蛋白质对氮素的反应存在明显不同，且肥料处理效应大于品种间差异，其中醇溶蛋白和谷蛋白对氮肥施用的反应更为敏感。随着后期氮肥水平的增加，直链淀粉含量和胶稠度均有所下降，淀粉糊化特征值中最高黏度、热浆黏度、崩解值和最终黏度呈下降趋势，而回复值、消减值呈上升趋势，食味值显著下降。周婵婵等（2019）研究了水氮互作对东北粳稻品质的影响，发现灌溉方式和施氮量对稻米品质有明显的互作效应，在正常施氮和高氮水平下，稻米的加工品质、外观品质、营养品质和蒸煮食味品质均以轻干湿交替灌溉为佳。

（三）水稻节水灌溉技术

节水灌溉技术是目前应对水资源短缺的同时又能改善水稻生长、提高产量的重要栽培技术。其中，干湿交替灌溉技术是目前水稻生产中应用最为广泛的一种节水灌溉技术，节水效果明显。该灌溉方式主要的技术特点是在水稻的生育过程中，保持田间水层一段时间，然后自然落干一段时间后再复水，再落干，再复水，如此循环。干湿交替灌溉条件下，稻田灌溉用水较常规淹灌处理减少 15%～18%，但其产量表现不一。陆大克等（2019）研究发现，轻度适宜的干湿交替灌溉配合施用一定比例的铵硝混合氮肥可以充分发挥水肥的耦合效应，促进强健根系形态的建成，提高根系的碳氮代谢及养分吸收利用，促进水稻高产稳产。近期也有研究指出，轻度交替灌溉技术可以适当削减根系生物量，改善地上部生长发育，促进弱势籽粒充实，最终提高产量与资源利用效率（Xu et al, 2019）。李婷婷等（2019）总结了近年来水稻干湿交替灌溉的相关文献，指出与常规灌溉相比，干湿交替灌溉改善根系形态生理的原因主要有以下两个方面：一是在干湿交替过程中，土壤氧化还原电位随之发生相应的上升—下降的变化，改善土壤氧化还原性，在有效抑制由于长期淹水而导致的土壤中 Fe^{2+}、H_2S 等有毒还原性产物积累的同时，提高土壤的通气性和土壤中的氧气含量；二是干湿交替灌溉提高了土壤中微生物活性，而在重干湿交替条件下对根系生长和生理活性产生不利影响主要是因为重度土壤落干使土壤含水量急剧下降，根尖细胞器数量减少，细胞膜内不饱和脂肪酸减少导致膜蛋白不稳定和膜结构功能丧失，从而影响到整个细胞的完整代谢过程，进而影响根系生长和生理功能。除干湿交替灌溉技术外，控制灌溉技术在我国也有一定面积的推广应用。该技术是在满足水稻生长发育所需水分的前提下调控土壤含水率，实现节约灌溉用水和提高产量。文孝荣等（2019）根据不同生育时期需水量控制土壤水分，以土壤饱和含水率为上限，土壤饱和含水率的 60%～80% 为下限，在土壤含水量达到控制下限时开始灌水，发现水稻控制灌溉技术在节省灌溉用水量的同时，可以提高水稻产量，实现节本增效。

四、水稻抗灾栽培技术

（一）高温

气候变化是 21 世纪中国乃至全球农业面临的严峻挑战之一，对农业的影响直接关系到粮食安全和经济安全。水稻生殖生长期遇 35℃ 以上的高温就会对水稻产生危害。段骅等（2019）综述了近年来高温胁迫对水稻产量和品质的影响及其生理机制，指出不同时期水稻对高温敏感程度依次为抽穗开花期＞幼穗发育期＞灌浆期。在抽穗开花期遇到高温，能使开花期提前，致使花药开裂不良、花粉萌发率低和花粉活力下降，最终造成水稻籽粒败育；幼穗发育期遇到高温，会抑制颖花分化，导致颖花退化；在灌浆期遇到高温，会缩短灌浆期，阻碍籽粒充实。长江中下游双季早稻的抽穗扬花期正值盛夏高温季节，往往容易遭遇高温热害，造成早稻结实率下降、籽粒品质变差。杨军等（2019）研究认为高温下喷施适宜浓度的水杨酸和磷酸二氢钾可有效增强水稻抗氧化酶活性，增加渗透调节物质和叶绿素含量，提高中稻穗粒数和结实率，减少产量损失。

（二）干旱

干旱作为影响粮食作物生产的重要环境因子，其风险研究日渐受到学者关注。中国科学院昆明植物研究所功能基因组学与利用团队通过转录组链特异性测序方法，得到大量与水稻干旱"记忆"相关的候选差异表达基因，而其中有大量的基因在表达水平上呈现出随处理时间的"记忆"规律，即表现出与第一次干旱胁迫时不同的变化趋势（Li et al，2019）。张彤等（2019）利用免疫印迹分析了 OsPR10A 在水稻不同生长时期、不同组织部位及多种非生物逆境胁迫下的表达特征，发现 OsPR10A 在干旱、盐胁迫以及茉莉酸甲酯和脱落酸诱导下表达量明显升高，表明该蛋白可能在干旱和盐胁迫应答过程中发挥作用。Huang 等通过图位克隆方法获得了一个影响水稻干旱敏感性的基因 DS8，基因功能的缺陷导致水稻叶片表皮发育异常，主要是角质膜受损，增强了突变体非气孔途径的水分散失。微丝活动异常导致突变体 ABA 诱导气孔闭合通路受阻，气孔闭合异常，导致突变体的叶片过量失水，表现出对干旱敏感。Yang 等（2019）认为，在生殖生长阶段干旱胁迫显著降低了水稻的各项生理功能，特别是光合生产能力不足，虽然水稻在旱后具有一定的补偿作用，但是干旱胁迫引发水稻叶片的早衰，造成后期干物质积累不足，同时加速了灌浆速率、缩短灌浆时间，导致产量和品质下降。

第二节　国外水稻栽培技术研究进展

在水稻机械化生产技术方面，以日本、韩国等为代表的国家目前已经形成了适应全程机械化生产的水稻栽培理论与技术体系。而以美国、意大利和澳大利亚等为代表的国家则形成了以水稻机械化直播为主体的水稻种植体系，大幅度降低水稻生产成本。发达国家早在 20 世纪 60 年代就已实现从耕翻播种、田间管理、收获干燥等方面的全程机械化，提高劳动生产率。西方发达国家水稻生产呈现以下几个特点：①计算机与激光技术结合的大型平地机高质量完成整地平地作业；②机械精控播量、播深，播种质量高；③水、肥、药管理均实现机械化、智能化，实现精准灌溉、施肥与施药；④水稻与大豆轮作补足土壤肥力等。值得注意的是，上述发达国家水稻生产具有高产量、高效率、低人工投入的优势，这些优势主要依赖先进的农用机械、广茂肥沃的耕地、科学的休耕制度及高昂的政府补贴。

水稻是用水量最多的作物，耗水量大、水分利用效率低是当前水稻生产中面临的突出问题，发展节水灌溉对稳定水稻生产和水资源高效利用具有重要意义。国外目前比较成熟的水稻节水灌溉技术有 3 种。①湿润灌溉：技术要点在于控制土壤的水分限度，使土壤水分极度饱和，无须持续建立水层；②干湿交替灌溉：技术要点是在一段时间内田间建立浅水层，而后自然落干至土壤干裂不严重，复水，再落干，再复水，如此循环；③水稻旱作孔栽法：技术要点是在湿润免耕的田块用小巧的打孔播种器（机）在土中打孔、播种，播完后以土肥覆盖，并在孔中灌满水。

为提高资源利用效率，增强稻田环境可持续发展能力，科学家们探索了提高土地生产能力的管理措施；改进水分管理措施和发展节水栽培技术；探索水稻营养理论，形成了"V"字形施肥、平衡施肥、诊断施肥、实时实地氮肥管理、精确定量施肥、计算机决策施肥等理论和技术，实现高产稳产和提高肥料利用率；建立了气候变化对水稻生产影响的预测模型，明确未来气候对水稻种植制度的影响；探明了种植制度和稻田作物多样性引起的土壤碳变化和温室气体排放，提出基于水稻的系统中减少温室气体排放的措施，有效消除农业活动对气候的负面效应。

随着信息技术和农机装备生产技术的发展，与水稻栽培管理紧密结合开发的精准农业装备也不断投入生产实践。例如，精确变量施肥装备通过实时监测水稻群体营养状况、土壤养分与水分供应水平，在运行过程中实时调整施肥量，实现精确施肥；采用无人机获取作物生长动态信息，结合数据解析后，指导 GPS 引导的自动施肥机械变量施肥和管理，可以实现水稻丰产优质精确定量管理。

参 考 文 献

陈燕华，王亚梁，朱德峰，等. 2019. 外源油菜素内酯缓解水稻穗分化期高温伤害的机理研究 [J]. 中国水稻科学，33（5）：457-466.

程会丹，鲁艳红，聂军，等. 2019. 减量化肥配施紫云英对稻田土壤碳、氮的影响 [J]. 农业环境科学学报. 在线发表.

成臣，曾勇军，程慧煌，等. 2019. 齐穗至乳熟期不同温度对水稻南粳 9108 籽粒激素含量、淀粉积累及其合成关键酶活性的影响 [J]. 中国水稻科学，33（1）：57-67.

段骅，佟卉，刘燕清，等. 2019. 高温和干旱对水稻的影响及其机制的研究进展 [J]. 中国水稻科学，33（3）：206-218.

郭俊杰，柴以潇，李玲，等. 2019. 江苏省水稻减肥增产的潜力与机制分析 [J]. 中国农业科学，52（5）：849-859.

李帅帅，张雄智，刘冰洋，等. 2019. Meta 分析湖南省双季稻田甲烷排放影响因素 [J]. 农业工程学报，35（12）：124-132.

李婷婷，冯钰枫，朱安，等. 2019. 主要节水灌溉方式对水稻根系形态生理的影响 [J]. 中国水稻科学，33（4）：293-302.

李增强，张贤，王建红，等. 2019. 化肥减施对紫云英还田土壤活性有机碳和碳转化酶活性的影响 [J]. 植物营养与肥料学报，25（4）：525-534.

刘少文，殷敏，褚光，等. 2019. 长江中下游稻区不同水旱轮作模式和氮肥水平对稻田 CH_4 排放的

影响 [J]. 中国农业科学, 52 (14): 2484-2499.

陆大克, 段骅, 王维维, 等. 2019. 不同干湿交替灌溉与氮肥形态耦合下水稻根系生长及功能差异 [J]. 植物营养与肥料学报, 25 (8): 1362-1372.

石吕, 张新月, 孙惠艳, 等. 2019. 不同类型水稻品种稻米蛋白质含量与蒸煮食味品质的关系及后期氮肥的效应 [J]. 中国水稻科学, 33 (6): 541-552.

田昌, 周旋, 黄思怡, 等. 2019. 控释尿素减施对稻田 CH_4 和 N_2O 排放及经济效益的影响 [J]. 生态环境学报, 28 (11): 2223-2230.

文孝荣, 赵志强, 王奉斌, 等. 2019. 控制灌溉对南疆水稻品种生长及产量的影响 [J]. 中国稻米, 25 (3): 108-111.

吴培, 陈天晔, 袁嘉琦, 等. 2019. 施氮量和直播密度互作对水稻产量形成特征的影响 [J]. 中国水稻科学, 33 (3): 269-281

黄思怡, 田昌, 谢桂先, 等. 2019. 控释尿素减少双季稻田氨挥发的主要机理和适宜用量 [J]. 植物营养与肥料学报, 25 (12): 2102-2112.

许云翔, 何莉莉, 刘玉学, 等. 2019. 施用生物炭 6 年后对稻田土壤酶活性及肥力的影响 [J]. 应用生态学报, 30 (4): 1110-1118.

杨军, 蔡哲, 刘丹, 等. 2019. 高温下喷施水杨酸和磷酸二氢钾对中稻生理特征和产量的影响 [J]. 应用生态学报, 30 (12): 4202-4210.

张鹏, 周泉, 黄国勤. 2019. 冬季不同种植模式对稻田土壤团聚体及其有机碳的影响 [J]. 核农学报, 33 (12): 2430-2438.

张彤, 郭亚璐, 陈悦, 等. 2019. 水稻 OsPR10A 的表达特征及其在干旱胁迫应答过程中的功能 [J]. 植物学报, 54, 711-722.

周婵婵, 黄元财, 贾宝艳, 等. 2019. 施氮量和灌溉方式的交互作用对东北粳稻稻米品质的影响 [J]. 中国水稻科学, 33 (4): 357-367.

Chen Y, Li S Y, Zhang Y J, et al. 2019. Rice root morphological and physiological traits interaction with rhizosphere soil and its effect on methane emissions in paddy fields [J]. Soil Biol Biochem, 129: 191-200.

Dai X L, Zhou W, Liu G R, et al. 2019. Soil C/N and pH together as a comprehensive indicator for evaluating the effects of organic substitution management in subtropical paddy fields after application of high-quality amendments [J]. Geoderma, 337: 1116-1125.

Deng N Y, Grassini P, Yang H S, et al. 2019. Closing yield gaps for rice self-sufficiency in China [J]. Nature Comm, 10: 1725.

Dong Y B, Wu Z, Zhao X, et al. 2019. Dynamic responses of ammonia volatilization to different rates of fresh and field-aged biochar in a rice-wheat rotation system [J]. Field Crops Res, 241: 107568.

Fu P H, Wang J, Zhang T, et al. 2019. High nitrogen input causes poor grain filling of spikelets at the panicle base of super hybrid rice [J]. Field Crops Res, 244: 107635.

Huang L C, Chen L, Wang L, et al. 2019. A Nck-associated protein 1-like protein affects drought sensitivity by its involvement in leaf epidermal development and stomatal closure in rice [J]. Plant J, 98: 884-897.

Li P, Yang H, Wang L, et al. 2019. Physiological and transcriptome analyses reveal short-term responses and formation of memory under drought stress in rice [J]. Front Genet, 10: 55.

Sun H J, Dan A, Feng Y F, et al. 2019. Floating duckweed mitigated ammonia volatilization and increased grain yield and nitrogen use efficiency of rice in biochar amended paddy soils [J]. Chemosphere, 237: 124532.

Wang G Q, Li H X, Feng L, et al. 2019. Transcriptomic analysis of grain filling in rice inferior grains under moderate soil drying [J]. J Exp Bot, 70: 1597 – 1611.

Xu G W, Song K J, Lu D K, et al. 2019. Influence of Water Management and Nitrogen Application on Rice Root and Shoot Traits [J]. Agron J, 111: 2232 – 2244.

Yang X L, Wang B F, Chen L, et al. 2019. The different influences of drought stress at the flowering stage on rice physiological traits, grain yield, and quality [J]. Sci Rep, 9: 3742.

Zhang Z X, Zhao H, Huang F L, et al. 2019. The 14 – 3 – 3 protein GF14f negatively affects grain filling of inferior spikelets of rice (*Oryza sativa* L.) [J]. Plant J, 99 (2): 344 – 358.

Zhao Y F, Peng T, Sun H Z, et al. 2019. miR1432 – OsACOT (Acyl – CoA thioesterase) module determines grain yield via enhancing grain filling rate in rice [J]. Plant Biotechn J, 17 (4): 712 – 723.

第四章　水稻植保技术研究动态

2019年，我国水稻病虫害总体发生重于常年。据全国农业技术推广服务中心统计，水稻病虫害累计发生7 933万公顷次，其中病害发生2 733万公顷次，虫害发生5 200万公顷次；稻飞虱、二化螟、水稻纹枯病偏重发生，局部大发生；稻纵卷叶螟、稻瘟病、稻曲病中等发生，局部偏重发生；三化螟、水稻病毒病偏轻发生；其他病虫轻发生。国内水稻植保技术研究在病虫害发生规律与预测预报技术、化学防治替代技术、化学防治技术、水稻与病虫害互作关系、水稻重要病虫害的抗药性及机理、水稻病虫害分子生物学等方面均取得了显著进展。在水稻绿色防控技术方面，以金龟子绿僵菌为主要代表的绿色生物农药，以结合香根草、螟虫性诱技术、赤眼蜂和低毒化学农药，以植保无人机为代表的高效施药技术等综合措施在水稻病虫害防控方面得到广泛应用。在病虫与水稻互作方面，解析了 $OsMYB30$ 调控 $OsPALs$ 表达激活水稻对褐飞虱抗性的新途径，解析了植物激素信号调控在抗稻飞虱中的分子途径。揭示了 miR156 – IPA1 调控因子、转录因子 PIBP1、环核苷酸门控离子通道蛋白 OsCNGC9 和 NLR 类基因 $Pid3$ 等在提高水稻抗病性方面的作用机制，阐述了几丁质酶 MoChia1、捕光复合体家族成员 LHCB 等在激活水稻免疫响应中的机制，明确了组氨酸—天冬氨酸激酶 Sln1、几丁质酶 MoChi1 等在稻瘟病菌侵染寄主时的重要作用，通过修饰水稻中多个 $OsSWEET$ 基因启动子培育出广谱抗白叶枯病水稻。

第一节　国内水稻植保技术研究进展

一、水稻主要病虫害防控关键技术

（一）病虫害发生规律与预测预报技术

张宏等（2019）研究了稻粒黑粉病发生规律：该病只为害制种亲本，不为害普通水稻；只感染制种母本，父本一般不会感病；两系制种母本感染黑粉病率和损失程度远高于三系制种母本；夏秋制种母本感染黑粉病率远高于春制母本；赤霉素用量大的母本感染黑粉病率远高于赤霉素用量低的母本；开花授粉期遇阴雨天气的母本比开花授粉期天气晴朗的母本感病率高；叶下穗感病比叶上穗严重；品种间对黑粉病抗性有差异，母本柱头外露率高、开颖时间长、颖壳张开角度大的组合发病重；高海拔山区发病率高于低海拔平原区；早上太阳照耀迟、傍晚太阳落山早的背阴田，露水大、雾气重的田块黑粉病发病率高于阳光充足田块；高肥田、特别是氮肥偏高的田感病重；此病是水稻制种的癌症，只可预防不可治疗，至今无特效药。稻粒黑粉病发生与制种亲本开花授粉期气候条件密切相关，天气一直以晴朗为主，则母本感病较轻，如遇阴雨天气则感病程度迅速加重。

高海峰等（2019）对新疆温宿县、乌鲁木齐市、察布查尔县等水稻主要种植区的叶瘟、穗颈瘟的发生流行进行了连续两年的调查，结果表明叶瘟和穗颈瘟的发生与降水时间和降水量呈显著正相关。张世龙（2019）对广西宁明县稻曲病的发生规律进行探究，发现稻曲病的发生主要集中在抽穗扬花期，持续的阴雨天气会加速病菌侵染和繁殖，导致晚稻受到更为严重的影响。

朱梦远等（2019）利用高光谱成像技术和化学计量相结合的方法，实现了对水稻纹枯病病害的早期检测识别，具有一定应用价值：分别对提取的 ROI 的光谱数据进行不同的预处理，建立基于全波段和载荷系数法提取特征波长的 LDA 和 SVM 判别模型，其中利用全波段和利用载荷系数法提取的特征波长建模的模型性能相当，SG－2D＋x－loading weights 的 LDA 在建模集上准确率为 97.8％，在预测集上的准确率为 95.0％；分别对高光谱图像进行图像主成分分析、概率滤波和二阶概率滤波，建立 BPNN 和 SVM 判别模型，其中图像主成分分析 CBPNN 取得了较好的性能，建模集和预测集的准确率分别为 90.6％和 83.9％。为优化模型，利用光谱维和图像维的较优模型，将叶绿素含量分别与光谱特征和图像特征组合，结果表明，组合方式的模型性能均优于其单独使用光谱特征或图像特征，其中 SG－2D＋x－loading weights＋叶绿素含量的 BPNN 模型取得了最好的性能，建模集准确率为 100％，预测集的准确率为 96.7％。

谢子正等（2019）应用聚集度指标法、Iwao 法和 Taylor 幂法则等，测定了籼-粳杂交稻稻曲病在田间的空间分布型和抽样技术。稻曲病田间空间分布主要为非随机性的聚集型分布。m^*-x 回归分析表明，稻曲病空间分布的基本成分是个体群、个体间相互吸引。Taylor 幂法则分析显示，稻曲病病株聚集度依赖于密度。不同取样方法准确度比较结果指出，稻曲病田间抽样调查宜采用平行跳跃式取样，提出了稻曲病田间理论抽样公式和序贯抽样表。

羊绍武等（2019）发现多年生水稻（第一季）田间主要害虫种类及主要发生时期与常规水稻田基本一致，多年生水稻（第二季）的虫害较第 1 季严重。刘欢等（2019）发现单、双季稻混栽时，早稻和中稻上"两迁"害虫发生为害较重。潘晓莲等（2019）监测发现，2013—2018 年黔南州水稻白背飞虱每年的发生面积均在 7 万 hm² 以上，全年迁入峰 2～5 次，为害盛期是每年的 6 月中下旬至 7 月中旬。朱建文等（2019）利用 HYSPLIT 轨迹分析平台分析了上海市褐飞虱灯诱虫情资料，发现 8 月中旬以前的褐飞虱虫源来自两广、湖南、江西和福建等双季稻区和早熟中稻区，8 月下旬的褐飞虱以金山区本地和周边地区为主。

Hu G 等（2019）根据中国南部地区一组连续 26 年的灯诱数据指出，稻飞虱的空中迁移和聚集与半永久性西太平洋副热带高压（WPSH）有关，且利用虫源区褐飞虱种群丰度、WPSH 强度及相关的海表温度等指标，建立了长江下游水稻重点产区稻飞虱迁入数量预测模型。Chen H 等（2019）指出，中国南部地区（27°N 以南）白背飞虱的迁飞习性与褐飞虱相似，均受西太平洋 WPSH 的影响。

俞佩仕等（2019）研制了一种基于 Android 相机、可伸缩手持杆的稻田飞虱图像采集仪用于稻飞虱调查。林相泽等（2019a）提出一种基于 K‐SVD 和 OMP 的稻飞虱图像分类方法，分类速度达到 6.0 帧/s，分类精度达到 93.7%，较 SVM 和 BP 神经网络的分类精度提高了 15.7%～28.2%。林相泽等（2019b）提出了一种基于迁移学习和 Mask R‐CNN 的稻飞虱图像分类方法，平均识别精度达到 92.3%。陆静等（2019）提出了一种基于特征优化的稻飞虱图像分类算法，可使稻飞虱图像的分类准确率达到 96.19%。

害虫及传播病毒监测新技术取得进展。Tan 等（2019）报道，水稻的光谱指数 $RVI_{746/670}$ 对褐飞虱为害较敏感，可用于害虫为害程度监测。Huang D Q 等（2019）制备了针对水稻条纹病毒（RSV）的单克隆抗体 16E6 和 11C1，并开发了高效特异的水稻和灰飞虱 RSV 胶体金免疫检测试纸条。Li Jing 等（2019）报道了一种通过检测灰飞虱唾液分泌物中衣壳蛋白基因（CP）和病害特异性蛋白基因（SP）的拷贝数来评价灰飞虱对水稻条纹病毒（RSV）传播能力的检测方法。Zhao C 等（2019）利用水稻黑条矮缩病毒（RBSDV）外壳蛋白基因 P10 的特异性引物和探针建立了水稻和灰飞虱中 RBSDV 的 RT‐RPA 快速检测法。

（二）化学防治替代技术

1. 病害生防菌的筛选与应用

周瑚等（2019）研究鉴定 JN‐369 菌株为特基拉芽孢杆菌 Bacillus tequilensis，对稻瘟病菌丝生长的抑制率达 80.46%±0.83%，$1×10^8$ cfu/mL 的 JN‐369 菌悬液产生的挥发性有机物对稻瘟病菌的抑制率达 72.92%±3.01%。

章帅文等（2019）发现黄麻链霉菌 AUH‐1 能显著抑制水稻纹枯病菌菌丝生长和菌核萌发，加剧电导率上升，抑制细胞膜麦角甾醇合成，显著提升细胞膜脂质过氧化水平。

谢剑波等（2019）从水稻剑叶分离得到一株对水稻纹枯病有较强拮抗作用的内生拮抗细菌 WK1，该菌株为贝莱斯芽孢杆菌（Bacillus velezensis），对水稻纹枯病菌菌丝的抑制率为 86.67%，田间防效（52.23%）与 5%井冈霉素水剂防效相当。

2. 虫害的非化学防治技术

以金龟子绿僵菌等为主要代表的绿色生物农药得到了广泛应用。崔鹤（2019）发现含有 dsNlCHSA 的绿僵菌菌株（菌株 23）对褐飞虱二龄若虫半致死浓度为 $3.9×10^6$ 孢子/mL，含有 dsNlKr‐h（菌株 K3）的杀虫效果最高达到 80.0%。张珏锋等（2019）发现黄绿绿僵菌喷施水稻无法侵染叶鞘内褐飞虱卵块。Tang 等（2019）发现金龟子绿僵菌 CQMa421 与噻虫嗪、吡蚜酮、啶虫脒等杀虫剂兼容较好，与噻虫嗪和吡蚜酮联合使用能够有效提高杀虫剂对稻飞虱的致死效率。

何雨婷等（2019）通过对两色食蚜螯蜂和黄腿双距螯蜂在 24h 内对褐飞虱各虫态的捕食和寄生习性研究发现，两色食蚜螯蜂不可寄生褐飞虱成虫而黄腿双距螯蜂可以，且两者对寄生率最高的褐飞虱龄期分别为 3 龄和 4 龄，并均以对 1 龄褐飞虱捕食量最大，其次为 2 龄、3 龄。

林开等（2019）研究了 2015—2016 年广东南雄市烟稻轮作地区不同烟秆还田方式、还田量以及耕作方式（浅耕和深耕）等对稻飞虱及其重要捕食性天敌田间种群动态的影响，发现烟秆还田、浅层还田和还田量大的处理上褐飞虱的数量分别低于不还田、深层还田和还田量小的处理，但浅耕或深耕处理对稻飞虱数量的影响都不显著，且不同还田方式、还田量对稻飞虱捕食性天敌田间种群数量的影响均不显著。

王国荣等（2019）研究认为，二化螟 PVC 固体诱芯具有长效控害作用，其中性信息素化合物含量为 1 000μg、1 200μg 和 1 500μg 的二化螟固体诱芯的诱蛾量与同期参试的 0.61% 毛细管诱芯的诱蛾量相当，可以连续诱蛾 175d 以上，且其诱蛾量变化与田间二化螟发生动态一致。

叶挺云等（2019）于 2017—2018 年在浙江省温州市瑞安地区进行了二化螟性诱剂固体诱芯对二化螟雄蛾的诱捕量和持效期试验，发现 PVC1500B 和 PVC1200B 固体诱芯的持效期达到 180d 以上，可在生产上推广应用替代毛细管诱芯，且在二化螟雄蛾全年发生期只用 1 枚诱芯即可。

李丽娟等（2019）通过室内实验和大田实验，比较研究了 4 种赤眼蜂共 28 个品系对二化螟卵的寄生率和产卵量，发现 3 个品系的寄生效果较好且田间防效高低顺序为稻螟赤眼蜂 D-JN 品系＞螟黄赤眼蜂 M-TC 品系＞松毛虫赤眼蜂 S-AC 品系，而混合品系的防效高于单品系且混合品系的平均防效可达 75% 左右。陈若霞等（2019）2015 年 4 月至 2016 年 10 月，在宁波余姚、鄞州、奉化、象山、绍兴上虞和台州温岭等浙东稻区共采集到稻螟赤眼蜂和螟黄赤眼蜂各 5 个不同地理种群，其中宁波稻螟赤眼蜂对二化螟和稻纵卷叶螟的田间防效（54.8% 和 46.9%）均高于引进的吉林稻螟赤眼蜂（41.5% 和 35.7%）。

李美君（2019）从吉林本地罹病二化螟僵虫体表分离纯化出 2 个对二化螟各虫态均有高毒力的致病真菌——蜡蚧菌属渐狭蜡蚧菌（JL003）和白僵菌属球孢白僵菌（JL005）。

Xu J 等（2019）报道，颗粒体病毒 CnmeGV 对稻纵卷叶螟具有致病力强，感病幼虫死亡周期长的特点，田间应用可以显著降低害虫种群增长趋势指数，有效控制稻纵卷叶螟种群增长，并对稻田天敌影响较小。

唐倩等（2019）报道，湖南省衡阳县于 2016—2018 年设立了面积约 0.67 万 hm² 融合绿色防控技术与专业化统防统治策略的二化螟防控示范区，可有效防控二化螟危害，核心示范区平均每亩增收约 400 元，产生了较高的经济效益、生态效益和社会效益。

冯发运等（2019）于 2016 年在江苏省淮安市金湖县迟熟中粳稻种植区设立了绿色减药技术示范，减药示范区对稻田杂草、稻纵卷叶螟、稻飞虱、纹枯病、稻瘟病和稻曲病的防效与常规用药相当。

（三）化学防治技术

1. 农药新品种、新剂型研究

（1）杀菌剂。为科学合理地选择和使用控制稻瘟病的杀菌剂，董丽英等（2019）在温室人工控制条件下施加 28％三环唑·嘧菌酯悬浮剂对水稻苗瘟及穗瘟的最高防效分别为 97.35％和 92.70％，田间穗瘟的最高防效达 91.11％，与对照药剂 75％三环唑可湿性粉剂和 250g/L 嘧菌酯悬浮剂的平均防效相当，可以在生产上推广使用，推荐有效成分用量为 252～420g/hm²。

李国华等（2019）报道在水稻孕穗末期及齐穗期喷施 2 次 40％咪鲜胺铜盐·氟环唑 20g/667m² 防治稻曲病效果最好，防效达到 61.9％；其次是 5％井冈霉素水剂100mL/667m² 和 40％菌核净 100g/667m²，对稻曲病有较好的防治效果，防效分别为 57.1％和 52.4％。孙太安等（2019）选用 16％井·酮·三环唑可湿性粉剂、20％三唑酮乳油和 20％井冈霉素粉剂对中稻稻曲病进行田间防效试验，结果表明在水稻破口抽穗前 5～7d 和齐穗期施用 16％井·酮·三环唑可湿性粉剂对稻曲病有很好的防治效果，制剂用量 150g/667m²、200g/667m² 的防效均在 85％以上，与 20％三唑酮乳油制剂用量200mL/667m² 的防效相当；16％井·酮·三环唑可湿性粉剂用量 200g/667m² 的防效显著优于 20％井冈霉素粉剂用量 50g/667m² 的防效，当其制剂用量 150g/667m² 和 100g/667m² 时，与 20％井冈霉素粉剂的防效无显著差异。

范文忠等（2019）研究 8-羟基喹啉钙防治植物细菌性病害效果，测定其对细菌的毒力作用和田间药效，结果表明 8-羟基喹啉钙可以有效控制植物细菌病害。8-羟基喹啉钙分别与噻霉酮、四霉素复配对水稻白叶枯病菌毒力表现为增效。20％喹啉钙悬浮剂532.8mg/L+0.3％四霉素微囊 888.8mg/L 或 20％喹啉钙悬浮剂 100.0mg/L+3％噻霉酮微乳剂 1 999.8mg/L 对水稻白叶枯病及水稻细菌性条斑病防效在 85％以上。

（2）杀虫剂。以三氟苯嘧啶为代表新型杀虫剂或助剂应用于水稻害虫防治。谭海军（2019）介绍了华东理工大学创制的顺硝烯氧桥杂环新烟碱类杀虫剂环氧虫啶和新型介离子嘧啶酮类杀虫剂三氟苯嘧啶的结构与性质、毒理学、代谢与残留、作用方式与活性、原药生产供应和制剂开发应用等方面的研究进展。何文静等（2019）以新型介离子类杀虫剂三氟苯嘧啶和 Dicloromezotiaz 为先导结构，合成了 24 个（8a-8x）新型 1，3，4-噻二唑类介离子化合物，发现化合物 8c 和 8h 对白背飞虱的致死率均为 70％，化合物 8n 对白叶枯病菌和细菌性条斑病菌的抑制率为 70.91％和 53.34％。张新（2019）报道施用 300g/hm² 的 23％三氟苯嘧啶·溴氰虫酰胺（勤田助）药后 3～40d，对稻飞虱的防效为 94.60％～99.70％，对稻纵卷叶螟的保叶效果为 17.12％～94.14％，优于 50％吡蚜酮+6％阿维·氯苯酰。喻永忠等（2019）报道施用 240～270g/hm² 的 10％三氟苯嘧啶 SC 后 3～28d，对稻飞虱的防效在 79.84％以上，对稻田蜘蛛的抑制率均低于 8.48％。覃燕光（2019）和李华容等（2019）分别报道了施用 10％三氟苯嘧啶 SC 后

3~20d，对稻飞虱的防效为 87.72%~93.83%，97.5%~98.5%。张国等（2019）施用 75~225mL/hm² 的 10% 三氟苯嘧啶悬浮剂的药后 14d，对白背飞虱的防效为 95.16%~100.00%，对褐飞虱药的防效为 90.29%~93.81%，防效和安全性优于吡蚜酮和噻虫嗪。唐涛等（2019）评价了 23% 三氟苯嘧啶·溴氰虫酰胺 SC、10% 三氟苯嘧啶 SC、10% 溴氰虫酰胺 SC 与 50% 吡蚜酮 WG 对稻飞虱、二化螟和稻纵卷叶螟等水稻害虫的防治效果。徐鹏飞等（2019）研究发现，卵磷脂桶混助剂"融透"在室内生物测定条件下可使氟啶虫胺腈对褐飞虱的毒力增加 1.67 倍，在田间药效试验条件下可使氟啶虫胺腈对稻飞虱的防效提高 9.04%~41.77%。邵国民等（2019）研究发现，在单季晚稻病虫害（稻纵卷叶螟、褐飞虱、白背飞虱、纹枯病和稻曲病）防治中加入高效植物油怀农特（1000 倍液）有提升防效或减药的效果。陈叶青等（2019）报道了悬浮剂湿法砂磨工艺与传统挤压造粒相结合的新型工艺所生产的 70% 吡虫啉 WDG、50% 吡蚜酮 WDG 润湿时间显著减少，悬浮率、分散性、对稻飞虱的毒力、速效性和防效均显著提高。Xu J J 等（2019）研究发现，亚致死剂量 LC_{30} 的三氟苯嘧啶对褐飞虱 F_0 代和 F_1 代的寿命、繁殖力和卵孵化率无显著影响，但可显著延长 F_0 代及 F_1 代成虫产卵期和寿命。

零春华等（2019）研究发现利用 10% 呋虫胺干拌种（10.5~19.5g/kg 种子），药后 30d 对稻飞虱的防效为 86.5%~94.47%，药后 45d 的防效为 83.01%~92.66%，药后 60d 为 71.68%~84.37%。何东兵等（2019）通过田间试验发现，24% 噻呋酰胺悬浮剂＋20% 氯虫苯甲酰胺悬浮剂＋10% 三氟苯嘧啶悬浮剂混合拌种，对纹枯病的防效为 75%~89%，对卷叶螟的保叶防效为 68%~90%，对稻飞虱的防效为 87%~97%，防效与拌种剂量成正比。

何佳春等（2019）筛选出吡蚜酮、烯啶虫胺、呋虫胺、噻虫胺、环氧虫啶、氟啶虫胺腈、毒死蜱、哒嗪硫磷、异丙威等 9 种适于褐飞虱防治的杀虫剂，筛选出乙基多杀菌素、阿维菌素、甲维盐等 3 种杀虫剂适用于防治其他害虫时兼治褐飞虱，吡虫啉、噻嗪酮、噻虫嗪等 7 种药剂不适用于褐飞虱的防治。

凌汉等（2019）报道了新型异恶唑类杀虫剂对灰飞虱雌成虫的 LD_{50} 值为 0.382ng/头，与毒死蜱混配时（配比 3:2）的共毒系数为 142，增效作用显著。于居龙等（2019）明确了噻虫胺与吡蚜酮混配时（配比 1:2）的共毒系数 328.2094，增效作用显著。郑茂彬等（2019）烯啶虫胺与哒螨灵混配（配比 1:1）时的共毒系数 154.71，药后 7d，对褐飞虱的防效为 92.94%。宋化强等（2019）研制了 25% 吡蚜酮水悬浮剂配方（吡蚜酮 25%、SCZY-A 3%、SCZY-B 4%、丙二醇 5%、黄原胶 0.2%、FMJ-275 0.4%、消泡剂 0.1%），施用该配方（0.8g/kg）的药后 1~20d，对稻飞虱防效为 64.8%~97.7%。

由于近年来我国部分地区对二化螟产生了不同程度的抗药性，因此研究者在防治二化螟和稻纵卷叶螟防治药剂筛选方面开展了大量的工作（表 4-1）。但是，值得注意的是，使用化学药剂防治二化螟，需要重点参考当地二化螟种群的抗药性水平和历史用药情况，综合选择防治药剂。

表 4－1 农药对稻螟虫的防治效果

药剂	用量（mL/亩、g/亩）	防效（％）	参考文献
二化螟			
25％茚虫威·甲氧虫酰肼	30	91.53	卫勤等，2019
5％甲维盐 WG＋5％阿维菌素	450＋2 250	92.13	袁文龙等，2019
5.7％甲维盐	200	89.36	何信富等，2019
5.7％甲维盐＋90％杀虫单	150L＋50	100	
200g/L氯虫苯甲酰胺＋0.4％氯虫苯甲酰胺	7.5～25＋750～12	＞80	余买松等，2019
5％氯虫苯甲酰胺	60	98.92	骆琴等，2019
20％氯虫苯甲酰胺	10	84.21	蒋晴等，2019
10％四氯虫酰胺	50	97.94	骆琴等，2019
10％四氯虫酰胺	40	89.47	蒋晴等，2019
10％四氯虫酰胺＋3％阿维菌素	40＋30	84.21	
20％甲维·甲虫肼	50	80.59	骆琴等，2019
6％阿维氯苯酰	50	84.21	蒋晴等，2019
3％阿维菌素＋10％四氯虫酰胺	30＋40	84.21	
5％阿维菌素	200	97.87	何信富等，2019
5％阿维菌素＋90％杀虫单	150＋50	95.74	
5％阿维菌素＋5％环虫酰肼	50＋50	84.28	
5％环虫酰肼＋20％三唑磷	50＋150	93.75	张冬元等，2019
5％环虫酰肼	100	88.94	
5％环虫酰肼＋97％乙酰甲胺磷	50＋60	86.72	
5％环虫酰肼	50	69.28	
34％乙多·甲氧虫	24	85.75	
34％乙多·甲氧虫	20～50	96.15	袁文龙，2019
5％溴虫氟苯双酰胺	1.25	＞70	徐赛等，2019
稻纵卷叶螟			
30％氰虫·甲虫肼	25	100	黄世广等，2019
10％四氯虫酰胺	20	100	
50亿个孢子/克球孢白僵菌	55	77.33	
5％甲氨基苯甲酸盐	60	94.17	朱方洪等，2019
1.8％阿维菌素	120	67.93	

（续表）

药剂	用量（mL/亩、g/亩）	防效（%）	参考文献
5%溴虫氟苯双酰胺	1.25	＞70	徐赛等，2019
20%氰氟虫腙·茚虫威	40～50	95.29～97.98	曹雅芸，2019
25%阿维·茚虫威	40～80	89.75～91.56	郑平，2019
25%甲氧·茚虫威	30	100	张琳等，2019
9%甲维·茚虫威	20	96.3	张守成等，2019
25%甲维·印虫威	24	76.14	朱方洪等，2019
6%甲维·虫螨清	90^2	89.64	
10%甲维·虱螨脲	90	93.25	
10%甲维盐·甲虫肼	40	83.41	黄世广等，2019
35%氯虫苯甲酰胺	6	97.45	梅国红等，2019
5%氯虫苯甲酰胺	40	91.3	
20%氯虫苯甲酰胺	15	93.97	朱方洪等，2019

2. 施药新技术

徐德进等（2019）测定了 4 种喷头 ST11001、ST11002、TR8001、TR8002 在不同施药液量条件下喷雾农药在水稻植株上的沉积分布特性，发现喷头和施药液量的改变不影响水稻植株上农药沉积分布特性，施药液量增加 3 倍后，水稻基部的雾滴密度增加 7.79～9.69 倍，不同喷头和施药液量组合的防治效果间差异显著。

芦芳等（2019）研究发现迈飞、农健飞、信达通和农一网等 4 种植保无人机助剂处理对水稻病虫害的总体防治效果均较好，与不加助剂的担架式喷雾机、自走式喷杆喷雾机处理的防效相当。王硕等（2019）发现植保无人机喷施 80 亿孢子/mL 金龟子绿僵菌 CQ - Ma421 对褐飞虱的平均防效为 82.27%，高于人工防治区的 63%。张政武等（2019）利用植保无人机喷施化学杀虫剂防治褐飞虱，药后 1～15 天的防效为 84%以上。肖汉祥等（2019）发现在水稻分蘖末期和破口期，植保无人机喷施纳米农药后 3～14 天，对稻飞虱的防治效果为 94.90%～99.52%，对稻纵卷叶螟的防效为 93.27%～93.35%，优于常规剂型的化学农药和背负式电动喷雾器。

二、水稻病虫害的应用基础研究

（一）水稻与病虫害互作关系

1. 水稻抗病性及其机制

黄湘桂等（2019）为了培育抗稻瘟病且籽粒镉低积累的水稻两用核不育系，利用谷梅 4 号、天津野生稻和魔王谷为稻瘟病抗源，Cd14030（日本晴的衍生系）为稻米镉低积累基因 OsHMA3 的供体亲本，采用分子标记辅助选择技术和逐步聚合的方法，创制了基于创 5S（C5S）背景的包含抗病双基因和镉低积累基因的三基因聚合系。三基因聚合系的苗瘟感病级别为 1.5～2.1 级，与抗病双基因聚合系无显著差异，但三基因聚合改良株系的糙米镉含量因亲本来源而异，其中基因型为 C5S（Pi49＋Pigm＋OsHMA3）的改良系糙米镉含量为 0.051～0.067mg/kg，与日本晴（0.051mg/kg）相当，较 C5S（0.110mg/kg）下降 43.2%～56.8%，较好地将稻瘟病抗性与镉低积累特性聚合于两用核不育系创 5S 中。岂长燕等（2019）检测和分析了稻瘟病抗性基因 Pib、Pita、Pi5、Pi25 和 Pi54 在我国水稻微核心种质中的分布情况。结果显示：124 份种质携带 1～4 个目标基因，其中黄丝桂占携带基因 Pib、Pita、Pi5 和 Pi54；南雄早油占和乌嘴红谷分别携带 3 个基因 Pita、Pi25 和 Pi54 及 Pita、Pi5 和 Pi54；叶里藏花和辽粳 287 等 35 份分别携带 Pi5 和 Pi54、Pita 和 Pi54、Pib 和 Pi54、Pib 和 Pita、Pi25 和 Pi54、Pib 和 Pi5、Pita 和 Pi5、Pita 和 Pi25、Pi5 和 Pi25；抚宁紫皮粳子和隆化毛葫芦等 86 份分别携带单个目标基因。为了解我国水稻微核心种质的抗稻瘟病基因型，以及有效利用优异种质改良水稻抗瘟病性提供了信息。

刘驰等（2019）以抗稻瘟病品种合丰占为母本，与抗白叶枯病品系粤泰占杂交，通过分子标记辅助选择，获得多个抗病基因聚合的优良单株，再经过多代自交选育，培育出聚合了抗稻瘟病基因 Pi-ta、Pib、Pi54 和抗白叶枯病兼抗细条病基因 xa5 的多抗、优质强恢复系桂恢 663。桂恢 663 对白叶枯Ⅳ型菌和强毒Ⅴ型菌表现为抗，对广西细条病优势菌株 JZ-8 表现为抗，对 14 个稻瘟病菌株，有 12 个达到 1 级抗性。桂恢 663 除直链淀粉含量偏低外，其余 6 个主要米质指标均达到国标 2 级标准，其与丰田 1A 所配抗病、高产、优质组合丰田优 663 通过广西品种审定。桂恢 663 兼抗稻瘟病、白叶枯病和细条病，且恢复力强、米质较优具有香味，是组配抗病、高产、优质杂交组合的优良亲本。

杨雅云等（2019）报道云南药用野生稻 7 个不同居群，除勐海药用野生稻表型为感病外，其他 6 个居群对云南稻瘟病菌毒性菌株 16t 均为抗病；勐遮药用野生稻和景纳上沟药用野生稻分别不含 Pib 和 Pi2 基因片段，其他 5 个居群都含有 Pib、Pi2、Pi9、Pid2、Pikp、Pis 和 Pi56 等基因片段；所有的参试药用野生稻高抗纹枯病；除勐往药用野生稻和澜沧孟矿药用野生稻对细菌性条斑病菌菌株 RS105 表现为感病、勐遮药用野生稻对菌株 RS1-20 表现为感病外，其他材料对菌株 RS105 和 RS1-20 都表现为抗病；云南白叶枯病菌强致病性菌株 CX30-1、菲律宾菌株 PXO99 和 PXO86 对景纳上沟药用野生稻和澜沧孟矿药用野生稻具有强致病性，其他居群表现为抗病至中抗。7 个居群都含有 Xa5、Xa13、Xa21 基因片段。

SWEETs 是一类新型的糖转运蛋白。白叶枯病菌入侵后，TALE 效应因子与目标 OsSWEET 基因的启动子特异元件结合，诱导该 OsSWEET 基因上调表达，导致更多糖类外流，白叶枯病菌因获得营养而繁殖，植株感病。针对 OsSWEET 基因这类感病基因，Xu Z 等（2019）年利用 CRISPR/Cas9 技术编辑 MS14K 的 *OsSWEET*13 启动子上的 TALE 连接位点，获得了对所有白叶枯菌株具有抗性的广谱抗性新种质。

中国科学院上海生命科学研究院植物生理生态研究所何祖华团队发现了具有 RRM 结构域的 PIBP1 与持久广谱抗稻瘟病基因 *PigmR* 及广谱抗病 R 基因 *Pizt* 和 *Pi*9 特异性互作，并正调控 *PigmR* 和 *Pizt* 的抗病性。*PigmR* 和其他广谱抗病 *NLRs*（*Pizt* 和 *Pi*9）可以促进 PIBP1 在细胞核的累积。PigmR 可以被其拮抗性受体 PigmS 部分抑制。PIBP1 和同源蛋白 Os06g0224 调控下游抗病基因 *OsWAK*14 和 *OsPAL*1。*Os*06g02240 与 PigmR、Pizt 和 Pi9 也存在特异性互作。ΔOs06g02240 显著降低 *PigmR* 的抗病性，而 *PIBP*1 和 Os06g02240 双敲除材料比单基因敲除感病性更强，说明 PIBP1 和 Os06g02240 作为同种类型的转录因子参与调控广谱抗病 R 基因的免疫过程，并具有功能冗余（Zhai et al，2019）。

中国科学院微生物研究所刘俊团队通过对稻瘟菌分泌蛋白的分离和鉴定，发现了稻瘟菌分泌的几丁质酶 MoChia1 可以强烈激活水稻的免疫响应，如激活活性氧的迸发和胼胝质的积累等。水稻细胞膜蛋白 OsTPR1 作为"诱饵"与稻瘟菌分泌蛋白 MoChia1 结合。OsTPR1 与 MoChia1 结合的亲和力要远大于 MoChia1 与几丁质的结合。因此，Os-TPR1 可以与几丁质竞争结合 MoChia1，恢复几丁质激活的水稻免疫响应（Yang C et al，2019）。

南京农业大学张正光团队揭示了水稻利用光照调控自身免疫的机制。研究发现稻瘟病菌入侵水稻时，捕光复合体家族成员 LHCB5 的第 24 位苏氨酸发生磷酸化，叶绿体电子传递受阻，导致电子在叶绿体中大量积累，诱发叶绿体中活性氧的迸发，激活抗病相关基因，提高了水稻对稻瘟病菌的抗病性。通过分析 3 000 份水稻种质资源，发现 *LH-CB*5 基因的启动子区域存在丰富的多态性位点。进一步对 200 多份水稻材料进行分析，发现 LHCB5 的转录水平与抗性呈正相关。LHCB5 的磷酸化主要发生在高转录水平的水稻材料中，且 LHCB5 磷酸化调控的抗性与含有理想型启动子的后代共分离，证明 LHCB5 的磷酸化是可遗传的（Liu M et al，2019）。

南京农业大学万建民院士团队克隆获得水稻 *CDS*1 基因编码的环核苷酸门控离子通道蛋白 OsCNGC9，该基因对稻瘟病抗性具有正向调控作用。OsCNGC9 能够介导 PAMP 诱导的钙离子流，这对于 PAMP 触发的 ROS 爆发和 PTI 相关防御基因表达具有重要作用。PTI 相关的类受体激酶 OsRLCK185 能够与 OsCNGC9 互作，并通过磷酸化修饰改变其通道活性。过表达 *OsCNGC*9 可显著提高水稻的 PTI 反应和苗期稻瘟病抗性。该研究揭示了 OsCNGC9 在介导细胞质钙离子升高和水稻抗病中的作用（Wang J C et al，2019）。

中国科学院遗传与发育生物学研究所朱立煌团队曾从籼稻品种"地谷"中克隆了抗稻瘟病基因 *Pid*3，该基因对我国西南稻作区的稻瘟病菌小种表现出较广的抗性。Zhou 等（2019）找到了 *Pid*3 的一个自发激活突变体，可用来表达、模拟激活状态的 Pid3 蛋白。Pid3 引发的稻瘟病抗性依赖于一个位于细胞膜上的小分子鸟苷三磷酸酶 OsRac1，

OsRac1 很可能是 NLR 抗病蛋白的一个共同的下游信号转导组分。通过蛋白筛选，还发现了另一个对 Pid3 抗性同样重要的信号转导组分 RAI1。Pid3 通过 OsRac1 实现了对 RAI1 的调控。因此，OsRac1 和 RAI1 组成了 Pid3 防卫信号转导的一条新路径。

四川农业大学王文明团队揭示水稻 miR398 通过调控超氧化物歧化酶基因调控 H_2O_2 累积来影响稻瘟病抗性的分子调控网络。miR398b 靶向 4 个超氧化物歧化酶家族基因，即 CSD1、CSD2、CCSD、SODX，这 4 个靶基因对稻瘟病抗性调控作用不同。用靶标诱导序列阻断 miR398 后可显著提高 4 个靶基因转录水平，导致对稻瘟病抗性减弱。当水稻受稻瘟病菌侵染时，超氧化物歧化酶家族成员间存在互补机制，即当一个家族成员的活性降低时，另外的成员会被诱导上调，以补充被抑制的酶活，从而提高总酶活，产生更多的 H_2O_2，增强稻瘟病抗性。该研究解析了不同超氧化物歧化酶在 miR398b 调控的稻瘟病抗性中的作用（Li Y et al，2019）。

中国科学院遗传与发育生物学研究所储成才团队及中国水稻研究所钱前团队合作报道了一个较为罕见的 NLR 蛋白突变 wed，该突变导致水稻对大多数白叶枯病病原小种的感病性增强。wed 引起了一个新的水稻 NLR 蛋白上核苷酸结合结构域中一个苯丙氨酸突变成亮氨酸。对 203 份水稻微核心种质进行基因分析表明，WED 基因存在自然变异，其中 84.7% 的水稻中缺失该基因。wed 对野生型的 WED 位点表现为隐性（或弱效应的不完全显性），而对自然的缺失等位表现为完全显性。综合分析证明 wed 实质上是一个 NLR 蛋白的功能获得性突变。这表明水稻中可能存在一种新的 NLR 类蛋白的作用模式或调节机制。

中国水稻研究所张健团队揭示了 SAPK10 - WRKY72 - AOS1 通路调控水稻防御白叶枯病的新机制。研究证实了 WRKY 转录因子家族成员 WRKY72 直接与茉莉酸（JA）合成关键基因 AOS1 启动子中的 W - box 顺式元件结合，增强 AOS1 的 DNA 甲基化水平并抑制其转录，引起植株内源性 JA 水平的下降，最终造成植株对白叶枯病易感。依赖脱落酸（ABA）的 SnRK2 激酶 SAPK10 可通过磷酸化修饰 WRKY72 的 Thr129 位点降低其对 AOS1 的 DNA 结合能力，从而减轻对 AOS1 表达和 JA 合成的抑制（Hou et al，2019）。

中山大学陈月琴团队发现长链非编码 RNA 介导茉莉酸途径调节水稻抗病性。研究鉴定得到 1 个在白叶枯病菌侵染后的叶片中特异性表达的 lncRNA，而在正常生理条件下几乎不表达的 lncRNA，将其命名为 ALEX1。增强 ALEX1 表达可以激活水稻中茉莉酸信号通路相关基因的表达，使茉莉酸及其活性形式茉莉酸-异亮氨酸的含量明显增高，提高水稻对白叶枯病菌的抗性。ALEX1 是目前发现的第一例参与白叶枯病抗性调节的 lncRNA，该研究首次证实 lncRNA 可以通过调节茉莉酸途径影响植物的防御反应（Yu Y et al，2019）。

福建农林大学鲁国东/王宗华团队报道了稻瘟病菌的致病效应因子几丁质酶 MoChi1 的作用机制。研究发现稻瘟病菌 MoChi1 作用于水稻凝集素蛋白 OsMBL1。MoChi1 干扰 OsMBL1 对几丁质的识别，抑制防御基因转录表达和活性氧积累，促进病原菌侵染。

OsMBL1 蛋白定位于水稻细胞膜，与 MoChi1 竞争结合几丁质，激活下游抗病反应（Han et al, 2019）。中国科学院微生物研究所刘俊团队也报道了该蛋白（MoChi1/MoChia1）在稻瘟病菌生长发育和致病过程中的重要作用，发现了 MoChi1/MoChia1 与水稻膜定位蛋白 TRP1 发生互作。OsTRP1 蛋白也与几丁质酶 MoChi1/MoChia1 竞争结合几丁质，促进活性几丁质寡糖的释放，激活相关免疫反应。这两个团队的研究成果开启了稻瘟病菌与水稻相互作用的新模式，MoChi1 与 OsMBL1、OsTRP1 的互作可能是相辅相成，也可能是相互独立的过程（Yang C et al, 2019）。

华中农业大学袁猛团队揭示了稻黄单胞菌（白叶枯病菌）利用其转录激活类效应子的富含精氨酸的结构域直接与寄主水稻 OsTFIIAγ5/Xa5 相互作用以调控致病性。以白叶枯病菌的转录激活类效应子和水稻的基本转录因子 OsTFIIAγ5/Xa5 相互作用为出发点，发现水稻基本转录因子 OsTFIIAγ5/Xa5 的第 3 个 α 螺旋结构域，尤其是它的第 38、第 39、第 40 和第 42 位氨基酸残基是功能关键位点。这 4 个氨基酸位点突变能够直接影响白叶枯病菌的转录激活类效应子的 TFB 结构域与之相互作用（Tian et al, 2019）。

上海交通大学农业与生物学院陈功友团队揭示了病原菌效应蛋白 PthXo2 与植物感病基因 SWEET13 间的协同进化关系，提出了利用基因编辑技术阻断病原菌效应蛋白与植物感病基因间的协同进化。该研究通过基因编辑技术（CRISPR/Cas9）对水稻品种 Kitaake 的 3 个感病基因（*OsSWEET*11、*OsSWEET*13 和 *OsSWEET*14）的 EBE 进行基因编辑时发现，对应 *OsSWEET*13 的 EBE 位点，白叶枯病菌有五种类型的 PthXo2 - like 效应蛋白，而水稻中的 *OsSWEET*13 的 EBE 位点存在十种单倍型。通过 3 个感病基因 EBE 的修饰，培育了广谱抗白叶枯病的水稻新种质（Xu et al, 2019）。

华南农业大学农学院周国辉团队报道了利用 CRISPR 系统成功地建立了一种适用于双子叶和单子叶植物的抵御 RNA 病毒侵染的方法。采用来自细菌 *Leptotrichia shahii* 的 CRISPR/Cas13a，能够对病毒的基因组 RNA 进行切割，分别在烟草和水稻中成功建立了对 RNA 病毒的抗性，且抗性在多代植株中稳定保持。该技术有望为转基因抗病品种培育提供更高效、更稳定的策略，具有广阔应用前景（Zhang T et al, 2019）。

南京大学生命科学学院田大成团队在水稻广谱高抗稻瘟病内在机制研究方面取得重要进展。该研究以广谱高抗水稻品系特普为研究对象，经过对其基因组重新组装、全基因组范围的大规模克隆与功能鉴定，结合系谱分析已育成的抗性品系以及探索多基因合作模式。结果表明：抗性基因的功能冗余、多抗性基因的参与及互作是引起单一品系广谱持久抗性的主要原因；根据这些基因的抗性特征与分布规律，提出了"抗病基因簇"的概念，通过一次性引入包含多个 NLR 基因的区段，不仅能够获得更好的抗性，而且大大提高了抗病育种的效率；开发了一种成对 NLR 基因的信息学检测方法，并通过生物学功能验证证实了方法的可靠性，为抗病研究与生产利用奠定基础（Wang Long et al, 2019）。

2. 水稻抗虫性与害虫致害性

胡新娣（2019）抗褐飞虱鉴定结果表明，隆两优 534 和五山丝苗在苗期表现中等抗性，但在成虫期则敏感，高优红88和丰原优2297在成虫期表现中等抗性，但在苗期表现敏感；目前，江西省普遍种植的水稻品种多为感虫和高感品种，缺少抗性品种。杨超振等（2019）采用GIS等技术从2 149份水稻资源中筛选出87份白背飞虱抗源。

张安宁等（2019）研究发现单独和聚合导入$Bph6$、$Bph9$、$Bph14$和$Bph15$基因能显著提高节水抗旱稻恢复系的褐飞虱抗性，抗性效应分别是$Bph9＞Bph6＞Bph15＞Bph14＞Bph6＋Bph9＋Bph14＋Bph15＞Bph6＋Bph9＞Bph6＋Bph9＋Bph14＞Bph6＋Bph9＋Bph15＞Bph6＋Bph14＋Bph15＞Bph9＋Bph14＋Bph15＞Bph14＋Bph15$。徐鹏等（2019）选出3个携带$Pi9$、$Xa23$、$Bph14$和$Bph15$基因的近等基因系ST15005－1－106－9、ST15005－1－318－4和ST15005－1－318－14，均表现抗稻瘟病、高抗白叶枯病和中抗褐飞虱。朱永生等（2019）选育出聚合褐飞虱抗性位点$Bph14$、$Bph15$和白背飞虱抗性位点$qsI－4$的恢复系材料3份，携带2个抗虫基因的恢复系材料3份，其中6份恢复系的褐飞虱抗性鉴定结果均表现中抗以上。Wang H等（2019）将抗性基因$Bph14$和$Bph15$导入到水稻品种"五山丝苗"中，成功提高了水稻品种对褐飞虱的抗性。

水稻抗虫基因的鉴定及信号转导途径是水稻抗虫机制研究的热点（表4－2）。王心怡（2019）筛选出3个高抗褐飞虱的水稻品种ARC5984、570011和CL48，抗性级别为2.7、2.9和2.8，其抗性基因定位于4号染色体BF3和BF9、4m19.12和4m24.64，以及11染色体11m14.345和11m18.41间；证实ARC5984中一个候选抗性基因$Os04g35210$的编码区与$Bph6$相同，570011的抗性基因为$Bph6$的等位基因。Pan等（2019）筛选得到3个对褐飞虱表现为高抗的水稻品系，并采用GWAS将褐飞虱抗性基因定位在受测水稻品种6号染色体的短臂上，在14CF2426品系中鉴定出3个QTL，位于1、6、10号染色体。Li Z等（2019）运用BSA和MAS的方法从普通野生稻GX2183的基因渗入系（RBPH16和RBPH17）中发现了2个褐飞虱抗性基因，其中一个位于4号染色体长臂并与$Bph27$相同，而另一个位于4号染色体长臂上并被命名为$Bph36$。Yang M等（2019）在IR64水稻品种1号染色体的RM302和YM35之间定位褐飞虱抗性位点并命名为$Bph37$，同时在RM28366和RM463之间检测到了具有7.7％性状变异的$Bph1$，且发现携带$Bph37$近等基因系（pre－NILs）对褐飞虱表现出明显的抗性。

He J等（2019）发现褐飞虱取食显著诱导了水稻中多个PAL基因的表达，降低抗虫品种中$OsPAL$的表达显著降低水稻对褐飞虱的抗性，而在感虫品种中过表达OsPAL8显著提高了水稻对褐飞虱的抗性，并发现$OsPAL$可能通过调节水杨酸和木质素的生物合成介导水稻对褐飞虱的抗性，进一步研究发现R2R3MYB转录因子OsMYB30直接结合$OsPAL6$和$OsPAL8$启动子上的AC－like元件，调控褐飞虱取食对$OsPAL6$和$OsPAL8$的诱导表达，从而解析了$OsMYB30$调控$OsPALs$表达激活水稻对褐飞虱抗性的新途径。

周耀东（2019）研究认为，脱落酸（ABA）不仅间接参与了茉莉酸（JA）抗褐飞虱途径，也直接参与了诱导抗虫，发现$OsABA8ox3$突变体显著增加ABA合成酶基因的表达，显著降低 ABA 水解酶基因的表达，显著减少褐飞虱刺吸韧皮部的持续时间（N4 波），显著增高胼胝质的沉积面积。丁旭（2019）推断水稻上调 ABA 分解关键基因 $OsABA8ox1$ 和 $OsABA8ox3$，下调 ABA 合成关键基因 $OsZEP$ 及受体基因 $OsPYL4$ 响应 ABA 胁迫，ABA 与 JA 在抗褐飞虱中表现为拮抗作用。

徐丽萍（2019）研究发现，褐飞虱取食和产卵能特异性诱导水稻 Ca^{2+} 信号的产生，通过 OsMPK6 正调控 Ca^{2+} 信号的转导；诱导 JA（$OsJWRKY26$、$OsJAMyb$、$OsJAZ8$ 及 $OsPR10a$）、SA（$OsPR1a$、$OsWRKY45$ 和 $OsWRKY62$）、ET（$OsPR3$）等水稻防御相关的信号分子。Li J 等（2019）发现，$OsMAPK20-5$ 可降低水稻对稻飞虱的抗性，敲除 $OsMAPK20-5$ 的水稻植株在田间对褐飞虱和白背飞虱表现出广谱抗性。Zhou 等（2019）提出 $OsMKK3$ 通过诱导激素动态调节水稻对褐飞虱的抗性。

李波等（2019）通过蜜露量法和 SSST 法对采集自云南勐海、贵州遵义和旧州、广西南宁、湖南衡阳以及浙江富阳等 6 个褐飞虱田间种群的研究发现，处于东南季风带之外、云南西南部的勐海褐飞虱种群致害性明显强于来源于东南季风带之内的 5 个褐飞虱种群。

（二）水稻重要病虫害的抗药性及机理

1. 抗药性监测

何苾妍等（2019）研究结果表明，长翅型与短翅型褐飞虱若虫对新烟碱类杀虫剂呋虫胺、噻虫嗪、噻虫胺和吡虫啉的敏感性存在显著差异，且长翅型比短翅型更敏感，而短翅型褐飞虱对有机磷类更敏感；两种生物型对烯啶虫胺、环氧虫啶、敌敌畏、噻嗪酮、异丙威、吡蚜酮和醚菊酯的敏感性无显著差异。另外，长翅型褐飞虱若虫酯酶比活力显著高于短翅型，细胞色素 P450 单加氧酶比活力显著低于短翅型，而谷胱甘肽 S-转移酶比活力无显著性差异。

赵雪晴等（2019）研究发现，云南曲靖师宗白背飞虱种群对噻嗪酮为中等水平抗性，对吡虫啉、吡蚜酮和毒死蜱均为低水平抗性，对噻虫嗪无抗性，田间防控效果以吡虫啉和噻嗪酮为最好，药后 10d 的防效仍在 90% 以上。

Li G 等（2019）测定了阿维菌素、吡虫啉、氯虫苯甲酰胺、辛硫磷和毒死蜱 5 种药剂对 2014 年 6—8 月贵州东部（锦屏）、西部（盘县）、南部（三都）、北部（道真）和中部（花溪）等 5 个地区褐飞虱田间种群的毒力，证实贵州地区褐飞虱种群抗药性不断发展。

蔡永凤等（2019）测定发现，贵州黄平、湄潭和惠水 3 地褐飞虱田间种群对氟啶虫胺腈及茚虫威的抗性仍处于敏感水平，抗性倍数为 1.23～4.65。

任志杰等（2019）采用稻苗浸渍法测定了 7 省 10 地褐飞虱田间种群和 5 省 8 地的白背飞虱田间种群对氟吡呋喃酮的抗性，其中 10 个地区的褐飞虱田间种群对氟吡呋喃酮表现为低等至中等水平抗性（抗性倍数 6.1～17.4），除湖北孝感外的白背飞虱田间种群对氟吡呋喃酮表现为低水平抗性（抗性倍数 6.3）外，其他 7 个地区的田间种群均保持敏感（抗性倍数 1.1～3.6）。

张欧等（2019）对 2011—2017 年湖北省荆州、武穴、孝感和黄冈 4 个地区的二化螟田间种群对阿维菌素、三唑磷、毒死蜱、和氯虫苯甲酰胺 4 种杀虫剂的抗药性进行了监测，发现上述田间种群对三唑磷和毒死蜱的抗性略微下降但稳定在中低抗水平，而对氯虫苯甲酰胺和阿维菌素的抗性呈略微上升趋势但稳定在敏感至低抗水平，且 4 种杀虫剂对二化螟毒力从大到小依次为氯虫苯甲酰胺＞阿维菌素＞毒死蜱＞三唑磷，建议继续适当限制上述 4 种药剂的使用次数，轮换使用乙基多杀菌素、双酰肼类药剂，避免连续使用同一作用机理的药剂。

Mao K 等（2019）监测了 2016—2018 年中国河南、安徽、湖北、湖南和江西五省 20 个二化螟田间种群对毒死蜱、三唑磷、阿维菌素、溴氰虫酰胺、氯虫苯甲酰胺、乙基多杀菌素和多杀菌素等 7 种杀虫剂的敏感性，发现 20 个二化螟田间种群对三唑磷（RR 64.5～461.3）和毒死蜱（RR 10.1～125.0）表现为中高水平的抗性，对阿维菌素（RR 6.5～76.5）表现出低到中等程度的抗性，对溴氰虫酰胺（RR 1.0～34.0）的抗性逐渐增加，对乙基多杀菌素（RR 1.0～6.7）和多杀菌素（RR 1.0～4.6）的抗性水平较低，江西南昌种群（JXNC）对氯虫苯甲酰胺的抗性较高（RR 148.3～294.3），而其他地理种群对氯虫苯甲酰胺的抗性仍处于中等水平（RR 1.0～37.5），多种杀虫剂之间的 LC_{50} 具有显著相关性，抗性水平与解毒酶活性相关。

Wei 等（2019）监测了浙江、江苏和湖南 3 省 8 个二化螟种群对氯虫苯甲酰胺的抗性水平，其中 7 个种群对氯虫苯甲酰胺均有不同程度的抗性（RF 34.4～284.0）且以 XS（浙江萧山）种群的抗性水平最高（RF 284），但在该 8 个种群的 *CsRyR* 中均未检测到常见的二化螟氯虫苯甲酰胺抗性突变位点 G4910E，却在所有 7 个抗性群体中发现了另一个突变 I4758M，且 7 个抗性群体的 *CsRyR* 基因相对表达水平均显著低于敏感种群。

2. 抗药性机制

稻飞虱 *cyp* 基因是抗虫机制研究的热点。廖逊（2019）系统研究了褐飞虱对氟啶虫胺腈的抗性及机理，其中 *CYP6ER*1 在褐飞虱对氟啶虫胺腈的代谢抗性中有重要作用。Ali 等（2019）系统研究了白背飞虱对噻嗪酮的抗性及其代谢机理，其中 *CYP302A*1、*CYP304H*1、*CYP306A*2 和 *CYP4DD*1 参与对噻嗪酮的抗性。Mao Kaikai 等（2019）经 42 代连续筛选，筛选出对烯啶虫胺表现高抗（164.18 倍）的褐飞虱种群，并测得该种群与吡虫啉（37.46 倍）、噻虫嗪（71.66 倍）、噻虫胺（149.17 倍）、呋虫胺（98.13 倍）、氟啶虫胺腈（47.24 倍）、环氧虫啶（9.33 倍）、醚菊酯（10.51 倍）和异丙威（9.97 倍）均有交互抗性，而与三氟苯嘧啶、毒死蜱和噻虫嗪无交互抗性，13 个 *CYP*450 基因与其抗药性相关。Jin 等（2019）报道褐飞虱噻虫胺抗性种群与大多数新烟碱类杀虫剂都表现出交互抗性，与烯啶虫胺和呋虫胺的交互抗性分别为 99.19 倍和 77.68 倍，与毒死蜱无交互抗性，*CYP6ER*1、*CYP6AY*1 与噻虫胺和烯啶虫胺抗性相关。Wang X G 等（2019）推测 *CYP6FD*1 和 *CYP4FD*2 与白背飞虱对氟啶虫胺腈相关。

Zhao J 等（2019）从二化螟基因组中鉴定出 11 个家系的 24 个尿苷二磷酸糖基转移酶基因（UGTs），推测 UGTs 可能参与了氯虫苯甲酰胺的抗性，证实 *CsUGT*40*AL*1 和 *CsUGT*33*AG*3 的过表达与二化螟对氯虫苯甲酰胺的抗性有关。

Jia 等（2019）从二化螟中鉴定了 2 个新的 γ-氨基丁酸（GABA）受体 *CsLCCH*3 和 *Cs*8916，发现 *CsRDLs* 介导了二化螟对氟雷拉纳（fluralaner）的敏感性。

（三）水稻病虫害分子生物学研究进展

1. 水稻病害

南京农业大学张正光团队揭示了组蛋白乙酰转移酶介导细胞自噬控制稻瘟病菌致病的机制。研究发现，稻瘟病菌营养生长时，组蛋白乙酰转移酶 MoHat1 高度磷酸化定位于细胞核中，而病菌接触、识别水稻后，MoHat1 一部分继续留在细胞核中，而另一部分迅速去磷酸化，与热激蛋白 MoSsb1 结合进入细胞质中，对细胞自噬中的核心蛋白 MoAtg3 和 MoAtg9 进行乙酰化，实现对细胞自噬的精准调控，控制稻瘟病菌附着胞的形成（Yin et al，2019a）。Yin 等（2019b）又揭示了自噬协同细胞壁完整性调控稻瘟病菌致病性。在稻瘟病菌侵染水稻时，病菌体内造成的内质网胁迫可激活细胞自噬核心蛋白 MoAtg1，特异性地磷酸化 MoMkk1，增强细胞壁完整性途径，以增强病菌致病力。该研究揭示了稻瘟病菌侵染水稻时，能够激活细胞自噬与细胞壁完整性途径保障病菌的侵染。

中国农业科学院植物保护研究所刘文德团队报道了蛋白精氨酸甲基转移酶 MoHMT1 在稻瘟病菌中调节细胞自噬的分子机制。MoHMT1 定位于自噬体，与剪接体重要组分 MoSNP1 存在相互作用。正常条件下，Δ*MoHMT*1 中包括细胞自噬相关基因 *MoATG*4 在内的 558 个基因的 pre‑mRNAs 发生了非正常剪接。在氮饥饿条件下，6 个 *MoATG* 基因的 pre‑mRNAs 发生了非正常剪接，导致 mRNA 水平明显降低。结果证明 MoHMT1 通过对 MoSNP1 的甲基化修饰精确调控 ATG 基因 pre‑mRNAs 的选择性剪接，调节稻瘟病菌中细胞自噬形成（Li Z Q et al，2019）。

浙江大学林福呈团队采用非靶向代谢组学确定鞘脂是稻瘟病菌附着体发育和致病的关键信号元件。该研究确定了神经酰胺是附着胞正常发育和致病所必需的代谢物质。神经酰胺调控附着胞发育的有丝分裂过程，并进一步影响调控附着胞极性生长的 PKC‑CWI 信号途径的磷酸化水平。对于神经酰胺敲除突变体的脂质分析表明，*MoLAG*1 产生的神经酰胺主要合成真菌中的复杂鞘脂葡糖基神经酰胺。通过遗传分析手段证明了葡糖基神经酰胺对于稻瘟病菌致病过程的重要性（Liu M M et al，2019）。

福建农林大学魏太云团队首次揭示了水稻病毒可以利用自身编码的非结构蛋白诱导典型的细胞凋亡反应，以促进其自身在介体昆虫内的增殖。研究发现水稻瘤矮病毒 RGDV 能够引发介体昆虫和培养细胞局部的线粒体通路的细胞凋亡反应。阻断抑制细胞凋亡反应的关键蛋白，可以促进病毒的侵染，证实了这种有限的细胞凋亡反应是有利于病毒增殖的。RGDV 编码的非结构蛋白 Pns11 可形成丝状结构，围绕在线粒体周围，并与位于线粒体膜上的孔蛋白—电压依赖性阴离子通道 VDAC 互作，从而导致线粒体衰退和膜电位下降，使线粒体内的凋亡相关因子（如细胞色素 c）释放，从而引发下游的细胞凋亡反应（Chen Q et al，2019）。

张梦园等（2019）研究了 F-box 家族基因 MoFbc1 在稻瘟病菌生长发育及侵染致病中的功能。MoFbc1 敲除菌株在产孢、附着胞形成及致病性等方面与野生型菌株均无显著差异。但其在 MM 和 RDC 培养基上生长速率下降，表明 MoFbc1 基因可能参与调控稻瘟病菌对部分营养物质的利用，为进一步揭示基因 MoFbc1 调控稻瘟病菌生长发育机制奠定基础。

王云锋等（2019）研究表明，病原菌在侵染寄主过程中会经历氮饥饿的过程，该过程有大量的寄主植物和病原菌基因表达。结果显示，除 MGS1242 外，其余 11 个小分泌蛋白基因的表达不受外界氮源影响。MGS1242 在经 1/10-氮和氮饥饿培养 24h 和 48h 时的两个菌株中的表达量明显上调、在稻瘟病菌株侵染水稻 24h 和 48h 时有大幅度上调，72h 时表达量开始逐渐下降。表明稻瘟病菌大部分分泌小蛋白基因的表达不受外界氮营养的影响，但它们能在稻瘟病菌侵染水稻过程中被诱导表达。

黄兰林等（2019）研究了稻瘟病菌侵染阶段 4 个致病相关基因 *Chitinase*、*MGP*1、*MAGB*、*CPKA* 在 UV-B 辐射处理下表达，探索 UV-B 辐射影响稻瘟病菌致病力的机理。结果表明，随着 UV-B 辐射剂量的增加，*MGP*1 的表达没有显著变化，而 *Chitinase*、*MAGB*、*CPKA* 表达下调。在去除 UV-B 后 6h、24h，其表达都有所回升。其中 *Chitinase* 和 *CPKA* 的表达整体受 5kJ/m² 强度影响较大，尤其在辐射 120min 时表达分别下调了 94% 和 61%。*MAGB* 的表达变化则在 2.5kJ/m² 时更大，从辐射开始到结束，表达分别下调了 57%、17% 和 40%。从对应侵染阶段的染色实验得知，UV-B 能有效抑制病原菌侵染过程中芽管、附着胞、侵染菌丝的萌发和生长。5kJ/m² 处理下影响程度更大，与对照相比，各阶段生长量分别减少了 45.1%、82.2% 和 75.2%。增强 UV-B 辐射会使这些致病基因的表达下调，减少和抑制稻瘟病菌侵染阶段的生长发育，从而影响稻瘟病菌致病力，其中在 5kJ/m² 辐射强度时有更加显著的影响。

张俊华等（2019）对采自东北 3 个省 13 个水稻主产区的 176 个立枯丝核菌菌株进行了研究。致病力测定结果表明，东北 3 个省各地区菌株致病力存在分化现象，强致病力菌株占全部菌株 23.3%、中等致病力菌株占 61.9%、弱致病力菌株占 14.8%，地理来源与致病力无明显相关性。根据 UPGMA 聚类分析，当相似系数为 0.63 时，176 个菌株被划分为 6 个类群。聚类结果与地理来源具有相关性，但与致病力无明显相关性。利用 16 对 SRAP 引物分析 176 个菌株的遗传多样性，共得到 2 237 个扩增条带，多态性频率为 82.16%；基因多样度（h）、Shannon 指数（I）分别为 0.2827、0.4150。东北各地区立枯丝核菌群体间遗传距离与地理距离呈一定正相关。群体遗传分化系数 Gst 为 0.3319，基因流 Nm 为 1.0063，说明东北地区立枯丝核菌群体遗传分化度较高且群体间存在基因交流。AMOVA 分析结果表明，群体内遗传分化为 67.84%，遗传变异主要发生在群体内部。

利用传统方法至今尚未筛选到高抗的资源品种。刘列等（2019）初步明确了基因 *WARK*71 和 *WARK*53 是介导水稻纹枯病抗性的关键基因，可作为抗性相关的标记基因。表明水稻与纹枯病菌的互作中可能存在受水稻发育时期调控的开关基因。进一步系统分析水稻对纹枯病菌的抗性组分可为抗性基因的合理利用、水稻抗病品种的培育和预防纹枯病研究提供理论基础。

朱名海等（2019）研究了海南南繁区水稻纹枯病菌（*Rhizoctonia solani* AG-1IA）的遗传分化及遗传多样性与致病力的关系。对南繁核心区和非核心区的60株水稻纹枯病菌的遗传多样性、遗传结构和致病力分化进行了测定，并分析了遗传多样性与致病力之间的关系。聚类分析结果表明，核心区菌株的遗传多样性相对更高；群体遗传结构分析表明，核心区群体的多态性位点百分率（PPL）、*Nei's*基因多样性指数（*H*）、Shannon指数（*I*）和基因流（*Nm*）分别为82.24%、0.1932、0.3062和2.5627，高于非核心区群体的67.49%、0.1535、0.2447和0.9365；而核心区群体的基因分化系数（*Gst*）为0.1633，低于非核心区群体的0.3481。结果指出，核心区菌株的遗传变异程度比非核心区菌株高；核心区不同群体间存在较多的基因交流，而非核心区菌体间的基因交流较少，但遗传变异均主要来自于群体内，核心区菌株的遗传分化程度更高。菌株的致病力及其与菌株遗传多样性的相关性分析表明，核心区菌株以中等致病型为主，而非核心区菌株则以中、强致病型为主，但与菌株的 AFLP 谱系之间的相关均未达显著水平。

倪哲等（2019）研究了水稻白叶枯病菌（*Xanthomonas oryzae* pv. *oryzae*，Xoo）广西菌株 Xoo K74。在 *wxoC* 和 *wxoD* 双基因功能被破坏的突变体中分别回补 *wxoC* 或 *wxoD* 基因发现：*wxoC* 基因影响病菌的致病力，降低了菌体对有机溶剂的耐受性，部分影响细菌生物膜的产生和胞外多糖的分泌；*wxoD* 基因影响细菌胞外多糖的合成、运动能力、对渗透压的耐受性和细菌的生长情况，并且部分影响生物膜的产生，但该基因对致病力贡献很小，具体原因有待进一步研究。

没食子酸（gallic acid，GA）是一种植物酚类化合物，具有多种生物活性，其对水稻细菌性条斑病菌（*Xanthomonas oryzae* pv. *oryzicola*，Xoc）具有较强抑制作用。张锡娇等（2019）用浓度为 200μg/mL 的 GA 处理 Xoc 后，Xoc 的菌体形态结构发生改变，表面有明显的凹陷或不规则囊泡状突起，表明 GA 对 Xoc 细胞壁有损伤作用。200μg/mL 的 GA 处理 24h，病菌培养液的电导率为 135.48μS/cm（对照为 127.85μS/cm）。GA 处理 2h，Xoc 细胞荧光强度下降 58.10%，说明病菌细胞内电解质外渗和细胞溶质发生渗漏。同时，乳酸脱氢酶的活性增加，表明菌体的细胞膜受到破坏。此外，GA 处理 24h，Xoc 培养液在 260nm 下的吸光值为 1.004（对照为 0.018），表明病菌细胞膜的完整性受到破坏。显示 GA 不仅破坏 Xoc 的细胞膜通透性，而且还影响膜的完整性。

2. 水稻虫害

水稻害虫重要功能基因的研究。

（1）水稻害虫重要生命活动的分子机制。

水稻害虫基因的研究集中在生殖、生长发育等方面（表4-2）。顾浩天（2019）研究提出"章鱼胺（OA）响应交配激活 cAMP/PKA 通路调控褐飞虱生殖"的假设。Chen W 等（2019）克隆了褐飞虱糖转运受体基因的 2 个可变剪切体 $NlGr10a$ 和 $NlGr10b$，并通过 AMPK 和 AKT - NlVg 信号途径参与褐飞虱生殖。Lou Y H 等（2019）鉴定了褐飞虱一个新的卵壳蛋白 $NlChP38$，其在卵室滤泡细胞中特异性表达，且在绒毛形成后期沉积于卵泡细胞和卵母细胞之间，抑制 $NlChP38$ 的表达造成卵母细胞疏松及卵壳变薄，并导致褐飞虱产卵受阻。王斯亮（2019）通过研究褐飞虱神经肽及其受体基因功能，得到了 41 条神经肽基因和 44 条受体基因。

邱玲玉（2019）证实了果糖-6-磷酸转氨酶（GFAT）和磷酸果糖激酶（PFK）在褐飞虱几丁质及能量代谢中的作用。唐斌等（2019）克隆了一个新的褐飞虱海藻糖-6-磷酸合成酶（TPS）基因 $TPS3$，发现该 $TPS3$ 与已知的 $TPS2$ 和 $TPS3$ 功能不同，在褐飞虱蜕皮和翅发育中起到重要作用。张梦秋（2019）采用同源分析的方法从褐飞虱转录组中筛选得到 $Nlyellow$、$NlTH$、$Nlddc$、$Nlblack$、$Nlebony$ 和 $NlaaNAT$ 等 6 个黑色素通路相关基因。卓继冲（2019）认为褐飞虱性别决定通路与已经报道的昆虫性别决

表 4 - 2　水稻抗虫基因及害虫功能基因的鉴定

基因名	功能	参考文献
水稻		
$Os04g0201900$、$Os04g0202300$	褐飞虱抗性	Qing et al.，2019
$Bph36$	褐飞虱抗性	Li Z et al.，2019
$Bph37$	褐飞虱抗性	Yang X et al.，2019
$Os04g35190$、$Os04g35210$	褐飞虱抗性	Lin J et al.，2019
$OsHLH61$、$OsbHLH96$	褐飞虱抗性	Wang M et al.，2019
$OsmiR396$、$OsF3H$、$OsGRF8$	褐飞虱抗性	Dai et al.，2019
$OsMKK3$	褐飞虱抗性	Zhou et al.，2019
$ORR22$、$HSP20$、$LOXs$、$DIRs$、$OsDTC1$	褐飞虱抗性	Zhang X et al.，2019
$OsMAPK20-5$	褐飞虱、白背飞虱抗性	Li J et al.，2019
$OsCHIT15$	对二化螟的抗性	鞠迪，2019
$OsMAPK20-5$	对稻纵卷叶螟的抗性	Liu et al.，2019
$OsCHIT15$	对二化螟的抗性	鞠迪，2019
$OsMAPK20-5$	对稻纵卷叶螟的抗性	Liu et al.，2019
褐飞虱		
$NlGr10a$ 和 $NlGr10b$	生殖	Chen et al.，2019
$NlVg-like1$、$NlVg-like2$	生殖	Shen et al.，2019
$NlChP38$	生殖	Lou et al.，2019

（续表）

基因名	功能	参考文献
NlESMuc	生殖	Lou, et al.，2019
Nl flightin	生殖	Chen et al.，2019
*NlPCE*3	生殖	Wu et al.，2019
*MTase*15	生殖	Xu N et al.，2019
NlNan、*NLIav*	生殖	Mao et al.，2019
NlSPF－L	生殖、生长发育	Ge et al.，2019
*NlST*45、*NlSRp*54、*NlCYP*6AY1、*Nl-CPR*70	生长发育	Wan et al.，2019
*Nlug－desatA*1－b、*Nlug－desatA*2	生长发育	Zeng et al.，2019
CaMK Ⅱ	生长发育	Wang et al.，2019
NompC、*NlNan*、*NlIav*	生长发育、运动	Wang et al.，2019
CYP4G76、CYP4G115	表皮形成与防御	Wang et al.，2019
NlGS、*NlGP*	蜕皮	Zhang et al.，2019
*NlATG*1	糖代谢	Yu et al.，2019
Nl－karmoisin、*Nl－cardinal*	眼色分化	Liu et al.，2019
*Nl*1－*Nl*64	唾液腺蛋白	Rao et al.，2019
G6Pase、HK	海藻糖和几丁质代谢	Pan et al.，2019
Nldpp、*Nlss*、	翅型分化和触角发育	Li et al.，2019
*NlIscA*1、*Nlcry*1	磁场感知	Xu et al.，2019
Nl－fh	磁场感知与趋光性	Zhang et al.，2019
*NlugOBP*8	感知定向水稻	He et al.，2019
GST、CarE、POD	解毒代谢	Yue et al.，2019
GABA 受体（R0'Q＋A2'S）	氟虫腈抗性	Yafeng et al.，2019
CYP6ER1、CYP6ER1、CYP6AY1	烯啶虫胺抗性	Mao et al.，2019
nAChRs	环氧虫啶与吡虫啉交互抗性	Zhang et al.，2019
白背飞虱		
*SfKr－h*1、*SfMet*、*SfVg*、*SfVgR*	生殖	Hu et al.，2019
CaMK Ⅱ	生长发育	Wang et al.，2019
*NlSMSL*1、*NlSMSL*2	生长发育	Shi et al.，2019
E93、*Kr－h*1	生长发育	Mao et al.，2019
*NlInR*1	生长发育、信号传导	Zhao et al.，2019

（续表）

基因名	功能	参考文献
SfCHS1、SfCHS1a、SfCHS1b	表皮形成	Wang et al.，2019
Sfur OBP1、Sfur OBP2、Sfur OBP3、Sfur OBP11	嗅觉感知	Hu et al.，2019
SfurOBP11	感知定向水稻	He et al.，2019
CYP450、GST	噻嗪酮抗性	All et al.，2019
CYP6FD1、CYP4FD2	氟啶虫胺腈抗性	Wang et al.，2019
NlABCG	解毒代谢	Yang et al.，2019
灰飞虱		
LsVgR	生殖	Xu et al.，2019
VgR	生殖	Huo et al.，2019
ODFP、VA5L	生殖	Huang et al.，2019
Ddx1	生殖	Guo et al.，2019
CaMKⅡ	生长发育	Wang et al.，2019
LstrOBP2	感知定向水稻	He et al.，2019
LstrOrco	感知定向水稻	Li et al.，2019
GSTs2、CYP4DE1U1、CYP425B1	毒死蜱抗性	Zhang et al.，2019
Ago1、Ago2、vsRNA	信号传导	Zhao et al.，2019
sHsps	温度响应	Wang et al.，2019
DNaseⅡ	与水稻互作	Huang et al.，2019
LsRACK1	调控 RBSDV 的积累	Lu et al.，2019
大螟		
SiAQP	湿度响应	肖天晶等，2019
Sinace1、Sinace2	抗药性	黄磊等，2019
AK	生长发育	鲁艳辉等，2019
二化螟		
CsABCC2	解毒代谢（Cry1C、Cry1Ab）	张川，2019
CsCad	解毒代谢（Cry1C、Cry1Ab）	Du et al.，2019
V-ATPase A	解毒代谢（Cry2Aa、Cry1Ca）	Qiu et al.，2019
CYP6CV5、CYP9A68、CYP321F3、CYP324A12	氯虫苯甲酰胺抗性	Xu et al.，2019
CsUGT40AL1、CsUGT33AG3	氯虫苯甲酰胺抗性	Zhao et al.，2019
CsLCCH3、Cs8916	氟雷拉纳抗性、神经传导	Jia et al.，2019

（续表）

基因名	功能	参考文献
$CsAqp12L\_v$、$CsAqp12L\_v2$	生长发育	Lu et al.，2019
$CsGluCl$、$CsRDL1$、$CsRDL2$	生长发育、抗药性	Meng et al.，2019
$G3PDH$	生长发育	Kangxu et al.，2019
$Csu-miR-14$	生长发育	He et al.，2019
AK	生长发育	鲁艳辉等，2019
$CsPxd$	蜕皮	Ma et al.，2019
$PBP1$、$PBP3$	化学感受	Dong et al.，2019
$period$、$timeless$、$timeout$、$cryptochrome1$	求偶行为	Zhu et al.，2019
稻纵卷叶螟		
$CmedOBP14$	化学感受	Sun et al.，2019
$CmedCSP33$	化学感受	Duan et al.，2019
$CmTre$、$CmCHS$	生长发育	赵凤，2019
$Hsp70$、$Hsp90$	生长发育、温度响应	Gu et al.，2019

定通路不同，证实 Nldsx 参与褐飞虱的性别决定，报道雌性决定因子 $Nlfmd$。王莎莎等（2019）证实褐飞虱胰岛素受体基因（InR）能够影响海藻糖等糖类物质的平衡。Pan B Y 等（2019）报道，抑制褐飞虱葡萄糖-6-磷酸酶（$G6Pase$）的表达不影响海藻糖和几丁质代谢途径，而抑制己糖激酶（HK）的表达导致海藻糖及几丁质代谢途径相关的基因表达水平降低。Zhang D W 等（2019）发现，抑制褐飞虱糖原合酶 $NlGS$ 和糖原磷酸化酶 $NlGP$ 的表达可造成褐飞虱蜕皮异常和死亡率升高，并降低 $TPS3$、$TRE1-1$ 和 $G6PI1$ 等海藻糖和几丁质合成途径基因的表达，增加 $TPS1$ 和 $TPS2$ 等基因的表达。

张金利（2019）利用比较转录组数据分析、RNAi 及酵母单杂交等手段筛选得到了与褐飞虱长短翅转换相关的重要翅发育网络基因，证实 $Nlvestigial$ 和 $Sfvestigial$ 分别调控褐飞虱及白背飞虱翅与飞行肌的可塑性发育，明确组蛋白去乙酰化酶基因 $NlHDAC1$ 是褐飞虱雄虫重要的组蛋白脱乙酰化酶。袁晓波（2019）鉴定 12 个褐飞虱组蛋白去乙酰化酶基因。Li X 等（2019）从褐飞虱中克隆了 $Nldpp$（$decapentaplegic$）和 $Nlss$（$spineless$）对褐飞虱翅的发育都具有重要作用，$Nldpp$ 的表达可受 $NlInR1/2$ 调控，而敲除 Nlss 还会导致触角鞭节发育不良甚至脱落，并对寄主植物挥发物的敏感性降低。

常朝霞（2019）根据白背飞虱基因组信息，结合白背飞虱不同来源的小 RNA（sRNA）和 RNA-seq 高通量测序数据，发展了用于白背飞虱的 ncRNA 鉴定的多种生物信息学分析流程，系统鉴定白背飞虱的 miRNA、siRNA 簇、piRNA 簇、lncRNA 和 circRNA，并研究了这些 ncRNA 的基因组特征、进化保守性和可能的作用机制。

（2）水稻害虫与水稻病毒、微生物的互作机制。赵忠豪等（2019）以携带南方水稻黑条矮缩病毒 SRBSDV 的白背飞虱中肠 cDNA 文库为筛选对象，经过大量筛选和回转验证，最终获得 5 个可能与 SRBSDV P6 蛋白互作的介体因子，且这些介体因子主要参与基因的转录、蛋白质翻译、蛋白翻译后修饰和蛋白质合成过程。

林胜等（2019）研究发现，取食非转基因水稻和转基因水稻的褐飞虱肠道可培养细菌的组成存在一定差异，其中共在取食非转基因水稻和 *Bt* 水稻的褐飞虱若虫肠道内各分离获得 7 株细菌，且取食非转基因水稻的褐飞虱肠道可分离获得变形菌门的草螺菌属 *Herbaspirillum*、不动杆菌属 *Acinetobacter* 和放线菌门的微杆菌属 *Microbacterium* 等 3 个特异性细菌属，而取食 *Bt* 水稻的褐飞虱肠道分离得到变形菌门的肠杆菌属 *Enterobacter* 和伯克氏菌属 *Burkholderia* 等 2 个特异性细菌属。

王天召等（2019）采用生物信息学方法对褐飞虱成虫肠道细菌 16S rRNA 和真菌 ITS2 的序列进行分析，其中细菌共注释到 7 个门 15 个纲 26 个目 45 个科和 73 个属，而真菌为 3 个门 9 个纲 12 个目 15 个科和 18 个属。在属分类水平上，细菌的优势属及其丰富度为不动杆菌属 *Acinetobacter*（36.37%）、紫单胞菌科（Porphyromonadaceae）未确定属（17.22%）和毛螺菌科（Lachnospiraceae）未确定属（15.01%），而真菌的优势属及其丰富度为粪壳菌纲（Sordariomycetes）未确定属（95.77%）。

第二节　国外水稻植保技术研究进展

一、水稻病虫害防控技术

（一）非化学农药防治技术

Arriel - Elias 等（2019）揭示以甘蔗糖蜜或甘油为基础配方，含有细菌伯克氏菌 *Burkholderia pyrrocinia*（BRM 32113）的生防制剂在促进水稻生长和降低叶瘟病严重程度方面是有效的，并且在接种稻瘟病菌后 24～48h，酶-1，3 -葡聚糖酶、几丁质酶、苯丙氨酸解氨酶、脂氧合酶和水杨酸的含量显著增加。

Sripodok 等（2019）从泰国 Nakhon Pathm 省稻田土壤中分离到一种土壤酵母 *Lachancea kluyveri* SP132，SP132 对水稻纹枯病病原菌丝核菌的菌丝生长具有明显抑制作用，并且对水稻种子萌发和幼苗生长有促进作用。Jamali 等（2019）报道从盐渍土中分离的枯草芽孢杆菌 RH5 菌株对水稻纹枯病病原菌有明显的拮抗作用（84.41%）。RH5 菌株具有植物生长促进特性（吲哚乙酸、铁载体、氰化氢生成和磷酸盐、锌、钾溶解度）、水解酶（几丁质酶、蛋白酶、纤维素酶、木聚糖酶）活性，以及抗菌肽生物合成基因（杆菌素、表面蛋白和峰霉素）的存在，支持菌株高效菌丝定植及其抑制作用；还通过产生防御相关的抗氧化酶，显著提高水稻的生长，激发水稻抗性。

Naqvi 等（2019）报道薄荷、印楝、芦荟和印度洋金枪鱼的提取物分别或联合使用对水稻白叶枯病病原稻黄单胞菌有显著抑制作用。另外，胡椒粉、籼稻和李蒙的组合对降低白叶枯病的发病率效果显著。但所有的提取物对水稻的农艺性状都有显著影响。

Horgan 等（2019a）研究了菲律宾洛斯巴诺斯地区生物多样性综合管理措施对稻田害虫及其天敌的发生动态的影响，证实了丰富稻田周围植物的多样性或设置诱集作物有助于稻田水稻害虫的防治。

（二）化学农药防治技术及抗药性

Kokkrua 等（2019）报道小檗碱（$125\mu g/mL$）在体外对水稻纹枯、稻瘟和胡麻叶斑、褐斑病的病原菌具有显著的抗真菌活性；在体外，小檗碱（$5mg/mL$）对褐斑病在接种前后都有显著抑制作用，其抑制褐斑病的活性比使用苯醚甲环唑和代森锰锌高。在大田，小檗碱 $10mg/mL$ 能显著降低稻瘟病的严重程度（$P < 0.05$），降低程度达 49.81%，与双苯甲环唑和代森锰锌两次田间施用效果相似。这些结果表明，小檗碱是一种很有前途的生物活性化合物，有望作为一种新型杀菌剂的先导化合物用于防治水稻褐斑病和稻瘟病。

水稻白叶枯病易对抗生素产生抗性，迫切需要开发替代性的防治产品。Majumdar 等（2019）采用化学还原法制备了 4 种不同尺寸的铜纳米颗粒 CuNP（CuNP - 1 - 18nm、CuNP - 2 - 24nm、CuNP - 3 - 28nm 和 CuNP - 4 - 33nm），并通过 X 射线衍射、动态光散射、紫外可见光谱和透射电镜对 CuNPs 解析了其物理、化学特征。进一步试验表明，CuNPs 的抗菌活性具有大小和浓度依赖性。在所有的 CuNP 中，CuNP - 3 对白叶枯病原菌的抗菌效果最好，与商业抗生素硫酸链霉素相比，活性更高。

Mizuki 等（2019）报道，越南红河三角洲南定（Nam Dinh）稻作区常用的杀虫剂为吡虫啉、氟虫腈和甲维盐，荣富（Vinh Phuc）地区为吡蚜酮和噻虫嗪。Matsukawa - Nakata 等（2019）提出杀虫剂的不合理施用是导致当地褐飞虱抗药性形成的重要原因。Fujii 等（2019）分析了 2005—2017 年东亚和越南部分地区褐飞虱种群对吡虫啉、噻虫嗪、噻虫胺、呋虫胺和烯啶虫胺等新烟碱类杀虫剂的抗性水平，发现吡虫啉与呋虫胺和烯啶虫胺无交互抗性，与噻虫嗪和噻虫胺存在交互抗性。

Sanada - Morimura 等（2019）发现 PBO 可以降低褐飞虱对吡虫啉的抗性，指出褐飞虱对吡虫啉抗性为常染色体遗传。与之类似，Diptaningsari 等（2019）认为褐飞虱对吡虫啉的抗性为常染色体不完全显性遗传。Kwon 等（2019）报道，灰飞虱 $LsAChE1$ 基因 F331H 突变与丁硫克百威的抗性发展有关。Miah 等（2019）报道，$CYP439A1v3$ 的重组蛋白会与溴氰菊酯发生羟基化反应而生成羟基化溴氰菊酯。

Neeraj 等（2019）报道，纳米剂型氟虫腈（$60g/hm^2$）对印度褐飞虱种群防效显著高于常规氟虫腈，水稻增产 28.76%。

二、水稻病虫害发生规律及其机制

（一）主要病虫害发生规律

Nam 等（2019）研究了亚洲 7 个国家（中国、孟加拉国、韩国、老挝、尼泊尔、泰国和越南）43 个白背飞虱地理种群的遗传结构、多样性和迁徙路线，指出白背飞虱的遗传距离与地理距离呈显著正相关（$r^2 = 0.4585$，$P = 0.01$），且中国南部和越南北部是韩国白背飞虱的主要来源地，而尼泊尔和孟加拉国可能是越南白背飞虱的来源地。Azree 等（2019）建立了一种基于深度学习的褐飞虱自动识别系统 PENYEK，其图像识别准确率高达 95%。

（二）水稻对主要病虫的抗性及病虫对水稻的致害性

1. 水稻对主要病虫的抗性

Akanksha 等（2019）报道了两个新的褐飞虱抗性基因 *bph*39（t）和 *bph*40（t）。Wintai 等（2019）研究了 *BPH*9、*BPH*14、*BPH*18、*BPH*26、*BPH*29、*BPH*32、*OsLekRK*3 和 *OsSTPS*2 等 8 个基因在 Rathu Heenati、籼稻 Jao Hom Nin（JHN）等水稻品种及其突变体中对褐飞虱抗性的作用。Balachiranjeevi 等（2019）通过褐飞虱抗性水稻品种 Khazar 和易感品种黄华占（HHZ），定位了一个位于 1 号染色体长臂上的褐飞虱抗性位点 *BPH*38（t）并预测出 71 个候选基因，其中 *LOC_Os*01g37260 可编码具有 LRR 结构域的 FBXL 蛋白且可能在水稻的抗褐飞虱机制中有重要作用。

Nguyen 等（2019）以 Taichung 65（T65）水稻品种为背景建立了 7 个近等基因系（*BPH*2 - NIL、*BPH*3 - NIL、*BPH*17 - NIL、*BPH*20 - NIL、*BPH*21 - NIL、*BPH*32 - NIL、*BPH*17 - *ptb* - NIL）和 15 个聚合系（PYLs），并测得多个 NILs 和 PYLs 对褐飞虱种群 Hadano - 66 具有较强抗性，对 Koshi - 2013 种群抗性较弱，而在 PYLs 中，*BPH*20 + *BPH*32 - PYL 和 *BPH*2 + *BPH*3 + *BPH*17 - PYL 对 Koshi - 2013 种群的抗性较高。Horgan 等（2019b）以 Taichung 65（T65）水稻品种为背景建立了 14 个近等基因系，评价了单基因近等系和多基因聚合系的抗性效益及生态效益，建议在选育优良的抗性品种时应谨慎选择聚合基因的数量。

2. 主要病原菌的致病性

尽管目前对稻瘟病菌的入侵方式已基本明确，但是在附着胞内部膨压调节的分子机制仍不清楚。英国埃克塞特大学的 Talbot 研究团队鉴定到稻瘟病菌侵染过程中位于附着胞的一个膨压感受器——组氨酸—天冬氨酸激酶 Sln1。Sln1 可以感知膨压并负调控黑色素形成和膨压形成，触发附着胞的复极化，影响稻瘟病菌的致病性。Sln1 与 cAMP 依赖性蛋白激酶 PKA 的调节亚基 Sum1 相互作用，PKA 可以调节稻瘟病菌中甘油依赖性的膨压产生，Sln1 负调节 PKA 途径以介导甘油的生物合成和膨压产生。Sln1 还可以与蛋白激酶 Pkc1 相互作用。Pkc1 是 p67phox 磷酸化所必需的，并且 Pkc1 可以磷酸化磷酸二酯酶 PdeH，从而间接调控 PKA 途径（Rader et al，2019）。

3. 水稻的抗病机制

水稻白叶枯病菌 Xoo 中转录因子类似效应蛋白（TALE）是一类重要的毒性因子，其通过Ⅲ型分泌系统进入水稻细胞后能够结合到 SWEET 基因启动子的效应子结合元件 EBE 上，造成水稻感病。而 EBE 上的核苷酸变异能够为水稻提供相应病原菌的抗性。美国密苏里大学哥伦比亚分校植物科学系和唐纳德·丹福斯植物科学中心 Yang 团队揭示了通过修饰水稻中多个 OsSWEET 基因启动子培育了广谱抗白叶枯病水稻。利用 CRISPR - Cas9 基因编辑技术对水稻中能够被病原体 TALE 识别的 SWEET11、SWEET13、SWEET14 等 3 个基因启动子上的 EBE 区域进行多重编辑，最终获得了对白叶枯病具有广谱抗性的水稻材料（Oliva et al，2019）。德国杜塞尔多夫大学 Eom 等（2019）和 Varshney（2019）研究报道了一种用以追踪水稻白叶枯病病原菌及其毒力和抗性基因的试剂盒。该试剂盒主要包括一个 SWEET 启动子数据库 SWEETpDB，检测 SWEET 表达量的 SWEEETup，检测 SWEET 蛋白积累的 SWEETacc，检测 SWEET 靶标的 SWEETko 突变体，分析 Xoo 基因型的 EBE 编辑 tester lines SWEETpR，基于地理信息系统的预测工具，以及 32 个 Cas9 - free 的基因编辑水稻。

Vo 等（2019）揭示 *Pii* 是水稻稻瘟病抗性基因 *Pi5* 的一个等位基因。从携带 *Pii* 的水稻品种 Fujisakat 中克隆 *Pii* - 1 和 *Pii* - 2。对感病水稻品种 Dongjin 的互补试验表明，*Pii* 介导的稻瘟病抗性与 *Pi5* 相似，*Pii* - 1、*Pii* - 2 分别被 *Pi5* - 1 和 *Pi5* - 2 替代并不改变对携带无毒基因 *AVR* - *Pii* 的稻瘟菌的抗性水平。

Pi54 是从水稻品系 Tetep 中克隆的一个抗稻瘟病显性基因，具有广谱抗稻瘟病的特性，*AvrPi54* 是其在稻瘟菌中对应的无毒基因。Sarkar 等（2019）研究 72 个水稻品系的 *Pi54* 的等位基因与 *AvrPi54* 的相互作用。*Pi54*（R）和 *AvrPi54*（Avr）的蛋白三级结构受到体内相互作用的影响，R 蛋白 LRR 区的残基与 Avr 蛋白直接相互作用。这些 R 蛋白由于其氨基酸残基的不同空间排列而具有不同的结合强度。此外，通过相互作用研究和分子动力学模拟分析，来自地方品种 Casebatta、Tadukan、Varun dhan、Govind、Acharmita、HPR - 2083、Budda、Jatto、MTU - 4870、Dobeja - 1、CN - 1789、Indira sona、Kulanji pille 和 Motebangarkaddi 的 Pi54 蛋白，显示出与 AvrPi54 蛋白的较强结合，这些等位基因可以有效地应用于水稻抗稻瘟病育种。

参 考 文 献

蔡永凤，肖彩云，吴帅，等. 2019. 氟啶虫胺腈与茚虫威对褐飞虱的协同作用 [J]. 热带生物学报，
　　10（3）：278 - 282.

曹雅芸. 2019. 20％氰氟虫腙·茚虫威 SC 防治稻纵卷叶螟田间药效试验简报 [J]. 上海农业科技
　　（6）：125，127

陈若霞，谌江华，孙梅梅，等.2019.浙东稻区赤眼蜂种群调查及其控害效果 [J].浙江农业科学，
　60 (6)：937-939.

陈叶青，白杰，郭崇友，等.2019.基于湿法研磨工艺的水分散粒剂开发与应用 [J].世界农药，
　41 (5)：40-43.

常朝霞.2019.白背飞虱非编码 RNA 的鉴定和特征分析 [D].合肥：中国科学技术大学.

崔鹤.2019.绿僵菌及 dsRNA 对褐飞虱的控制效果评价 [D].广州：中山大学.

丁旭.2019.脱落酸、茉莉酸处理的水稻转录组学分析及其抗褐飞虱机制研究 [D].扬州：扬州
　大学.

丁宇倩，任佐华，黎圆花，等.2019.枯草芽孢杆菌 JN005 可湿性粉剂研制及其对稻瘟病防治效果
　[J].农药 (6)：415-419.

董丽英，赵秀兰，刘树芳，等.2019.28％三环唑·嘧菌酯悬浮剂对水稻稻瘟病的防治效果 [J].
　植物保护 (1)：226-229.

范文忠，王培颖，杨祥波，等.2019.8-羟基喹啉钙防治细菌性病害室内毒力及田间药效试验 [J].
　农药 (9)：690-693.

冯发运，王冬兰，郭盼，等.2019.江苏省迟熟中粳稻生产上减量用药技术研究与示范 [J].上海
　农业科技 (2)：31-34，47.

高海峰，白微微，热西达·阿不都热合曼，等.2018.新疆主要水稻生产区稻瘟病发生与降雨之间
　的关系 [J].新疆农业科学，55 (10)：1854-1862.

何芯妍，杨鹏，李文浩，等.2019.长翅型与短翅型褐飞虱对杀虫剂的敏感性比较 [J].农药学
　报，21 (2)：175-180.

何东兵，朱友理，吴佳文，等.2019.不同药剂拌种对水稻穗前病虫害的控制效果 [J].浙江农业
　科学，60 (4)：601-604.

何佳春，李波，谢茂成，等.2019.新烟碱类及其他稻田杀虫剂对褐飞虱的室内药效评价 [J].中
　国水稻科学，33 (5)：467-478.

何文静，刘登曰，甘秀海，等.2019.新型 1，3，4-噻二唑并 [3，2-α] 嘧啶酮类介离子衍生物
　的合成及其生物活性 [J].有机化学，39 (8)：2287-2294.

何信富，骆琴；周宇杰.2019.奇绝、纵擒及与杀虫单混用防治水稻二化螟效果评价 [J].上海农
　业科技 (3)：108-109.

何雨婷，孙利华，杜贺，等.2019.两种稻田常见螯蜂对褐飞虱的捕食和寄生习性，中国植物保护
　学会 2019 年学术年会.论文集 [C].北京：中国农业科学技术出版社.

胡新娣.2019.江西省不同水稻品种对褐飞虱的抗性鉴定 [D].南昌：江西农业大学.

黄兰林 梅馨月 李详，等.2019.UV-B 辐射对稻瘟病菌侵染阶段四个致病相关基因表达的影响
　[J].农业环境科学学报 (3)：494-501.

黄磊，彭英传；韩召军.2019.大螟乙酰胆碱酯酶基因的克隆及其多态性分析 [J].南京农业大学
　学报，42 (6)：1050-1058.

黄湘桂，降好宇，张菊萍，等.2019.分子标记辅助选择改良水稻两用核不育系创 5S 稻瘟病抗性和
　镉积累特性研究 [J].杂交水稻 (4)：51-56.

黄世广，张玮强；吴锦霞.2019.不同药剂对稻纵卷叶螟防效试验简报 [J].上海农业科技 (3)：
　105，111.

蒋晴，耿辉辉，谷东英，等.2019.几种杀虫剂对水稻二化螟的防效比较 [J].大麦与谷类科学，36（3）：36-38.

鞠迪.2019.抗螟水稻诱导二化螟防御反应及几丁质酶基因 OsCHIT15 的表达模式研究 [D].沈阳：沈阳农业大学.

李波，何佳春，万品俊，等.2019.我国褐飞虱若干地理种群致害性的研究 [J].环境昆虫学报，41（1）：9-16.

李国华，张洪伟，张子军，等.2019.寒地水稻稻曲病防治效果筛选试验 [J].北方水稻（3）：42-43.

李华容，孙冠利，张俊，等.2019.三氟苯嘧啶防治水稻飞虱试验 [J].湖北植保（1）：22-23.

李丽娟，周淑香，常雪，等.2019.高效寄生水稻二化螟卵的赤眼蜂品系筛选 [J].东北农业科学，44（2）：19-22.

李美君.2019.稻螟赤眼蜂携带病原真菌对二化螟的生防潜能研究 [D].长春：吉林农业大学.

林开，李燕芳，李怡峰，等.2019.烟秆还田对水稻稻飞虱及其捕食性天敌田间种群动态的影响 [J].环境昆虫学报，41（1）：17-24.

林胜，李强，夏晓峰，等.2019.Bt水稻对褐飞虱若虫肠道可培养细菌组成的影响 [J].福建农业学报，34（7）：802-809.

林相泽，张俊媛，朱赛华，等.2019a.基于 K-SVD 和正交匹配追踪稀疏表示的稻飞虱图像分类方法 [J].农业工程学报，35（19）：216-222.

林相泽，朱赛华，张俊媛，等.2019b.基于迁移学习和 Mask R-CNN 的稻飞虱图像分类方法 [J].农业机械学报，50（7）：201-207.

凌汉，李创，唐涛，等.2019.氟雷拉纳与三种杀虫剂对灰飞虱的室内毒力及其联合作用 [J].环境昆虫学报，41（4）：875-881.

刘驰，韦敏益，秦钢，等.2019.利用 MAS 技术培育水稻多抗、优质强恢复系桂恢663 [J].植物遗传资源学报（2）：225-231.

零春华，吴家胜；郭小艳.2019.10%呋虫胺干拌种剂防治水稻稻飞虱田间药效试 [J].广西植保，32（4）：17-18.

刘欢，钟玉琪，侯茂林.2019.湘桂走廊单双季稻混栽稻田稻纵卷叶螟、稻飞虱及其天敌的种群动态 [J].环境昆虫学报，41（1）：1-8.

刘列，秦蔚，孙场，等.2019.水稻与纹枯病菌互作中免疫相关基因的表达研究 [J].云南农业大学学报：自然科学版（5）：731-737.

芦芳，沈慧梅，顾士光，等.2019.水稻植保无人机助剂筛选试验初报 [J].上海农业科技（4）：106-108.

鲁艳辉，白琪，郑许松，等.2019.四种鳞翅目害虫精氨酸激酶基因的表达谱及基于 RNAi 的功能分析 [J].昆虫学报，62（8）：901-911.

陆静，王家亮，朱赛华，等.2019.基于特征优化的稻飞虱图像分类 [J].南京农业大学学报，42（4）：767-774.

倪哲，韩倩，陈龙，等.2019.水稻白叶枯病菌 *wxoC* 和 *wxoD* 基因功能的初步研究 [J].基因组学与应用生物学（11）：5023-5030.

骆琴，周宇杰；何信富.2019.四种不同药剂防治抗性二化螟的效果评价 [J].上海农业科技（5）：

114－115.

梅国红，陈桂华，马红丽，等.2019.几种杀虫剂对稻纵卷叶螟的防治效果试验［J］.上海农业科技（5）：111－112.

潘晓莲；罗全丽.2019.黔南州2013—2018年水稻白背飞虱发生特点及防控策略［J］.农技服务，36（3）：32－33.

邱玲玉.2019.GFAT和PFK调控褐飞虱几丁质及能量代谢的差异研究［D］.杭州：杭州师范大学.

岂长燕，许兴涛，马建，等.2019.抗稻瘟病基因 *Pib*、*Pita*、*Pi5*、*Pi25* 和 *Pi54* 在我国水稻微核心种质中的分布［J］.植物遗传资源学报（5）：1240－1246.

任志杰，龚培盼，徐鹏飞，等.2019.2017年褐飞虱和白背飞虱田间种群对氟吡呋喃酮的抗性监测［J］.农药学学报（21）：1－6.

孙太安，孙太权，张献，等.2019.三种杀菌剂对中稻稻曲病的防治效果比较［J］.广西植保（1）：21－22.

邵国民，周宇杰，何信富，等.2019.怀农特在单季稻病虫害防控中减量控害的应用［J］.上海农业科技，119（1）：112－114，119.

宋化强，刘焕玲，张爱忠，等.2019.25％吡蚜酮悬浮剂的配方研制［J］.农药，58（12）：885－887.

覃燕光.2019.广西上林县佰靓珑悬浮剂防治水稻稻飞虱试验［J］.农业工程技术，39（5）：22－23.

谭海军.2019.新烟碱类杀虫剂环氧虫啶及其开发［J］.世界农药，41（4）：59－64.

唐斌，沈祺达，曾伯平，等.2019.褐飞虱一个新的海藻糖合成酶基因的特性、发育表达及RNAi效果分析［J］.中国农业科学，52（3）：466－477.

唐涛，马明勇，符伟，等.2019.三氟苯嘧啶·溴氰虫酰胺对水稻稻飞虱及螟虫的田间防治效果评价［J］.植物保护，45（3）：215－221.

唐倩，黄明刚；雷苗琳.2019.衡阳县水稻二化螟绿色防控关键技术集成探［J］.南方农业，13（11）：28－30，32.

王国荣，胡立军，黄福旦，等.2019.二化螟性诱剂固体诱芯长期诱蛾效果研究［J］.中国植保导刊，39（6）：64－66.

王莎莎，陈坚毅，杨慧利，等.2019.胰岛素受体基因InR调控褐飞虱海藻糖代谢研究［J］.环境昆虫学报，41（1）：119－128.

王硕，胡香英，胡恩旗，等.2019.金龟子绿僵菌对稻飞虱的飞防效果［J］.热带农业科学，39（1）：70－74.

王斯亮.2019.褐飞虱神经肽及其受体基因功能研［D］.杭州：浙江大学.

王心怡.2019.3个水稻材料抗褐飞虱基因定位与候选基因分析［D］.南宁：广西大学.

王天召，王正亮，朱杭锋，等.2019.基于高通量测序的褐飞虱肠道微生物多样性分析［J］.昆虫学报，62（3）：323－333.

王云锋，李春琴，王长秘，等.2019.稻瘟病菌分泌小蛋白对氮素营养的响应［J］.基因组学与应用生物学（10）：4513－4519.

肖汉祥，周振标，陆世忠，等.2019.植保无人机喷施纳米农药防治水稻稻飞虱和稻纵卷叶螟示范

试验 [J]. 现代农业科技 (22)：58 - 59.

肖天晶，汤小天，陆明星，等. 2019. 大螟水通道蛋白 *SiAQP* 基因的克隆与表达分析 [J]. 应用昆虫学报，56 (4)：793 - 803.

谢剑波，秦梦圆，石杨，等. 水稻纹枯病内生拮抗菌的分离鉴定及其生防作用 [J]. 湖南农业科学，2019 (4)：73 - 75.

谢子正，方辉，李阳，等. 2019. 籼-粳杂交稻稻曲病空间分布和抽样技术研究 [J]. 植物保护 (2)：134 - 137.

徐德进，徐广春，许小龙，等. 2019. 喷头和施药液量对水稻植株上农药沉积和药剂防治效果的影响 [J]. 植物保护学报，46 (2)：409 - 416.

徐丽萍. 2019. 褐飞虱为害诱导的水稻防御反应的若干重要特征研究 [D]. 杭州：浙江大学.

卫勤，钱华，潘秀琴，等. 2019. 25% 茚虫威·甲氧虫酰肼悬浮剂防治水稻二化螟田间效果简报 [J]. 上海农业科技 (5)：113，121.

徐鹏，叶胜拓；牟同敏. 2019. 分子标记辅助选择改良水稻恢复系 R1813 稻瘟病、白叶枯病和褐飞虱抗性研究 [J]. 杂交水稻，34 (1)：62 - 69.

徐鹏飞，康廷浩，张园，等. 2019. 卵磷脂桶混助剂的特性及其在防治稻飞虱中对氟啶虫胺腈的协同增效作用 [J]. 农药学学报，21 (2)：227 - 232.

徐赛，吴亚坚，李保同，等. 2019. 溴虫氟苯双酰胺对水稻主要害虫的毒性及对稻田天敌的影响 [J]. 植物保护学报，46 (3)：574 - 581.

羊绍武，张晓明，郭海业，等. 2019. 多年生水稻田主要害虫种类及种群动态 [J]. 云南农业大学学报（自然科学），34 (1)：1 - 8.

杨超振，苏艳，陈晓艳，等. 2019. 云南作物资源特征特性及生态地理分布研究Ⅸ：稻白背飞虱抗性资源的多样性分布 [J]. 贵州农业科学，47 (1)：17 - 20.

杨雅云，张敦宇，陈玲，等. 2019. 云南药用野生稻对四种水稻主要病害的抗性鉴定 [J]. 植物病理学报 (1)：101 - 112.

叶挺云，童贤明，麻理亚. 2019. 二化螟固体性诱剂诱芯的诱捕率与持效性 [J]. 浙江农业科学，60 (6)：935 - 936，939.

于居龙，张国，缪康，等. 2019. 噻虫胺与吡蚜酮复配对稻飞虱的控制效应和稻田天敌安全性分析 [J]. 农学学报，9 (2)：11 - 17.

俞佩仕，郭龙军，姚青，等. 2019. 基于移动终端的稻田飞虱调查方法 [J]. 昆虫学报，62 (5)：615 - 623.

喻永忠，柳辉林，黄瑛，等. 2019. 10% 三氟苯嘧啶 SC 对水稻稻飞虱的防治效果 [J]. 生物灾害科学，42 (3)：215 - 217.

余买松，游瑾；刘初生. 2019. 药剂处理秧田对水稻二化螟的防控试 [J]. 湖北植保 (4)：23 - 24，47.

袁文龙，汤长云，姜文会，等. 2019. 水稻二化螟抗性治理田间药效试验 [J]. 江西农业 (20)：15，17.

袁晓波. 2019. 组蛋白去乙酰化酶基因家族对褐飞虱生殖的调控研究 [D]. 杭州：浙江大学.

张安宁，刘毅，王飞名，等. 2019. 节水抗旱稻恢复系的抗褐飞虱分子标记辅助选育及抗性评价 [J]. 作物学报，45 (11)：1764 - 1769.

张冬元，李伟兵，贺文军，等.2019.5％环虫酰肼对二化螟的防治效果研究［J］.山西农经（8）：94-95.

张国，于居龙，庄义庆，等.2019.三氟苯嘧啶对稻飞虱的控制效果与应用技术研究［J］.农学学报，9（4）：32-38.

张宏，彭凤兴.2019.芷江杂交水稻制种稻粒黑粉病发生规律及防治对策探讨［J］.种子科技（6）：117-118.

张俊华，沃三超，杨明秀，等.东北地区水稻纹枯病菌致病性及遗传多样性分析［J］.东北农业大学学报，2019（11）：1-10.

张琳，吴勇，王伟民，等.2019.25％甲氧·茚虫威悬浮剂等药剂防治稻纵卷叶螟效果试验简报［J］.上海农业科技（6）：123-124.

张梦秋.2019.褐飞虱黑色素合成通路相关基因的功能分析［D］.杭州：浙江大学.

张金利.2019.褐飞虱翅型及生殖可塑性发育的分子机制研究［D］.杭州：浙江大学.

张梦园，潘锐，谭乐勇，等.2019.MoFbc1调控稻瘟病菌生长与致病机制初探［J］.安徽农业大学学报（1）：98-103.

张欧，王京安，顾辉，等.2019.湖北省水稻主产区二化螟抗药性动态与防控对策［J］.湖北植保（4）：25-27.

张守成，吴国峰，孙永莲，等.2019.9％甲维盐·茚虫威悬浮剂对水稻稻纵卷叶螟田间防效试验［J］.上海农业科技（4）：121-122.

张世龙.2019.宁明县水稻稻曲病的发生规律与综合防控策略分析［J］.南方农业，13（20）：28-29.

张珏锋，陈建明，李芳，等.2019.黄绿绿僵菌侵染褐飞虱的电镜观察［J］.浙江农业学报，31（8）：1345-1352.

章帅文 刘群 杨勇，等.2019.黄麻链霉菌AUH-1拮抗水稻纹枯病菌的作用机制研究［J］.江西农业大学学报（6）：1048-1053.

张新.2019.23％三氟苯嘧啶·溴氰虫酰胺对水稻主要害虫的防效试验［J］.安徽农学通报，25（17）：95-96.

张政武，张建华；李雪凤.2019.植保无人机防治稻飞虱的应用示范［J］.广西植保，32（1）：23-24.

赵雪晴，黎彬，何洪平，等.2019.5种杀虫剂对滇东白背飞虱种群的毒性及其田间药效［J］.生物安全学报，28（1）：34-38.

赵忠豪，潘慧，杜娇，等.2019.白背飞虱中肠内与SRBSDV P6蛋白互作的介体因子鉴定［J］.农业生物技术学报，27（4）：712-719.

郑茂彬，肖彩云，吴帅，等.2019.烯啶虫胺与哒螨灵及其组合对贵州褐飞虱的毒力与防效［J］.中国植保导刊，39（5）：63-66＋77.

郑平.2019.25％阿维·茚虫威悬浮剂防治水稻稻纵卷叶螟田间药效试验［J］.江西农业（10）：22-23.

周瑚，邹秋霞，胡玲，等.2019.特基拉芽孢杆菌JN-369的分离鉴定及其抑菌物质分析［J］.农药学学报（1）：52-58.

周耀东.2019.水稻 *osaba8ox3* 突变体对褐飞虱抗性及脱落酸处理水稻代谢组学研究［D］.扬州：

扬州大学.

朱方洪，刘春，贾严. 2019. 武陵山区几种杀虫剂对稻纵卷叶螟田间药效试验 [J]. 南方农业，13
　　（15）：1-2.

朱建文，芦芳，王赟萍，等. 2019. 金山区褐飞虱虫源地分析 [J]. 上海农业科技（4）：123-125.

朱梦远，杨红兵，李志伟. 2019. 高光谱图像和叶绿素含量的水稻纹枯病早期检测识别 [J]. 光谱
　　学与光谱分析，39（2）：1898-1904.

朱名海，彭丹丹，舒灿伟，等. 2019. 海南南繁区水稻纹枯病菌的遗传多样性与致病力分化 [J].
　　中国水稻科学，33（2）：176-185.

朱永生，白建林，谢鸿光，等. 2019. 聚合白背飞虱和褐飞虱抗性基因创制杂交水稻恢复系 [J].
　　中国水稻科学，33（5）：421-428.

卓继冲. 2019. 褐飞虱性别决定的研究 [D]. 杭州：浙江大学.

Akanksha S，Jhansi L V，Singh A K，et al. 2019. Genetics of novel brown planthopper *Nilaparvata
　　lugens*（Stål）resistance genes in derived introgression lines from the interspecific cross *O. sativa* var.
　　swarna × *O. nivara* [J]. Journal of Genetics，98（5）：113.

Ali E，Mao K，Liao X，et al. 2019. Cross-resistance and biochemical characterization of buprofezin re-
　　sistance in the white-backed planthopper，*Sogatella furcifera*（Horváth）[J]. Pesticide
　　Biochemistry and Physiology，158：47-53.

Arriel-Elias M T，Cortes M V D B，de Sousa TP et al. 2019. Induction of resistance in rice plants using
　　bioproducts produced from *Burkholderia pyrrocinia* BRM 32113 [J]. Environmental Science and Pol-
　　lution Research，26（19）：19705-19718

Azree N，Norida，M，Farrah M. 2019. PENYEK：Automated brown planthopper detection from im-
　　perfect sticky pad images using deep convolutional neural network [J]. PLoS ONE，13
　　（12）：e0208501.

Balachiranjeevi C H，Prahalada G D，Mahender A，et al. 2019. Identification of a novel locus，*BPH38*
　　（*t*），conferring resistance to brown planthopper（*Nilaparvata lugens* Stål）using early backcross
　　population in rice（*Oryza sativa* L.）[J]. Euphytica，215（11）：185.

Chen G，Yan Q，Wang H，et al. 2019. Identification and characterization of the nucleolar localization
　　signal of autographa californica multiple nucleopolyhedrovirus LEF5 [J/OL]. Journal of Virology，
　　pii：JVI. 01891-19.

Chen H，Chang X L，Wang Y P，et al. 2019. The early northward migration of the white-backed pla-
　　nthopper（*Sogatella furcifera*）is often hindered by heavy precipitation in southern China during the
　　preflood season in May and June [J]. Insects，10（6）：158.

Chen Q，Zheng L，Mao Q，et al. 2019. Fibrillar structures induced by a plant reovirus target mitochon-
　　dria to activate typical apoptotic response and promote viral infection in insect vectors [J]. PLoS Patho-
　　gens，15（1）：e1007510.

Chen W，Chen L e，Li D，et al. 2019. Two alternative splicing variants of a sugar gustatory receptor
　　modulate fecundity through different signalling pathways in the brown planthopper，*Nilaparvata
　　lugens* [J]. Journal of Insect Physiology，119：103966.

Chen X，Zhang M Q，Wang X Q，et al. 2019. The flightin gene is necessary for the emission of vibrational signals in the rice brown planthopper（*Nilaparvata lugens* Stål）[J]. Journal of Insect Physiology，112：101 - 108.

Dai Z，Tan J，Zhou C，et al. 2019. The OsmiR396 - OsGRF8 - OsF3H - flavonoid pathway mediates resistance to the brown planthopper in rice（*Oryza sativa*）[J]. Plant Biotechnology Journal，17（8）：1657 - 1669.

Diptaningsari D，Trisyono Y A，Purwantoro A，et al. 2019. Inheritance and realized heritability of resistance to imidacloprid in the brown planthopper，*Nilaparvata lugens*（Hemiptera：Delphacidae），from Indonesia [J]. Journal of Economic Entomology，112（4）：1831 - 1837.

Dong X T，Liao H，Zhu G H，et al. 2019. CRISPR/Cas9 - mediated PBP1 and PBP3 mutagenesis induced significant reduction in electrophysiological response to sex pheromones in male *Chilo suppressalis* [J]. Insect Science，26（3）：388 - 399.

Du L，Chen G，Han L，et al. 2019. Cadherin CsCad plays differential functional roles in Cry1Ab and Cry1C intoxication in *Chilo suppressalis* [J]. Scientific Reports，9（1）：8507.

Duan S G，Li D Z，Wang M Q. 2019. Chemosensory proteins used as target for screening behaviourally active compounds in the rice pest *Cnaphalocrocis medinalis*（Lepidoptera：Pyralidae）[J]. Insect Molecular Biology，28（1）：123 - 135.

Eom J S，Luo D，Atienza - Grande G，et al. 2019. Diagnostic kit for rice blight resistance [J]. Nature Biotechnology，37（11）：1372 - 1379.

Fujii T，Sanada - Morimura S，Oe T，et al. 2019. Long - term field insecticide susceptibility data and laboratory experiments reveal evidence for cross resistance to other neonicotinoids in the imidacloprid - resistant brown planthopper *Nilaparvata lugens* [J]. Pest Management Science，76（2）：480 - 486.

Ge L，Zhou Y，Gu H，et al. 2019. Male selenoprotein F - like（SPF - L）influences female reproduction and population growth in *Nilaparvata lugens*（Hemiptera：Delphacidae）[J]. Frontiers in Physiology，10：1196.

Gu L L，Li M Z，Wang G R，et al. 2019. Multigenerational heat acclimation increases thermal tolerance and expression levels of *Hsp70* and *Hsp90* in the rice leaf folder larvae [J]. Journal of Thermal Biology，81：103 - 109.

Guo Y，Gong J T，Hong X Y，et al. 2019. Wolbachia localization during *Laodelphax striatellus* embryogenesis [J]. Journal of Insect Physiology，116：125 - 133.

Han Y，Song L，Peng C，et al. 2019. A Magnaporthe chitinase interacts with a rice jacalin - related lectin to promote host colonization [J]. Plant Physiology，179（4）：1416 - 1430.

He J，Liu Y，Yuan D，et al. 2019. An R2R3 MYB transcription factor confers brown planthopper resistance by regulating the phenylalanine ammonia - lyase pathway in rice [J]. Proceedings of the National Academy of Sciences of the United States of America，117（1）：271 - 277.

He K，Xiao H，Sun Y，et al. 2019. Transgenic micro RNA - 14 rice shows high resistance to rice stem borer [J]. Plant Biotechnology Journal，17（2）：461 - 471.

He P，Chen G L，Li S，et al. 2019. Evolution and functional analysis of odorant - binding proteins in three rice planthoppers：*Nilaparvata lugens*，*Sogatella furcifera* and *Laodelphax striatellus* [J]. Pest Management Science，75（6）：1606 - 1620.

Horgan F G, Crisol M E, Stuart A M, et al. 2019a. Effects of vegetation strips, fertilizer levels and varietal resistance on the integrated management of arthropod biodiversity in a tropical rice ecosystem [J]. Insects, 10 (10): 328.

Horgan F G, Almazan M L P, Vu Q, et al. 2019b. Unanticipated benefits and potential ecological costs associated with pyramiding leafhopper resistance loci in rice [J]. Crop Protection, 115: 47 – 58.

Hou Y, Wang Y, Tang L, et al. 2019. SAPK10 – mediated phosphorylation on WRKY72 releases its suppression on jasmonic acid biosynthesis and bacterial blight resistance [J]. iScience, 16, 499 – 510.

Hu G, Lu M H, Reynolds, D. R. , et al. 2019. Long – term seasonal forecasting of a major migrant insect pest: the brown planthopper in the lower Yangtze river Valley [J]. Journal of Pest Science, 92 (2): 417 – 428.

Hu K, Liu S, Qiu L, et al. 2019. Three odorant – binding proteins are involved in the behavioral response of *Sogatella furcifera* to rice plant volatiles [J]. Peer J, 7: e6576.

Hu K, Yang H, Liu S, et al. 2019. Odorant – binding protein 2 is involved in the preference of *Sogatella furcifera* (Hemiptera: Delphacidae) for rice plants infected with the Southern rice black – streaked dwarf virus [J]. The Florida Entomologist, 102 (2): 353 – 358.

Huang D q, Chen R, Wang Y q, et al. 2019. Development of a colloidal gold – based immunochromatographic strip for rapid detection of rice stripe virus [J]. Journal of Zhejiang University, 20 (4): 343 –354.

Huang H J, Cui J R, Chen J, et al. 2019. Proteomic analysis of *Laodelphax striatellus* gonads reveals proteins that may manipulate host reproduction by *Wolbachia* [J]. Insect Biochemistry and Molecular Biology, 113: 103211.

Huang H J, Cui J R, Xia X, et al. 2019. Salivary DNase II from *Laodelphax striatellus* acts as an effector that suppresses plant defence [J]. New Phytologist, 224 (2): 860 – 874.

Huo Y, Yu Y, Liu Q, et al. 2019. Rice stripe virus hitchhikes the vector insect vitellogenin ligand – receptor pathway for ovary entry [J]. Philosophical Transactions of the Royal Society B: Biological Sciences, 374 (1767): 20180312.

Jamali H, Sharma A, Roohi et al. 2019. Biocontrol potential of *Bacillus subtilis* RH5 against sheath blight of rice caused by *Rhizoctonia solani* [J]. Journal of Basic Microbiology, 60 (3): 268 – 280.

Jia Z Q, Sheng C W, Tang T, et al. 2019. Identification of the ionotropic GABA receptor – like subunits from the striped stem borer, *Chilo suppressalis* Walker (Lepidoptera: Pyralidae) [J]. Pesticide Biochemistry and Physiology, 155: 36 – 44.

Jin R, Mao K, Liao X, et al. 2019. Overexpression of *CYP6ER1* associated with clothianidin resistance in *Nilaparvata lugens* (Stål) [J]. Pesticide Biochemistry and Physiology, 154: 39 – 45.

Kangxu W, Yingchuan P, Jiasheng C, et al. 2019. Comparison of efficacy of RNAi mediated by various nanoparticles in the rice striped stem borer (*Chilo suppressalis*) [J]. Pesticide Biochemistry and Physiology, In Press: 104467.

Kokkrua S, Ismail SI, Mazlanm N, et al. 2019. Efficacy of berberine in controlling foliar rice diseases [J]. European Journal of Plant Pathology, 156 (1): 147 – 158.

Kwon D H, Kim H, Jeong I H, et al. 2019. F331H mutation and reduced mRNA in type – 1 acetylcholinesterase is associated with carbofuran resistance development in the small brown planthopper (*Laodelphax striatellus* Fallén) [J]. Journal of Asia – Pacific Entomology, 22 (1): 6 – 14.

Li G, Wu Y, Liu Y, et al. 2019. Insecticides resistance and detoxification enzymes activity changes in brown planthopper, *Nilaparvata lugens* in guizhou province [J]. Acta Ecologica Sinica, 39 (3): 234 – 241.

Li J, Liu X, Wang Q, et al. 2019. A group D MAPK protects plants from autotoxicity by suppressing herbivore – induced defense signaling [J]. Plant Physiology, 179 (4): 1386 – 1401.

Li, Jing, Zhao, Wan, Wang, Wei, et al. 2019. Evaluation of rice stripe virus transmission efficiency by quantification of viral load in the saliva of insect vector [J]. Pest Management Science, 75 (7): 1979 – 1985.

Li S, Zhou C, Zhou Y. 2019. Olfactory co – receptor orco stimulated by rice stripe virus is essential for host seeking behavior in small brown planthopper [J]. Pest Management Science, 75 (1): 187 –194.

Li X, Liu F, Wu C, et al. 2019. Decapentaplegic function in wing vein development and wing morph transformation in brown planthopper, *Nilaparvata lugens* [J]. Developmental Biology, 449 (2): 143 – 150.

Li Z, Xue Y, Zhou H, et al. 2019. High – resolution mapping and breeding application of a novel brown planthopper resistance gene derived from wild rice (*Oryza rufipogon* Griff.) [J]. Rice, 12 (1): 41.

Lin J, Wang X, Li Y, et al. 2019. Fine mapping, candidate genes analysis, and characterization of a brown planthopper (*Nilaparvata lugens* Stål) resistance gene in the rice variety ARC5984 [J]. Euphytica: International Journal of Plant Breeding, 216 (45).

Li Y, Cao X L, Zhu Y, et al. 2019. Osa – miR398b boosts H_2O_2 production and rice blast disease – resistance via multiple superoxide dismutases [J]. New Phytologist, 222 (3): 1507 – 1522.

Li Z Q , Wu L Y, Wu H, et al. 2019. Arginine methylationis required for remodeling pre – mRNA splicing and induction of autophagy in rice blast fungus [J]. New Phytologist, 225 (1): 413 – 429.

Liu S H, Luo J, Yang B J, et al. 2019. karmoisin and cardinal ortholog genes participate in the ommochrome synthesis of *Nilaparvata lugens* (Hemiptera: Delphacidae) [J]. Insect Science, 26 (1): 35 – 43.

Liu M M, Shi Z Y, Zhang X H, et al. 2019. Inducible overexpression of Ideal Plant Architecture1 improves both yield and disease resistance in rice [J]. Nature Plants, 5: 389 – 400.

Liu M, Zhang S, Hu S, et al. 2019. Phosphorylation – guarded light – harvesting complex Ⅱ contributes to broad – spectrum blast resistance in rice [J]. Proceedings of the National Academy of Sciences of the United States of America, 116 (35): 17572 – 17577.

Liu X H, Liang S, Wei Y Y, et al. 2019. Metabolomics analysis identifies sphingolipids as key signaling moieties in appressorium morphogenesis and function in *Magnaporthe oryzae* [J]. mBio, 10 (4): e01467 – 19.

Liu X, Li J, Noman A, et al. 2019. Silencing *OsMAPK20 – 5* has different effects on rice pests in the field [J]. Plant Signaling and Behavior, 14 (9): e1640562.

Lou Y H, Shen Y, Li D T, et al. 2019. A mucin – like protein is essential for oviposition in *Nilaparva-*

ta lugens [J]. Frontiers in Physiology, 10 (551): 551.

Lou Y H, Lu J B, Li D T, et al. 2019. Amelogenin domain – containing NlChP38 is necessary for normal ovulation in the brown planthopper [J]. Insect Molecular Biology, 28 (5): 605 – 615.

Lu L, Wang Q, Huang D, et al. 2019. Rice black – streaked dwarf virus P10 suppresses protein kinase C in insect vector through changing the subcellular localization of LsRACK1 [J]. Philosophical Transactions of the Royal Society B: Biological Sciences, 374 (1767): 20180315.

Lu M X, Song J, Xu J, et al. 2019. A novel aquaporin 12 – like protein from *Chilo suppressalis*: Characterization and functional analysis [J]. Genes, 10 (4): 311.

Majumdar T D, Singh M, Thapa M, et al. 2019. Size – dependent antibacterial activity of copper nanoparticles against *Xanthomonas oryzae* pv. *oryzae*—A synthetic and mechanistic approach [J]. Colloid and Interface Science Communications, 32: 100190

Mao F, Guo L, Jin M, et al. 2019. Molecular cloning and characterization ofTRPVs in two rice pests: *Nilaparvata lugens* (Stål) and *Nephotettix cincticeps* (Uhler) [J]. Pest Management Science, 75 (5): 1361 – 1369.

Mao K, Li W, Liao X, et al. 2019. Dynamics of insecticide resistance in different geographical populations of *Chilo suppressalis* (Lepidoptera: Crambidae) in China 2016 – 2018 [J]. Journal of Economic Entomology, 112 (4): 1866 – 1874.

Mao Kaikai, Zhang Xiaolei, Ali Ehsan, et al. 2019. Characterization of nitenpyram resistance in *Nilaparvata lugens* (Stål) [J]. Pesticide Biochemistry and Physiology, 157: 26 – 32.

Mao Y, Li Y, Gao H, et al. 2019. The direct interaction between E93 and Kr – h1 mediated their antagonistic effect on ovary development of the brown planthopper [J]. International Journal of Molecular Sciences, 20 (10): 2431.

Matsukawa – Nakata M, Chung N H, Kobori Y. 2019. Insecticide application and its effect on the density of rice planthoppers, *Nilaparvata lugens* and *Sogatella furcifera*, in paddy fields in the Red River Delta, Vietnam [J]. Journal of Pesticide Science, 44 (2): 129 – 135.

Meng X, Miao L, Ge H, et al. 2019. Molecular characterization of glutamate – gated chloride channel and its possible roles in development and abamectin susceptibility in the rice stem borer, *Chilo suppressalis* [J]. Pesticide Biochemistry and Physiology, 155: 72 – 80.

Miah M A, Asmaul H, Mohammed Esmail Abdalla E, et al. 2019. An overexpressed cytochrome P450 *CYP439A1v3* confers deltamethrin resistance in *Laodelphax striatellus* Falle'n (Hemiptera: Delphacidae) [J]. Archives of Insect Biochemistry and Physiology, 100 (2): e21525.

Mizuki M N, Hung T N, Thanh T B B, et al. 2019. Spatial evaluation of the pesticide application method by farmers in a paddy field in the northern part of Vietnam [J]. Applied Entomology and Zoology, 54 (4): 451 – 457.

Xu N, Chen H H, Xue W H, et al. 2019. The MTase15 regulates reproduction in the wing – dimorphic planthopper, *Nilaparvata lugens* (Hemiptera: Delphacidae) [J]. Insect Molecular Biology, 28 (6): 828 – 836.

Naqvi SAH, Ummad – ud – Din U, Ammarah H, et al. 2019. Effect of botanical extracts: a potential biocontrol agent for *Xanthomonas oryzae* pv. oryzae, causing bacterial leaf blight disease of rice [J].

Pakistan Journal of Agricultural Research，32（1）：59－72.

Nam H Y，Kim K S，Lee J H. 2019. Population genetic structure and putative migration pathway of *Sogatella furcifera*（Horváth）（Hemiptera，Delphacidae）in Asia［J］. Bulletin of Entomological Research，109（4）：453－462.

Neeraj K，Rajesh K，Shakil N A，et al. 2019. Evaluation of fipronil nanoformulations for effective management of brown plant hopper（*Nilaparvata lugens*）in rice［J］. International Journal of Pest Management，65（1）：86－93.

Nguyen C D，Verdeprado H，Zita D，et al. 2019. The development and characterization of near－isogenic and pyramided lines carrying resistance genes to brown planthopper with the genetic background of japonica rice（*Oryza sativa* L.）［J］. Plants，8（11）：498.

Oliva R，Ji C，Atienza－Grande G，Huguet－Tapia J C，et al. 2019. Broad－spectrum resistance to bacterial blight in rice using genome editing［J］. Nature Biotechnology，37（11），1344－1350.

Pan Y，Huang L，Song S，et al. 2019. Identification of brown planthopper resistance gene*Bph*32 in the progeny of a rice dominant genic male sterile recurrent population using genome－wide association study and RNA－seq analysis［J］. Molecular Breeding，39（5）：72.

Qing D，Dai G，Zhou W，et al. 2019. Development of molecular marker and introgression of *Bph*3 into elite rice cultivars by marker－assisted selection［J］. Breeding science，69（1）：40－46.

Qiu L，Sun Y，Jiang Z，et al. 2019. The midgut V－ATPase subunit A gene is associated with toxicity to crystal 2Aa and crystal 1Ca－expressing transgenic rice in *Chilo suppressalis*［J］. Insect Molecular Biology，28（4）：520－527.

Rader L S，Dagdas Y F，Kershaw M J，et al. 2019. A sensor kinase controls turgor－driven plant infection by the rice blast fungus［J］. Nature，574（7778）：423－427.

Rao W，Zheng X，Liu B，et al. 2019. Secretome analysis and in planta expression of salivary proteins identify candidate effectors from the brown planthopper，*Nilaparvata lugens*［J］. Molecular Plant－Microbe Interactions，32（2）：227－239.

Sanada－Morimura S，Fujii T，Ho Van C，et al. 2019. Selection for imidacloprid resistance and mode of inheritance in the brown planthopper，*Nilaparvata lugens*［J］. Pest Management Science，75（8）：2271－2277.

Sarkar C，Saklani B K，Singh P K，et al. 2019. Confer similar disease resistance specificity［J］. PLoS ONE，14（11）：e0224088.

Shen Y，Chen Y Z，Lou Y H，et al. 2019. Vitellogenin and vitellogenin－like genes in the brown planthopper［J］. Frontiers in Physiology，10：1181.

Shi X X，Zhang H，Chen M，et al. 2019. Two sphingomyelin synthase homologues regulate body weight and sphingomyelin synthesis in female brown planthopper，*Nilaparvata lugens*（Stål）［J］. Insect Molecular Biology，28（2）：253－263.

Sripodok C，Thammasittirong，Thammasittirong S N. 2019. Antifungal activity of soil yeast（*Lachancea kluyveri* SP132）against rice pathogenic fungi and its plant growth promoting activity［J］. International Society for Southeast Asian Agricultural Sciences，25（1）：55－65.

Sun S F，Zeng F F，Yi S C，et al. 2019. Molecular screening of behaviorally active compounds with

CmedOBP14 from the rice leaf folder *Cnaphalocrocis medinalis* [J]. Journal of Chemical Ecology, 45 (Suppl 1): 849 – 857.

Tan Y, Sun J Y, Zhang B, et al. 2019. Sensitivity of a ratio vegetation index derived from hyperspectral remote sensing to the brown planthopper stress on rice plants [J]. Sensors, 19 (2): 375.

Tang J, Liu X, Ding Y, et al. 2019. Evaluation of Metarhizium anisopliae for rice planthopper control and its synergy with selected insecticides [J]. Crop Protection, 121: 132 – 138.

Tian J J, Hui S G, Shi Y R, et al. 2019. The key residues of OsTFIIAγ5/Xa5 protein captured by the arginine – rich TFB domain of TALEs compromising rice susceptibility and bacterial pathogenicity [J]. Journal of Integrative Agriculture, 18 (6): 1178 – 1188.

Sarkar C, Saklani B K, Singh P K, et al. 2019. Variation in the LRR region of Pi54 protein alters its interaction with the AvrPi54 protein revealed by in silico analysis [J]. Mol Cells, 2019, 42 (9): 637 –645.

Varshney R K, Godwin I D, Mohapatra T, et al. 2019. A SWEET solution to rice blight [J]. Nature Biotechnology, 37 (11), 1280 – 1282.

Vo K T X, Lee S, Halane M K, et al. 2019. Pi5 and Pii paired NLRs are functionally exchangeable and confer similar disease resistance specificity. Molecular and Cellular Biology, 42: 637 – 645.

Wang J C, Liu X, Zhang A, et al. 2019. A cyclic nucleotide – gated channel mediates cytoplasmic calcium elevation and disease resistance in rice [J]. Cell Research, 29: 820 – 831.

Wan P J, Zhou R N, Nanda S, et al. 2019. Phenotypic andtranscriptomic responses of two *Nilaparvata lugens* populations to the Mudgo rice containing *Bph*1 [J]. Scientific Reports, 9 (1): 14049.

Wang H, Gao Y, Mao F, et al. 2019. Directional upgrading of brown planthopper resistance in an elite rice cultivar by precise introgression of two resistance genes using genomics – based breeding [J]. Plant Science, 288: 110211.

Wang L X, Niu C D, Zhang Y, et al. 2019. TheNompC channel regulates *Nilaparvata lugens* proprioception and gentle – touch response [J]. Insect Biochemistry and Molecular Biology, 106: 55 – 63.

Wang L, Zhang Y, Pan L, et al. 2019. Induced expression of small heat shock proteins is associated with thermotolerance in female *Laodelphax striatellus* planthoppers [J]. Cell Stress and Chaperones, 24 (1): 115 – 123.

Wang, Long, Zhao, Lina, Zhang, Xiaohui, et al. 2019. Large – scale identification and functional analysis of *NLR* genes in blast resistance in the Tetep rice genome sequence [J]. Proceedings of the National Academy of Sciences of the United States of America. 116 (37): 18479 – 18487.

Wang M, Yang D, Ma F, et al. 2019. OsHLH61 – OsbHLH96 influences rice defense to brown planthopper through regulating the pathogen – related genes [J]. Rice, 12 (1).

Wang S, Li B, Zhang D. 2019. NlCYP4G76 and NlCYP4G115 modulate susceptibility to desiccation and insecticide penetration through affecting cuticular hydrocarbon biosynthesis in *Nilaparvata lugens* (Hemiptera: Delphacidae) [J]. Frontiers in Physiology, 10: 913.

Wang W X, Lai F X, Wan P J, et al. 2019. Molecular characterization of Ca²⁺/calmodulin – dependent protein kinase II isoforms in three rice planthoppers – *Nilaparvata lugens*, *Laodelphax striatellus*, and *Sogatella furcifera* [J]. International Journal of Molecular Sciences, 20 (12): 3014.

Wang X G, Ruan Y W, Gong C W, et al. 2019. Transcriptome analysis of *Sogatella furcifera* (Homoptera: Delphacidae) in response to sulfoxaflor and functional verification of resistance – related P450 genes [J]. International Journal of Molecular Sciences, 20 (18): 4573.

Wang Z, Yang H, Zhou C, et al. 2019. Molecular cloning, expression and functional analysis of the chitin synthase 1 gene and its two alternative splicing variants in the whitebacked planthopper *Sogatella furcifera* Hemiptera Delphacidae [J]. Scientific Reports, 9 (1): 1087.

Wei Y, Yan R, Zhou Q, et al. 2019. Monitoring and mechanisms of chlorantraniliprole resistance in *Chilo suppressalis* (Lepidoptera: Crambidae) in China [J]. Journal of Economic Entomology, 112 (3): 1348 – 1353.

Wintai K, Siriphat R, Pantharika C, et al. 2019. Identification of spontaneous mutation for broad – spectrum brown planthopper resistance in a large, long – term fast neutron mutagenized rice population [J]. Rice, 12 (1): 16.

Wu J M, Zheng R E, Zhang R J, et al. 2019. A Clip domain serine protease involved in egg production in *Nilaparvata lugens*: Expression patterns and RNA interference [J]. Insects, 10 (11): 378.

Xu G, Jiang Y, Zhang N, et al. 2019. Triazophos – induced vertical transmission of rice stripe virus is associated with host vitellogenin in the small brown planthopper *Laodelphax striatellus* [J]. Pest Management Science, In press.

Xu J, Liu Q, Li C m, et al. 2019. Field effect of *Cnaphalocrocis medinalis* granulovirus (CnmeGV) on the pest of rice leaffolder [J]. Journal of Integrative Agriculture, 18 (9): 2115 –2122.

Xu J J, Zhang Y C, Wu J Q, et al. 2019. Molecular characterization, spatial – temporal expression and magnetic response patterns of iron – sulfur cluster assembly1 (IscA1) in the rice planthopper, *Nilaparvata lugens* [J]. Insect Science, 26 (3): 413 – 423.

Xu L, Zhao J, Sun Y, et al. 2019. Constitutive overexpression of cytochrome P450 monooxygenase genes contributes to chlorantraniliprole resistance in *Chilo suppressalis* (Walker) [J]. Pest Management Science, 75 (3): 718 – 725.

Xu P, Shu R, Gong P, et al. 2019. Sublethal and transgenerational effects of triflumezopyrim on the biological traits of the brown planthopper, *Nilaparvata lugens* (Stål) (Hemiptera: Delphacidae) [J]. Crop Protection, 117: 63 – 68.

Xu, Z, Xu X, Gong Q, et al. 2019. Engineering broad – spectrum bacterial blight resistance by simultaneously disrupting variable TALE – binding elements of multiple susceptibility genes in rice [J]. Molecular Plant, 12 (11): 1434 – 1446.

Yafeng T, Ya G, Yanming C, et al. 2019. Identification of the fipronil resistance associated mutations in *Nilaparvata lugens* GABA receptors by molecular modeling [J]. Molecules, 24 (22): 4116.

Yang C, Yu Y, Huang J, et al. 2019. Binding of the *Magnaporthe oryzae* chitinase MoChia1 by a rice tetratricopeptide repeat protein allows free chitin to trigger immune responses [J]. Plant Cell, 31 (1): 172 – 188.

Yang H, Zhou C, Yang X B, et al. 2019. Effects of insecticide stress on expression of NlABCG transporter gene in the brown planthopper, *Nilaparvata lugens* [J]. Insects, 10 (10): 334.

Yang M, Cheng L, Yan L, et al. 2019. Mapping and characterization of a quantitative trait locus resistance to the brown planthopper in the rice variety IR64 [J]. Hereditas, 156 (1): 22.

Yin Z Y, Chen C, Yang J, et al. 2019. Histone acetyltransferase MoHat1 acetylates autophagy – related proteins MoAtg3 and MoAtg9 to orchestrate functional appressorium formation and pathogenicity in *Magnaporthe oryzae* [J]. Autophagy, 15 (7): 1234 – 1257.

Yin Z, Feng W, Chen C, et al. 2020. Shedding light on autophagy coordinating with cell wall integrity signaling to govern pathogenicity of *Magnaporthe oryzae* [J]. Autophagy, 16 (5): 900 – 916.

Yu F, Hao P, Ye C, et al. 2019. *NlATG*1 gene participates in regulating autophagy and fission of Mitochondria in the brown planthopper, *Nilaparvata lugens* [J]. Frontiers in Physiology, 10: 1622.

Yu Y, Zhou Y F, Feng Y Z, et al. 2020. Transcriptional landscape of pathogen – responsive lncRNAs in rice unveils the role of ALEX1 in jasmonate pathway and disease resistance [J]. Plant Biotechnology Journal, 18 (3): 679 – 690.

Yue L, Kang K, Zhang W. 2019. Metabolic responses of brown planthoppers to IR56 resistant rice cultivar containing multiple resistance genes [J]. Journal of Insect Physiology, 113: 67 – 76.

Zeng J, Ye W, Noman A, et al. 2019. The desaturase gene family is crucially required for fatty acid metabolism and survival of the brown planthopper, *Nilaparvata lugens* [J]. International Journal of Molecular Sciences, 20 (6): 1369.

Zhai K, Deng Y, Liang D, et al. 2019. RRM transcription factors interact with NLRs and regulate broad – spectrum blast resistance in rice [J]. Molecular Cell, 74 (5): 996 – 1009.

Zhang D W, Wang H J, Jin X, et al. 2019. Knockdown of glycogen phosphorylase and glycogen synthase influences expression of chitin synthesis genes of rice brown planthopper *Nilaparvata lugens* [J]. Journal of Asia – Pacific Entomology, 22 (3): 786 – 794.

Zhang T, Zhao Y, Ye J, et al. 2019. Establishing CRISPR/Cas13a immune system conferring RNA virus resistance in both dicot and monocot plants [J]. Plant Biotechnology Journal, 17 (7): 1185 –1187.

Zhang X, Yin F, Xiao S, et al. 2019. Proteomic analysis of the rice (*Oryza officinalis*) provides clues on molecular tagging of proteins for brown planthopper resistance [J]. BMC Plant Biology, 19 (1): 30.

Zhang Y C, Wan G J, Wang W H, et al. 2019. Enhancement of the geomagnetic field reduces the phototaxis of rice brown planthopper *Nilaparvata lugens* associated with frataxin down – regulation [J]. Insect Science, In press.

Zhang Y, Ma X, Han Y, et al. 2019. Transcript – level analysis of detoxification gene mutation – mediated chlorpyrifos resistance in *Laodelphax striatellus* (Hemiptera: Delphacidae) [J]. Journal of Economic Entomology, 112 (3): 1285 – 1291.

Zhang Y, Xu X, Bao H, et al. 2019. The binding properties ofcycloxaprid on insect native nAChRs partially explain the low cross – resistance with imidacloprid in *Nilaparvata lugens* [J]. Pest Management Science, 75 (1): 246 – 251.

Zhao C, Sun F, Li X, et al. 2019. Reverse transcription – recombinase polymerase amplification combined with lateral flow strip for detection of rice black‑streaked dwarf virus in plants ［J］. Journal of Virological Methods，263：96‑100.

Zhao J，Xu L，Sun Y，et al. 2019. UDP‑glycosyltransferase genes in the striped rice stem borer，*Chilo suppressalis*（Walker），and their contribution to chlorantraniliprole resistance ［J］. International Journal of Molecular Sciences，20（5）：1064.

Zhao Y，Huang G，Zhang W. 2019. Mutations in NlInR1 affect normal growth and lifespan in the brown planthopper *Nilaparvata lugens* ［J］. Insect Biochemistry and Molecular Biology，115：103246.

Zhou S，Chen M，Zhang Y，et al. 2019. OsMKK3，a stress‑responsive protein kinase，positively regulates rice resistance to *Nilaparvata lugens* via phytohormone dynamics ［J］. International Journal of Molecular Sciences，20（12）：3023.

Zhou Z Z，Pang Z Q，Zhao S L，et al. 2019. Importance of OsRac1 and RAI1 in signalling of nucleotide‑binding site leucine‑rich repeat protein‑mediated resistance to rice blast disease ［J］. New Phytologist，223（2）：828‑838.

Zhu L，Feng S，Gao Q，et al. 2019. Host population related variations in circadian clock gene sequences and expression patterns in *Chilo suppressalis* ［J］. Chronobiology International，36（7）：969‑978.

第五章　水稻基因组编辑技术研究动态

2012 年以来，基于 CRISPR/Cas 系统的基因组编辑技术发展迅速，已被广泛地用于基础科学研究、人类基因治疗与作物遗传育种等领域，迅速成为生命科学领域的研究热点。2019 年在水稻基因组编辑领域，技术上的研究进展主要是延续 2018 年的研究热点，开发新的蛋白变体扩大基因组编辑范围，以及将这些变体和单碱基编辑系统结合，在单碱基编辑技术开发上取得了很大进步，并且还系统研究了单碱基系统的脱靶情况。在水稻中还报道使用 RNA 模板实现了同源重组修复。此外，人类细胞中开发了引导编辑技术体系，可以有效实现多碱基的精准替换、插入与删除，可预期为基因编辑领域带来重大变革。同时，通过基因组编辑技术获得相关水稻突变体并进一步进行分子生物学研究、分析其分子机理及遗传关系已经成为研究基因功能的必要手段，还可以快速获得相关重要农艺性状的水稻新种质。

第一节　基因组编辑技术在水稻中的研究进展

一、扩大基因组编辑范围

CRISPR/Cas 系统在基因组上的精准编辑范围常受限于 PAM 序列，最常用的 spCas9 识别的 PAM 序列为 NGG，Cpf1 识别的 PAM 是 TTTN，极大地限制了基因组的可编辑范围。研究人员通过开发各种新的变体蛋白增加新的基因编辑工具，以扩大基因组编辑范围。

基于美国哈佛大学 David R. Liu 研究团队开发出新的 Cas9 变体——xCas9 可以在哺乳动物细胞中识别 NG、GAA 以及 GAT 3 种 PAM 序列，多个课题组在水稻中先后证明 xCas9 可以工作，但是整体基因编辑效率较低，有待进一步优化 xCas9（Wang et al.，2019b；Zhong et al.，2019）。日本 Osamu Nureki 团队与美国张峰团队等合作，获得了识别 PAM 序列为 NG 的 spCas9 变体（spCas9 - NG），显著扩大了靶位点候选范围。多个课题组在水稻中也先后证明 spCas9 - NG 可以很好地工作，识别并编辑 NG PAMs（Endo et al.，2019b；Hua et al.，2019a；Ren et al.，2019a）。

Qin 等（2019）在水稻中开发了和 SpCas9 大小及基因编辑能力差不多的同源 SaCas9 蛋白作为基因编辑工具，可以识别 NNGRRT 的 PAM 序列，并进一步获得了可以识别 PAM 为 NNNRRT 的 SaCas9 - KKH 变体，大大扩增了基因组可编辑范围。

与此同时，这些蛋白变体结合单碱基编辑系统，也大大扩展了单碱基编辑的基因组范围（Negishi et al.，2019；Wang et al.，2019d；Xu et al.，2019a；Zeng et al.，

2019）。

二、单碱基编辑系统

人类遗传疾病和农作物农艺性状很多情况下是由基因组中的单个或少数核苷酸突变引起的。因此，基因组中关键核苷酸变异的鉴定与定向修正是人类遗传疾病治疗及动植物育种的重要方向。基因组编辑工具单碱基编辑器的开发，为定向编辑和修正基因组中的关键核苷酸变异提供了重要工具，展现了其在遗传疾病治疗与动植物新品种培育等方面重大的潜在应用价值。目前单碱基编辑器主要分为两类，胞嘧啶单碱基编辑器（CBE）与腺嘌呤单碱基编辑器（ABE），分别由胞嘧啶脱氨酶或改造的腺嘌呤脱氨酶与nCas9蛋白融合而来，对应地可在基因组中的靶向位点实现 C＞T 或 A＞G 的碱基编辑。目前，CBE 与 ABE 已在多个物种中得到了广泛应用，但依然存在可编辑范围小，编辑效率低的问题。

Hua 等（2019b）在 SpCas9 和 SaCas9 变体基础上开发了的新型腺嘌呤和胞嘧啶碱基编辑器，这些变异体大大扩展了水稻基因组中的可靶向位点。这些新的基础编辑器可以有效编辑水稻基因组中的内源基因，且腺嘌呤和胞嘧啶碱基编辑可以在水稻中同时进行。这些分子工具对水稻功能基因组研究十分有用，可以促进农作物的精准分子育种。

安徽省农业科学院魏鹏程团队通过建立筛选辅助策略提高水稻 ABE 单碱基编辑器效率。研究人员以前期构建的一个植物低效率 ABE 工具为改良对象，尝试利用两种筛选辅助策略提高编辑效率，分别是 sgRNA 共表达策略和 ABE－HPT 融合表达策略（Li et al.，2019a）。在水稻 *OsACC* 基因中，ABE 导入 C2186R 突变可产生芳氧苯氧丙酸脂（APP）类除草剂抗性。通过共表达目标 sgRNA 和 *OsACC*－C2186R sgRNA，在 APP 除草剂高效氟吡甲禾灵筛选下，将富集 ABE 正常发挥作用的转化细胞，从而提高共表达 sgRNA 在目标位点的编辑效率。研究表明，在转化愈伤群体和再生植株中，该策略均能一定程度提升 ABE 效率。第二个策略是通过将 ABE 和潮霉素（Hyg）抗性基因 HPT 置于单一转录翻译框中融合表达，通过 Hyg 筛选可富集 ABE 强表达细胞。在早期抗性愈伤群体中，该策略可带来约 4.9 倍的碱基编辑效率提升；在再生株系中，该策略可将低至 12.5％的突变体频率提升至 100％。此外，利用原抗性标记表达框表达正筛选标记 PMI，可在 T1 世代通过短暂的甘露糖筛选—恢复过程完成准确的非 T－DNA 携带株系初筛。该研究不仅优化了水稻 ABE 工具，所提出的策略也可广泛应用于植物其他 CRISRP 基因编辑系统的改进。

三、单碱基编辑脱靶率的检测

新近开发的 DNA 单碱基编辑方法可以直接在基因组 DNA 中生成所需的点突变，而不会产生任何双链断裂，但是同样存在着脱靶编辑的问题。然而，对它们脱靶效应的检测还很不充分，数据主要来源于体外实验研究或者对利用生物信息学软件预测的有限的靶序列相似位点的检测，CBE 与 ABE 在体内全基因组范围的脱靶效应还未得到评估。中国科学院遗传与发育生物学研究所高彩霞研究组在植物中对 BE3（基于融合 rAPOBEC1 胞嘧啶脱氨酶的 CBE 系统）、HF1－BE3（高保真版本 BE3）与 ABE 单碱基编辑系统的特异性进行了全基因组水平评估，首次在体内利用全基因组测序技术全面分析和比较了这 3 种单碱基编辑系统在基因组水平上的脱靶效应（Jin et al.，2019）。该研究对经过不同单碱基编辑系统转化的 56 棵 T_0 代水稻植株与 21 株对照植株进行了全基因组测序。进一步序列统计分析发现，经过单碱基编辑系统处理后，基因组内的插入或删除（indels）突变的数量与对照组相比没有显著变化，但是 BE3 与 HF1－BE3，无论是在有无 sgRNA 的情况下，均可在水稻基因组中造成大量的单核苷酸变异（SNVs），且大部分为 C＞T 类型的碱基突变。与经过农杆菌转化但不含任何碱基编辑系统的对照植株相比，BE3 系统和 HF1－BE3 系统处理的植株在基因组范围内的 C＞T SNVs 分别增加了 94.5％和 231.9％，大约额外产生了 98 个 C＞T SNVs 和 242 个 C＞T SNVs。重要的是，与 Cas－OFFinder 软件预测结果比较发现，这些额外增加的 C＞T SNVs 绝大多数并不在现有软件可以预测到的脱靶位点。此外，这些 C＞T 变异在染色体间均匀分布，但呈现出在转录活跃区富集的趋势。这些区域倾向于释放单链 DNA 为胞嘧啶脱氨酶提供合适的底物。研究还发现，与 CBE 系统相反，ABE 系统表现出非常高的特异性。ABE 处理的植株与对照植株在全基因组范围内的 SNVs 数量基本一致。

该研究表明现有 BE3 和 HF1－BE3 系统，而非 ABE 系统，可在植物体内造成难以预测的脱靶突变，因此，需要进一步优化提高其特异性。该工作创新性地利用相似遗传背景的克隆植物及全基因组重测序解决了以前大量异质细胞序列分析的复杂性。

四、提高基因编辑效率

CRISPR/Cas9 系统无法在体内完全有效地编辑所有可靶向基因组位点。Cas9 介导的编辑在水稻的开放染色质区域比封闭的染色质区域更有效。Liu 等（2019a）通过将合成的转录激活域融合到 Cas9 上形成的融合蛋白（Cas9－TV）可以更有效地在封闭的染色质区域中编辑目标位点。此外，将 Cas9－TV 与近端结合的 sgRNA（dsgRNA）结合使用，可进一步提高编辑效率。该研究为获得体内封闭的染色质区域基因组编辑提供了一种新颖的策略，特别是在核酸酶活性低的靶位点上。

CRISPR/Cas9 的瞬时表达是限制其活性并提高其在基因组编辑中精度的有效方法。Nandy 等（2019）使用大豆热休克蛋白基因启动子和水稻 U3 启动子分别表达 Cas9 和 sgRNA，开发了热激诱导型 CRISPR/Cas9 系统，并测试了其在定向诱变中的功效。在获得的带有该基因编辑成分的转基因水稻中，未受热激时仅检测到低水平的目标诱变率（约 16％），在热激处理后观察到诱变率增加至 50％～63％。由热激诱导的突变可以传递给后代，产生不带 CRISPR/Cas9 成分的单等位基因和双等位基因突变。此外，与组成型过表达的 CRISPR/Cas9 系相比，热激诱导型 CRISPR/Cas9 系中无法检测到脱靶突变或脱靶率较低。可见热激诱导型 CRISPR/Cas9 系统可用于限制全基因组脱靶效应并提高基因组编辑的精度。

五、利用双向启动子构建基因编辑系统

CRISPR/Cas 系统需要同时表达 Cas9 蛋白和 sgRNA。双向启动子可以双向启动基因的表达。Ren 等（2019b）利用双向启动子在相反方向表达 Cas9 和 sgRNA 来构建基因编辑系统。他们首先测试了基于双微型 35S 启动子和拟南芥增强子的双向启动子系统，该系统在 T_0 稳定转基因水稻植株的两个靶位点处分别产生了 20.7% 和 52.9% 的基因组编辑效率。通过使用水稻内源性双向启动子 OsBiP1，进一步提高了编辑效率。当通过 tRNA 或 Csy4 串联表达 sgRNA 时，内源性双向启动子表达系统具有更高的表达强度，并在水稻 T_0 代中产生了 75.9%～93.3% 的基因组编辑效率。该结果验证了应用双向启动子系统在水稻中表达双组分 CRISPR/Cas9 基因组编辑是可行的，促进了双向启动子系统在植物中基因编辑中的应用。

六、RNP 转化系统

将 CRISPR 系统通过核糖核蛋白（RNP）复合物传递到细胞中的一个重要优势是无需将基因整合到基因组中就可以进行基因编辑，且 RNP 分子在细胞中的短暂存在会减少不良的脱靶效应。Banakar 等（2019）使用 3 种不同的传递平台来比较水稻中的定向诱变：基因枪 RNP/DNA 共传递，基因枪 DNA 传递和农杆菌介导的传递。这 3 种方式均成功在靶位点产生了所需的突变。但是，在前两个通过基因枪传递平台产生的转基因植株中，质粒 DNA 片段插入频率较高（超过 14%）。相反，在农杆菌介导的方法产生的转基因植株中未观察到随机 DNA 片段的整合。这些数据表明在选择植物中进行基因组编辑输送的方法时要慎重考虑，且要采用适当的分子筛选方法来检测基因组编辑后的外源成分插入情况。

Toda 等（2019）通过直接将 Cas9 - sgRNA RNP 传递到植物受精卵中进行基因组编辑系统。研究人员将 Cas9 - sgRNA RNPs 转染到离体配子的体外受精过程中产生的水稻合子中，然后在没有抗性基因选择的情况下将合子培养成成熟植物，再生获得具有目标突变的水稻植株。这种高效的植物基因组编辑系统具有改良水稻以及其他重要农作物品种的巨大潜力。

七、创建无标记转基因水稻

农杆菌介导的转基因技术被广泛应用于植物科学研究。植物表达载体通常含有编码

抗性蛋白的基因片段（标记基因），用以筛选转基因阳性植株。但是，筛选过程完成之后，标记基因对于转基因植株本身是多余的。中国水稻研究所王克剑团队利用花序特异表达基因启动子驱动 Cas9 蛋白的表达，在完成转基因筛选后自动将标记基因序列删除，成功创建了无标记转基因水稻植株（Wang et al.，2019c）。研究人员首先利用在愈伤组织中不表达而在花序中特异表达基因的启动子驱动 Cas9 蛋白表达，使得抗性标记在转基因筛选过程中可以正常作用，获得阳性 T_0 代转基因水稻植株，随后的生殖阶段 Cas9 蛋白表达，结合多个特异 sgRNA 同时产生切割，删除包括抗性标记、Cas9 蛋白编码序列等在内不再需要的序列，从而在子代中获得无标记的转基因水稻种子。研究人员分别选定了 *OsMADS15*、*OsMADS58*、*OsMADS32*、*OsREC8* 四个基因的启动子来驱动 Cas9 蛋白表达。经检测发现，*OsMADS15* 启动子驱动 Cas9 表达获得了无标记 T_1 代转基因水稻；*OsMADS58* 驱动 Cas9 蛋白产生的转基因 T_1 代也可获得标记片段删除的植株，但均为杂合体；*OsMADS32* 和 *OsREC8* 基因启动子驱动 Cas9 蛋白未能产生无标记转基因植株。

八、使用 RNA 模板实现同源重组修复

借助 HDR 途径实现目的基因替换和基因定点插入，进而创制农作物新种质是基因组编辑研究的重要课题之一。但由于植物细胞内 HDR 发生频率低，这在很大程度上阻碍了利用 CRISPR/Cas 系统对农作物基因进行精确编辑。利用基因枪转化或者双生病毒系统可以提高 DNA 模板数量进而提高 HDR 的发生概率，但是实现高效率的植物同源重组依然是一个巨大的挑战，因此限制了基因组编辑的拓展应用。中国农业科学院作物科学研究所夏兰琴团队和美国加州大学圣地亚哥分校赵云德团队合作，使用 RNA 作为同源重组修复（HDR）的模板，并分别利用核酶自切割和具有 RNA/DNA 双重切割能力的 CRISPR/Cpf1 基因编辑系统，成功获得后代无转基因成分的抗 ALS 抑制剂类除草剂水稻植株（Li et al.，2019b）。研究人员首先利用分子生物学手段对重组事件进行评估，证实了将 RNA 作为同源重组修复模板，参与 CRISPR/Cpf1 介导的 DNA 同源重组修复的可行性。与通常使用的 DNA 模板不同，RNA 模板可以在体内通过植物自身的转录系统持续产生，为同源重组修复提供更多的模板。同时，选择具有 RNA/DNA 双重切割能力的 CRISPR/Cpf1 基因编辑系统，在细胞核内同时加工产生用于靶向目标序列的 crRNA 及一起转录的模板 RNA，既产生了 DSB 又提供了同源重组修复的 RNA 模板，成功获得 *OsALS* 两个氨基酸定点替换成功的抗嘧啶羧酸类除草剂水稻植株，且在子代分离得到了定点替换成功且无外源转基因成分的植株。该项成果首次证明，除了通常使用的 DNA 模板，RNA 同样可作为植物同源重组修复的模板。该研究在植物中首次成功利用 RNA 作为同源重组修复模板，开辟了利用植物 RNA 作为同源供体模板进行同源修复的新思路，是植物基因组编辑领域的重大进展。

九、引导编辑技术体系（Prime Editors）

人类的致病遗传变异既有点突变又有碱基插入缺失突变，但即使开发了单碱基编辑工具，也只能做到 C G—T A 和 A T—G·C 碱基转换，对其他类型的碱基突变以及碱基的插入缺失突变，目前依然缺乏有效的研究工具。传统的同源重组修复（HDR）需要外源的双链/单链 DNA 模板，系统复杂且效率低下，这极大限制了相关工作的开展，开发更加高效且广谱的精准基因编辑工具迫在眉睫。

哈佛大学 David R. Liu 教授研究团队在哺乳动物中开发了全新的基因组引导编辑（Prime Editing）系统（Anzalone et al.，2019）。该系统由 nCas9（H840A）融合逆转录酶（RT）和 pegRNA（prime editing guide RNA）两部分组成。pegRNA 通过在 sgRNA 骨架的 3′端引入 PBS 序列（Primer binding site）结合到 nCas9 断裂的非靶标链上，逆转录酶根据其携带的 RT 模板逆转录出相应的含有目的突变的单链 DNA。细胞进一步通过 DNA 损伤修复把目的突变引入基因组。此外，在 Cas9 非靶标链上引入能在产生缺刻的 nicking sgRNA，有助于提升引导编辑的效率。PE 系统无需额外的 DNA 模板便可有效实现所有 12 种单碱基的自由转换，而且还能有效实现多碱基的精准插入与删除（最多可插入 44bp 的碱基，可删除 80bp 的碱基），这一全能性的工具为基因编辑领域带来了重大变革。

第二节　基因组编辑技术在水稻基因功能研究及育种上的应用

一、利用基因编辑技术减缓绿色革命带来的遗传侵蚀效应

遗传侵蚀指的是随着农业工业化发展，栽培的农作物会失去大量遗传资源，群体内多样性会大大降低，存在潜在生物或者非生物侵害危机。自从绿色革命基因 SD1 应用水稻育种以来，带有半矮秆基因植株的改良品种在多个生态区得到较快推广，淘汰了大多数当地种植的农家品种，这种单一化的现代品种种植现象在中国尤为突出。中国水稻研究所钱前院士团队利用基因编辑工具，对保存的高秆农家品种进行半矮秆 SD1 基因编辑，迅速获得单一位点破坏但仍保留其他优良农艺性状特点的种质，这比当初仅仅依靠自发等位突变的 SD1 基因通过杂交、回交获得改良品系，不仅有效率上的优势，更重要的是可以更大程度上保留地方品种优良特性（Hu et al.，2019）。他们选择亚洲栽培稻 aus 生态型代表品种 Kasalath 和越南著名广谱性抗稻瘟病品种特特普，进行 SD1 靶位点编辑。考虑特特普抽穗晚的特性，同时还对 Se5 抽穗期基因进行编辑，成功获得了携带有新的不同等位突变 sd1 变异体和带有 sd1/se5 双突变的特特普编辑株系。研究发现，至少 2 个带有新的 sd1 突变的 kasalath 株系在同样栽培条件下表现出比 kasalath 增产的趋势；特特普编辑成半矮秆的株系，其广谱的抗稻瘟病特性不仅没有减少，反而有

一定程度增加，为研究人员保护利用好水稻遗传资源提供应对危机的准备。

二、利用基因编辑研究水稻雄性不育基因功能

二半乳糖基二酰基甘油（DGDG）是在蓝藻、真核藻类和高等植物的光合膜中发现的主要脂质之一。DGDG 与 MGDG（单半乳糖基二酰基甘油）一起在叶绿体类囊体膜中形成基质，为光合作用进行光化学和电子传输反应提供了场所。同源比对分析表明，水稻基因组有 5 个编码 DGDG 合酶的基因，在不同组织中差异表达，*OsDGD2beta* 被确定为唯一在花药中表达的 DGDG 合酶基因。Basnet 等（2019）使用 CRISPR/Cas9 系统获得了 *osdgd2beta* 突变体，并阐明了其在花药和花粉发育中的作用。*OsDGD2beta* 的功能丧失会导致水稻的雄性不育，表现为淡黄色萎缩的花药，花粉中没有淀粉颗粒，并且延缓了绒毡膜细胞的降解。在 *osdgd2beta* 中，花药中的总脂肪酸和 DGDG 的含量分别降低了 18.66% 和 22.72%，但该突变体在营养表型上没有显著差异，暗示了 *OsDGD2beta* 在花药中的特异性，为在杂交水稻育种中使用核不育系基因提供了选择。

Ma 等（2019）通过生物信息学技术分析了 39 个已知的 MS 或与花药发育相关的基因表达模式。根据 RiceXPro（http://ricexpro.dna.affrc.go.jp/）的表达数据进行分析表明，报道的 22 种 MS 基因主要在花药中表达。使用基因芯片进一步证实了 39 个基因的表达模式。通过对减数分裂或单核小孢子阶段的 5 个水稻花药样品进行了基因芯片分析，并将数据与公共数据库（http://www.ncbi.nlm.nih.gov/geo/）中的数据进行比较，发现 22 个报告的 MS 基因的表达模式与基因芯片数据一致。此外，鉴定了在花药发育过程中特异表达的 1 078 个基因中，在三核（成熟）花粉阶段特异性表达了 555 个基因，因此可能仅与配子体发育有关。最后，研究人员选择了 73 个在减数分裂到单核小孢子阶段的花药中高表达的 MS 候选基因，用于通过 CRISPR/Cas9 介导的敲除进行进一步的功能研究，有望筛选到大量与雄性不育相关的水稻基因。

三、研究 miRNA 功能

MicroRNA（miRNA）是在真核生物中发现的一类大小长约 20～25 个核苷酸的内源性的具有调控功能的非编码 RNA，其长度和序列不仅与 miRNA 的产生有关，而且对下游生理过程（如 ta-siRNA 的产生）也很重要。为了研究这些作用，在成熟的 miRNA 序列中产生小的突变是必要的。Bi 等（2019）使用 TALENs 及 CRISPR/Cas9 在成熟的 miRNA 序列中引入了可遗传的碱基对突变。在水稻中，构建了针对五种不同成熟 miRNA 序列并产生可遗传突变的突变体。在产生的突变体中，mir390 突变体在茎尖分生组织（SAM）中表现出严重缺陷，表现为无芽，但可以通过野生型 MIR390 互补。小 RNA 测序表明，mir390 中的两个碱基对缺失干扰了 miR390 的生物功能。基因编辑技术可以有效修饰 miRNA 前体结构，破坏 miRNA 加工并生成 miRNA 无效突变植物，研

究 miRNA 功能。

四、利用 CRISPR/Cas9 系统控制水稻抽穗期

抽穗期是关系水稻产量的重要因素。近几十年来，已经鉴定出许多与抽穗期有关的基因，其变异有助于扩大水稻种植面积。Cui 等（2019）使用 CRISPR/Cas9 基因编辑技术在相同的遗传背景下证明了抽穗时间基因对生殖过渡和产量构成的影响，并为高纬度地区的水稻育种提供新的育种策略。他们使用 CRISPR/Cas9 基因编辑技术在粳稻 Sasanishiki 遗传背景中进行编辑，生成了 14 个抽穗期相关突变体，研究了光周期敏感性，抽穗期（DTH）与突变体产量之间的关系。其中，产量随着 DTH 的增加而增加，但达到最高峰之后开始下降，而生物量却持续增加。与单突变体相比，双突变体的 DTH 与单突变体相似，但严重影响产量。*se*14 的优良突变体实现了与野生型相同的产量，但抽穗提前了 10 天。从粳稻栽培区收集的 72 个品种的序列分析表明，优良的 *se*14 突变体尚未应用于水稻育种。该研究证明了抽穗时间相关基因在相同遗传背景下对生殖期和产量构成的影响，为使用抽穗期突变体的水稻育种提供参考。

五、通过基因组编辑在水稻愈伤组织中积累类胡萝卜素

提高作物中 β-胡萝卜素（维生素 A）的含量也是作物育种中的一个重要目标，以解决发展中国家普遍存在的维生素 A 缺乏问题。之前的研究结果表明，*Orange*（*Or*）基因中剪接变体的显性表达可以导致花椰菜凝乳中 β-胡萝卜素的积累。Endo 等（2019a）在水稻中寻找同源基因，并通过基因组编辑对 *Osor* 基因的剪接部位进行修饰，使得水稻愈伤组织中积累 β-胡萝卜素，转化的愈伤组织显示为橙色。该研究为通过基因编辑技术增强作物中 β-胡萝卜素积累提供了一种新的方法。

六、利用基因编辑技术培育富含花青素的红稻

野生稻种子通常因富含原花青素和花青素而表现为红色，野生稻的红色籽粒性状受到 *Rc* 和 *Rd* 两个互补基因的调节。*Rc* 编码 bHLH 转录因子，*Rd* 编码二氢黄酮醇-4-还原酶蛋白（dihydroflavonol-4-reductase，DFR）。野生稻的 RcRd 基因型能够产生红色籽粒的表型，而大部分栽培水稻因 *Rc* 基因第 7 外显子上 14bp 的缺失，导致移码突变，籽粒呈白色。由于花青素的保健作用，重新激活 *Rc* 基因表达，从而培育红稻品种具有极高的价值。

福建省农业科学院王锋团队和厦门大学陈亮团队（Zhu et al.，2019）利用 CRISPR/Cas9 基因编辑技术成功激活了 *Rc* 基因表达，培育了红稻品种。他们选取了 3 个白色籽粒栽培稻作为改良对象，包括粳稻品种秀水 134、籼稻恢复系蜀恢 143 和籼稻光温敏核

不育系智农 S。利用 CRISPR/Cas9 基因编辑技术，将原本移码突变的 rc 位点转换成了正常编码的 *Rc* 基因。结果显示，编辑后的 Rc 材料稻种呈现红色，且具有较高的原花青素和花青素含量。*Rc* 编辑后对栽培稻的其他农艺性状没有其他负面影响，为培育富含原花青素和花青素含量的红稻品种提供了新的方法。

七、通过基因编辑手段创造广谱抗白叶枯病水稻

白叶枯病是水稻重要的三大病害之一，该病由水稻黄单胞菌水稻致病变种（*Xanthomonas oryzae* pv. *oryzae*，Xoo）引起，自然条件下由水稻的伤口或水孔侵入水稻叶片，进入木质部进行繁殖，由叶片向叶鞘侵染，造成叶片枯萎，并最终导致水稻严重减产甚至绝收。有研究表明，Xoo 中转录因子类似效应蛋白（TALE）是一类重要的毒性因子，其通过Ⅲ型分泌系统进入水稻细胞后能够结合到 SWEET 基因启动子的效应子结合元件（EBE）上，引起该类基因的表达和糖分积累，造成水稻感病。而 EBE 上的核苷酸变异能够为水稻提供相应病原菌的抗性，因此可以通过基因编辑手段对目标启动子进行编辑创造抗白叶枯病水稻种质。Oliva 等（2019）利用 CRISPR/Cas9 基因编辑技术对水稻中能够被病原体 TALE 识别的 SWEET11、SWEET13、SWEET14 等 3 个基因启动子上的 EBE 区域进行多重编辑，最终获得了对白叶枯病具有广谱抗性的水稻材料。该成果为水稻抗白叶枯病提供了有效的策略，发表在《自然·生物技术》杂志。

上海交通大学农业与生物学院陈功友教授课题组（Xu et al.，2019b）做了相似的工作。他们通过基因编辑技术对水稻品种 Kitaake 的 3 个感病基因（OsSWEET11、OsSWEET13 和 OsSWEET14）的 EBE 进行基因编辑时发现，对应 OsSWEET13 的 EBE 位点，白叶枯病菌有 5 种类型的 PthXo2 - like 效应蛋白，而水稻中的 OsSWEET13 的 EBE 位点存在十种单倍型，显示了病原菌与寄主植物间的协同的"军备竞赛"。最终通过 3 个感病基因 EBE 的修饰，培育了广谱抗白叶枯病的水稻新种质。该研究揭示了病原菌效应蛋白 PthXo2 与植物感病基因（*SWEET*13）间的协同进化关系，提出了利用基因编辑技术阻断病原菌效应蛋白与植物感病基因间的协同进化，从而使植物因丧失效应蛋白诱导的感病性（ETS）而获得广谱抗病（RLS）的新途径。

*Xa*13 是 1 个隐性抗白叶枯病基因，在叶中的表达量很低，在穗和花药中的表达水平很高。通过 RNA 干涉抑制 *Xa*13 的表达，可以增强水稻抗病性，但同时降低花粉育性和结实率，严重限制了其在水稻育种中的应用。Kim 等（2019）发现，利用基因编辑技术直接敲除 *Os8N3*（*Xa*13 的等位基因），得到了抗病性提高且结实率不大受影响的抗病植株。

由于主要抗性（R）基因的频繁失效，鉴定新的能够作用于水稻稻瘟病抗性的 R 基因是水稻育种的一个重要目标。Liu 等（2019b）利用了一个包含 584 份水稻材料的资源库 C - RDP - Ⅱ，这些材料已经用 700 000 个 SNP 标记做了基因分型。他们收集了来自中国 3 个不同水稻生长地区的稻瘟病病原菌，与 C - RDP - Ⅱ 库中的材料共培养。全基因

组关联分析鉴定了 27 个与水稻的稻瘟病抗性相关的位点 LABR。其中，22 个 LABR 与任何已知的 R 基因或 QTL 无关联。有趣的是 4 号染色体上 LABR12 区域存在一个核苷酸结合位点富含亮氨酸的重复序列 NLR 基因簇。这个基因簇中有一个基因在多个部分抗性水稻栽培种中高度保守，并且在稻瘟病病菌侵染的早期阶段，该基因的表达显著上调。通过 CRISPR - Cas9 技术敲除该基因会导致转基因株系对于 4 个稻瘟病菌株的抗性部分减弱。该研究鉴定了一个新的非菌株特异性的部分抗性 R 基因，命名为 *PiPR1*，这对了 R 基因作用机制的研究以及抗小稻稻瘟病的抗性育种都具有非常重要的作用。

八、研究 OsPPa6 基因提高水稻耐碱性

碱胁迫（AS）是限制植物生长发育的非生物胁迫因子之一。无机焦磷酸通常参与响应植物的非生物胁迫过程。Wang 等（2019a）通过基因编辑技术敲除了编码无机焦磷酸酶的 *OsPPa6* 基因，研究了碱胁迫下水稻中无机焦磷酸酶的响应性调节。qPCR 结果表明，AS 显著诱导了 *OsPPa6* 基因的表达，*OsPPa6* 基因突变后，特别是在 AS 条件下，水稻的生长发育明显延迟。检测结果表明，在 AS 条件下，突变体的焦磷酸盐含量高于野生型，但是，突变体中无机磷酸盐、ATP、叶绿素、蔗糖和淀粉的积累显著降低，并且在突变体中显著降低了净光合速率，从而降低了可溶性糖和脯氨酸的含量，但显著提高了 MDA、渗透势和 Na（＋）/K（＋）比。代谢组学数据表明，在 AS 条件下，该突变体明显下调了磷酸胆碱、胆碱、邻氨基苯甲酸、芹菜素、松柏油和十二烷酸的积累，但上调了 L-缬氨酸、α-酮戊二酸酯、苯丙酮酸和 L-苯丙氨酸的积累。这项研究表明，*OsPPa6* 基因是水稻中重要的渗透调节因子，为可溶性无机焦磷酸酶编码基因在分子育种中的应用提供了参考。

九、利用基因编辑技术研究水稻 G 蛋白功能

植物 G 蛋白参与一系列信号传导过程，如激素反应、植物防御反应等。大多数植物只有一个 Gα、一个 Gβ 和几个 Gγ 亚基。例如，在水稻基因组中，已经鉴定了一种 Gα 基因（RGA1），一种 Gβ 基因（RGB1）和 5 种 Gγ 同源基因（RGG1、RGG2、GS3、qPE9 -1/DEP1 和 GGC2）。

Miao 等（2019）在日本晴（NIP）中过表达 RGG2 会导致植物高度降低和粒度减小。相比之下，在 Zhenshan 97（ZS97）背景中，通过 CRISPR/Cas9 产生 zrgg2 - 1 和 zrgg2 - 2 两个突变体，该突变体表现出生长增强，包括增长节间，增加千粒重和植物生物量，提高单株产量（分别为＋11.8％和 16.0％）。这些结果表明 RGG2 充当水稻中植物生长和器官大小的负调节因子。同时进一步揭示了 RGG2 基因可以通过 GA 途径调节谷粒和植物器官大小。基因编辑 RGG2 基因将为水稻谷粒产量增加提供新的策略。

编码 G 蛋白 γ 亚基的 qPE9 -1/DEP1 对水稻的植物结构，籽粒大小和产量有多种影

响。qPE9 – 1 蛋白包含一个 N 端 Gγ（GGL）域，一个可能的跨膜域以及富含半胱氨酸的 C 端。但是，每个功能域的角色仍然不清楚。Li 等（2019c）研究了 qPE9 – 1 不同结构域在调控籽粒长度和重量方面的遗传效应。通过基因编辑技术生成了一系列不同的截短 qPE9 – 1 蛋白的转基因植物。结果表明，完整的或长尾的 qPE9 – 1 导致了籽粒的伸长，而单独的 GGL 结构域和短尾的 qPE9 – 1 导致了籽粒的短粒。qPE9 – 1 的 C 端包括 2 个或 3 个 von Willebrand 结构域，有效抑制了 GGL 结构域对晶粒长度和重量的负面影响。因此，通过基因编辑技术对 qPE9 – 1 的 C 末端长度进行调控，可以根据水稻育种的不同要求产生具有不同粒长和重量的品种。与此同时，qPE9 – 1/qpe9 – 1 的遗传效应是多维的，育种家在使用 qPE9 – 1/qpe9 – 1 时还应考虑包括遗传背景和种植条件等其他因素。

异三聚体 G 蛋白 β 亚基 RGB1 在植物生长发育中起重要作用，但是其调控水稻生长的分子机制仍然未知。Gao 等（2019）使用 CRISPR/Cas9 系统获得了 rgb1 突变体 rgb1 – 1（+1bp）、rgb1 – 2（–1bp）和 rgb1 – 3（–11bp），发现突变体在种子萌发的第一天就表现出生长受到极大抑制的表型。根据 TUNEL 分析表明，rgb1 突变体的生长受抑制是由细胞死亡引起的。RGB1 主要在胚胎的根表皮和维管组织中表达，rgb1 突变体中胚芽根轴的发育也受到抑制。此外，转录谱分析显示，rgb1 突变体中大量生长素、细胞分裂素和油菜素类固醇诱导基因的表达被上调或下调。异三聚体 G 蛋白 β 亚基 RGB1 是促进水稻早期发芽后幼苗发育的关键因素。

十、利用基因编辑技术研究水稻中植酸合成

植酸在多种植物组织（特别是米糠与种子）中作为磷的主要储存形式，其结构是肌醇的 6 个羟基均被磷酸酯化生成的肌醇衍生物。然而人与非反刍动物是不能消化植酸的，因此它对于膳食来说既不是肌醇的来源也不是磷酸的来源。育种上希望可以降低植酸在稻米中的含量。磷脂和植酸是稻谷中重要的含磷化合物。为了深入了解这两种含磷代谢物之间的相互作用，Kham 等（2019）使用 CRISPR/Cas9 系统获得了磷脂酶 D 基因（OsPLDalpha1）的突变体，并分析了对代谢物的突变效应，包括水稻籽粒中的植酸。两个 ospldalpha1 突变体的代谢谱分析显示，磷脂酸的生产耗竭，胞苷二磷酸二酰基甘油和磷脂酰肌醇的积累降低。与野生型相比，该突变体还显示出植酸含量显著降低，并且突变体中涉及植酸生物合成的关键基因的表达发生了改变。这些结果表明，OsPLDalpha1 不仅在磷脂代谢中起重要作用，而且还很可能通过脂质依赖性途径参与植酸的生物合成，从而揭示了调控水稻植酸生物合成的潜在新途径。

水稻中有 6 个基因（OsITPK1 – 6）参与编码肌醇 1，3，4 – 三磷酸 5/6 激酶（ITPK）。先前研究表明，OsITPK6 的点突变可显著降低稻谷中植酸的含量。Jiang 等（2019）结合 OsITPK6 的功能研究，探索了建立基于基因组编辑的水稻低植酸品种育种方法的可能性。通过使用 CRISPR/Cas9 方法对 OsITPK6 基因的第一个外显子进行突

变，产生了4个OsITPK6突变体系，一个（ositpk6_1）具有6bp的读框缺失，另外3个发生了移码突变（ositpk6_2、ositpk6_3、ositpk6_4）。移码突变的突变体在植物生长和繁殖上表现出严重缺陷，而在移码突变植株ositpk6_1中变化相对有限。与野生型相比，突变体ositpk6_1和ositpk6_2的植酸水平显著降低（-10.1%和-32.1%），无机磷水平升高（4.12和5.18倍），且ositpk6_1品系对渗透压的耐受性也较低。该研究表明，OsITPK6的突变在有效减少稻谷中植酸生物合成的同时，可能会严重损害植物的生长和繁殖。

参 考 文 献

Anzalone A V，Randolph P B，Davis J R，et al. 2019. Search－and－replace genome editing without double－strand breaks or donor DNA [J]. Nature，576：149－157.

Banakar R，Eggenberger A L，Lee K，et al. 2019. High－frequency random DNA insertions upon co－delivery of CRISPR－Cas9 ribonucleoprotein and selectable marker plasmid in rice [J]. Sci Rep，9：19902.

Basnet R，Hussain N，and Shu Q. 2019. OsDGD2beta is the Sole Digalactosyldiacylglycerol Synthase Gene Highly Expressed in Anther，and its Mutation Confers Male Sterility in Rice [J]. Rice（N Y），12：66.

Bi H，Fei Q，Li R，et al. 2019. Disruption of miRNA sequences by TALENs and CRISPR/Cas9 induces varied lengths of miRNA production [J]. Plant Biotechnol J.

Cui Y，Zhu M，Xu Z，et al. 2019. Assessment of the effect of ten heading time genes on reproductive transition and yield components in rice using a CRISPR/Cas9 system [J]. Theor Appl Genet，132：1887－1896.

Endo，A.，Saika H，Takemura M，et al. 2019a. A novel approach to carotenoid accumulation in rice callus by mimicking the cauliflower Orange mutation via genome editing [J]. Rice（N Y），12：81.

Endo M，Mikami M，Endo A，et al. 2019b. Genome editing in plants by engineered CRISPR－Cas9 recognizing NG PAM [J]. Nat Plants，5：14－17.

Gao Y，Gu H，Leburu M，et al. 2019. The heterotrimeric G protein beta subunit RGB1 is required for seedling formation in rice [J]. Rice（N Y），12：53.

Hu X，Cui Y，Dong G，et al. 2019. Using CRISPR－Cas9 to generate semi－dwarf rice lines in elite landraces [J]. Sci Rep，9：19096.

Hua K，Tao X，Han P，et al. 2019a. Genome Engineering in Rice Using Cas9 Variants that Recognize NG PAM Sequences [J]. Mol Plant，12：1003－1014.

Hua K，Tao X，Zhu，J. K. 2019b. Expanding the base editing scope in rice by using Cas9 variants [J]. Plant Biotechnol J，17：499－504.

Jiang M，Liu Y，Liu Y，et al. 2019. Mutation of Inositol 1，3，4－trisphosphate 5/6－kinase6 Impairs Plant Growth and Phytic Acid Synthesis in Rice [J]. Plants（Basel），8.

Jin S，Zong Y，Gao Q，et al. 2019. Cytosine，but not adenine，base editors induce genome－wide off－

target mutations in rice [J]. Science, 364: 292 - 295.

Khan M S S, Basnet R, Islam, et al. 2019. Mutational Analysis of OsPLDalpha1 Reveals Its Involvement in Phytic Acid Biosynthesis in Rice Grains [J]. J Agric Food Chem, 67: 11436 - 11443.

Kim Y A, Moon H, Park, C. J. 2019. CRISPR/Cas9 - targeted mutagenesis of Os8N3 in rice to confer resistance to *Xanthomonas oryzae* pv. *oryzae* [J]. Rice (N Y), 12: 67.

Li J, Qin R, Zhang Y, et al. 2019a. Optimizing plant adenine base editor systems by modifying the transgene selection system [J]. Plant Biotechnol J.

Li S, Li J, He Y, et al. 2019b. Precise gene replacement in rice by RNA transcript - templated homologous recombination [J]. Nat Biotechnol, 37: 445 - 450.

Li X, Tao Q, Miao J, et al. 2019c. Evaluation of differential qPE9 - 1/DEP1 protein domains in rice grain length and weight variation [J]. Rice (N Y), 12: 5.

Liu G, Yin K, Zhang Q, et al. 2019a. Modulating chromatin accessibility by transactivation and targeting proximal dsgRNAs enhances Cas9 editing efficiency *in vivo* [J]. Genome Biol, 20: 145.

Liu M H, Kang H, Xu Y, et al. 2019b. Genome - wide association study identifies an NLR gene that confers partial resistance to *Magnaporthe oryzae* in rice [J]. Plant Biotechnol J.

Ma K, Han J, Hao Y, et al. 2019. An effective strategy to establish a male sterility mutant mini - library by CRISPR/Cas9 - mediated knockout of anther - specific genes in rice [J]. J Genet Genomics, 46: 273 - 275.

Miao J, Yang Z, Zhang D, et al. 2019. Mutation of RGG2, which encodes a type B heterotrimeric G protein gamma subunit, increases grain size and yield production in rice [J]. Plant Biotechnol J, 17: 650 - 664.

Nandy S, Pathak B, Zhao S, et al. 2019. Heat - shock - inducible CRISPR/Cas9 system generates heritable mutations in rice [J]. Plant Direct, 3: e00145.

Negishi K, Kaya H, Abe K, et al. 2019. An adenine base editor with expanded targeting scope using SpCas9 - NGv1 in rice [J]. Plant Biotechnol J, 17: 1476 - 1478.

Oliva R, Ji C, Atienza - Grande G, et al. 2019. Broad - spectrum resistance to bacterial blight in rice using genome editing [J]. Nat Biotechnol, 37: 1344 - 1350.

Qin R, Li J, Li H, et al. 2019. Developing a highly efficient and wildly adaptive CRISPR - SaCas9 toolset for plant genome editing [J]. Plant Biotechnol J, 17: 706 - 708.

Ren B, Liu L, Li S, et al. 2019a. Cas9 - NG Greatly Expands the Targeting Scope of the Genome - Editing Toolkit by Recognizing NG and Other Atypical PAMs in Rice [J]. Mol Plant, 12: 1015 - 1026.

Ren Q, Zhong Z, Wang Y, et al. 2019b. Bidirectional Promoter - Based CRISPR - Cas9 Systems for Plant Genome Editing [J]. Front Plant Sci, 10: 1173.

Toda E, Koiso N, Takebayashi A, et al. 2019. An efficient DNA - and selectable - marker - free genome - editing system using zygotes in rice [J]. Nat Plants, 5: 363 - 368.

Wang B, Xie G, Liu Z, et al. 2019a. Mutagenesis Reveals That the OsPPa6 Gene Is Required for Enhancing the Alkaline Tolerance in Rice [J]. Front Plant Sci, 10: 759.

Wang J, Meng X, Hu X, et al. 2019b. xCas9 expands the scope of genome editing with reduced efficiency in rice [J]. Plant Biotechnol J, 17: 709 - 711.

Wang J，Wang C，Wang，K. 2019c. Generation of marker - free transgenic rice using CRISPR/Cas9 system controlled by floral specific promoters [J]. J Genet Genomics，46：61 - 64.

Wang M，Wang Z，Mao Y，et al. 2019d. Optimizing base editors for improved efficiency and expanded editing scope in rice [J]. Plant Biotechnol J，17：1697 - 1699.

Xu W，Song W，Yang Y，et al. 2019a. Multiplex nucleotide editing by high - fidelity Cas9 variants with improved efficiency in rice [J]. BMC Plant Biol，19：511.

Xu Z，Xu X，Gong Q，et al. 2019b. Engineering Broad - Spectrum Bacterial Blight Resistance by Simultaneously Disrupting Variable TALE - Binding Elements of Multiple Susceptibility Genes in Rice [J]. Mol Plant，12：1434 - 1446.

Zeng D，Li X，Huang J，et al. 2019. Engineered Cas9 variant tools expand targeting scope of genome and base editing in rice [J]. Plant Biotechnol J.

Zhong Z，Sretenovic S，Ren Q，et al. 2019. Improving Plant Genome Editing with High - Fidelity xCas9 and Non - canonical PAM - Targeting Cas9 - NG [J]. Mol Plant，12：1027 - 1036.

Zhu Y，Lin Y，Chen S，et al. 2019. CRISPR/Cas9 - mediated functional recovery of the recessive rc allele to develop red rice [J]. Plant Biotechnol J，17：2096 - 2105.

第六章 稻米品质与质量安全研究动态

稻米品质和质量安全日益成为国内外学者研究的焦点。2019 年，国内外稻米品质与质量安全研究取得积极进展。在国内稻米品质研究方面，继续围绕稻米品质的理化基础、生态环境对品质的影响以及肥力、种植技术、交互因素等农艺措施对稻米品质的影响等方面开展研究工作；国内稻米质量安全研究仍然主要集中在水稻重金属积累的遗传调控研究、水稻重金属胁迫耐受机理研究、水稻重金属污染控制技术研究以及稻米中重金属污染状况及风险评价等方面。国外稻米品质与质量安全研究主要集中在稻米品质的理化基础、营养功能、稻米品质与生态环境的关系、水稻对重金属转运的调控机理研究、水稻重金属胁迫耐受机理研究、减少稻米重金属吸收及相关修复技术研究以及稻米重金属污染风险评估研究等方面。

第一节 国内稻米品质研究进展

一、稻米品质的理化基础

淀粉是稻米的主要成分，其 RVA 谱特征值可以直接反映稻米品质状况。鲁超等（2019）探索了优质与高产水稻品种稻米品质和淀粉 RVA 谱特征值的差异。结果表明：①各水稻品种间稻米的加工品质、外观品质和蒸煮品质整体差异不显著。但个别品种表现突出，如'南粳 46'的垩白粒率和垩白度均为最低，外观品质较好。②各品种间米饭质地和适口性差异较大。其中，优质水稻品种的直链淀粉含量和消减值显著低于高产水稻品种，崩解值显著大于高产水稻品种。

稻米的食味品质已经成为评价品质优劣的重要指标，与稻米中淀粉、蛋白质等成分密切相关。石吕等（2019）揭示了不同类型水稻品种稻米蛋白质含量与其蒸煮食味品质之间的关系。相关分析显示，籼、粳稻总蛋白质含量与胶稠度呈极显著负相关；籼稻蛋白质含量与食味值、最高黏度呈极显著负相关，与崩解值呈负相关，与回复值、消减值呈正相关或显著正相关；粳稻蛋白质含量与食味值和崩解值呈极显著负相关，与最高黏度呈显著负相关，与回复值、消减值的关系和籼稻基本相同。籼、粳稻食味值均与球蛋白、醇溶蛋白和谷蛋白显著负相关，与清蛋白（即比例最小的组分）的关系，籼稻呈极显著负相关，而粳稻相关性未达显著。许砚杰（2019）分别对粳稻和籼稻的感官品质和理化特性进行研究分析，以明确影响稻米食用品质的主要因素。水稻的理化特性如表观直链淀粉含量（AAC）、蛋白质含量、热力学性质和游离氨基酸在地区之间存在显著差异。相关性分析表明，凝胶硬度（HD）和蛋白质含量对感官品质参数都存在相反的效应。稻米的整体感官品质与蛋白质含量呈负相关，与 HD 呈正相关，说明蛋白质含量和 HD 是决定粳稻感官品质的重要理化参数。

不同品种的稻米具有不同的碾磨特性。喻仲颖等（2019）研究了不同碾磨条件对稻米主要品质的影响。以 2 个水稻品种的稻谷为试验材料，设置不同的碾精条件：在 50℃左右和 60℃左右分别处理 50s 和 60s，测定在不同碾精条件下样品磨粉后的直链淀粉含量、蛋白质含量、RVA 特征值、膨胀势和水溶性指数，米饭的硬度和黏度特性，比较不同水稻品种在不同碾精条件下的稻米在品质性状上的差异。结果表明，碾磨时长为 60s 的供试材料，其直链淀粉含量显著高于碾磨时长为 50s 的相应样品的直链淀粉含量。在碾磨时长和温度均增加的处理Ⅳ条件下，供试材料的蛋白质含量显著低于碾磨时长较短的处理Ⅰ和处理Ⅱ。在相同碾磨时长，不同碾磨温度条件下，碾磨温度高的米饭黏度大。经不同碾磨处理的供试材料，其膨胀势和水溶性指数均随温度上升而显著增加。

不同类型的稻米，其耐贮藏特性亦不同。前人对传统的籼米、粳米的耐贮藏特性研究较多。马兴华等（2019）研究了不同类型稻米（籼稻、粳稻、长粒粳稻 3 种类型）贮藏后品质性状的差异分析。陈化指标中，各类型品种脂肪酸含量均明显升高，但长粒粳米上升幅度明显大于籼米与粳米，说明长粒粳米更易酸败。

二、生态环境对品质的影响

气候条件对稻米品质影响较大，主要包括温度、日照、二氧化碳等因素。在各项环境因素中，温度对稻米品质的影响较为显著。段斌等（2019）分析了播期及灌浆期温度对豫南粳稻稻米品质的影响。结果表明，播种期不同，齐穗后的温度也不同，稻米品质性状随之发生变化，变异系数从大到小依次为：垩白度＞垩白粒率＞整精米率＞胶稠度＞直链淀粉含量＞精米率＞碱消值＞糙米率；糙米率、精米率和整精米率随着播期推迟而提高；垩白粒率和垩白度随着播种期推迟而减小；直链淀粉含量和碱消值随着播期推迟而增大，胶稠度随着播期推迟而变短。齐穗后 10d 日均气温对碾米品质影响较大，高温不利于碾米品质提高，稻米外观品质受齐穗后 20d 日平均气温影响明显。齐穗后 10d 和 20d 日平均温度与垩白粒率、垩白度、精米率和直链淀粉含量密切相关。蒙秀菲等（2019）分析了灌浆成熟期气温对两个品种稻米品质的影响。随着灌浆成熟期气温降低、日照时数减少，食味值降低、蛋白质含量增加，整精米率、垩白粒率、垩白度均呈变劣又变优趋势。且食味值与灌浆成熟期日均温度、总日照时数呈极显著正相关关系；蛋白质含量与食味值呈极显著负相关关系，与灌浆成熟期积温、日均温、总日照时数呈显著负相关关系，说明水稻灌浆成熟期温度适当增加和延长光照时间有利于提高稻米的食味品质，降雨量过多或过少均对稻米碾米品质和外观品质不利。

罗清等（2019）利用不同水稻品种的地理分期播种试验资料，搜寻平均温度、最高温度、最低温度、日照时数和温度日较差等因子对稻米品质要素影响的关键时期，采用逐步回归分析方法，建立稻米品质要素的气候生态综合关系模型。结果表明：（1）气象条件影响稻米品质的关键时期和关键因子因稻米品质各组分有所不同。有的组分普遍受最高温度、最低温度、平均温度、日照、温度日较差的影响，有的组分仅受其中几个因子的影响，个别组分仅受温度日较差的影响；（2）过去 20 年四川盆地稻米蛋白质的空间分布具有由东北向东南方向递增的特征，精米率的空间分布总体呈现西部高、东部低的特征。

徐富贤等（2019）研究了长江上游高温伏旱区水稻不同生育阶段的气象因子对产量与品质的影响。研究发现，气象因子对产量及其相关性状的决定系数高达 97.93%～100%；随着播种期推迟，糙米率、整精米率、长宽比、蛋白质 4 个指标呈增加趋势，而垩白度、垩白粒率、胶稠度则呈下降趋势。稻米品质指标受气象因子影响的决定系数高达 99.75%～100%。

大气中二氧化碳浓度会对稻米品质产生一定影响。王东明等（2019）研究了稻米外观与加工品质对 CO_2 浓度升高的响应。CO_2 浓度升高，中花 11 的垩白粒率和垩白度增加 9.2% 和 4.4%，整精米率降低 5.3%；而日本晴的垩白粒率和垩白度降低 11.1% 和 7.9%，整精米率提升 9.8%。蒸腾调节材料显著改善了 CO_2 浓度升高对中 11 外观与外观品质的负面效应，与当前 CO_2 浓度相比，CO_2 浓度升高，ZmK2.1-15、ZmK2.1-20、OsKAT3-26、OsKAT3-30 的垩白粒率相对变化量为 -2.7%、-16.3%、-14.8%、+7.4%，垩白度为 -8.7%、-22.3%、-15.1%、-3.0%，整精米率为 +2.1%、+6.4%、+3.6%、-7.0%。促冠根生长材料加大了 CO_2 浓度升高对中花 11 号外观与加工品质的负面效应，ERF3-7、ERF3-12 的垩白粒率在 CO_2 浓度升高下分别增加 17.7% 和 11.5%，垩白度增加 34.4% 和 19.1%，整精米率分别降低 10.1% 和 0.8%。促硝酸盐吸收材料（NIL）的垩白粒率和垩白度在 CO_2 浓度升高下无明显变化，整精米率下降 4.2%。NIL 的外观品质较日本晴明显改善，CO_2 浓度升高下垩白粒率和垩白度分别下降 16.5% 和 17.9%，当前 CO_2 浓度条件下分别下降 26.3% 和 28.9%。

三、农艺措施对品质的影响

（一）肥力

李书先等（2019）报道了不同生态条件（四川省温江和射洪试验点）下氮肥优化管理对杂交中稻稻米品质的影响。结果显示，随着氮肥的施用，稻米碾米品质、直链淀粉含量和籽粒粗蛋白含量显著提高，崩解值显著降低；同时导致射洪生态点的峰值黏度增加，消减值减少；温江生态点的稻米外观品质变优，峰值黏度减小，消减值增加。与农民经验性施肥处理相比，普通尿素优化处理和 PASP 尿素处理提高了直链淀粉含量和籽粒粗蛋白含量，降低了温江垩白粒率和垩白度，改善了外观品质；肥优化处理降低了峰值黏度和崩解值，提高了消减值，使稻米蒸煮食味品质变差，同时提高了射洪精米率和温江整精米率。邱洁等（2019）研究了不同氮肥水平对甬优 1540 稻米品质的影响。结果表明，在兼顾稻米的碾米品质、外观品质及蒸煮品质时，甬优 1540 在生产过程中施用的氮肥水平以 225kg/hm² 较为适宜。

余侃等（2019）发现了不同浓度的富生物有机硒肥对水稻的品质性状有着不同程度的影响。结果表明，在粒长、粒型、垩白粒率和透明度这 4 个外观指标上，处理与对照差异不大，但是在垩白度这个指标上，4 个处理较对照均显著性降低；在出糙率和精米率上，4 个处理较 CK 有所降低，但是在整精米率上，施硒浓度 30mg/L 处理后较 CK 有所提升；4 个处理相比 CK 直链淀粉含量均提高，但是胶稠度出现不同程度降低，在氨基酸含量和碱消值上结果不一。

徐巡军等（2019）测定并分析了不同锌肥处理的稻米品质，调查统计了水稻生育时期农艺性状及收获时的产量构成因素。试验结果表明：施用锌肥可以增加水稻株高及有效分蘖数，显著提高稻米品质，增加水稻籽粒锌含量、水稻生物产量和经济产量；EDTA 螯合锌、氨基酸锌的应用效果优于硫酸锌。张欣等（2019）研究了叶面施锌对不同品种稻米锌营养的影响。结果表明，尽管叶面施锌对水稻籽粒产量无显著影响，但显著改变稻米的锌含量水平。与对照相比，锌处理使两年所有品种糙米锌浓度平均增加27.9%。锌处理对各品种糙米植酸浓度没有影响，但使植酸与锌摩尔比平均下降23.4%。灌浆期叶面施锌对糙米锌浓度、植酸与锌摩尔比的影响因品种而异，表现在锌处理与品种间存在明显的互作效应，其中 3 个低锌水稻品种的响应明显大于 3 个高锌水稻品种。

李先等（2019）研究了叶面喷施赖氨酸对水稻产量和稻米品质的影响。结果表明：叶面喷施赖氨酸有利于水稻植株生长和稻穗的形成；在抽穗期叶面喷施赖氨酸有利于提高水稻产量、结实率和千粒重，分别比对照处理提高了 3.38%、1.70% 和 3.56%，但差异不显著；同时，抽穗期叶面喷施赖氨酸能提高稻米的糙米率、精米率和长宽比，有效降低垩白粒率、垩白度和直链淀粉含量，改善稻米的碾米品质、外观品质和蒸煮品质。

（二）种植技术

种植技术对稻米品质的影响主要体现在种植模式、耕栽方法等。龚克成等（2019）通过设置"冬种小麦—水稻""冬种油菜—水稻"和"冬种绿肥—水稻"3 种不同种植模式试验，研究了不同种植模式对南粳 46 稻米品质和淀粉 RVA 特性的影响。结果表明，"冬种油菜—水稻"模式提高了稻米的整精米率和胶稠度，降低了直链淀粉含量，是最适宜南粳 46 的种植模式。

（三）交互因素

两种或两种以上因素对稻米品质会产生交互作用。王丽萍等（2019）探究了不同施氮量和插秧密度下寒地粳稻生长发育及稻米品质的变化规律。结果表明：施氮量和插秧密度对寒地粳稻茎蘖动态、叶面积指数、地上部干物质积累以及产量均有显著影响。施氮水平的增加可以提高寒地粳稻分蘖数、叶面积指数、地上部干物质积累量和产量，显著提高稻米的糙米率和蛋白质含量，降低青米率，显著降低直链淀粉含量和食味值。插秧密度对寒地粳稻生长发育的影响因施肥水平不同而存在差异。常规施氮水平下，随着插秧密度降低，寒地粳稻分蘖数降低，而叶面积指数、地上部干物质积累量和产量先降低后升高；减氮水平下，随着插秧密度降低，除分蘖数外寒地粳稻生长发育的各个指标均呈先升后降趋势。各施氮水平下，插秧密度对寒地粳稻稻米品质影响不显著。综合考虑肥密互作对产量和品质的影响，本试验最佳处理为 N1T3（尿素 250kg/hm²，磷酸二铵 155.4kg/hm²，氯化钾 119.1kg/hm²，株距 30cm×14cm）。

张诚信等（2019）在水稻灌浆结实期不同时间段（1~7d、8~14d、15~21d、22~28d、29~35d）设置低温弱光复合胁迫（LW）、单一弱光（WN）、单一低温处理（LN）和常温常光（NN）4 个处理，研究了低温弱光复合胁迫对稻米加工品质、外观品质、蒸煮食味品质、RVA 谱特征值等的影响。结果表明，不同处理方式间的垩白米率、垩白大小和垩白度均表现为 LW>LN>WN>NN，且灌浆结实期各阶段的复合胁迫均较对照 NN 差异极显著或显著。不同处理间的糙米率、精米率和整精米率均表现为 NN>WN>LN>LW。低温弱光复合胁迫及单一胁迫对加工品质影响程度按大小依次为整精米率、精米率、糙米率，且灌浆结实 21 天内处理的影响大。对蒸煮食味品质，低温弱光复合胁迫极显著或显著降低了稻米的直链淀粉含量、胶稠度、外观、黏度和食味值，显著或极显著提高了蛋白质含量和硬度。从水稻 RVA 谱特征值来看，低温弱光复合胁迫及单一胁迫造成稻米的峰值黏度、热浆黏度与崩解值下降，最高黏度、消减值与峰值时间上升，除灌浆结实 29~35 天的崩解值外，复合胁迫较对照 NN 差异达极显著或显著水平。总之，灌浆结实期各时间段的低温弱光复合胁迫及单一胁迫造成稻米品质不同程度下降，且以灌浆结实 21 天内复合胁迫的影响较大。

周婵婵等（2019）研究了施氮量和灌溉方式的交互作用对东北粳稻稻米品质的影响。结果表明，灌溉方式和施氮量对稻米品质有明显的互作效应，在正常施氮和高氮水平下，稻米的加工品质、外观品质、营养品质和蒸煮食味品质均以轻干湿交替灌溉为佳。正常施氮水平下，重干湿交替灌溉下稻米的整精米率、胶稠度、最高黏度和崩解值低于浅水层灌溉，而其垩白度、垩白粒率、直链淀粉含量及消减值却高于浅水层灌溉。高氮水平下，重干湿交替灌溉处理的加工品质、外观品质、营养品质和蒸煮食味品质优于浅水层灌溉，但二者间差异不显著。灌溉方式对氨基酸的影响因施氮量和品种的不同而存在差异。常规施氮水平下，轻干湿交替灌溉显著提高了稻米的总氨基酸含量；高氮水平下，重干湿交替灌溉显著提高了沈稻 47 的氨基酸总量，而粳优 586 总氨基酸含量则在轻干湿交替灌溉处理下取得较高值，必需氨基酸和非必需氨基酸含量与总氨基酸含量趋势一致。

武云霞等（2019）研究了水氮互作对直播稻产量及稻米品质的影响。结果表明，灌溉方式和氮肥运筹对直播稻产量、稻米加工品质、外观品质、RVA 谱、食味米质均存在显著或极显著的互作效应，灌水方式对稻谷产量、结实率、千粒重的影响明显高于氮肥运筹处理；而氮肥运筹对整精米率、垩白度、垩白粒率、RVA谱、蒸煮食味值的调控作用显著。3种灌水方式在施氮量为150kg/hm²条件下，直播稻氮肥后移比例均以占总施氮量的20%～40%为宜，且与干湿交替灌溉方式耦合可以进一步提高稻谷产量、改善稻米品质；而氮肥后移比例过大（占总量60%）或者旱种处理均会导致产量及蒸煮食味米质显著下降。

第二节 国内稻米质量安全研究进展

水稻由于受到产地环境污染，农业气候恶化等影响，广泛存在重金属超标和农药残留等安全问题，尤其是在某些矿区和污灌区，稻米重金属污染问题非常严重。由于重金属会在食物链中积累，严重威胁人民身体健康，因此，对稻米重金属污染的研究引起了国内外学者的广泛关注。

一、重金属

（一）水稻重金属积累的遗传调控研究

大量研究表明，不同水稻品种由于遗传上的差异，在对稻田重金属元素的吸收和分配上存在很大差异。这种差异不仅存在于种间，而且在种内也存在。薛涛等（2019）利用8个早稻品种和10个晚稻品种进行Cd低积累水稻品种筛选田间小区试验，对比不同品种水稻糙米及其他部位的Cd含量。结果显示，不同品种水稻间根际土pH值和根际土有效态Cd含量均有显著差异，且两者和水稻Cd含量的相关性较高，根际土pH值降低和有效态Cd含量升高会导致水稻Cd含量升高；综合考虑降Cd效果和产量状况，供试的18个水稻品种中，中嘉早17、株两优189、华1s/R039等3个早稻品种和长两优772、长两优1419、长两优051等3个晚稻品种推荐为湖南地区中低Cd污染农田适宜推广的Cd低积累水稻品种，且早稻品种株两优189糙米Cd含量仅有0.09mg/kg，晚稻品种长两优772和长两优051也仅有0.085mg/kg左右，Cd低积累特性明显。研究表明，利用不同水稻品种对Cd的积累特性差异，可以筛选出适于中低Cd污染稻田种植的低积累型水稻品种，使稻米Cd含量降至国家粮食安全限量标准。

水稻不同器官对重金属元素的吸收蓄积能力存在很大差异。刘仲齐等（2019）围绕植物根系、茎叶、穗轴和稻谷对Cd的拦截作用及其调控机理进行综述，认为在长期的自然进化过程中，水稻的根茎叶组织和穗轴、颖壳、果皮、种皮等组织具备了识别必需元素和有害元素的特殊功能，能够把大量的Cd固定在营养体的细胞壁中，或封存在液泡中。经过各类细胞的层层拦截，只有极少数的Cd汇聚到穗轴中，穗轴中的Cd浓度与稻米中的Cd含量高度线性相关。籽粒灌浆成熟后，Cd主要分布在颖壳和富含蛋白质的糊粉层与胚中，淀粉中的 Cd 含量最低。水稻根系和节是 Cd 含量最高的营养器官。通过栽培措施和遗传调控，发掘和利用营养器官对 Cd 的拦截潜力和过滤功能，有助于降低稻米 Cd 污染风险。

基于品种间 Cd 含量的遗传差异，国内学者利用 QTL，分子生物学等技术初步探讨了水稻 Cd 积累的遗传机制。李炜星等（2019）以籼稻品种昌恢 121 为轮回亲本、粳稻品种越光为供体亲本构建的染色体片段代换系（CSSL）群体，共 97 个家系为试验材料，利用质量浓度为 17mg/L 的 $CdCl_2$ 溶液，采用水培方法进行水稻幼苗 Cd 胁迫处理，以不加 $CdCl_2$ 的水培液作为对照，以苗长、根长、苗鲜重、根鲜重、苗干重、根干重等 6 个性状的耐 Cd 胁迫指数为耐 Cd 指标，检测到 7 个 LOD 2.5 的耐 Cd 胁迫相关 QTL，分别分布在水稻的第 1、第 4、第 7、第 8、第 10 号染色体上，贡献率在 9.84％～24.50％。其中包括 2 个根长耐 Cd 胁迫 QTL，3 个根鲜重耐 Cd 胁迫 QTL，根干重、苗干重 QTL 各 1 个。贡献率最大的是位于第 7 号染色体上的根鲜重耐 Cd 胁迫 QTL，贡献率为 24.50％，LOD 值为 4.82。不同形态性状间未检测到相同的 QTL 区域。

丁仕林（2019）就 Cd 胁迫对水稻的危害、水稻品种间 Cd 积累量的变异、水稻 Cd 积累相关 QTL、水稻 Cd 吸收转运相关基因的研究进展及其育种利用加以综述，认为培育低镉、优质、高产、高抗的水稻新品种是解决土壤 Cd 污染和保护国家粮食安全的有效措施之一；继续挖掘调控水稻 Cd 吸收和 Cd 转运的基因，明确水稻 Cd 吸收和 Cd 转运的分子遗传机制是未来研究方向；而今后一段时间的工作重点应放在通过创制遗传群体和利用自然群体，采用图位克隆、全基因组关联分析、QTL 定位等方法克隆低 Cd QTL 或功能基因，并将这些基因运用分子标记辅助育种、常规育种等手段加以聚合，加快低 Cd 积累的优质超级稻品种培育的速度和效率，实现 Cd 污染农田的安全利用。袁雪等（2019）也总结了水稻 Cd 积累相关基因家族研究进展。

（二）水稻重金属胁迫耐受机理研究

许多重金属都是植物必需的微量元素，对植物生长发育起着十分重要的作用。但是，当环境中重金属数量超过某一临界值时，就会对植物产生一定的毒害作用，如降低抗氧化酶活性、改变叶绿体和细胞膜的超微结构以及诱导产生氧化胁迫等，严重时可致植物死亡。植物在适应污染环境的同时，逐渐形成了一系列忍耐和抵抗重金属毒害的防御机制。

金属硫蛋白（Metallothionein，MT）、植物螯合肽（Phytochelatins，PCs）、非蛋白巯基物质（Non-protein thiols，NPT）等巯基与重金属离子螯合形成无毒或低毒的络合物，可以降低或缓解重金属的毒害作用。李冬琴等（2019）利用营养液沙培盆栽实验，设置 Cd 浓度为 50μmol/L，研究 Cd 胁迫对高低积累型水稻幼苗非蛋白巯基（NPT）物质含量的动态变化影响规律。结果表明，欣荣优 2045 的还原型谷胱甘肽（GSH）随 Cd 胁迫时间的延长逐渐增加，而优 I2009 的 GSH 呈先升后降的趋势；两品种水稻的 NPT、PCs 含量和谷胱甘肽硫转移酶（Glutathione S-transferase，GST）活性随 Cd 胁迫时间的延长呈先升后降的趋势，且欣荣优 2045 合成的 NPT 含量和生成的 GST 活性更高。该研究表明，Cd 高积累型水稻品种可以通过合成更多的含疏基的非蛋白化合物与 Cd 络合来清除活性氧，进而增加对 Cd 的耐性。刘家豪等（2019）通过两年四季的湖南省长沙县田间试验，探索叶面喷施 S（以 Na_2S 计）在中轻度 Cd 污染稻田中的降 Cd、增产效果及其可推广性。结果表明，田间试验中，叶面喷施 S 可以将水稻产量提高 6%～30%，水稻籽粒 Cd 含量降低 28%～50%；傅里叶变换红外光谱图显示，叶面喷施 S 通过增强有机大分子类物质（如有机酸、多肽类等）的生成，可能直接与 Cd 发生螯合，区隔在细胞壁或者液泡上，降低 Cd 的侵害。

（三）水稻重金属污染控制技术研究

1. 低重金属积累品种的筛选

通过选择籽粒低重金属积累的水稻品种种植，从而在重金属轻中度污染的土壤上持续进行稻米安全生产已被公认为是最经济有效的途径。

刘三雄等（2019）以湖南省水稻研究所选育出的 20 份水稻材料/新品系为试验材料，连续 3 年种植在 3 个不同污染程度的 Cd 污染区，以 Cd 低积累应急品种湘晚籼 13 号和 Cd 高积累品种扬稻 6 号为对照，检测稻米 Cd 含量并进行比较分析。结果表明：20 份材料的稻米 Cd 含量均低于扬稻 6 号，16 份材料稻米 Cd 含量低于湘晚籼 13 号，其中 R1195 等 10 份材料显著低于对照湘晚籼 13 号，BG130 等 8 份材料极显著低于对照湘晚籼 13 号。试验筛选出 Cd 低积累不育系 W115S 和恢复系 R1195、R1514。

2. 农艺措施

杨小粉等（2019）以晚稻品种玉针香和湘晚籼 12 号为供试材料，研究了 3 种水分灌溉方式（W1，长期淹水灌溉；W2，湿润灌溉；W3，阶段性湿润灌溉）对水稻糙米 Cd 含量的影响。结果表明，在水稻生长的 3 个关键时期（分蘖期、灌浆期、成熟期），各部位 Cd 含量、富集系数均以 W3 处理最高，W1 处理最低；玉针香糙米 Cd 含量 W1 处理分别比 W2、W3 处理低 56.52% 和 66.67%，且 W1 处理与 W3 处理间存在显著差异；湘晚籼 12 号糙米 Cd 含量 W1 处理分别比 W2、W3 处理低 65.22% 和 52.94%，但各处理间差异不显著。可见，长期淹水灌溉是一项能够有效降低糙米 Cd 含量的农艺措施。易镇邪等（2019）通过盆栽试验研究了不同生育阶段间歇灌溉对双季稻产量构成与 Cd 累积的影响。结果表明，灌水方式显著影响水稻各器官成熟期 Cd 含量，其中全生育期间歇灌溉有显著提高效果，而全生育期淹水灌溉有降低效应。孕穗至齐穗、齐穗至灌浆中期间歇灌溉处理早、晚稻籽粒 Cd 含量显著低于其他生育阶段间歇灌溉处理。地上部 Cd 累积量以全生育期淹水灌溉处理最低，全生育期间歇灌溉处理最高；孕穗至齐穗、齐穗至灌浆中期间歇灌溉处理地上部 Cd 累积量相对较低。综上所述，为确保双季稻产量、降低稻米 Cd 含量，Cd 污染稻区最佳灌溉方式为全生育期淹水灌溉，在水资源较紧张的情况下，齐穗至灌浆中期可采取间歇灌溉方式。

张玉盛等（2019）设 4 个粒肥水平（T1，施用尿素 77.59kg/hm²；T2，施用尿素

$116.39kg/hm^2$；T3，施用尿素 $155.18kg/hm^2$；T4，施用尿素 $193.75kg/hm^2$），探讨了在齐穗期施肥对水稻 Cd 积累的影响。结果表明，施用上述粒肥均可提高水稻产量，增加水稻地上部干物质积累，以 T4 增产效果最佳；不同处理对水稻 Cd 积累存在显著差异，T1 处理下根系和茎秆 Cd 含量最低，T4 处理下最高，从提高水稻产量和品质安全综合来看，建议大田生产中粒肥施用量以 $77.59kg/hm^2$ 较适宜。

吴家梅等（2019）通过双季稻区早—晚稻轮作，玉米—玉米轮作、水稻—玉米轮作和玉米—水稻轮作试验，研究不同轮作制度下土壤有效 Cd、作物不同器官 Cd 含量，Cd 富集系数、转移系数和土壤养分的变化。结果表明：不同轮作制度下，水稻根、茎叶和稻米中 Cd 的平均含量分别为 $3.66mg/kg$、$1.30mg/kg$ 和 $0.36mg/kg$；玉米根、茎叶和籽粒中 Cd 的含量分别为 $0.50mg/kg$、$0.12mg/kg$ 和 $0.03mg/kg$；水稻根系、茎叶和籽粒的富集系数平均分别为 11.96、4.27 和 1.19，玉米的分别为 1.73、0.50 和 0.13；水稻的根系向茎叶和茎叶向籽粒转运的转运系数分别为 0.36 和 0.28，玉米的为 0.24 和 0.20；晚稻籽粒 Cd 含量高于早稻，秋玉米 Cd 含量高于春玉米；土壤中的碱解氮、有效磷和速效钾不影响作物对 Cd 的吸收；种植玉米比同季水稻略有增产。该研究表明，在 Cd 轻度污染地区，晚稻改种玉米能保障粮食作物安全，是一种值得推荐的种植制度。

刘海涛等（2019）选取成都平原最常见的 6 种粮油作物，设置了小麦—玉米轮作、油菜—玉米轮作、小麦—红苕轮作、油菜—红苕轮作、小麦—大豆轮作、油菜—大豆轮作、小麦—水稻轮作、油菜—水稻轮作 8 种种植模式，在轻中度污染农田开展了两年田间试验，对各个种植模式的产量、经济产出，以及收获物、秸秆和土壤的重金属 Cd 含量进行测定。结果表明，当前试验区最广泛使用的小麦—水稻种植模式下的小麦和水稻籽粒 Cd 含量均超标，存在极大的生产风险。玉米—油菜种植模式的籽粒 Cd 含量最低，均未超标，能够实现安全生产，但经济产出较小麦—水稻轮作模式显著降低。油菜—水稻轮作模式的农田产出效益最大。相比种植小麦，种植油菜后，后茬水稻对应的重金属 Cd 含量降低 70.2%。综合生产和环境效益，将小麦—水稻种植模式更换为油菜—水稻模式是目前既能保证农民收益又能有效降低重金属 Cd 污染风险的最佳措施。

3. 土壤修复

（1）物理/化学修复。

污染土壤修复常用的物理方法有客土法、换土法、翻土法、电动力修复法等。客土法、换土法、翻土法是常用的物理修复措施，通过对污染地土壤采取加入净土、移除旧土和深埋污土等方式来减少土壤中镉污染。化学修复是指向污染稻田投入改良剂或抑制剂，通过改变 pH 值、Eh 等理化性质，使稻田重金属发生氧化、还原、沉淀、吸附、抑制和拮抗等作用，以降低有毒重金属的生物有效性。目前国内对重金属镉污染稻田土壤修复以化学修复法居多，较常用的技术如下。

①固定/钝化。通过施用石灰、草炭、粉煤灰、褐煤和海泡石等改良剂，可以有效降低土壤中重金属的有效性，降低有毒重金属在糙米中的累积。

吴迪等（2019）以海泡石、磷酸二氢钾、钙镁磷肥、钢渣、生石灰及生物炭为重金属 Cd 钝化材料，研究钝化剂对湖南省酸性高 Cd 稻田土壤及水稻中 Cd 含量的影响。以土壤 pH 值和有效态 Cd 作为评价指标，筛选出三种效果较优的钝化剂，通过正交试验进行复配，选择最优的钝化剂配方进行田间验证。结果表明，海泡石、钙镁磷肥、钢渣在施用比例为 1% 时均可显著提高土壤 pH 值，pH 值的提升效果排序为钢渣＞钙镁磷肥＞海泡石；除钢渣外，其余钝化剂在施用比例为 1% 时均可不同程度降低土壤有效态 Cd 含量，钝化效果排序为磷酸二氢钾＞钙镁磷肥＞生物炭＞海泡石＞生石灰。选取海泡石、钙镁磷肥和磷酸二氢钾复配钝化剂，依据正交试验结果并综合考虑钝化效果、成本及材料易得性，确定钝化剂的最优施用量组合为海泡石 500mg/kg、钙镁磷肥 500mg/kg、磷酸二氢钾 170mg/kg。大田试验结果表明，施用钝化剂后，土壤 pH 值提高 0.5 个单位，土壤有效 Cd 含量降低 34.00%，糙米中 Cd 含量降低 19.44%，水稻各器官 Cd 的富集与迁移系数明显降低，水稻产量明显升高。

谷学佳等（2019）研究了不同生物炭施用量（1.5%、3.0%、6.0%）对土壤 pH 值、土壤有效态 Cd 含量、水稻产量、水稻籽粒中 Cd 含量的影响。结果表明：施用生物炭能够显著提高土壤 pH 值，比对照组分别增加 0.05、0.11、0.16。施用生物炭能够降低土壤中有效态 Cd 的含量，比对照组分别降低 2.4%、3.8%、7.1%。施用生物炭能够增加水稻产量，施用生物炭的 3 个处理水稻产量均高于对照处理，但差异不显著。施用生物炭能够抑制 Cd 向水稻植株中迁移，显著降低水稻籽粒中 Cd 的含量，比对照组分别降低 20.2%、21.5%、25.8%。在 Cd 污染土壤中施用生物炭可显著降低 Cd 的有效性，降低水稻 Cd 污染的风险，对保障粮食安全具有重要意义。

李磊明等（2019）通过田间小区试验，研究了矿区土壤连续 2 年施用木炭对水稻吸收累积 Cd、As 的影响，结果表明，施用木炭可以促进水稻生长发育，提高产量。添加木炭可以提高土壤 pH 值，显著降低土壤中有效态 Cd 含量，其降低幅度为 10.2%～33.1%；添加木炭处理能显著降低水稻籽粒中 Cd 含量，但是会增加籽粒中 As 含量。

王丙烁等（2019）采用种子萌发试验和溶液培养试验方法，比较 4 种不同改良剂对 Cd 胁迫下水稻种子萌发和 Cd 吸收积累的影响。结果表明：添加硼酸、褪黑素、钼酸钠和硅酸钠均可以促进 Cd 胁迫下水稻种子萌发和水稻幼苗的生长发育。在浓度为 $5\mu mol/L$ 的 Cd 胁迫下，添加 1mg/L 硼酸、$10\mu mol/L$ 褪黑素、0.5mg/L 钼酸钠和 1mmol/L 硅酸钠使水稻种子发芽率比 CK 处理分别提高 11.1%、10.0%、11.1% 和 10.0%，发芽势分别提高 17.8%、17.8%、17.8% 和 22.2%；添加这 4 种改良剂可以不同程度降低水稻种子萌发和水培实验中水稻植株 Cd 含量。$5\mu mol/L$ 的 Cd 胁迫下，添加硼酸、褪黑素、钼酸钠和硅酸钠均显著降低种子萌发试验中水稻幼根和幼芽 Cd 含量，其中幼根 Cd 含量降低 38.6%～51.3%，幼芽 Cd 含量降低 36.9%～41.1%。水培实验中，当 Cd 浓度为 $1\mu mol/L$ 时，添加硼酸、褪黑素、钼酸钠和硅酸钠使水稻根系 Cd 含量比对照处理分别降低 32.6%、38.3%、47.0% 和 72.5%（8d）。硅酸钠降低水稻 Cd 含量的效果最明显，其次是钼酸钠和褪黑素，硼酸的效果稍差。

②离子拮抗。利用金属间的协同作用或拮抗作用来缓解重金属对植株的毒害，并抑

制重金属的吸收和向作物可食部分的转移，从而达到降低重金属含量的目的。

外源施硅（Si）对水稻 Cd 积累和毒害有显著缓解作用。彭鸥等（2019）以水稻"泰优 390"为材料，通过营养液培养的方法，研究水稻在 3 种 Cd 胁迫浓度（Cd1、Cd2、Cd3）下施用 4 种不同浓度 Si（Si0、Si1、Si2、Si3）对水稻 Cd 积累的影响。结果表明：施用 Si 浓度越高，水稻产量增加越大，对水稻各部位 Cd 含量具有显著降低效果；施 Si 能显著降低水稻各部位转运系数，阻控 Cd 向地上部转移，且对水稻伤流液中 Cd 含量也能起到显著降低作用；表明施 Si 能有效阻控水稻吸收 Cd，且施 Si 浓度越高效果越显著，但考虑成本因素，不同程度 Cd 污染应该施用相应量的 S，以达到国家食品中污染物限量标准。

硒（Se）肥也对水稻 Cd 吸收有显著影响。刘波等（2019）以 Cd 污染水稻土为研究对象，采用盆栽试验研究不同用量 Se（0.5mg/kg、1.0mg/kg）与黄腐酸（0.6g/kg、1.2g/kg）组配对水稻吸收积累 Cd 的影响。结果表明，单施 Se 可使土壤 pH 值提高 0.08～0.23 个单位，土壤 $CaCl_2$ 提取态 Cd 含量降低 8.6％～20.9％，水稻地上部各器官 Cd 含量显著降低 29.4％～39.5％，单施 Se 能有效降低水稻吸收 Cd，并阻控 Cd 向地上部以及籽实中的转运，且 Se 与黄腐酸配合施用降 Cd 效果更佳。

上官宇先等（2019）通过大田试验采用裂区设计，研究不同铁（Fe）肥种类及施用方法对水稻籽粒 Cd 吸收的影响。结果表明，不同 Fe 肥处理均增加了 4 个不同类型水稻品种的产量，其中 $FeSO_4$ 追肥喷施显著增加了 Y 两优的产量（6.67％），EDDHA-Fe 底肥土施及追肥喷施显著增加了德粳 1 号的产量（13.33％～14.32％）。不同 Fe 肥施用方式中，EDDHA-Fe 喷施处理对 4 个水稻品种的稻米 Cd 含量降低幅度最大（20.87％）。不同时期喷施铁肥结果来看，以孕穗期、扬花期和灌浆期各喷施一次 EDDHA-Fe 处理的稻米 Cd 含量最低。4 个水稻品种的秸秆 Fe 含量与稻米 Cd 含量呈直线性负相关。扬花期喷施铁肥稻米中 Fe 含量增加最多，稻米/秸秆 Fe 含量比值远高于稻米/秸秆 Cd 含量比值，这表明水稻中 Fe 由植株向稻米转移的速率远高于 Cd。水稻稻米 Fe 含量与稻米 Cd 含量呈二元函数关系，在较低含量时，水稻籽粒中 Cd 的含量随着 Fe 含量的上升而上升，当到达一定程度时，水稻籽粒中 Cd 的含量随着 Fe 含量的上升而下降。研究表明，水稻籽粒中的 Cd 受秸秆中 Cd 和铁肥施用方式和类型的影响，通过合理施用 Fe 肥可以降低 Cd 轻度污染土壤中稻米 Cd 含量。

（2）生物修复。

污染土壤生物修复法主要可分为植物修复法和微生物修复法。植物修复法主要是通过种植超积累植物实现的。利用超积累植物吸收污染土壤中的重金属并在地上部积累，收割植物地上部分从而达到去除污染物的目的。如张云霞等（2019）为探究超富集植物藿香蓟（*Ageratum conyzoides* L.）对 Cd 污染农田土壤的修复潜力，通过野外调查，原土盆栽试验和田间试验，测定藿香蓟及其根系土壤 Cd 含量，计算藿香蓟的富集系数和去除率。结果表明，野外调查中不同铅锌矿区生长的藿香蓟叶片中 Cd 含量最大值为 77.01mg/kg，盆栽试验中，高含量 Cd 土壤处理（T2）中，地上部 Cd 积累量达到

69.71mg/kg，其地上部 Cd 富集系数为 6.09，在低含量 Cd 土壤处理（T1）中，藿香蓟对 Cd 的富集特性与其在高含量条件下对 Cd 的富集特性一致。藿香蓟对 Cd 表现出稳定的积累特性。田间试验中，污染区藿香蓟中地上部 Cd 含量均值为 21.13mg/kg，富集系数为 6.93，使用藿香蓟修复 Cd 污染土壤每亩地种植三茬藿香蓟的去除率为 13.2%～15.6%。使用超富集植物藿香蓟修复农田 Cd 污染具有较好的工程应用前景。

另外，土壤中一些微生物对重金属具有吸附、沉淀、氧化、还原等作用，因此可以通过工程菌培养、微生物投放来降低污染土壤中重金属的活性和毒性。例如，黎鹏等（2019）以水稻品种黄华占为试材，大棚盆栽水培水稻，研究外源耐 Cd 菌 R3（*Pantoea* sp.）和 R5（*Stentrophomonas* sp.）对水稻植株 Cd 吸收和积累的影响，并利用 16S rDNA 测序研究水稻植株内生细菌群落结构的变化。结果表明，在水稻分蘖盛期，R5 菌株和 R3 菌株处理均能显著降低水稻植株各部位的 Cd 含量；R5 菌株和 R3 菌株处理后的水稻植株内生细菌群落结构均发生了显著变化，水稻地上部内生细菌群落的多样性增加，根部内生细菌群落的多样性降低，*Escherichia*、*Shigella* 和 *Acinetobacter* 属在水稻植株内的相对丰度显著提高；R5 菌株能够成功定殖到水稻的地上部。谈高维等（2019）将来源于 Cd 污染水稻土的 Cd 钝化细菌枯草芽孢杆菌 CDR-1、雷氏普罗威登斯菌 CDR-2、阿耶波多氏芽孢杆菌 CDR-3 分别接种到水稻幼苗根际，通过测定水稻苗的生长、生物量及 Cd 含量来分析根际 Cd 钝化细菌对水稻生长及 Cd 吸收的影响。结果显示，Cd 钝化细菌 CDR-1、CDR-2、CDR-3 的 Cd^{2+} 最低抑制浓度分别为 200mg/L、200mg/L、400mg/L，其在 20mg/L Cd^{2+} 溶液中的 Cd 钝化率均达到 100%，且随 Cd^{2+} 浓度的上升 Cd 钝化率呈现下降趋势；在 5mg/L 和 10mg/L Cd^{2+} 胁迫下，这 3 株细菌对水稻幼苗的生长有不同程度影响，均显著降低水稻幼苗根和地上部分的 Cd 含量，其中 CDR-1 对水稻幼苗的促生降 Cd 作用最优；在 0.5mg/kg、1mg/kg 和 2mg/kg Cd^{2+} 胁迫下，CDR-1 仍然能显著促进水稻幼苗生长，增加水稻幼苗生物量，并能使水稻幼苗根和地上部分的 Cd 含量降低 34.88%～61.63%。本研究表明 Cd^{2+} 钝化细菌能够显著降低水稻幼苗的 Cd 吸收量，Cd^{2+} 钝化促生细菌 CDR-1 可应用于 Cd 污染农田土壤的生物修复。

第三节 国外稻米品质与质量安全研究进展

一、稻米品质

（一）理化基础

作为稻米中含量最高的大分子物质，淀粉的理化特性直接影响稻米品质。Bhat 等（2019）研究了有色米淀粉的化学成分、颗粒形态和晶体结构对其功能特性的影响。淀粉颗粒的直径在 5.139μm 到 8.453μm 之间变化很大，淀粉样品的颜色值显示出高度的白度和纯度。Kaw quder 和 Kaw kareed 品种稻米淀粉颗粒的致密性决定了它们比其他品种具有更高的转变温度。淀粉颗粒呈不规则多面体形态，球形颗粒呈多面体角状形态，紧密堆积，表面相对光滑。Zhang 等（2019）研究了不同直链淀粉（ACs）对糙米籽粒透明度和微观结构的影响。稻米胚乳的垩白是由淀粉颗粒松散堆积而成，存在于低水分和高水分的籽粒中。而低 AC 的籽粒由于淀粉颗粒中心的空穴而变得不透明或暗沉，并随着水分增加逐渐变得透明。对于遗传背景相同但 ACs 不同的水稻，空腔大小与 AC 呈负相关，籽粒透明度与 AC 呈显著正相关，与空腔大小呈显著负相关。籽粒透明度与含水量呈正相关，水分对透明度的影响与淀粉空腔大小呈显著正相关，与籽粒 AC 呈显著负相关，说明淀粉空腔大小和 AC 对低 AC 稻米的透明度有显著影响，可通过控制籽粒水分来调节。另外，抗性淀粉对稻米品质及蒸煮消化产生了一定影响。Kim 等（2019）发现高直链淀粉品种（约 28%）、蒸煮型蒸煮（121℃、30min、15psi）和糙米的抗性淀粉含量分别高于普通米、常规蒸煮和精米。以高直链淀粉糙米为原料，经过 30～40mg/mL 柠檬酸溶液浸泡、蒸煮、干燥，成功生产了高抗性淀粉糙米的方法。高抗性淀粉含量可能是由于淀粉回生、直链淀粉—脂质复合物、麸皮层和非淀粉膳食纤维限制淀粉膨胀/糊化以及化学交联等共同作用的结果。

淀粉是水稻颖果的主要贮藏物质，其性质将决定稻米的品质。Chen 等（2019）研究了两种超级稻（YY2640 和 NG9108）的颖果淀粉结构及理化性质，结果表明，YY2640 颖果的淀粉体发育优于 NG9108，表现为果皮淀粉体降解速度快，胚乳淀粉体灌浆程度好。同时，YY2640 淀粉颗粒呈多面体形状，表面光滑，粒径略大于 NG9108。YY2640 淀粉直链淀粉含量较低，直链淀粉与支链淀粉的比例较高，且支链长、短支链淀粉含量较高。与 NG9108 相比，支链淀粉支链度无显著性差异。两种大米淀粉均呈现 A 型结晶特征，YY2640 淀粉的相对结晶度和外部有序度均高于 NG9108 淀粉。此外，由于表观直链淀粉含量较低，YY2640 淀粉的糊化温度较低，糊化时间较短，峰值黏度、谷值黏度、崩解值较高，表现出较好的糊化性能。

水分含量对稻米品质存在较大影响。Alhendi 等（2019）对伊拉克的两种主要稻米品种 Yasemin 和 Anber 的水分含量与其品质进行分析，以确定最佳含水量。结果显示，随着加工时间增加，大米的提取率降低，白度增加；籽粒破碎率与提取率呈负相关；水稻体积（宽度和重量）的增加没有明确规律。在 14% 和 10% 的含水量下，Yasemin 和 Anber 品种提取率较高。Yang 等（2019）报道了利用热湿处理不同直链淀粉的淀粉结构和消化状况的研究。结果表明，热湿处理有助于淀粉颗粒的部分糊化，但也显著增强了淀粉分子间的相互作用，从而提高了淀粉对水热处理和酶的抵抗能力；天然淀粉直链淀粉含量越高，热湿处理淀粉的消化率越低；淀粉的直链淀粉含量与热湿处理后淀粉的结构特征（如摩尔质量、短程有序结构、晶体结构和层状结构）的变化密切相关；直链淀粉在热湿处理过程中促进淀粉链间相互作用增强，进而显著降低淀粉的消化率。

稻米的碾磨程度也是影响品质的重要因素。Virdi 等（2019）对不同籼稻品种糙米进行不同程度的碾磨处理，观察精米（HR）、碎米（BR）的蛋白质和淀粉特性的差异。

研究表明，淀粉、脂肪和蛋白质在 HR 和 BR 中的积累是不同的。碾精程度提高，HR 产量逐渐下降，BR 产量逐渐增加；高的碾磨度会使 HR 和 BR 的蛋白质和脂肪含量降低，而峰值黏度和最终黏度增加。

（二）营养功能

稻米中含有大量营养成分与少量抗营养成分，是其品质的重要组成部分。Ratseew 等（2019）研究了 6 个泰国水稻品种（白、红、紫）的淀粉消化率和多酚含量，测定了总酚含量（TPC）、总花青素含量（TAC）、直链淀粉含量、糊化参数和体外消化率。紫色和红色稻米的 TPC、TAC 和直链淀粉含量最高；白米饭中未检测到 TAC，紫米饭中 TAC 含量最高；红米的糊化焓最高；无色大米（Hom - Mali）在纯淀粉和面粉中的淀粉消化率最高，总淀粉消化率为 76.85%。与之相反，有色稻米表现出较低的淀粉消化率。上述结果表明，有色稻米是酚类物质和花青素的来源，也是开发低消化性淀粉作为功能性食品的良好来源。Chattopadhyay 等（2019）利用高蛋白质含量（11%~13%）水稻品种中的蛋白质供体 ARC 10075 开发了回交群体。在这些群体系中，有 7 个与亲本 Naveen 表型相似，它们是根据高产率和高蛋白含量（10%~12%）来鉴定的。此外，谷蛋白和一些必需氨基酸（如赖氨酸和苏氨酸）的含量升高，表明这些品系的籽粒蛋白质质量有所改善。

植酸是一种存在于谷物和豆类中的抗营养物质。众所周知，它能降低人体肠道中矿物质的生物利用度，抑制淀粉消化淀粉酶。一般来说，植酸的量越大，淀粉水解速率越低。Kumar 等（2019）分析了稻米的植酸及其对淀粉消化率的影响。植酸含量低（分别为 0.30g/kg 和 0.36g/kg）的稻米品种 Khira 和 Mugai 具有较高的血糖指数值和 α-淀粉酶活性，而含量高（分别为 2.13g/kg 和 2.98g/kg）的 Nua - Dhusara 和 Manipuri 黑米则具有较低的 α-淀粉酶活性和血糖指数值。结果显示，大米中植酸可能对淀粉消化率产生不利影响，导致人体肠道淀粉消化速度减慢，从而导致低血糖反应。

（三）稻米品质与生态环境的关系

在种植、储藏等环节中，水稻或稻米所处环境的水分（湿度）与稻米品质紧密联系。Kitilu 等（2019）研究了坦桑尼亚伊法卡拉 6 个水稻品种（NERICA1、NERICA2、NERICA4、TXD 306、Tai 和 Komboka）在营养生长期和生殖生长期中水分胁迫对产量的影响。生育期水分胁迫导致籽粒产量下降幅度最大（58%~79%），营养期胁迫诱导次之，减产 26%~46%；而无胁迫控制的水分处理没有引起减产。在营养生长期，所有供试品种对水分胁迫的耐受性最强，与同一胁迫期内减产 38%~46% 的低地水稻品种相比，仅减产 26%~36%。营养生长期和生殖生长期中，水分胁迫显著降低了各品种的株高、干重、分蘖数、穗数、小穗数、可育粒数、千粒重和收获指数。Barnaby 等（2019）研究了水稻对土壤水分胁迫的生理代谢响应，阐述了其耐水性与水稻产量的关系。在 7 个品种中，29 个代谢物标记（包括碳水化合物、氨基酸和有机酸）对水分胁迫水平的反应，随着氨基酸的增加而显著不同，但有机酸和碳水化合物表现出混合反应。数据表明，随着水分胁迫加剧，水稻品种积累的碳水化合物（果糖、葡萄糖和肌醇）没有显著损失，这与气孔导性的适度降低有关，特别是在较温和的胁迫条件下。相比之下，水分胁迫导致产量显著减少的品种，其气孔导性下降幅度最大，碳水化合物积累相对较低，相对叶绿素含量和叶温增加相对较高。Prakash 等（2019）报道了在 5 个不同湿度下储藏稻米对其碾米特性即表面脂肪含量（SLC）、碾米率（MRY）和整精米率（HRY）的影响。结果表明，在湿度大的条件下储藏的稻米样品，其 HRYs 较低，这可能会降低水稻的经济价值；在 15% 湿度下的稻米平均 HRYs 比 12% 湿度下的平均 HRYs 低 4.8～9.1 个百分点。

大气是水稻生长环境中较为重要的因素，二氧化碳浓度会影响稻米品质。Smith 等（2019）认为高浓度的二氧化碳一定程度上会导致大米营养物质损失。在较高的二氧化碳条件下生长时，大米中主要 B 族维生素（硫胺素、核黄素和叶酸）会有损失，平均损失率为 17%～30%。Lamichaney 等（2019）认为升高的二氧化碳会影响作物的生理功能和种子发育过程，这种变化会改变水稻种子的质量，从而影响稻米品质。

水稻生长所处的土壤和所需的肥料也是影响稻米品质的因素。Majhi 等（2019）在印度布巴内斯瓦尔进行了为期 9 年的肥料试验。结果表明，施用 100% NPK＋FYM，旱季水稻的生产力和可持续性最高。总的来说，这种处理比其他处理显示出更好的物理、化学和生物特性。土壤质量指数（SQI）最高的是 100% NPK＋FYM（0.941），其次是 150% NPK（0.826），阳离子交换量被诊断为水稻生产力的唯一关键指标。因此，水稻种植系统的生产力和可持续性取决于土壤质量，而土壤质量主要取决于肥料及其施用。

二、稻米质量安全

（一）水稻对重金属转运的调控机理研究

水稻籽粒富集重金属的基本过程是：根系对重金属的活化和吸收；木质部的装载和运输；经节间韧皮部富集到水稻籽粒中。近年来，国外学者利用图位克隆、QTL 定位和转基因等分子生物学手段陆续鉴定出了一些参与水稻籽粒重金属富集的基因，这些基因在水稻对重金属的吸收、转运和再分配不同过程中发挥着重要的作用。

1. 根系对重金属的吸收

Yan 等（2019）克隆了参与根系 Cd 吸收，并促进在种子种的积累的 $OsCd1$ 基因，该基因属于 MFS 超家族转运蛋白（major facilitator superfamily），进一步研究表明 $OsCd1$ 的错义突变 Val449Asp 是籼稻和粳稻籽粒中 Cd 存在差异的主要原因。近等基因系实验证实，携带粳稻等位基因 $OsCd1V449$ 的籼稻品种可以减少籽粒中 Cd 的积累。因此，粳稻等位基因 $OsCd1V449$ 可应用于降低籼稻品种籽粒中 Cd 的积累。

Cao 等（2019）分离鉴定出了一个新的水稻低 Cd 等位基因 *OsNRAMP*5，该基因 ATG 下游 2688 核苷酸处 C 突变成 T 导致 OsNRAMP5 蛋白活性下降、根系对 Cd 的吸收速率降低，进而导致糙米中 Cd 含量相比野生型下降 95％，将该等位基因型导入黄华占等其他品种后，水稻糙米 Cd 含量相比对照降低 95％以上，表明该 *OsNRAMP*5 等位基因型在低 Cd 水稻育种方面具有很大应用潜力，有望解决在中轻度 Cd 污染土壤中实现稻米安全生产。

2. 木质部的装载和运输

Lu 等（2019）利用 CaMV 35s 启动子驱动 *OsHMA*3 基因在籼稻品种（中嘉早 17）中过表达，研究了其对 Cd 迁移和积累以及对其他微量营养素的影响。结果表明，*OsHMA*3 过表达显著降低了 Cd 从地下部到地上部的迁移，增加了植株对 Cd 胁迫的耐受性。大田实验表明 OsHMA3 过表达使 Cd 污染土壤水稻植株糙米中的 Cd 浓度降低 94％～98％，且对产量和必需微量元素（Zn、Fe、Cu 和 Mn）浓度没有显著影响。该研究结果说明 OsHMA3 过表达是减少籼稻镉积累的一种有效方法，可以培育出几乎不含镉的水稻，并且不影响水稻产量或必需微量元素浓度。

Liu 等（2019）以 Cd 高积累超级稻品种 9311 和 Cd 低积累品种培矮 64S 为亲本构建的重组自交系群体进行 QTL 分析，鉴定了 3 个 QTLs，采用近等基因系分离群体对其中的一个 QTL GCC7 进行高密度图谱的精细定位，结合序列分析及转基因互补验证，克隆了 GCC7，GCC7 在两品种间的差异主要体现在镉转运蛋白基因 *OsHMA*3 表达的差异，*OsHMA*3 启动子−683bp 至−557bp 区域的序列变异是导致两品种间 *OsHMA*3 表达差异的原因，从而最终导致 Cd 积累的差异。通过对具有广泛代表性的 2500 多份水稻种质资源进行序列分析，发现该启动子变异存在明显的籼粳分化，籼稻品种倾向携带 *Os-HMA*3 表达水平低/高 Cd 的等位基因，而粳稻品种倾向携带 *OsHMA*3 表达水平高/低 Cd 的等位基因。将 *OsHMA*3 表达水平高/低 Cd 等位基因导入到 9311 背景中能够显著降低 9311 中 Cd 的积累，且不影响包括产量在内的农艺性状。

Chen 等（2019）采用正向遗传学方法，筛选到以南方主栽籼稻品种'中嘉早 17'为背景的耐镉突变体 *cadt*1，该突变体不但耐镉，而且对硫的吸收显著增加。通过基因定位和回补验证克隆到突变基因 *OsCADT*1，该基因为植物硫吸收代谢的负调控因子，其突变使得水稻根系缺硫响应基因和硫酸盐的转运蛋白基因表达显著上调，对硫酸盐吸收增加，植物体内合成更多的巯基化合物，特别是能螯合重金属的植物螯合肽的含量升高，从而显著增强水稻耐镉性。硒酸盐与硫酸盐的理化性质相近，植物通过一套相同的通路对硒酸盐和硫酸盐进行吸收和同化。在 *cadt*1 突变体中，不仅硫酸盐吸收增加，硒酸盐的吸收也相应提高。在 3 个田间试验中，在没有喷施硒肥条件下，突变体稻米硒的含量比野生型增加 60％～92％，而生长、产量和籽粒镉含量不受影响。因此，*cadt*1 突变体是一份理想的水稻富硒材料。

（二）水稻重金属胁迫耐受机理研究

1. 重金属螯合和区隔

Park 等（2019）利用经 $CdCl_2$ 胁迫处理的水稻 cDNA 酵母表达文库，使用镉敏感酵母突变株 $ycf1$（DTY167）筛选出两个重金属镉耐受相关基因 $OsPCS5$ 和 $OsPCS15$，编码植物螯合肽合成酶。$OsPCS5$ 和 $OsPCS15$ 受镉胁迫强烈诱导，在 ycf1 突变株中过表达 $OsPCS5$ 和 $OsPCS15$ 增强了酵母对镉的抗性。$OsPCS5$ 和 $OsPCS15$ 定位于细胞质中，$OsPCS5$ 和 $OsPCS15$ 转化的酵母株镉浓度是对照的两倍。拟南芥植株过表达 $OsPCS5/$-15 导致植株对镉的敏感性增加，说明植物螯合肽过量会对植株产生毒害效应。该研究表明 OsPCS5 和 OsPCS15 通过调控植物螯合肽合成参与植株对镉胁迫的耐受性。

Fu 等（2019）研究揭示了 G 型 ATP 结合的转运蛋白 OsABCG36 参与水稻的 Cd 耐受。$OsABCG36$ 在根和芽中都以低水平表达，但是在短期暴露于 Cd 时，在根中而不是在芽中的表达快速上调。空间表达分析表明，在根尖和成熟根区均发现了 Cd 诱导的 $OsABCG36$ 表达。$OsABCG36$ 在水稻原生质体细胞中的瞬时表达显示其定位于质膜。免疫染色显示 OsABCG36 定位于除表皮细胞外的所有根细胞中。敲除 $OsABCG36$ 导致根细胞液中 Cd 积累增加，Cd 敏感性增强，但不影响对 Al、Zn、Cu 和 Pb 等其他金属的耐受性。在敲除株系和野生型水稻之间，芽中 Cd 的浓度相似。$OsABCG36$ 在酵母中的异源表达显示出对 Cd 的外排活性，但对 Zn 没有。总之，该研究结果表明 OsABCG36 不参与芽中的 Cd 积累，但是通过从水稻的根细胞中输出 Cd 或 Cd 化合物而参与水稻的 Cd 耐受性。

2. 抗氧化

Wang 等（2019）研究发现在水稻中过表达 OXS3（氧化胁迫 3 基因）的家族成员 $OsO3L2$ 和 $OsO3L3$ 的全长序列可以在不影响 Mn、Fe、Cu 和 Zn 等重要金属元素的含量下，明显降低米粒中的 Cd 含量。细胞和组织学定位结果显示 OsO3L2 和 OsO3L3 蛋白是维管束细胞中与组蛋白 H2A 互作的一类核蛋白，可能通过与 H2A 互作而改变染色质的结构，进一步调控下游的基因表达，从而减少水稻中的 Cd 积累。

3. 转录因子

Sheng 等（2019）报道了 $WRKY13$ 转录因子在调控拟南芥镉抗性的作用机制。$WRKY13$ 过表达和 $PDR8$ 过表达的转基因拟南芥镉耐受性增强，而 $wrky13$ 和 $pdr8$ 突变植物对镉胁迫更敏感，表明 $WRKY13$ 和 $PDR8$ 在镉胁迫中都发挥正向作用；$PDR8$ 的转录受到 $WRKY13$ 的正调控，瞬时表达实验进一步证实，$WRKY13$ 是 $PDR8$ 的转录激活因子；$WRKY13$ 能够结合 $PDR8$ 启动子中的 W-box 区域，进而激活 $PDR8$ 的转录；$PDR8$ 的过表达恢复了 $wrky13$-3 突变体植物中正常的镉敏感性，表明 $PDR8$ 在 $WRKY13$ 的下游起作用。总之，该研究表明 $WRKY13$ 直接靶向 $PDR8$ 以正向调节拟南芥的镉耐受性。

（三）减少稻米重金属吸收及相关修复技术研究

1. 低镉品种选育

Hao 等（2019）对 174 个水稻温敏核不育（thermosensitive genic male sterile, TGMS）系进行 Cd 积累量分析，筛选出 15 个稳定遗传的低 Cd 品系和 15 个高 Cd 品系。基因分型和 logistic 回归模型分析结果表明，*OsHMA*3、*OsNRAMP*1、*OsNRAMP*5 和 *OsHMA*2 四个基因中的 9 个序列变异位点与温敏核不育系的 Cd 积累量显著相关，其中 *OsNRAMP*1 和 *OsNRAMP*5 中有 2 个位点对低 Cd 的表型变异贡献率为 46.4% 和 22.6%，表明这些位点可应用于低 Cd 水稻的分子标记辅助育种。

2. 土壤修复

（1）物理/化学修复

①固定/钝化。Saengwilai 等（2019）选择两个泰国水稻品种 Chorati 和 Mali Daeng 在 Cd 污染土壤上进行盆栽试验，探明牛粪、猪粪、有机肥和风化褐煤等有机改良剂对土壤中 Cd 的有效性和水稻生长及 Cd 积累的影响。结果表明，施用有机改良剂可显著降低土壤中 Cd 的有效性。添加牛粪和风化褐煤均可使 Mali Daeng 品种生物量显著增加，但对 Chorati 品种生物量没有影响。添加风化褐煤后土壤 CEC 含量上升，Chorati 品种产量显著增加，且稻米中的 Cd 含量下降到食用安全水平（0.14mg/kg）。根系解剖结果表明，施用风化褐煤和猪粪处理后 Chorati 品种中根系木质部导管面积增加，进而促进 Cd 在植株中的迁移，但对水稻籽粒中 Cd 含量没有影响。该研究表明施用有机改良剂可有效固定土壤中的 Cd，从而提高水稻产量，降低水稻籽粒中 Cd 含量。水稻品种和改良剂的选择对水稻低 Cd 生产的效果起着关键作用。

Hamid 等（2019）在田间试验条件下，研究单独或复合施用有机和无机改良剂对稻麦连作土壤中 Cd 和 Pb 污染的钝化效果。结果表明，与对照相比，施用石灰、DEK1（Di Kang No. 1）和 GSA-4 改良剂均可以提高土壤 pH。复合施用 GSA-4（绿色稳定剂）和生物炭可显著增加水稻和小麦的生物量和产量，还可以降低土壤有效态 Cd 和 Pb 含量以及水稻和小麦中 Cd 和 Pb 含量。该研究表明，复合施用 GSA-4 和生物炭对于 Cd 和 Pb 污染大田土壤有较好的修复效果。

②离子拮抗。Chen 等（2019）通过水培试验研究了外源施用硼（B）、硅（Si）及其组合对水稻 Cd 积累和毒害的影响作用。结果表明，$100\mu mol/L$ Cd 处理抑制水稻植株生长，导致根系和地上部 Cd 积累。施用 B 和 Si 可有效降低水稻植株 Cd 积累和缓解其毒害作用，表现为主要抗氧化酶活性提高，MDA、H_2O_2 和 O^{2-} 含量降低。Cd 胁迫诱导 *OsHMA*2、*OsHMA*3、*OsNramp*1 和 *OsNramp*5 基因表达，而施用 B 和 Si 后上述基因表达量下降，表明 B 和 Si 可通过改善氧化应激、抑制 Cd 的吸收和转运来缓解 Cd 的毒性和积累，且二者具有协同效应。Farooq 等（2019）通过盆栽试验研究了外源喷施硒（Se）对水稻生长特性和 Cd 累积的影响。结果表明，施用 0.4mg/kg 硒肥显著增加了大米中的总 Se 含量，并有效抑制了水稻中 Cd 的累积。

（2）生物修复

Zhai 等（2019）以 Cd 污染大米为研究对象，初步探讨植物乳杆菌对稻米中 Cd 的脱除能力及其作用方式，为 Cd 污染大米的再利用提供依据。结果表明，10 株植物乳杆菌产酸能力和对 Cd 的吸附能力不同，导致菌株对 Cd 的去除率存在显著差异。针对 Cd 去除率最高的菌株 CCFM8610，采用响应面法优化工艺条件后 Cd 去除率可达到 93.37%。菌株 CCFM8610 发酵后大米理化性质发生了显著变化，如蛋白质、脂肪和灰分含量降低，大米的表面和内部结构均变得疏松多孔，淀粉颗粒晶体结构改变等。这些结果表明，植物乳杆菌发酵是去除稻米中 Cd 的有效途径。

Chen 等（2019）研究了土壤不同 Cd 处理（未添加和 $10\mu M$）下分别接种两种典型的丛枝菌根真菌 Fm（*Funneliformis mosseae*）和 Ri（*Rhizophagus intraradices*）对丛枝菌根真菌定殖率、水稻生长、吸收累积 Cd 和土壤菌群的影响。结果表明，接种 Fm 和 Ri 均可显著降低植株根系和地上部 Cd 浓度，Ri 的效果更为明显。Ri 处理后土壤中放线菌门的相对丰度显著上升，导致土壤中 Cd 的有效性降低，从而抑制水稻对 Cd 的吸收。Ri 处理后水稻根系中 *Nramp*5 和 *HMA*3 基因表达量降低，而 Fm 处理的根系 *Nramp*5 和 *HMA*3 基因表达升高，导致不同处理下根系 Cd 含量差异显著。该研究结果表明，丛枝菌根真菌可通过调控 Cd 吸收转运蛋白的表达和土壤细菌群落，降低水稻对 Cd 的吸收。

（四）稻米中重金属污染状况及风险评价

Kato 等（2019）选取巴西不同产地和品种的 48 个糙米样品为研究对象，评估当地居民通过稻米摄入 As 和 Cd 的健康风险。结果表明，不同产地糙米中 As 和 Cd 含量差异显著，所有糙米样品 Cd 含量均低于标准限值（$400\mu g/kg$），但有 9 个样品 As 含量超过标准限值（$300\mu g/kg$）。无机砷含量高于欧洲婴幼儿食品限量值的比例为 42%，说明食用当地稻米对婴幼儿存在一定健康风险。

参 考 文 献

丁仕林，刘朝雷，钱前，等. 2019. 水稻重金属镉吸收和转运的分子遗传机制研究进展 [J]. 中国水稻科学，33（5）：383-390.

段斌，方玲，何世界，等. 2019. 播期及灌浆期温度对豫南粳稻稻米品质的影响 [J]. 中国稻米，25（1）：65-69.

龚克成，鲁超，李育娟，等. 2019. 不同种植模式对南粳 46 稻米品质和淀粉 RVA 特性的影响 [J]. 中国稻米，25（4）：102-103.

谷学佳，王玉峰，张磊. 2019. 生物炭对水稻镉吸收的影响 [J]. 黑龙江农业科学（6）：11.

黎鹏，黎娟，屠乃美，等. 2019. 外源耐镉菌对水稻镉吸收和积累及内生细菌群落结构的影响 [J]. 湖南农业大学学报（自然科学版），45（2）：124-130.

李冬琴，王丽丽，李智鸣，等. 2019. 镉胁迫对高低积累型水稻幼苗非蛋白巯基含量的影响 [J].

　　农业环境科学学报（12）：6.

李磊明，张旭，李劲，等.2019.矿区农田施用木炭和硫酸亚铁对水稻吸收累积镉砷的影响［J］.
　　环境科学与技术，42（4）：161－167.

李书先，蒲石林，邓飞，等.2019.不同生态条件下氮肥优化管理对杂交中稻稻米品质的影响［J］.
　　中国生态农业学报（中英文），27（7）：1042－1052.

李炜星，欧阳林娟，文文，等.2019.水稻幼苗耐镉胁迫 QTL 的定位研究［J］.江西农业大学学
　　报，41（1）：19－24.

李先，杨毅，邹朝晖.2019.叶面喷施赖氨酸对水稻产量及稻米品质的影响［J］.湖南农业科学
　　（9）：40－41，46.

刘波，黄道友，周建利，等.2019.硒与黄腐酸组配对水稻镉吸收的影响［J］.水土保持学报，33
　　（2）：350－355，362.

刘海涛，陈一兵，田静，等.2019.成都平原不同种植模式下重金属镉污染风险和经济效益评价
　　［J］.农业资源与环境学报，36（2）：184－191.

刘家豪，赵龙，孙在金，等.2019.叶面喷施硫对镉污染土壤中水稻累积镉的机制研究［J］.环境
　　科学研究，32（12）：2132－2138.

刘三雄，刘利成，闵军，等.2019.水稻镉低积累新品系的筛选［J］.湖南农业科学（4）：2.

刘仲齐，张长波，黄永春.2019.水稻各器官镉阻控功能的研究进展［J］.农业环境科学学报，38
　　（4）：721－727.

鲁超，龚克成，李育娟，等.2019.优质与高产水稻品种稻米品质和淀粉 RVA 谱特征值差异初探
　　［J］.上海农业科技（1）：22－23，32.

罗清，张虹娇.2019.西南地区稻米品质与气候因子的关系模型及其应用［J］.中国农学通报，35
　　（31）：63－71.

马兴华，李友发，富昊伟，等.2019.不同类型稻米贮藏后品质性状的差异分析［J］.浙江农业科
　　学，60（10）：1864－1865，1868.

蒙秀菲，冯仕喜，曾涛，等.2019.灌浆成熟期气温对稻米品质影响［J］.山地农业生物学报，38
　　（4）：8－12.

彭鸥，刘玉玲，铁柏清，等.2019.施硅对镉胁迫下水稻镉吸收和转运的调控效应［J］.生态学杂
　　志，38（4）：1049－1056.

邱洁，陈桂荣，董练飞，等.2019.氮肥水平对甬优 1540 稻米品质的影响［J］.福建稻麦科技
　　（9）：14－16.

上官宇先，陈琨，喻华，等.2019.不同铁肥及其施用方法对水稻籽粒镉吸收的影响［J］.农业环
　　境科学学报，38（7）：1440－1449.

石吕，张新月，孙惠艳，等.2019.不同类型水稻品种稻米蛋白质含量与蒸煮食味品质的关系及后
　　期氮肥的效应［J］.中国水稻科学，33（6）：541－552.

宋波，王佛鹏，周浪，等.2019.广西高镉异常区水田土壤 Cd 含量特征及生态风险评价［J］.环境
　　科学，40（5）：2443－2452.

谈高维，韦布春，崔永亮，等.2019.镉钝化细菌对水稻幼苗镉吸收的影响［J］.应用与环境生物
　　学报（3）：7.

王丙烁，黄益宗，李娟，等.2019.镉胁迫下不同改良剂对水稻种子萌发和镉吸收积累的影响［J］.

农业环境科学学报，38（4）：746-755.

王东明，陶冶，朱建国，等. 2019. 稻米外观与加工品质对大气 CO_2 浓度升高的响应 [J]. 中国水稻科学，33（4）：338-346.

王丽萍，解保胜，顾春梅，等. 2019. 不同施氮量与插秧密度对寒地水稻生长发育及稻米品质的影响 [J]. 黑龙江农业科学（7）：46-52.

吴迪，魏小娜，彭湃，等. 2019. 钝化剂对酸性高镉土壤钝化效果及水稻镉吸收的影响 [J]. 土壤通报（2）：32.

吴家梅，谢运河，田发祥，等. 2019. 双季稻区镉污染稻田水稻改制玉米轮作对镉吸收的影响 [J]. 农业环境科学学报，38（3）：502-509.

武云霞，刘芳艳，孙永健，等. 2019. 水氮互作对直播稻产量及稻米品质的影响 [J]. 四川农业大学学报，37（5）：604-610.

徐富贤，刘茂，周兴兵，等. 2019. 长江上游高温伏旱区气象因子对杂交中稻产量与稻米品质的影响 [J/OL]. 应用与环境生物学报. https：//doi. org/10. 19675/j. cnki. 1006-687x. 2019.04012.

徐巡军，葛仁山，李晓，等. 2019. 锌肥种类对太湖地区水稻生长和稻米品质的影响 [J]. 化肥工业，46（4）：54-60.

许砚杰. 2019. 稻米品质及淀粉理化特性的影响因素研究 [D]. 杭州：浙江大学.

薛涛，廖晓勇，王凌青，等. 2019. 镉污染农田不同水稻品种镉积累差异研究 [J]. 农业环境科学学报（8）：20.

杨小粉，吴勇俊，张玉盛，等. 2019. 水分管理对水稻镉吸收的影响 [J]. 中国稻米，25（4）：34-37.

余侃，黄思思，龙小玲，等. 2019. 生物有机硒对稻米品质性状及硒吸收分配的影响 [J]. 食品科技，44（11）：168-174.

喻仲颖，汤云龙，汪楠，等. 2019. 不同碾磨条件对稻米主要品质的影响 [J]. 食品科技，44（5）：166-169.

袁雪，马海燕，马亚飞，等. 2019. 水稻镉积累相关基因家族研究进展 [J]. 安徽农业科学（16）：2.

张诚信，郭保卫，唐健，等. 2019. 灌浆结实期低温弱光复合胁迫对稻米品质的影响 [J]. 作物学报，45（8）：1208-1220.

张欣，户少武，章燕柳，等. 2019. 叶面施锌对不同水稻品种稻米锌营养的影响及其机理 [J]. 农业环境科学学报，38（7）：1450-1458.

张玉盛，肖欢，敖和军. 2019. 齐穗期施肥对水稻镉积累的影响 [J]. 中国稻米，25（3）：49-52.

张云霞，宋波，宾娟，等. 2019. 超富集植物藿香蓟（*Ageratum conyzoides* L. ）对镉污染农田的修复潜力 [J]. 环境科学，40（5）：2453-2459.

周婵婵，黄元财，贾宝艳，等. 2019. 施氮量和灌溉方式的交互作用对东北粳稻稻米品质的影响 [J]. 中国水稻科学，33（4）：357-367.

Alhendi A S，Al-Rawi S H，Jasim A M. 2019. Effect of moisture content of two paddy varieties on the physical and cooked properties of produced rice [J]. Brazilian Journal of Food Technology，22：e2018184.

Barnaby J Y，Rohila J S，Henry C G，et al. 2019. Physiological and Metabolic Responses of Rice to Reduced Soil Moisture：Relationship of Water Stress Tolerance and Grain Production [J]. International Journal of Molecular Sciences，20：1846.

Bhat F M，Riar C S. 2019. Effect of chemical composition，granule structure and crystalline form of pigmented rice starches on their functional characteristics [J]. Food Chemistry，297：124984.

Cao Z Z，Lin X Y，Yang Y J，et al. 2019. Gene identification and transcriptome analysis of low cadmium accumulation rice mutant（lcd1）in response to cadmium stress using MutMap and RNA－seq [J]. BMC plant biology，19（1）：250.

Chattopadhyay K，Sharma S，Bagchi T B，et al. 2019. High－protein rice in high－yielding background，cv. Naveen [J]. Current Science，117（10）：1722－1727.

Chen D，Chen D，Xue R，et al. 2019. Effects of boron，silicon and their interactions on cadmium accumulation and toxicity in rice plants [J]. Journal of hazardous materials，367：447－455.

Chen J，Huang X Y，Salt D E，et al. 2019. Mutation inOsCADT1 enhances cadmium tolerance and enriches selenium in rice grain [J]. New Phytologist.

Chen X W，Wu L，Luo N，et al. 2019. Arbuscular mycorrhizal fungi and the associated bacterial community influence the uptake of cadmium in rice [J]. Geoderma，337：749－757.

Chen X Y，Chen M X，Lin G Q，et al. 2019. Structural development and physicochemical properties of starch in caryopsis of super rice with different types of panicle [J]. BMC Plant Biology，19：482.

Farooq M U，Tang Z，Zheng T，et al. 2019. Cross－talk between cadmium and selenium at elevated cadmium stress determines the fate of selenium uptake in Rice [J]. Biomolecules，9（6）：247.

Fu S，Lu Y，Zhang X，et al. 2019. The ABC transporter ABCG36 is required for cadmium tolerance in rice [J]. Journal of experimental botany，70（20）：5909－5918.

Hamid Y，Tang L，Yaseen M，et al. 2019. Comparative efficacy of organic and inorganic amendments for cadmium and lead immobilization in contaminated soil under rice－wheat cropping system [J]. Chemosphere，214：259－268.

Hao X，Wu C，Wang R，et al. 2019. Association between sequence variants in cadmium－related genes and the cadmium accumulation trait in thermo－sensitive genic male sterile rice [J]. Breeding science，69（3）：18191.

Kato L S，Fernandes E A D N，Raab A，et al. 2019. Arsenic and cadmium contents in Brazilian rice from different origins can vary more than two orders of magnitude [J]. Food chemistry，286：644－650.

Kin H R，Hong J S，Ryu A R，et al. 2019. Combination of rice varieties and cooking methods resulting in a high content of resistant starch [J]. Cereal Chemistry，97：149－157.

Kitilu M J F，Nyomora A M S，Charles J. 2019. Effects of moisture stresses during vegetative and reproductive growth phases on productivity of six selected rain－fed rice varieties in Ifakara，Tanzania [J]. African Journal of Agricultural Research，14（2）：54－64.

Kumar A，Sahu C，Panda P A，et al. 2019. Phytic acid content may affect starch digestibility and glycemic index value of rice（Oryza sativa L. ）[J/OL]. Journal of the Science of Food and Agriculture：DOI 10. 1002/jsfa. 10168.

Lamichaney A，Swain D K，Biswal P，et al. 2019. Elevated atmospheric carbon－dioxide affects seed vigour of rice (*Oryza sativa* L.) [J]. Environmental and Experimental Botany, 157: 171 - 176.

Lu C, Zhang L, Tang Z, et al. 2019. Producing cadmium - free Indica rice byoverexpressing OsHMA3 [J]. Environment international, 126: 619 - 626.

Majhi P, Rout K K, Nanda G, et al. 2019. Soil Quality for Rice Productivity and Yield Sustainability under Long - term Fertilizer and Manure Application [J]. Communications in Soil Science and Plant Analysis, 50 (11): 1330 - 1343.

Park H C, Hwang J E, Jiang Y, et al. 2019. Functional characterisation of twophytochelatin synthases in rice (*Oryza sativa* cv. *Milyang* 117) that respond to cadmium stress [J]. Plant Biology, 21 (5): 854 - 861.

Prakash B, Siebenmorgen T J, Gibson K E, et al. 2019. Effect of storage moisture content on milling characteristics of rough rice [J]. Transactions of the ASABE, 62 (4): 1011 - 1019.

Ratseewo J, Warren F J, Siriamornpun S, et al. 2019. The influence of starch structure and anthocyanin content on the digestibility of Thai pigmented rice [J]. Food Chemistry, 298: 124949.

Saengwilai P, Meeinkuirt W, Phusantisampan T, et al. 2020. Immobilization of Cadmium in Contaminated Soil Using Organic Amendments and Its Effects on Rice Growth Performance [J]. Exposure and Health, 12: 295 - 306.

Smith M R, Myers S S. 2019. Global Health Implications of Nutrient Changes in Rice Under High Atmospheric Carbon Dioxide [J]. GeoHealth, 3: 190 - 200.

Virdi A S, Singh N, Pal P, et al. 2019. Evaluation of head and broken rice of long grain Indica rice cultivars: Evidence for the role of starch and protein composition to head rice recovery [J]. Food Research International, 126: 108675.

Wang C, Guo W, Cai X, et al. 2019. Engineering low - cadmium rice through stress - inducible expression of OXS3 - family member genes [J]. New biotechnology, 48: 29 - 34.

Yan H, Xu W, Xie J, et al. 2019. Variation of a major facilitator superfamily gene contributes to differential cadmium accumulation between rice subspecies [J]. Nature communications, 10 (1): 1 - 12.

Yang X J, Chi C D, Liu X L, et al. 2019. Understanding the structural and digestion changes of starch in heat - moisture treated polished rice grains with varying amylose content [J]. International Journal of Biological Macromolecules, 139: 785 - 792.

Zhai Q, Guo Y, Tang X, et al. 2019. Removal of cadmium from rice by Lactobacillus plantarum fermentation [J]. Food control, 96: 357 - 364.

Zhang L, Zhao L L, Zhang J, et al. 2019. Relationships between transparency, amylose content, starch cavity, and moisture of brown rice kernels [J]. Journal of Cereal Science, 90: 102854.

第七章　稻谷产后加工与综合利用研究动态

大米加工是稻谷产业链的中心环节。近年来，国内外稻米加工的新工艺、新技术得到了快速发展和应用，大米加工产业结构不断优化，规模效应逐渐显现，技术水平明显提高，能够充分满足市场需要和供给侧结构性改革。2019年，国内外稻谷产后加工工艺迅速发展，涌现出智能色选、砻谷净化、稻谷热风—真空联合干燥和矿物质元素指纹分析等许多新型加工技术。稻谷副产品也获得了较大限度的综合利用，包括大米蛋白、大米淀粉和米糠的改性，碎米、发芽糙米和米胚的新产品开发，以及稻壳和秸秆变废为宝的创新等各个方面，综合利用水平持续提升。

第一节　国内稻谷产后加工与综合利用研究进展

一、稻谷产后处理与加工

随着我国农业供给侧结构性改革深入推进，水稻产后适度加工成为提质增效的重要内容。2019年5月1日实施的《大米》（GB/T 1354—2018）标准，修订了大米的加工精度定义和定等等级，突出体现大米适度加工的要求，引导了水稻产后处理与加工领域（如干燥、保藏、砻谷、碾白、抛光、除镉等方面）的深入研究。

稻谷干燥是稻谷储藏前处理的一项重要过程，直接影响稻谷的储藏品质和加工品质。现有的稻谷干燥方式主要有热风干燥、真空干燥、远红外干燥、微波干燥等。程科等（2019）以水分含量、出米率、整米率、裂纹率、出饭率、膨胀率、蛋白质含量以及感官评定为评价指标，分析对比微波干燥、低温干燥、热风直接干燥、分段干燥和三段缓苏干燥等5种不同干燥方式对蒸谷米品质的影响。结果表明，低温干燥处理的蒸谷米品质最佳，其出米率和整米率最高，裂纹率较低，蛋白质含量较高，含水量最低，储藏效果好。低温干燥条件为浸泡温度45℃，浸泡时间5h，浸泡压力150kPa，蒸煮温度100℃，蒸煮时间10min，干燥温度90℃，干燥时间30min。

热风和真空干燥是常用干燥方式，热风—真空联合干燥集合了两种干燥方式的优势。张记等（2019）采用BBD试验设计，探究热风—真空联合干燥的参数（热风温度、热风风速、转换点含水率、真空温度），对稻谷干燥速率、爆腰率、单位能耗的影响。结果表明，热风温度显著影响平均干燥速率和爆腰率，对单位能耗影响不显著；热风风速显著影响爆腰率和单位能耗，对平均干燥速率影响不显著，合理工艺参数为热风温度40℃、热风风速0.7m/s、转化点含水率20.7%、真空温度38.1℃，此时所对应的平均干燥速率为0.000483g/（g·min）、爆腰率为6.3%、单位能耗为2 612kJ/kg。平均干燥速率，联合干燥比热风干燥降低 29.5％，比真空干燥提高 33.1％；爆腰率，联合干燥比热风干燥降低 10％，比真空干燥降低 13.7％；单位能耗，联合干燥比热风干燥降低 60.1％，比真空干燥降低 12.6％。证明稻谷联合干燥方式较稻谷单一干燥方式优势明显。

微波加热具有热穿透力强，加热均匀、速度快、营养物损失少、能耗小和调控方便等特点。陈尚兵等（2019）探讨了微波工艺对高水分稻谷中优势霉菌菌落活性及后期储藏期间菌落数的影响。从高水分稻谷中分离纯化出优势霉菌链格孢霉、雪腐镰刀菌、白曲霉、灰绿曲霉、产黄青霉。在微波功率 485W、927W 和 1 349W 处理侵染单一优势菌稻谷，发现稻谷表面霉菌降低约 31gCFU/g，内部霉菌致死率约 95％。随着微波时间延长，受优势菌侵染的稻谷表面及内部霉菌数量均降低，致死率上升。储藏试验发现，微波处理稻谷霉菌生长量明显低于常规热风储藏。刘雅婧等（2019）研究发现，微波处理对稻谷内脂肪酶、脂肪氧化酶和过氧化物酶的抑制优于热风处理，其中 1.29W/g 微波缓苏条件下稻谷的三种酶活力下降最为明显。

砻谷是稻谷脱壳的工序，回砻谷科学利用能有效提高稻谷加工的成品率。谢天等（2019）研发了全新回砻谷净化技术，通过重力谷糙分离机和色选机的组合，使回砻谷糙米含量降低至 3％以下，净糙的爆腰粒率平均下降 3 个百分点，糙碎率平均下降 2 个百分点，为碾米工段提供高质量的糙米原料。

矿物质元素指纹分析技术已逐渐被应用到稻谷的加工测评方式中，大米中的矿质元素含量不仅可以反映出环境、品种差异，还受加工方式的影响。钱丽丽等（2019）筛选出受加工精度影响较大的元素，将稻谷加工成 5 个等级，测定不同等级大米中 52 种矿物元素的含量，并定量分析颖果不同位置的元素含量。结果表明，不同加工精度间矿物元素含量差异显著，钾、钠、钙、铁等元素主要富集在糙米籽粒的最外层（主要是糠层和外胚乳层）。

安红周等（2019）以原阳米和稻花香米 2 种粳糙米为原料，研究了碾磨后大米加工特性及大米颗粒粒面外观和表面形貌。结果表明，碾磨 60s 时，原阳米和稻花香米碾减率分别为 8.14％、7.07％，碎米率为 5.93％、8.83％，留皮度为 2.0％、6.2％，白度增加了 17.8％、16.9％，此精度为适碾；随着碾磨时间延长，中粒型稻米碎米率高于短粒型，大米破裂强度逐渐减小，且糙米破裂强度均高于精白米。蔡莎等（2019）以湖北省 5 种稻谷为原料，制备 4 种不同加工精度的大米。结果表明，随着加工精度升高，大米的水分和淀粉含量升高，灰分、蛋白质和脂肪含量降低；随着加工精度增加，同一种大米米汤 pH 逐渐增大，吸水性、膨胀体积以及米汤干物质含量均呈先增大后减小的变化趋势，在碾磨 90s 时最高；随着加工精度增加，同一种大米硬度、咀嚼性呈先减小后增大的变化趋势，在碾磨 90 s 时最低；弹性、黏聚性呈先增大后减小的变化趋势，在碾磨 90s 时最高。

二、稻谷副产品的综合利用

(一) 大米淀粉综合利用

豁银强等 (2019) 为了探究大米谷蛋白对大米淀粉凝胶形成及凝胶特性的影响, 研究在不同大米谷蛋白添加量 (0%~14%) 下, 籼米淀粉流变、热特性及淀粉凝胶特性的变化。结果显示, 随着大米谷蛋白添加量增加, 米淀粉的弹性模量峰值、黏性模量峰值及淀粉凝胶的硬度均呈升高趋势, 表示米淀粉凝胶的黏聚性、黏性及回弹性均呈升高趋势。添加大米谷蛋白米淀粉凝胶的孔洞深度增加、直径增大, 结构显得较为松散。Zhang 等 (2019) 研究了大米蛋白对大米淀粉变性过程中水分迁移和微观结构的影响。结果显示, 大米蛋白的添加限制了水在大米淀粉凝胶中的迁移, 并延迟了贮藏过程中自旋—自旋弛豫时间的减少。无大米蛋白的凝胶保存 7d 后收缩, 而有大米蛋白的凝胶没有明显变化。

陈子月等 (2019) 比较了碱提法和酶解法获取的 2 种大米淀粉的理化性质。结果显示, 碱法大米淀粉中的直链淀粉含量高于酶法大米, 支链淀粉含量低于酶法大米; 碱法大米淀粉和酶法大米淀粉的溶解度随着温度升高而增大, 碱法大米淀粉的溶解度对温度更为敏感; 2 种大米淀粉的淀粉—碘可见光吸收光谱的形状十分相似, 都有最大吸收峰; 酶法提取的大米淀粉的冻融稳定性较好。张倩等 (2019) 比较了采用酶法和压热—酶法制备大米 RS3 型抗性淀粉和淀粉凝胶的理化性质。两种方法处理得到的大米抗性淀粉及淀粉凝胶含水量均有所下降, 制备得到的大米抗性淀粉的溶解度和膨润力均随温度升高而增加, 但两种大米淀粉凝胶的溶解度随温度升高呈现缓慢下降趋势。两种方法制备的淀粉凝胶与原淀粉相比, 凝胶的硬度和弹性均显著增加, 并且压热—酶法的硬度和弹性最大, 但胶黏性较小。

陈琛 (2019) 利用分支酶修饰改性蜡质大米淀粉。结构分析表明, 经分支酶处理后, 一方面蜡质大米淀粉相对分子质量的重均值和分散性均降低; 另一方面 $\alpha-1, 6$ 糖苷键的含量由 5.0% 提高至 6.6%, 产生 DP 19~34 的环状结构, 形成分支环状改性结构。同时, 酶改性淀粉在冷水中的溶解度达到 83.3g/100mL (25℃); 黏度相比于蜡质大米淀粉显著降低; 经过分支酶处理后, 慢消化淀粉 (SDS) 含量由 8.5% 提高至 21.0%, 抗消化淀粉 (RS) 的含量由 6.9% 增加至 18.5%, 推测与分支酶改性修饰形成的分支环状结构有关。

Ye 等 (2019) 使用一步反应挤出法合成了柠檬酸酯化的大米淀粉, 并测量其结构、理化性质和消化率。结果表明, 酯化作用显著提高了样品中抗性淀粉 (RS) 的水平, 降低了淀粉结晶度, 溶胀力和溶解度均低于未改性的淀粉, 且储存过程中柠檬酸淀粉的重新结合速率较慢。结果显示, 柠檬酸酯化促进了淀粉内的交联, 降低了其消化率。Cai 等 (2019) 通过酯化、乙酰化、羟丙基化、交联或双重改性 (羟丙基化交联和乙酰化交联）的一步挤出反应，研究了大米淀粉化学改性后的结构变化。结果显示，一步挤出反应处理导致淀粉晶体结构的破坏和新晶体复合物的形成，由原来的 A 型晶体结构转变为 V 型，颗粒结构呈粗糙和不规则，增强了其对酶水解的抵抗力。

豁银强等（2019）利用高能球磨机处理大米淀粉，表征了球磨处理对大米淀粉糊化特性、热特性、颗粒大小、颗粒表面形貌、结晶结构、结晶特性及分子结构等物化和结构特征的影响。分析表明，大米淀粉结晶结构随球磨时间延长而不断被减少，球磨 30min 以上大米淀粉结晶结构基本被完全破坏；球磨 5min 和 10min 使大米淀粉颗粒发生一定程度的不可逆膨胀，球磨 20min 以上导致淀粉颗粒崩解及崩解片段发生聚集结合；球磨处理改变了大米淀粉的结构和构象特征，并没有引起新化学键及基团产生。刘誉繁等（2019）通过凝胶渗透色谱—多角度激光光散射技术、核磁共振技术和碘比色法考察了均质处理前后大米淀粉分子结构的变化，以及利用体外模拟法比较了高压均质前后大米淀粉的消化性能。结果表明，随着均质压力和均质次数的增加，淀粉分子链发生断裂和降解。另外，由于均质过程中直链淀粉与适宜分子量大小的淀粉分子之间易发生重聚集而形成有序的结构域，大米淀粉的抗消化性能提高，研究结果将为利用高压均质技术调控淀粉及淀粉类食品的消化性能和营养功能提供依据和基础数据。刘军平等（2019）利用均质机在 20～100MPa 压力下处理大米淀粉，在添加或不添加大米蛋白情况下，考察大米淀粉理化性质、糊化和质构特征的变化。结果表明，大米淀粉的溶解度、膨胀率和透明度随处理压力增加而升高，凝沉性随处理压力的增加而降低。大米蛋白引起了大米淀粉溶解度、膨胀率和透明度不同程度的下降，而凝沉性有所上升。均质处理以及蛋白质、NaCl 的存在条件下均对大米淀粉特性产生影响，多种因素综合作用下表现出更为复杂的效应，在大米淀粉改性以及精深加工方面需重点关注这些因素。

Guo 等（2019）研究了微波和加热湿气同时处理对大米淀粉（IRS）和糯米淀粉（WRS）的黏性和消化特性的影响。结果表明，对于淀粉，尤其是大米淀粉，微波和加热湿气同时处理导致颗粒表面凹入，薄片中的螺旋排列减弱，无定形区域中链的堆积松散，并且微晶破裂。因此，在糊化温度不变的情况下，淀粉结构对水热效应的敏感性几乎没有改变。此外，与 WRS 相比，IRS 的直链淀粉较多，这可能与微波和加热湿气同时处理期间的淀粉链相互作用有关。Du 等（2019）评估了在 30min 的高静水压（HHP）处理（200～600MPa）下，茶多酚（TP）对大米淀粉的结构和理化性质的影响。结果表明，随着压力水平升高，大米淀粉/茶多酚（RS/TP）混合物的糊化温度降低，糊化焓降低。在 400MPa 下，RS/TP 混合物在 30min 内完全糊化，大米淀粉糊化随 TP 浓度增加而增强。随着 TP 浓度在 400MPa 的增加，RS/TP 混合物的结晶度和峰强度降低，这是由于 TP 引起的淀粉破坏程度增加所致。总体结果表明，TP 在室温下和足够高的压力（≥400MPa）下可加速 HHP 诱导的糊化，并改变了大米淀粉的结构和理化特性。

Liu 等（2019）通过高压匀浆制备大米淀粉—没食子酸复合物，研究了没食子酸对高压匀浆条件下大米淀粉消化率和多结构的影响。结果表明，高压匀浆处理，与没食子酸相互作用后，淀粉的消化率发生了显著变化，快速消化淀粉含量降低，抗性淀粉升高。此外，随着没食子酸的添加，大米淀粉—没食子酸复合物的分形结构转化为质量分形结构，并且由于降解淀粉分子链的重排和聚集行为的增强，聚集体结构逐渐变得紧密。Yang 等（2019）研究了受控超声处理对大米淀粉颗粒的形态，物理性质和精细结构的影响。结果表明，超声轻微破坏了淀粉颗粒的无定形区域，而 A 型峰形保持不变，大米淀粉的精细结构也没有显著改变；但超声波可引起颗粒表面的裂缝和孔洞，提高颗粒的均　性。同时超声处理后，峰值和击穿黏度增加，而峰值时间，糊化温度和糊化焓降低。总体而言，受控超声处理主要改变了大米淀粉的形态和物理性能，而不是精细化结构，为超声在淀粉改性上的应用提供了更多信息。

徐晓茹等（2019）以大米淀粉为原料，通过检测挤压前后理化性质的变化，研究挤压对大米淀粉性质及结构的影响，以及在挤压过程中因原料成分不同而对淀粉颗粒结构、糊化特性、质构特性等方面的影响，探讨这些变化与挤压重组米蒸煮食用品质之间的关系。结果表明，挤压处理后，淀粉中淀粉颗粒结构被破坏，淀粉发生降解，直链淀粉含量提高，重均分子质量降低；糊化、热力学性质及构特性均发生变化。挤压后淀粉的结晶结构也由 A 型转变为 V 型。表明挤压后的淀粉不易老化，适口性差，但淀粉结构的变化也降低了重组米的蒸煮时间，提高了米粉消化率。

朱碧骅等（2019）研究了短期回生的直链淀粉晶种诱导大米淀粉的长期回生的过程与规律，揭示了短期回生与长期回生的关联性。结果显示，直链淀粉晶种诱导的回生淀粉的短程有序度、双螺旋含量显著提高，表明所制备直链淀粉晶种显著促进淀粉长期回生过程。这种晶体协同增长效应，丰富了淀粉回生共性机制。刘成梅等（2019）研究了两种分子质量（HSSDF，27.8ku；LSSDF，9.3ku）大豆可溶性膳食纤维（SSDF）对大米淀粉（RS）短期（4h）及长期老化（14d）的影响。结果表明，大豆可溶性膳食纤维可显著降低淀粉体系弹性模量的增加，提供淀粉凝胶的黏性；两种分子质量的大豆可溶性膳食纤维（27.8ku 和 9.3ku）均可抑制大米淀粉的短期老化和长期老化，其中 HSSDF 对大米淀粉短期老化的抑制效果更为显著。Ding 等（2019）研究了有限的水分含量和储存温度对大米淀粉回生的影响。结果表明，大米淀粉的凝结后，其晶体类型由 A 型变为 B+V 型。在 5 个温度条件下，大米淀粉在 30℃下的 B 型结晶度最高，并且随着水分含量的增加，B 型结晶度也随之增加。大米淀粉的回生由支链淀粉和直链淀粉的重结晶组成，并且主要归因于支链淀粉。较高的水分含量有利于支链淀粉的重结晶，而水分含量对直链淀粉的重结晶影响很小。支链淀粉和直链淀粉重结晶的最佳温度分别为 4℃和 15℃。储存在 4/30℃的大米淀粉的支链淀粉重结晶焓在 4℃和 30℃之间介导，但始终高于−18/30℃。在加热至 42％的水分含量并在 4℃下储存后，大米淀粉显示出最大的总回生焓（8.44J/g）。总体而言，在加热至 42％的水分含量并在 4℃下储存后，大米淀粉显示出最大的总回生焓（8.44J/g）。刘云飞（2019）采用改良挤压技术（IECT）处理大米淀粉，研究改性前后大米淀粉糊化、老化、消化和流变性质影响的差异性，同时表征了 IECT 对大米淀粉各层次结构的影响，建立了结构和理化性质之间的关系。结果表明，IECT 处理大米淀粉引起的分子降解主要发生在支链淀粉上，改良挤压法通过改变大米淀粉各层次结构，可以有效改变大米淀粉的糊化、老化、消化和流变性质，使其适用于不同产品。IECT 结合老化处理可以降低淀粉的消化性，拓展了 IECT 在淀粉改性和淀粉基食品中的应用。Liu 等（2019）研究了通过"改进的挤压蒸煮技术"（IECT）对大米淀粉的分子结构以及短期和长期回生特性的改性。IECT 按高速/高温＞低速/高温＞高速/低温＞低速/低温的顺序降低淀粉分子大小。降解主要是支链淀粉，挤出过程中水分迁移率的降低和储能模量的增加均低于正常水平；IECT 抑制了短期回生。长时间储存后结晶度和回生焓增加；IECT 加速了淀粉的长期回生。IECT 对淀粉的降解程度越大，短期逆凝作用受到抑制的程度就越大，而长期逆凝作用的促进也就越大。

赵卿宇等（2019）研究了大米贮藏过程品质变化及其动力学，显示贮藏期间高温对大米淀粉结构影响最显著，高温贮藏 300d 时大米已达到劣质稻米的水平，而低温贮藏对淀粉结构影响较小。贮藏期间大米的理化性质、外观特性、质构、蒸煮和糊化特性均发生明显改变，且温度越高，变化越大。杨柳等（2019）研究了大米直链淀粉含量与食味品质的相关性。结果表明，大米中直链淀粉含量与其食味评分显著负相关。大米中直链淀粉含量的变化，首先对米饭的软硬性产生影响，其次是黏性、色泽、弹性与香味等。利用一元线性回归构建基于直链淀粉含量的米饭食味品质预测评价模型，并用该模型评价所选粳米、籼米。通过感官评价法的食味值检验所建立的模型，两种方法具有很好的一致性，表明该评价模型可以准确客观评价大米食味品质。Ma 等（2019）评估了冷却速率对大米淀粉—芳族分子复合物逆向成核的影响。选择了六个芳香分子（己醛，1-辛烯-3-醇，γ-癸内酯，愈创木酚，2，3-丁二酮和 2-乙酰基-1-吡咯啉）来代表米饭中的典型香气。冷却速率从 0.34℃/min 增加到 3.04℃/min 导致焓变（ΔH）降低（2-乙酰基-1-吡咯啉中的焓值从 2.08 降低到 1.40J/g），Tp 降低（2-乙酰基-吡咯啉中的 1-吡咯啉从 100.91 至 98.29℃，而在 2，3-丁二酮中几乎保持恒定），Tc-To 升高（但在 γ-十内酯中波动）（$p < 0.05$）。结果表明，在较高的冷却速率下形成的晶核更热不稳定，更不完美且更不均匀。在高冷却速率条件下形成的晶核较疏松且相对结晶度较低（2-乙酰基-1-吡咯啉中的结晶度从 2.18% 降至 1.00%）（$p < 0.05$）。这些结果可能有助于开发在米饭中更有效地保存芳香分子的方法。

大米淀粉还被应用到新型材料、燃料等方面，全面拓展了大米淀粉的价值。黄锦等（2019）利用大米淀粉在酶的作用下，分解为可发酵性糖，然后经过发酵作用生产酒精，为复合原料或非粮原料生产燃料乙醇提供借鉴经验。Zhang 等（2019）采用三种类型的大米淀粉被用于制备新型可降解且环保的高吸收性材料（SPAM），并分析和比较淀粉基 SPAM 的溶胀性能、吸湿和解吸性能、盐离子敏感性和再生性能。结果显示，大米淀粉基 SPAM 的吸水量最佳（439g 水/g），直链淀粉含量相对较高（23.6%），可通过形成氢键增强聚合物链的相互作用和结构强度。同时，支链淀粉的支链的刚性和结构可以提高保水能力。该研究为食品干燥剂领域提供了新的材料。陈洹（2019）以大米淀粉为研究对象，利用流变仪体系模拟热挤压 3D 打印过程，明晰大米淀粉在打印过程中流变性质的变化规律以及对打印成型性的影响。结果表明，大米淀粉呈现出剪切稀化和对交替剪切应变刺激下模量的快速响应特性，大米淀粉表现出突出的可打印性，打印层数达到 43～60 层，打印线宽为 0.80～0.97mm，大米淀粉样品的凝胶体系在亚微观结构尺度上存在微相结构的不均匀性；随着打印温度的升高，打印淀粉样品的结构向疏松多孔的网络转变。该研究为热挤压 3D 打印技术应用于营养健康淀粉类谷物食品的制造提供理论依据，为淀粉的物性修饰提供新思路和新方法。Chen 等（2019）研究了用于热挤压 3D 打印的大米淀粉的流变性和可印刷性之间的关系。结果显示，大米淀粉样品均表现出剪切变稀行为，自支撑性能，以及在较高应变下储能模量（G'）显著降低和在较低应变下恢复的特征，表明大米淀粉适用于热挤压 3D 打印。此外，流动应力（τF）、屈服应力（τY）和 G' 随着淀粉浓度增加而增加，表明大米淀粉具有优异的挤出加工性和足够的机械完整性，并能实现高的分辨率（0.804～1.024mm 线宽）。

（二）大米蛋白综合利用

贝斯（2019）以动物性蛋白质——酪蛋白为对照，采用体外消化的实验模式，研究并对比了大米蛋白和大豆蛋白的体外消化性能及其在不同消化阶段清除自由基、螯合金属离子、还原力及总抗氧化力等抗氧化性能。研究表明，大米蛋白与大豆蛋白均具有较好的体外抗氧化性能，且大米蛋白体外抗氧化性能优于大豆蛋白。李双等（2019）为探索溶解大米蛋白的最适 pH 值，扩大其应用范围，表征了不同 pH 值（pH 值 3.0、4.0、7.0）条件下大米蛋白中主要成分——米谷蛋白的理化及结构性质。与中性条件下相比，酸性条件下米谷蛋白的溶解度和结构性质发生了明显改变，pH 值 7.0 时米谷蛋白分子结合紧密，形成庞大的分子聚集体，溶解度仅 6.24%±1.25%；而在酸性条件下，米谷蛋白逐渐分散，分子间二硫键断裂，呈现分散疏松的小分子体状态，pH 值 3.0 时其溶解度最高，达到 72.47%±2.36%。

在大米蛋白基因表达上，周优等（2019）通过 CRISPR/Cas9 基因编辑技术对粳稻品种"嘉花 1 号"的谷蛋白基因 $GluA3$（LOC Os03 g31360），编辑获得转基因 T_0 代植株，并鉴定分析其衍生的 T_1 代 28 个单株。结果表明，获得了两种类型的 GluA3 编辑突变植株；突变体的未成熟胚乳中 GluA3 RNA 表达水平明显下调；突变体谷蛋白含量呈下降趋势。对"嘉花 1 号"野生型及突变体水稻农艺性状考查发现，突变体水稻穗数和产量下降明显。

在解释大米蛋白可能含有的生物活性机理上，Wang 等（2019）用大米蛋白（RP）喂养成年大鼠 2 周。研究表明，RP 通过抑制生长大鼠和成年大鼠的 nf - kappa B 通路，发挥抗炎作用，抑制 ROS 衍生的炎症。Wang 等（2019）提出了基于灰度 BP 神经网络的大米蛋白质相互作用网络预测方法，以提高大米蛋白质相互作用网络预测结果的有效性。Liang 等（2019）阐明了大米蛋白对减轻生长中大鼠和成年大鼠 DNA 损伤的影响：大米蛋白可通过激活 Nrf2 - Keap1 途径，发挥内源性抗氧化活性，减轻 ROS 衍生的 DNA 损伤，同时激活 ATM - chk2 - p53 通路可能是 RP 降低成长中大鼠和成年大鼠 DNA 损伤的机制之一。

陈正行等（2019）以水解度、多肽产率为评价指标，利用电子束辐照技术（EBI），研究大米蛋白在不同酶作用下的酶解效果。EBI 处理能有效提高不同酶对大米蛋白的酶解效率，增加多肽产率，其中 EBI 辅助碱性蛋白酶水解效果最好，大米蛋白水解度提高 $19.02\% \pm 0.37\%$，多肽产率提高 $13.50\% \pm 0.29\%$。扫描电镜结果表明，EBI 变性处理使大米蛋白表面结构完整性下降，颗粒化程度增加。二级结构中 α - 螺旋含量由 $18.38\% \pm 0.31\%$ 下降到 $4.46\% \pm 0.43\%$，大米蛋白分子灵活性增加。紫外光谱和内源荧光光谱分析表明，EBI 变性技术使大米蛋白分子空间构象展开，包埋在内部疏水区域的活性基团暴露，有利于酶解反应。李婷等（2019）发现电子束辐照提高了大米蛋白质和水解产物的流变性，诱导了蛋白质和水解产物的亚基聚集，改变了两者的二级结构，并改善了水解产物的溶解性和乳化性能，为提高食品工业中大米蛋白的质量提供了一种方法。Hu 等（2019）尝试用去酰胺化修饰水稻胚乳蛋白和谷氨酰胺酶处理来改进大米蛋白理化性质，得到悬浮性（增加 81.25%）、块状（减少 84.78%）、坚韧性（减少 72.34%）和总体口味（改善 12.24%）等理化性质改善的成果。李婷等（2019）研究探讨了酶解辅助电子束辐照对大米蛋白质结构特征和抗氧化活性的影响，EBI 诱导 RP 产生了一种柔性的展开结构，并提高了酶解物的抗氧化能力，在 50kGy 时，大米蛋白水解物对 DPPH 和 ABTS 的自由基清除活性可达 96.81% 和 92.04%。邓昱昊等（2019）以酶解产物 ACEI 活性为指标筛选最佳超声预处理模式，在最佳的超声波模式条件下采取单因素逐级优化方法优化超声预处理工艺参数。结果表明，采取 20/28/40kHz 同步模式，在超声时间 7.5min、温度 40℃、工作间歇比 6 : 3（s/s）和功率密度 66.7W/L 条件下，大米蛋白酶解所得产物 ACEI 活性最高，为 48.39%，与对照组相比提高了 35.20%，说明发散型三频超声预处理大米蛋白，能有效提高酶解产物的 ACEI 活性。

张敏等（2019）以小麦淀粉为原料，研究添加不同比例大米蛋白对小麦淀粉理化特性的影响。添加大米蛋白的小麦淀粉糊化温度增加，糊化焓值降低。随着大米蛋白添加量的增加，小麦淀粉峰值黏度、低谷黏度、崩解值、终值黏度和回生值分别从 5266cP、3098cP、2168cP、4755cP、1657cP 降低到 4003cP、2969cP、1034cP、4439cP、1470cP，糊化温度从 72.50℃增加到 76.00℃。大米蛋白会抑制淀粉中结晶的溶解。同时，添加大米蛋白会使小麦淀粉凝胶的储能模量和损耗模量均降低，凝胶强度变弱，冻融稳定性降低。刘军平等（2019）在添加或不添加大米蛋白（RP）情况下，考查大米淀粉理化性质、糊化和质构特性的变化。添加大米蛋白后，同一处理压力下，淀粉的溶解度、膨胀率下降，凝沉性上升，黏度下降，回生值上升。

邢常瑞等（2019）分析得到多肽序列 QGWSSSSE 和 YYGGEGSSSEQGY 具有潜在金属螯合活性。比较它们与 Cu^{2+} 的螯合活性发现 YYGGEGSSSEQGY 螯合 Cu^{2+} 效果比 QGWSSSSE 好，与 Cu^{2+} 螯合的 IC_{20} 为 5.40mmol/L，并且在低浓度范围与柠檬酸相当，比 EDTA 和金属硫蛋白差。这两条多肽与 Fe^{2+} 结合更强。通过氨基酸分析，连续丝氨酸 SS、SSS 和 SSSS 可能与铜的螯合活性相关。李超楠等（2019）以碎米为原料制备大米蛋白，采用碱性蛋白酶制备具有钙螯合能力的大米蛋白肽，并采用质谱分析鉴定出一条分子量为 1 013.429Da 的肽链，其氨基酸序为 Asn-Arg-Gly-Asp-Glu-Phe-Gly-Ala-Phe（简称为 NRGDEFGAF），其钙螯合能力为（136.2±0.75）mg/g。其肽—钙螯合物的钙生物利用率高于氯化钙，可有效促进肠道中钙吸收。Liu 等（2019）通过测定自由基和活性氧（ROS）的清除活性、铬还原、肌红蛋白保护和脂质过氧化抑制能力，评价富硒 Met-Pro-Ser（Se-MPS）和 Met-Pro-Ser 肽链的抗氧化活性及相关抗氧化机制，Se-MPS 具有更高的氧自由基吸收能力（ORAC）值、ABTS 清除活性和铬 VI 还原活性，表明硒（Se）对多肽的抗氧化活性具有协同作用。Fang 等（2019）采用 RAW264.7 细胞模型从富硒大米蛋白水解物（SPHS）中筛选免疫调节含硒肽，得到 SeMDPGQQ 和 TSeMMM 两个肽段。

去除大米蛋白中重金属离子的研究也同样受到重视。邢常瑞等（2019）以砷污染大米为研究对象，探究大米蛋白质中砷的分布规律，得出砷与清蛋白是优势的结合形态。通过氨基酸组成分析并比对正常大米的氨基酸组成，推测砷可能与蛋白中的脯氨酸结合紧密。冯伟（2019）研究了大米蛋白与镉结合的分子机制及解离规律，表明大米中的 Cd 主要与醇溶蛋白和清蛋白相结合，结合反应主要发生在蛋白表面，以化学吸附形成多齿配位体为主。金属离子和配位体对大米蛋白与 Cd 结合有抑制作用，配位体对 ERPS 与 Cd 结合的抑制作用要强于对醇溶蛋白与 Cd 结合，金属离子则相反。陈青（2019）以含镉量不同的籼米作为原料，经乳酸菌发酵降镉，研究大米蛋白在降镉前后结构及功能性质的改变。镉与 4 种大米蛋白的结合能力从大到小排序分别是球蛋白、清蛋白、谷蛋白、醇溶蛋白，并且镉结合蛋白的分子量特征为 16kDa、32kDa 等。经乳酸菌发酵降镉后，α-螺旋含量略微下降，β-折叠含量下降明显，可能是因为乳酸菌发酵过程会产生大量的酸类物质，使得大米蛋白结构延展性增强。同时持水性、持油性、起泡性及泡沫稳定性、乳化性及乳化稳定性均有所增加。Shen 等（2019）用鼠李糖脂生物表面活性剂与 F127/PAA 水凝胶低成本，安全有效地从受污染的大米蛋白中去除镉。Yin 等（2019）比较大米蛋白与米渣蛋白对镉的结合能力，发现米渣蛋白对镉结合能力更强，而且蛋白质中的巯基和羧基在镉的结合中起着重要作用。

邹俊哲等（2019）用植物乳杆菌和蛋白酶协同发酵水解大米蛋白，获得高活性 ACE 抑制肽组分，IC_{50} 值为 33.81μg/mL，其多肽序列为 VVFFAAAL。邹俊哲等（2019）也使用植物乳杆菌，枯草芽孢杆菌联合蛋白酶共同水解大米蛋白，水解溶出液 ACE 抑制率可达（91.95±1.63）%，具有良好的 ACE 抑制活性。杨雪等（2019）研究表明，不同超声频率预处理均可促进大米蛋白酶解物及胃模拟消化后的 ACE 抑制活性；大米蛋白酶解产物经过胃消化后的多肽含量增加，而经过肠消化后的多肽含量反而降低；双频顺序超声效果优于双频同步超声，更优于单频超声。徐敏等（2019）运用超声波协同双酶复合酶法水解米渣蛋白制备 ACE 抑制肽，得到一分子量为 338 u，最强 ACE

抑制活性 IC_{50} 为 $116\mu g/mL$ 组分 P2。马晓雨（2019）以天然大米蛋白为原料，经胰蛋白酶酶解后制备纳米载体，并以脂溶性生物活性分子叶黄素为包埋对象，成功构建了叶黄素的食品胶体输送体系，优化了蛋白基—叶黄素纳米粒子并探讨其形成机理与途径，并基于蛋白与叶黄素的相互作用，采用羧甲基纤维素钠（CMC）进行结构化修饰与调控。Xu 等（2019）以大米蛋白水解物（RPHS）为原料，采用胰蛋白酶制备免疫调节肽，用小鼠腹腔巨噬细胞增殖法研究 RPHS 的免疫调节活性，鉴定肽序列为 Tyr - Gly - Ile - Tyr - Pro - Arg（YGIYPR）。Zhang 等（2019）研究了大米蛋白水解物（RPH）对小麦淀粉（WS）的短期和长期回生的影响。向 WS 中加入水解 2h（PRPH - 2）的大米蛋白碱性水解物，PRPH - 2 可用于抑制 WS 的短期和长期回生，可作为天然添加剂，提高小麦产品质量。Xue 等（2019）研究了不同超声频率对大米蛋白水解液和胃肠模拟消化产物血管紧张素转换酶（ACE）抑制活性的影响，超声预处理可促进胃模拟消化后米肽和水解液的 ACE 抑制活性。胃模拟消化后 RP 水解物的肽浓度增加，但肠模拟消化后肽浓度降低。双频顺序超声优于双频同时超声和单频超声。

在利用大米蛋白乳化性质方面，Pan 等（2019）研究表明大米蛋白胰蛋白酶水解物可以作为天然乳化剂来稳定乳液，可以改进传统植物蛋白乳化剂的过敏和不稳定的问题。Pan 等（2019）研究了大米蛋白水解物与绿原酸在碱性条件下的共价相互作用，共价相互作用使改性乳液具有较高的氧化稳定性，有效抑制了储存过程中脂质氧化变质。蛋白质水解产物与绿原酸之间的共价相互作用可用于构建具有较高物理和氧化稳定性的天然乳液体系。Jia 等（2019）发现水稻分离蛋白与阿魏酸复合乳液可以降低过氧化氢、TBARS 和己醛的浓度，从而有效抑制脂肪氧化降解。

万红霞等（2019）以大米蛋白水解物和全脂乳粉为主要原料，自筛菌种为发酵剂，研究了最佳大米—牛奶双蛋白酸奶的培养基组成、发酵工艺条件和食品添加剂。苗文娟等（2019）制定并优化了一种氨基酸组成合理、产品稳定性良好、风味佳的大米蛋白乳饮料配方。吕佼等（2019）将大豆和大米蛋白复配通过氨基酸互补提高蛋白质的消化吸收率，研究了一种适合早餐营养搭配的咖啡米昔产品。林小琴（2019）以椰浆、豌豆大米蛋白混合粉为主要原料，研制了一种常温复合植物蛋白饮品。李凡（2019）记录研究了以普通白色编织袋和聚乙烯袋（简称 PE 袋）密封包装的籼粳杂交稻甬优 15（偏籼）、春优 84（偏粳）、春优 927（偏粳）的稻谷（F_2 代）在室温下贮藏 1 年中的水分、碾米品质、外观品质、蒸煮食味品质及营养品质等相关指标。

（三）米糠综合利用

米糠是稻谷加工副产物，约占稻谷总质量的 6%，主要由果皮、种皮、糊粉层和米胚芽等物质组成。米糠除含有丰富的蛋白质、脂肪、粗纤维、维生素和矿物质等营养成分，其所含的生物活性物质如生育三烯酚、多糖、肌醇、阿魏酸、谷维素、菲丁、IP6等具有降三高、抗肿瘤、提高机体免疫以及抗氧化等生理功能。

菲汀是肌醇六磷酸（即植酸）与金属钙、镁等离子形成的复盐，主要应用于食品、医药化工、日用化工及其他行业。菲汀广泛存在于植物的种子中，以脱脂米糠中含量最高，可达 10%～11%。张馨月等（2019）研究了微波辅助提取脱脂米糠中菲汀的工艺，通过单因素试验考察微波温度、微波功率、微波时间对菲汀提取率的影响，并设计三因素三水平正交试验，根据正交试验极差分析结果得到最佳工艺条件：微波温度 45℃、微波功率 210W、微波时间 30min。

米糠中的黄酮具有降血糖、抗癌、镇痛等作用，具有极高的医用价值。张舒艺（2019）以水提法为基础，优化逆流米糠黄酮提取技术，发现 pH 值为 9.0，提取次数为 4 次，提取温度控制在 80℃，提取时间控制在 50min，料液配比为 1g、30mL 时黄酮提取率最高。黄皓等（2019）为探究甘油作为绿色溶剂提取米糠多酚的可行性，选取提取温度、甘油体积分数、液料比和提取时间 4 个因素，采用单因素结合响应面试验优化米糠多酚提取工艺。同时分析甘油提取液的黏度特性，并利用超高效液相色谱串联三重四级杆飞行时间质谱（UPLC-Triple-TOF/MS）方法鉴定多酚。结果表明，甘油提取米糠多酚最优条件为提取温度 67℃，甘油体积分数 19%，液料比 33mL/g，提取时间固定为 80min，获得的最大多酚得率为 700.35mg/（100g）。

庄绪会等（2019）以脱脂米糠为原料，采用淀粉酶和糖化酶水解除去淀粉，用胃蛋白酶除去蛋白，在酸性条件和碱性条件下各提取一次，优化米糠多糖提取工艺。结果表明，脱脂米糠以 1:15g/mL 料液比加水充分混匀后，以 3% 的淀粉酶水解 2h、3% 糖化酶水解 1h、3% 胃蛋白酶水解 1h 除去淀粉和蛋白，分别在酸性和碱性条件下 70℃、200W 超声提取 90min，得到米糠多糖的得率为 8.12%，冷冻干燥后的粗多糖含有 84.2% 的米糠多糖、6.6% 的粗蛋白、2.1% 的灰分和 5.8% 的水分。

王志远等（2019）以米糠蛋白为原料，研究米糠蛋白对小鼠的肝组织抗氧化能力及体外抗氧化特性。结果表明，小鼠经灌胃米糠蛋白后，各项抗氧化指标发生明显变化，肝组织 SOD、GSH-Px 活性有明显上升趋势，MDA 含量呈下降趋势，说明灌胃米糠蛋白对小鼠抗氧化效果明显，同时米糠蛋白对羟基自由基与 DPPH 均有一定清除能力。

尤翔宇等（2019）用不同浓度的 2,2'-盐酸脒基丙烷（AAPH）有氧热分解产生的过氧自由基氧化米糠蛋白，研究过氧自由基氧化对米糠蛋白结构和功能性质的影响。结果显示，随着 AAPH 浓度增加，米糠蛋白羰基、二硫键和二酪氨酸含量分别从 2.0nmol/mg、12.04nmol/mg 和 84.54nmol/mg 增加至 7.09nmol/mg、14.69nmol/mg 和 127.1nmol/mg，游离巯基含量从 23.97nmol/mg 下降到 15.29nmol/mg。过氧自由基氧化导致米糠蛋白 α-螺旋和无规卷曲相对含量下降，β-折叠相对含量增加，氨基酸残基侧链含量先增加后略微下降；同时使得米糠蛋白表面疏水性和内源荧光强度下降，最大荧光峰位蓝移。过氧自由基氧化对蛋白质亚基结构影响较小，可同时使得米糠蛋白多肽链聚集和主肽链部分断裂形成多肽。随着 AAPH 浓度增加，米糠蛋白溶解性逐渐降低，持水性、持油性、起泡能力、泡沫稳定性、乳化性和乳化稳定性先上升后下降。周麟依等（2019）选取丙二醛（MDA）代表脂质过氧化反应中的活性次生氧化产物，借助蛋白质化学理论和谱学分析技术等手段，研究脂质过氧化产物对米糠蛋白结构和功能性质以及构效关系的影响。结果表明，米糠蛋白羰基含量随 MDA 氧化诱导浓度的增加而增大，而游离氨基含量逐渐减少，米糠蛋白 α-螺旋和 β-折叠含量随 MDA 氧化诱导浓度增加逐渐增大，β-转角结构和无规卷曲结构逐渐降低，MDA 氧化诱导的米糠蛋白色氨酸荧光 λ_{max} 逐渐蓝移，低氧化诱导浓度下 MDA 对米糠蛋白亚基组成无显著影响。随着 MDA 氧化诱导浓度增加，分子质量为 53kDa、49kDa、36kDa、21kDa、14kDa 的亚基归属条带均有所变浅，条带逐渐变窄，并且分子质量为 36kDa、21kDa、14kDa 的亚基逐渐消失，米糠蛋白粒径、多分散指数、浊度及泡沫稳定性均随之逐渐增大，而氧化米糠蛋白溶解度、表面疏水性、乳化性、乳化稳定性和起泡性逐渐降低。

孙靖辰（2019）利用响应曲面法优化超声处理工艺参数，为同时获取最佳溶解度和乳化性，采用联合求解法确定处理米糠蛋白工艺条件为米糠蛋白质量分数 3%，超声功率 201 W，超声时间 10min，超声温度 40℃，在此处理工艺条件下，米糠蛋白溶解度为 64.30%，乳化性为 0.85m²/g。常慧敏等（2019）采用超声辅助木瓜蛋白酶改性技术提高米糠蛋白溶解性和乳化性，在超声功率密度 5 W/mL、超声时间 30min、蛋白质量浓度 4g/100mL 条件下预处理米糠蛋白，然后通过单因素实验优化酶反应条件。结果表明，最佳酶反应条件为酶添加量 2.5g/100mL、酶反应时间 3h、pH 值 7.0、酶反应温度 50℃；改性后米糠蛋白溶解性和乳化活性增强、乳化稳定性降低，米糠蛋白二硫键、α-螺旋和 β-转角含量减小，表面疏水性、β-折叠和无规则卷曲含量升高，表明超声辅助木瓜蛋白酶改性破坏了蛋白质空间结构，进而改善了米糠蛋白溶解性和乳化性。

吴伟等（2019）将新鲜米糠贮藏不同时间后稳定化和脱脂制备米糠蛋白，研究米糠酸败对米糠蛋白体外胃蛋白酶消化产物结构特征的影响。结果表明，随着米糠酸败程度增加，米糠清蛋白亚基、谷蛋白酸性亚基和球蛋白亚基完全被胃蛋白酶消化降解的时间呈先减少后增加趋势，而米糠谷蛋白碱性亚基和醇溶蛋白亚基更难被胃蛋白酶消化；分子质量分布和粒径分布结果表明，米糠酸败过程中形成的米糠蛋白氧化聚集体会抑制米糠蛋白体外胃蛋白酶消化；此外，随着米糠酸败程度的增加，米糠蛋白体外胃蛋白酶消化产物内源荧光峰位的红移幅度先增大后减小，表面疏水性逐渐下降。张慧娟等（2019）为改善脱脂米糠酚类物质的释放、提高脱脂米糠的利用率，利用米根霉半固态发酵脱脂米糠，评定发酵过程中脱脂米糠的酚类物质含量和抗氧化性及理化性质。结果表明，发酵 48h 后脱脂米糠的总酚含量提高 47.3%，总黄酮含量增加 48.96%；烷基间苯二酚（ARs）的含量随发酵时间增加显著提高（$p < 0.05$），发酵 48h 后米糠中 ARs 含量与未处理相比增加 22.9%；DPPH 自由基清除能力在发酵后显著提高（$p < 0.05$），抗氧化能力提高 8.4%；发酵后持水性降低 18.3%，持油性提高 46.6%。

米糠毛油普遍酸价较高，采用常规的脱酸方式存在炼耗高、预处理要求高、营养成分损失大、油品品质差等问题。赵晨伟等（2019）发现，酶法脱酸可以有效避免上述问题，采用固定化脂肪酶 CALB 酶法脱酸米糠毛油，得到优化工艺条件为甘油与游离脂肪酸摩尔比 1:3、剪切速度 25m/s、剪切时间 20min、加酶量 50g/kg、反应温度 70℃、反应时间 6h、甘油中水分含量 25%、真空度小于 1 000Pa、通氮气，在此条件下酯化率可达 92.5%。

刘元等（2019）以米糠为原料，利用混合乳酸菌发酵生产 GABA。通过单因素及正交试验确定了最佳发酵工艺，即乳酸菌添加量 3%、发酵温度 48℃、嗜热链球菌 S1 与保加利亚乳杆菌 L1 之比为 1:2、发酵时间 24h。缪园欣等（2019）以米糠为原料发酵酿制米糠酒，影响米糠酒发酵的各因素的主次顺序：发酵时间＞料水比＞发酵温度＞酵母菌接种量。通过单因素试验及正交试验确定米糠酒发酵最佳工艺条件为料水比 1:2（g:mL），酵母菌接种量 0.4%，发酵温度 34℃，发酵时间 12d。在此优化条件下，米糠酒的酒精度为 10.3% vol，可溶固形物含量为 1.8°Bé，米糠酒酒体清澈透亮有光泽，具有米糠和酒的香味，口感醇香浓郁。

武汉轻工大学（2019）发明并公开了一种聚乙烯亚胺接枝米糠多糖铁的制备方法及基因载体。在惰性气氛下，向米糠多糖铁溶液中依次加入三乙胺和 N，N-羰基-二咪唑溶液，避光反应形成反应溶液；将聚乙烯亚胺溶液加入到所述反应溶液中避光反应形成粗样液，并在反应过程中控制混合溶液呈碱性；透析所述粗样液，取透过液醇沉，冷冻干燥后得聚乙烯亚胺接枝米糠多糖铁。此外，还提出一种基因载体，包括聚乙烯亚胺接枝米糠多糖铁。周丽春等（2019）将米糠作为固定化载体，构建了一种新型的外置式纤维床反应器，应用于固定化发酵产丁酸实验，以酪丁酸梭菌为发酵菌株，比较游离细胞和固定化细胞发酵。结果表明，固定化细胞分批发酵丁酸生产率为 0.48g/L/h，比游离分批发酵提高了 55%。重复分批发酵发现，8 个批次的丁酸浓度平均值为 21.05g/L，可以稳定多批次运行。米糠在发酵过程中吸附丁酸钠的量与常规饲料中丁酸钠的添加量基本一致，可以作为一种简便快速的饲料添加新方式。

薛建娥等（2019）研究米糠替代日粮中玉米对鸡蛋品质的影响，试验选用 150 只海兰褐蛋鸡（24 周龄），随机分为 5 组，每组 3 个重复，每个重复 10 只。分别用 0%、5%、10%、15%、20% 米糠替代基础日粮中玉米的日粮，预饲期 7d，正式试验期 28d，发现米糠替代玉米能够改善鸡蛋品质，且替代 20% 的玉米效果最佳。王玉强等（2019）为探究泌乳奶牛日粮中添加米糠和玉米胚芽粕对奶牛瘤胃发酵及微生物菌群的影响，选择 24 头健康荷斯坦奶牛随机分为 4 组，以 NRC（2001）为参照依据，以奶牛基础日粮干物质为基础，对照组（CK 组）不添加米糠和玉米胚芽粕，试验 A、B、C 组日粮中分别添加 3.40% 米糠和 6.80% 玉米胚芽粕、6.65% 米糠和 13.30% 玉米胚芽粕、9.98% 米糠和 19.98% 玉米胚芽粕。结果表明，不同处理间泌乳奶牛的瘤胃 pH 值、氨态氮、挥发性脂肪酸和微生物蛋白无显著差异，说明泌乳奶牛日粮中添加米糠和玉米胚芽粕对奶牛瘤胃发酵和瘤胃 pH 值无显著影响，即在泌乳奶牛中添加米糠和玉米胚芽粕替代部分日粮不影响瘤胃发酵类型，且试验组奶牛产奶量明显提高。蒲广等（2019）研究日粮脱脂米糠替代玉米水平对苏淮育肥猪生长性能、肠道发育及养分表观消化率的影响，并筛选苏淮猪最适宜的脱脂米糠替代玉米水平。实验发现，在各组日粮消化能和粗蛋白均满足且一致的情况下，日粮脱脂米糠等量替代玉米水平的升高会显著降低酸性洗涤纤维（ADF）和粗蛋白（CP）表观消化率，而中性洗涤纤维（NDP）的消化率不受显著影响。此外，以脱脂米糠替代水平为自变量，ADF 表观消化率为因变量，得到适宜脱脂米糠替代水平为 12.77％。袁华根等（2019）研究日粮添加不同水平米糠及植酸酶对生长猪养分消化率及钙磷代谢的影响。试验选择对照组饲喂玉米-豆粕型基础日粮，处理组用 7.5％、15％、30％的米糠替代基础日粮，同时另外两组在对照组和 30％米糠组分别添加 750 IU/kg 植酸酶。结果表明随着日粮米糠添加水平的升高，干物质、能量、氮、纤维、钙表观消化率显著线性升高（$p<0.05$），而磷表观消化率显著线性降低（$p<0.05$）。硒是家兔繁育、生长必不可少的一种微量元素，且不能在动物体内合成，必须通过食物摄入，缺硒会严重影响家兔的繁殖，阻碍幼兔的生长发育，甚至造成死亡。韩志刚等（2019）将 60 只 35 日龄断奶仔兔随机分为 3 组，雌雄各半，分别饲喂普通米糠饲料、普通米糠加有机硒饲料、富硒米糠饲料，共饲喂 30d，记录每日饲料消耗量。结果表明，与有机硒组比较，富硒米糠组有相似的平均日增重、料重比、脏器指数等生长性能指标，表明富硒米糠对仔兔生长性能和抗氧化功能的促进作用与有机硒相当，可代替有机硒作为仔兔生长的硒源。Xiao 等（2019）调查研究了不同饮食水平的脱脂米糠（DFRB）对鹅的生长性能、屠宰性能和内脏相对重量的影响，将 300 头体重相似的雄性幼鹅随机分为 5 组，分别喂食含有 0％、10％、20％、30％和 40％DFRB 的饮食 42d。结果表明，高水平的 DFRB 对生长性能（高达 20％）、乳房产量（高达 30％）和血清生化指标（高达 40％）具有负面影响，而对大腿产量（高达 40％）和前庭重量（高达 20％）具有有益影响。

张吉鸥等（2019）通过膨化工艺将米糠（RB）中的脂肪酶灭活，防止其变质，从而延长其保质期，使 RB 成为可广泛使用的稳定化米糠（SRB）。SRB 对断奶仔猪具有益生元的营养效果，在无抗仔猪料中添加 SRB，能够增加仔猪肠道有益菌群的数量，改善无抗仔猪料中营养素的利用率，可使仔猪生长速度增加 10％。刘淑敏等（2019）以稳定化米糠和蛋糕专用粉为原料，通过单因素试验和正交试验确定了米糠蛋糕的最佳配方为米糠添加量 40％，烤箱上火 180℃，下火 170℃，酸奶添加量 30％。通过该方法制备的米糠蛋糕组织结构均匀细腻，色泽和风味均达到最佳，且该米糠蛋糕具有良好的营养和保健价值。

米糠蜡（RBW）是一种基于植物的传统天然蜡，在纺织品、水果涂层和化妆品中日益流行。Zhen 等（2019）将 RBW 与酶促棕榈油精（POL）酯交换，并研究 RBW 对结晶速率、固体脂肪含量（SFC）和热力学性质的影响。实验发现，基于 RBW 的酶促酯交换（EIE）产品的结晶速率明显高于起始混合物和完全氢化的菜籽油（FHRSO），基于 EIE 的 RBW 样品主要以 β′ 形式结晶，并且与物理混合的原材料相比，其 SFC 轮廓更为平滑，显示出更高的硬度和良好的表面性能，可成为潜在的塑料脂肪替代品。

刘晶等（2019）以 3％葡聚糖硫酸钠（DSS）为诱导剂建立 ICR 小鼠结肠炎症模型，评估米糠多糖的抗炎功效与分子机理，采用病理组织分析、RT-qPCR 和 Western blotting 等多种技术比较各组动物组织的病理改变和基因表达的差异。结果发现，米糠多糖可明显改善 DSS 诱导的结肠炎症小鼠健康状况，减轻 DSS 导致的小鼠结肠组织的损伤，下调结肠中炎症因子的表达，对 DSS 诱导的小鼠结肠炎症具有一定的防治功能。

（四）发芽糙米综合利用

发芽糙米是以糙米为原料，将糙米置于适量的水中，保持适宜的温度、湿度和充足的光照条件，糙米吸水膨润后，胚萌发，待胚长到一定程度时，再将其干燥，制成发芽糙米。糙米发芽处理后能显著改善其理化特性。梅竹（2019）比较白米、糙米、发芽糙米中游离氨基酸（FAA）和水解氨基酸（HAA）含量发现，糙米发芽显著提高游离氨基酸和水解氨基酸含量。王宏伟等研究发现糙糯米经不同时间的发芽处理后，糯米淀粉的峰值黏度、终值黏度及黏度曲线有所下降，热糊稳定性及冷糊稳定性有所提高，发芽处理降低了体系的稠度系数和凝胶网格结构的稳定性，从而提高淀粉糊的流动性。

王俊玲等（2019）发现超声波处理可以影响糙米发芽率，当超声波处理时间为60min，发芽时间为36h时，糙米的发芽率达到73.45%。雷月等（2019）结合超声波和喷雾加湿法对黑糙米发现超声功率40%、超声温度40℃、超声时间45min、单次循环喷雾加湿量10mL、间隔时间5min处理时，发芽黑糙米 GABA 含量为83.71mg/100g，发芽黑糙米多酚含量为419.55mg/100g。范明成等（2019）研究了超高压处理发芽糙米酿造米酒，发现当温度为20℃，发芽时间为20h，超高压处理压力200MPa、超高压处理时间30min时，获得的糙米酒成品 GABA 含量可达到27.4mg/L。范媛媛等（2019）利用短乳杆菌和卡斯特酒香酵母协同发酵发芽糙米制备 GABA 发现，当复合菌种的体积比为2∶1，接种量为4%时，30℃温度下培养90h，纯化浓缩后的发酵液中GABA 的含量最高达33.25g/L。张颖等（2019）通过通气和金属离子 Ca^{2+} 双重胁迫处理发芽糙米，发现制备的发芽糙米 GABA 含量为28.15mg/100g，比未胁迫的提高50%。脱颖等（2019）将发芽糙米制成糙米酵素，并将其制成风味独特的糙米酵素乳饮料，研究其抗氧化活性，发现当质量浓度为1.0mg/mL时，糙米酵素乳饮料中的GABA含量为0.225mg/L，谷胱甘肽含量为48.9mg/kg，对 DPPH· 的清除率高达83%，对$O^{2-}·$ 的清除率为48%。刘晓飞等（2019）采用超声波辅助提取发芽糙米多糖并研究其抗氧化性能发现发芽糙米多糖对 DPPH 自由基，超氧阴离子自由基和羟自由基具有很强的清除作用和较好的总还原能力。

发芽糙米主食化始于日本，2002 年日本佐竹公司就分别建成了日产 20 t 和 80 t 的干式发芽糙米成套加工设备。我国发芽糙米的产业化实施较为缓慢，近年来逐步开始以发芽糙米为主体开发产品。李超等（2019）考核电饭煲制作的发芽米饭时发现糙米制备米饭维生素 B1、总膳食纤维、GABA 等营养成分含量均比普通米饭高。孔祺等（2019）蒸汽预糊化处理发芽糙米发现，预糊化处理破坏了发芽糙米的糠层结构及内部结构并使其米粉微观结构发生变化，与白米和发芽糙米相比，预糊化发芽糙米50℃（低于糊化温度）浸泡处理时的吸水速率明显加快。朱凤霞等（2019）以发芽糙米为主料，研制出富 GABA 发芽糙米方便营养粥，其 GABA 含量为35.4mg/100g。殷俊等（2019）研究发现每天150g发芽糙米代替等量精米食用半年可以有效改善Ⅱ型糖尿病

（T2D）患者肥胖状况，降低血糖血脂。高红梅等（2019）以面粉和富铬发芽糙米粉为原料研制出一种富铬发芽糙米饼干，其营养丰富，有机铬含量为 $126\mu g/kg$，适宜糖尿病人群食用。

（五）稻壳综合利用

杨永红（2019）以稻壳为原料和 $MgO - Al_2O_3 - NaF$ 复合烧结助剂成功制备出多孔氮化硅陶瓷，Al_2O_3 添加量为 6％时，试样的综合性能最好。

陈俊等（2019）以稻壳为原料，采用燃烧—焙烧—酸浸的组合工艺制得无定形稻壳 SiO_2 粉末。采用沉淀法进一步制得 Ag_3PO_4/SiO_2 复合光催化剂。稻壳 SiO_2 和 Ag_3PO_4/SiO_2 均可以吸附水中的橙黄Ⅱ；Ag_3PO_4/SiO_2 具有显著的光催化降解橙黄Ⅱ的活性，还可以有效脱除水中的罗丹明B、亚甲基蓝和甲基橙等污染物。该研究为稻壳的高效综合利用提供一条新途径。林兴等（2019）利用稻壳提取二氧化硅改性水性丙烯酸木器涂料，明显改善了涂膜的耐刮擦性和耐磨性、硬度、模量、热稳定性、流变性等，促进了稻壳的增值化利用。林然等（2019）以稻壳为原料，通过盐酸酸化反应及高温600℃煅烧4h，制备了稻壳二氧化硅，并将其应用于牙膏。稻壳二氧化硅的白度、含量及摩擦性能测试表明，稻壳二氧化硅白度达到94.6％、二氧化硅含量达到97.8％；牙膏摩擦铜耗值为10.2mg，达到牙膏用二氧化硅对摩擦性能的使用要求。

王晓峰等（2019）以稻壳为原料，采用稀酸水解预处理，通过调控碳和硅的比例，制备出性能更优的 C/SiO_2 多孔负极材料。张文兴等（2019）利用稻壳灰制备螺环硅烷，并将其应用于膜材料。

稻壳的碳含量达到50％以上，是生产高品质活性炭的良好原料。何红艳等（2019）以稻壳为原材料，经过化学处理，制备脱硅稻壳炭，用于吸附处理亚甲基蓝溶液。结果表明，溶液初始 pH 值为9，吸附质浓度100mg/L，吸附剂投加量0.5g/L，吸附时间30min，吸附去除率为91.36％，吸附量达181.3mg/g。田龙等（2019）以稻壳为原料，通过磷酸活化法制得了活性炭，获得最佳工艺条件超声功率400W，磷酸体积分数60％，微波功率600W，在最佳工艺条件下，活性炭的碘吸附值为1 865.3mg/g，亚甲基蓝吸附值为615.2mg/g，比表面积1 522.5m²/g。Li 等（2019）以稻壳为原料，H_2O 为活化剂，采用热解方法制备了活性生物炭。研究活化后生物炭的吸附特性。结果表明，活化生物炭对正己烷的吸附和分离度分别为29.33mg/g 和 5.4mg/g。与未活化的生物炭样品相比，炭水比为 3∶1 的活化生物炭对正己烷的吸附效果最好，其比表面积达到 351.23m²/g，具有最高的吸附容量。张猛等（2019）以稻壳为材料高温裂解制备生物炭，利用其优良吸附特性搭载特基拉芽孢杆菌防治西瓜苗期枯萎病。结果表明，500℃裂解温度下制备的稻壳生物炭的吸附性能最佳，且能显著延长特基拉芽孢杆菌在土壤中的存活时间。稻壳生物炭搭载特基拉芽孢杆菌显著增强了土壤中过氧化氢酶、脲酶、蔗糖酶、纤维素酶及脱氢酶活性，显著提高了其对西瓜枯萎病的防治效果，促进西瓜幼苗生物量增长 54.4％左右。

喻宁亚（2019）等以稻壳为原料，通过稻壳破碎，制备生物质炭硅、生物质炭硅除硅、生物质炭硅改性、制备改性生物质炭硅和酸洗除杂等步骤，开发出一种改性稻壳基炭/炭硅吸附剂，可有效处理含铬废水。代学民等（2019）利用稻壳作为吸附剂，研究了稻壳对废水中 Cr（Ⅵ）的吸附效果，最终确定了稻壳对废水中铬的吸附去除的最优条件：温度为 35℃，pH 值 2，稻壳粒径为 80～100 目，吸附振荡时间控制在 3h，投加量（稻壳和铬的质量比）为 30g/0.2g，此条件下稻壳对废水中铬的去除率达到 91% 左右。刘伶等（2019）碱性改性稻壳灰，开发出了碱改性稻壳灰的吸附剂，可以有效吸附废水中的重金属锌。在吸附温度为 25℃，吸附时间为 60min，pH 值为 5，投加量为 0.04g（0.8g/L）时改性稻壳灰对废水中锌的去除率达到 99.8% 以上。吕静静（2019）将稻壳灰添加到海水中，研究其在海水中硅酸盐释放性能并评价了将其应用于天然海水中做硅酸盐肥料时的环境安全性。结果表明，稻壳灰在海水中可持续缓慢地释放硅酸盐，释放周期达 3 个月以上，同时释放少量磷酸盐，不会增加水体中无机氮营养盐含量；稻壳灰向海水中释放极少量的 Cd，但不易造成重金属污染，而对海水中的 Cu、Pb、Hg 有一定吸附效果，吸附量远小于 Mg 离子，为稻壳综合利用提供了新思路。

卢静静等（2019）以稻壳为原料制备油脂脱酸剂，考察微波辅助处理时间、碱液质量分数、固液比、处理时间和温度对稻壳脱酸效果的影响，得到脱酸剂的最佳制备条件为固液比为 1∶30（g/mL）、处理时间为 70min，低火条件下微波辅助处理时间为 45s、碱液质量分数为 12%、处理温度为 45℃，在此条件下制备的脱酸剂脱酸效果最好，能够使菜籽油的酸值从 3.56mg KOH/g 降至 0.62mg KOH/g，为稻壳在油脂吸附脱酸中的应用提供理论依据。张韩方等（2019）以稻壳为碳源，离子液体 1-丁基-3-甲基咪唑六氟磷酸盐（BMIMPF$_6$）为模板和辅助活化剂制备出超级电容器用多孔炭，经测试所得的多孔炭电极均表现出优异的循环稳定性。

Yu 等（2019）以稻壳为原料合成出多孔碳负极材料，材料具有微孔、中孔和大孔结构，研究表明，在充放电多次后仍显示出高容量，优异的性能使其成为高容量锂离子电池的良好材料。刘英杰（2019）利用稻壳制备了木质素炭源和炭球炭源，还以粉末状稻壳炭为炭源制备了氮杂炭包钴催化剂，其不仅在还原对硝基苯胺方面具有良好的催化性能，在燃料电池氧还原反应方面也具有良好效果，促进了稻壳资源化利用。隋光辉等（2019）利用酸水解稻壳中的半纤维素制备木糖，然后使糖渣炭化，将纤维素和木质素一起转化为碳，分离碳和硅后，碳经稀碱活化改性制备成电容炭，硅采用水热法合成了硅酸钙晶须，使稻壳中的四种主要组分得到充分利用。

稻壳还可作为其他物质的替代品在工程领域发挥重要作用。邓安建等（2019）采用稻壳粉替代木粉做可燃剂，制备膨化硝铵炸药，得出稻壳粉作为可燃剂的最优试验方案。膨化硝铵炸药的药卷密度从 0.85g/cm³ 提高至 0.94g/cm³；有毒气体含量从 68L/kg 降至 59L/kg；爆速从 3 400m/s 提高至 3 480m/s；殉爆距离从 5cm 提高至 7cm。张颖等（2019）将自制高活性稻壳灰采用内掺法加入活性粉末混凝土中代替部分优质水泥，研究稻壳灰替代量对不同钢纤维掺量的活性粉末混凝土工作性能、含气量及表观密度等的影响。结果表明,当稻壳灰等量替代水泥后,随着替代量增加,活性粉末混凝土拌合物流动性降低,含气量减小,表观密度先增大后减小;随着钢纤维掺量增加,拌合物的流动性降低,含气量稍有减小,表观密度增加幅度较明显。袁加斗等(2019)将稻壳掺入水泥砂浆中制作成稻壳砂浆,试件的抗渗、抗冻、抗硫酸盐干湿循环等耐久性能测试。结果表明,稻壳砂浆抗冻性能大幅度提升,掺入稻壳能显著降低砂浆质量损失和强度损失;稻壳砂浆抗硫酸盐干湿循环性能提升,耐腐蚀系数提高;稻壳的掺入量为45%时稻壳砂浆耐久性最佳。

(六) 碎米综合利用

碎米是稻谷在脱壳、碾米等机械加工过程中产生10%左右的破碎米粒,价格仅为大米的30%~50%。碎米常用作饲料,综合利用的传统产品主要是酒、醋等,还可以利用碎米开发出冲调米制品、再造米等。

张尚兴等(2019)为解决现有稻米机械化加工过程中米粒粉碎多、大米质构遭破坏、营养流失等问题,实践总结出多次砻谷、多次分级、多次抛光和多个与加工工艺平行配置的凉米仓构成的稻米低温升加工工艺。该工艺有效减缓了米粒表面温度的上升速度,降低了4%以上的碎米率,最大限度地保持了米粒质地结构和大米品质。周显青等(2019)以粳型稻谷和籼型稻谷为研究对象,在不同轧厚比和碾白时间的条件下分别砻谷和碾白,测定经砻谷和碾白后籽粒的力学特性,并分析砻谷和碾米后籽粒破碎力的变化。结果表明,随着轧厚比的减小,糙米籽粒的压缩力、剪切破碎力和三点弯曲破碎力呈下降趋势;碾白后整精米籽粒所承载的3种破碎力随着碾白时间延长而减小。由此可见,籽粒所承载的三点弯曲破碎力的大小可用于指导碾米工艺参数合理调整,降低碎米率。张娟等(2019)通过测定成品大米入仓过程中的碎米率,研究大米入仓过程中设备和钢板仓对大米碎米率的影响。结果发现,斗式提升机和埋刮板输送机使大米碎米率增加了0.38%;大米落入钢板仓中平均碎米率增加了0.56%。研究表明,改善输送设备及钢板仓质量可提升大米品质。

辛烯基琥珀酸淀粉酯是淀粉和辛烯基琥珀酸酐酯化制备的改性淀粉,是典型的慢消化淀粉,低取代度时可任意比例加入食品。刘加艳等(2019)通过单因素试验分析了反应时间、pH值、温度、淀粉浓度及辛烯基琥珀酸酐加入量对酯化淀粉取代度的影响,综合考虑工业生产成本及作为食品添加剂的安全性,建议低取代度碎米淀粉辛烯基琥珀酸酯的制备条件:辛烯基琥珀酸酐用量2%、淀粉浓度35%、酯化时间3h、pH值8.5、温度35℃。

祝水兰等(2019)以碎米淀粉为原料,抗性淀粉提取率为评价指标,优化了超声波辅助酸酶法提取抗性淀粉工艺条件,确定最优工艺条件:盐酸浓度0.5mol/L、酶用量3.5 U/g、酸解时间1.5h、超声波时间25min,此条件下抗性淀粉提取率为51.99%。

李超楠(2019)以碎米为原料,经超声辅助提取大米蛋白、碱性蛋白酶制备大米蛋白肽、超滤获得钙结合能力较高的肽段等步骤制备大米蛋白肽—钙螯合物并研究其性质。结果表明，料液比 1:12、超声时间 40min、提取温度 60℃、pH 值 9.5 时大米蛋白的提取率达 67.01%；温度 63.7℃、底物质量分数 4.4%、酶添加量 6.8%、pH 值 8.5 时蛋白肽水解度最高，为 25.2%；大米蛋白肽—钙螯合物最优制备工艺为多肽与钙质量比 5.76:1、pH 值 8.18、温度 42.38℃、反应时间 91.31min，此条件下大米蛋白肽的钙螯合能力为 123mg/g；细胞实验结果表明，大米蛋白肽—钙螯合物的钙生物利用率显著高于 $CaCl_2$ 的钙生物利用率，说明大米蛋白肽—钙螯合物可有效促进肠道中钙的吸收。

王灵玲等（2019）以籼米碎米和金针菇菌根为原料，设计正交试验优化同步提取混溶蛋白工艺条件。结果表明，同步提取最优工艺条件：籼米碎米和金针菇菌根原料质量比 9:2、超声提取功率 500W、提取温度 50℃、碱提料液比 1:20（g:mL）、提取时间 25min，此条件下蛋白提取率为 69.30%±1.30%，获得的蛋白纯度达到 80.07%±0.63%。张雪等（2019）以菇娘果汁、碎米为原料，优化了液态发酵法制取菇娘米醋的发酵工艺条件。研究得出菇娘米醋发酵的最佳工艺条件：醋酸发酵温度 32℃、发酵时间 72h，装液量 40mL/250mL，接种量 11%。李雪（2019）以发芽糙米和碎米为原料，采用米曲霉、双歧杆菌同时添加大豆低聚糖的二次发酵工艺，开发冲调米制品食品。结果表明，发酵工艺最佳条件：混合米粉一次发酵米曲霉添加量 0.27%、发酵时间 24h，二次发酵长双歧杆菌添加量 0.13%、发酵时间 24h；混合米一次发酵米曲霉添加量 0.13%、发酵时间 30h，二次发酵长双歧杆菌添加量 0.13%、发酵时间 24h；大豆低聚糖溶液添加量 10mL。挤压膨化工艺优化试验结果表明双螺杆挤压膨化物料含水量 10%～15%、II 区膨化温度 115～125℃、破碎颗粒大小 26～60 目时，得到的产品感官评价分数最高、冲调性最好。吴双双（2019）以碎米为培养基、高产红曲色素的诱变菌 ZWS5 为实验菌，在碎米中添加不同刺激物用以 ZWS5 固态发酵产红曲色素的能力，筛选出 ZWS5 发酵碎米产红曲色素适宜条件：以碎米为基础培养基，添加 1% 的大豆异黄酮，调节培养基的初始含水量、乙酸含量及 $MgSO_4 \cdot 7H_2O$ 浓度分别为 35%、0.6%（v/w）和 0.004mol/kg，种子液接种量为 13%（v/w），在 30℃ 恒温培养至 14d，红曲菌 ZWS5 的发酵产物中红曲色素含量达 981.33U/g。

王玉琦等（2019）以粳米碎米为原料，使用乳酸锌作为锌强化剂，通过挤压法制备富锌强化大米。研究发现将碎米粉碎成 100 目，在乳酸锌添加量 2.0%、螺杆转速 80r/min、机筒温度 100℃ 条件下制得的富锌强化大米按 1:10 的比例添加到粳米中，米饭外观、口感良好，锌含量达 48.0mg/kg。张琪等（2019）利用挤压技术，以碎米和马铃薯全粉为原料，优化马铃薯挤压米的加工工艺。研究得到最佳工艺参数为螺杆转速 140r/min、机筒温度 115℃，该条件制得的马铃薯挤压米口感醇香，有马铃薯独特的香味，提高了马铃薯挤压米的品质。王霞等（2019）以粳米碎米和芋艿头全粉为主要原料，辅以硒营养元素、L-α-磷脂酰胆碱和单甘酯作为复合质构调节剂，采用挤压膨化法制备富硒芋艿头重组米。通过正交试验优化富硒芋艿头重组米的制备工艺，得到最佳工艺参数：挤压膨化温度 140℃、螺杆转速 180 r/min、含水量 25% 和喂料速度 20kg/h。研究结果为开发硒和芋艿头产品、具有低消化性能的淀粉类食品提供依据。

Wang 等（2019）研究了破碎度分别为25％、50％、75％的碎米制得的米饭的感官品质、质构特性和挥发性成分差异。结果表明，25％、50％、75％破碎度的碎米米饭中挥发性成分相对浓度相比整精米米饭增加了21％、43％和26％，其中50％破碎度的碎米米饭中包含最多包括庚醛、己醛、壬醛、1-辛烯-3-醇、1-戊醇和2-正戊基呋喃在内的米饭香气特征成分。此外，50％的破碎度提升了米饭中果味、坚果味、烘烤味、甜味的口感，推测与蒸煮过程米饭中水溶性蛋白质的增加有关。

Xiao 等（2019）制备不同取代度的乙酰化天然淀粉（ANS）和乙酰化淀粉纳米晶体（ASN）及其相应的薄膜，以牛血清白蛋白（BSA）为模型药物，比较了薄膜药物释放前后的理化特性。结果表明，牛血清白蛋白在天然大米淀粉（NS）和取代度为2.58的ANS的膜中快速释放，而取代度为2.72的ASN中BSA释放量在3.5w后才达13％。这些结果证明了乙酰化作用和纳米颗粒形式的大米淀粉膜能有效减慢蛋白质药物的释放，以高取代度ASN为基础制备的淀粉膜可用于蛋白质的控释。

Huang 等（2019）以断奶仔猪为研究对象，研究了碎米酶解产物对断奶仔猪生长性能、肠道形态和肠道菌群的影响。研究发现，断奶仔猪的平均日增重、饲料效率及空肠和回肠的绒毛高度明显高于对照组；十二指肠和回肠中双歧杆菌和链球菌增多，小肠、空肠、回肠和盲肠中埃希菌减少。研究结果表明，饲料中添加碎米酶解产物有助于调节肠道微生物群，改善断奶仔猪生长性能。

（七）秸秆综合利用

秸秆是水稻生产最大的副产物，含有丰富的氮、磷、钾、钙、镁和有机质等，是一种多用途可再生生物资源。2019年我国学者关于水稻秸秆资源利用的研究主要集中在秸秆饲料化、燃料化、肥料化、原料化等方面。

在饲料化方面，水稻秸秆水溶性碳水化合物含量低，表面附着的乳酸菌数量少，常规青贮很难调制出优质的青贮饲料。赵金鹏等（2019）探讨添加甲酸、纤维素酶和乳酸菌对水稻秸秆青贮发酵品质和结构性碳水化合物降解的影响，研究发现甲酸对纤维素和半纤维素降解作用最为明显，乳酸菌和纤维素酶组合添加不但提高了发酵品质，还对纤维素和半纤维素具有较为明显的降解作用，为调制优质水稻秸秆青贮饲料提供技术支撑。王玉容等（2019）研究不同组合酶菌制剂处理对水稻秸秆青贮饲料营养成分的影响，酶菌制剂包括复合酶制剂、果胶酶、漆酶、植物乳酸杆菌、布氏乳酸杆菌。结果表明，与酶制剂、菌制剂及空白对照组相比，复合酶菌制剂组合添加能更好改善水稻秸秆青贮饲料的发酵品质，提高其主要营养物质的瘤胃降解率。

在燃料化方面，水稻秸秆中的木质纤维素可以被转化为燃料。然而木质纤维素的致密结构使得后续酶解过程极其困难，因此木质纤维素的预处理显得尤为重要。王小琴（2019）探讨氧化剂对光催化反应预处理木质纤维素的影响，结果表明，FE-SEM（场发射扫描电镜）、FT-IR（红外光谱）及PXRD（X-射线粉末衍射）等表征分析结果表明，$TiO_2/UV/O_3$体系预处理能够破坏秸秆结构，$TiO_2/UV/O_3$光催化体系对秸秆预处理能有效提高酶解效率。通过纤维素的酶解糖化，可以生产乙醇，提供气体燃料。张斌斌（2019）开发了一种 NADES 与碱/尿素相结合预处理技术，使得酶解糖化效率得到大幅提升。在摩尔比为 1∶0.5∶1.5、温度 130℃、预处理 4h 的条件下，经 CC/CA/GL 预处理后，糖化率高达 91.6%。与 CC/CA 与碱/尿素联合预处理相比，CC/CA/GL 预处理具有操作简单、效率高、绿色环保等优点。秸秆通过微生物的厌氧发酵可以产生沼气。王武娟（2019）以羊粪、木薯渣、甘蔗渣和水稻秸秆为原料，中温（37℃）条件下，得出最优工艺组合，碳氮比 22.51，总固体率 19.25%，羊粪稻秸混合比例为 1.97 时，累积产气量为最大值 5 452.61NmL。姜文腾（2019）研究发现，厌氧发酵水稻秸秆和牛粪按照 1∶1 比例获取混合物，并将浓度为 2% 的 H_2O_2 作为预处理剂，厌氧效果最佳。黄强等（2019）在不对秸秆预处理的情况下，35℃ 恒温下发酵，研究稻秆—猪粪 VS 比、底物—接种物 VS 配比（S/I）和 VS 浓度对混合厌氧发酵产气量的影响，研究发现水稻秸秆—猪粪的中温发酵工艺最佳发酵条件：VS 比 1∶4、S/I 为 2∶1、VS 浓度 6%。余小丽（2019）采用 NaOH、$NH_3 \cdot H_2O$、CH_3COOH 和 HCl 四种化学试剂分别预处理水稻秸秆后直接混合牛粪，35d 的厌氧发酵研究发现，四种化学试剂预处理水稻秸秆均能提高其与牛粪混合物的厌氧发酵日产气量峰值和原料产气率，并且使日产气量峰值出现时间提前，其中 $NH_3 \cdot H_2O$ 预处理组的原料产气率最高。

在秸秆肥料化方面，王月宁（2019）研究发现，合适的秸秆还田量、还田方式及其交互作用可以有效起到保水保肥作用，改善土壤物理性质，提高土壤养分含量，促进玉米生长，在宁夏杨黄灌区推荐采用秸秆粉碎翻压全量还田可初步实现土壤培肥，提高玉米籽粒产量。水稻秸秆是丰富的有机养分资源，但还田率不足 35%。限制水稻秸秆养分利用的重要原因是其碳氮转化缓慢，微生物与作物争氮造成减产。郭腾飞（2019）研究发现江西双季稻体系秸秆还田下最佳氮肥施用量为 180kg/hm²，最佳秸秆还田量为 6 000kg/hm²，微生物群落演替、秸秆真菌糖苷水解酶 cbhI 和细菌糖苷水解酶 GH48 基因在水稻秸秆腐解中起重要作用。耿启明（2019）探讨了试验过程中农家肥类型（猪粪和牛粪）、水稻秸秆施用量 2 个试验因子及其交互作用对土壤肥力的影响，研究发现以猪粪＋水稻秸秆处理对土壤有机质含量的促进效果较好，2 种农家肥＋水稻秸秆配比中，均以农家肥∶水稻秸秆（质量比）＝120∶125 对土壤的增肥效果较好。

在秸秆原料化方面，陈双超（2019）以秸秆纤维基地膜为载体，将农药负载于其上，制成多功能全降解地膜，可利用膜下避光环境提高药剂的稳定性，并产生缓释的效果，延长持效期。研究发现当涂布工艺参数组合选择为 20μm 的涂层厚度和 2.0% 的胶黏剂浓度时，干抗张力为 48.41N，湿抗张力为 14.24N，此时，杀菌型秸秆纤维基地膜的累积释放可达到 83%，累积释放曲线符合 Ritger - Peppas 模型。当工艺参数优化组合为湿强剂质量分数 0.8%～0.9%、施胶剂质量分数 0.5%～0.7%、胶黏剂浓度 2.0%、涂布厚度 20μm 时，杀菌型水稻秸秆纤维基地膜干抗张力≥35N、湿抗张力≥15N、透气度≤2μm/（Pa · s）、降解周期≥60d、农药的有效利用率≥80%。谈建立（2019）以常见的农林剩余物稻草秸秆作为增强增韧材料，矿渣和偏高岭土为胶凝材料，改性水玻璃为碱激发剂，采用半干法工艺分别制备了矿渣基地聚物纤维板和矿渣—偏高岭土基地聚物纤维板，克服地质聚合物的脆性缺陷。袁东方（2019）用产自海南的水稻秸秆为原料，用实验室探索出的工艺，制备了水稻秸秆液化物。通过傅立叶变换红外光谱分析表明液化产物是富含羟基的聚醚，可以利用其代替聚醚多元醇，与异氰酸酯反应，制备水稻秸秆基聚氨酯泡沫。将秸秆制备成生物炭后应用于土壤，既可以藏碳于土，减少大气的二氧化碳浓度，又可以改善土壤结构和肥力。马帅（2019）阐明生物炭的制备温度、结构特征与实际钝化效果之间的关系，为利用秸秆制备高效生物炭过程中的温度设定提供科学依据。研究发现随着裂解温度提高，炭化程度也有所提高，矿质元素如 Na、K、Ca、Mg 等留下来，致使生物炭灰分含量增加，碱性增强，但生物炭的产率、阳离子交换量却降低。高诚祥（2019）研究了蛭石改性对水稻秸秆生物炭稳定性的影响。研究发现炭化温度升高提高了水稻秸秆生物炭的 pH 值（5.56～10.5）、芳香化程度和热重分析剩余质量（24.6%～67.2%），降低了生物炭的碳素持留率（75.6%～51.9%）、碳素氧化损失率（51.8%～2.43%）和 H/C 原子比（1.36%～0.60%），增加了矿质元素总量，减少了含氧官能团数量；蛭石改性处理提高了水稻秸秆生物炭的得率（55.5%～34.5%提高到 68.6%～46.6%）、增加了矿质元素总量，维持了含氧官能团的数量。

（八）米胚综合利用

米胚的综合利用主要集中在米胚油、米胚饮料、米胚蛋白和米胚多糖的生产，同时留胚率高达80%以上的留胚米也深受市场欢迎。液相色谱法分析表明，稻米胚芽油单不饱和脂肪酸与多不饱和脂肪酸含量比例接近1∶1，为世卫组织推荐的最佳比例。它的脂肪酸组成主要为油酸和亚油酸，并且还含有 γ-谷维素、生育三烯酚和生育酚、植物甾醇等生理活性物质。因此，稻米胚芽油是一种优质的植物油。宋玉卿等（2019）利用超临界 CO_2 萃取米糠中的胚芽油，通过响应面法确定萃取的最佳工艺条件为萃取压力30MPa、萃取温度40℃、萃取时间120min，在此条件下得到的萃取率为90.5%。各因素对稻米胚芽油萃取率的影响大小依次为萃取压力＞萃取温度＞萃取时间。

传统的大米精制加工过程中，胚和米糠都被尽可能去除，而大米中所含的许多天然营养素也随着胚和米糠的去除而流失，大米的加工精度越高，营养元素流失就越大。随着消费者对大米认知的改变，绝大程度保留大米营养的留胚米逐渐被大众接受。万志华等（2019）用普通包装、真空包装、充 CO_2 包装和充 N_2 包装等 4 种方式，在 3 种不同温度（5、25、35℃）条件下贮藏，以感官品质、含水率和脂肪酸含量为评价指标，定期抽样测量各指标的变化规律，得出真空包装为最适宜的包装方式，其次为充 CO_2 包装和充 N_2 包装，而普通包装方式的留胚米保质期相对最短。

郭毅炜等（2019）研究了稻谷胚芽对糖尿病模型大鼠糖代谢的影响，将建模成功的老鼠分成模型组、药物对照组以及低、中、高剂量稻谷胚芽组。其中低、中、高剂量稻谷胚芽组的大鼠饲养中添加不同剂量的稻米胚芽饲料，药物对照组饲养时采取灌胃盐酸二甲双胍。实验结果显示，稻谷胚芽中的必需氨基酸含量和脂肪酸高于精制大米，低、中、高剂量稻谷胚芽组的大鼠空腹血糖、空腹胰岛素均降低，胰腺组织损伤程度减轻，胰岛数目增加，胰岛B细胞超微结构损伤减轻，说明稻米胚芽能够改善Ⅱ型糖尿病大鼠糖代谢异常，为开发以稻谷胚芽为原料的Ⅱ型糖尿病治疗剂提供论据。

张文会等（2019）发明了一种制备富含GABA的新型酵素口服片的方法，主要原料为枸杞、黄芪、当归、桑葚粉、富硒发芽黑小麦粉、米胚粉、糙米、冰糖。此方法制备的口服片具有提取工艺简单，提取效率高，所得产品有效成分多，保健效果好等优点。

（九）稻米安全性问题

水稻是我国主要粮食作物，在粮食安全中占有极其重要的地位。根据联合国粮农组织（FAO）的调查，全球每年25％左右的粮食受真菌毒素污染，2％左右的农作物因污染严重而失去利用价值。污染稻谷的真菌毒素主要包括：黄曲霉毒素（Aflatoxin，AFT）、玉米赤霉烯酮（Zearalenone，ZEN）、赭曲霉毒素A（Ochratoxin A，OTA）、T-2毒素、脱氧雪腐镰刀菌烯醇（DON）、伏马毒素等。这类毒素会通过被污染的谷物、饲料以及由这些饲料喂养的动物所产生的动物性食品进入人类食物链，对人畜表现出致癌性、遗传毒性和致畸性，严重危害人体健康。因此，提高相关真菌毒素的检测技术以及真菌毒素的降解研究尤为重要。

王镱睿（2019）系统梳理了粮食中常见的真菌毒素种类及其限量标准、现行有效的检测标准。目前我国已经建立起了粮食中部分真菌毒素的限量标准，但是还不够完善，对真菌毒素的种类可以继续补充。还有如T-2毒素、伏马毒素尚未纳入国家限量标准。其次还可以细分检测类别，避免原粮和成品粮采取一样的限量标准，希望国家有关部门不断完善稻米中真菌毒素的限量标准和检测标准，确保国家粮食安全。

除了基于仪器分析技术传统的真菌毒素检测方法，近年来新兴的关于稻米中真菌毒素的检测方法主要有近红外技术和实时荧光定量PCR技术。近红外技术只需要简单的样品就可以直接检测粮食中的真菌毒素，检测效率大幅提高，在降低成本的同时避免了化学试剂带来的污染。荧光定量PCR技术是利用荧光信号积累来监测粮食内部真菌毒素积累量与发展情况，该法特异性强、准确度高、检测质量好。李文廷等（2019）针对国家食品安全风险监测任务中云南大米的检测分析，利用内标法定量，建立起了一套超高液相色谱—串联质谱同时检测16种真菌毒素的方法。大米样品经粉碎均质后采用70％甲醇水溶液浸泡提取，通过PriboFast RM226多功能净化柱净化，采用多反应监测模式测定分析，结果表明16种真菌毒素均具有良好的线性关系（$r>0.99$），3个加标水平回收率为85.2％～102.8％，相对标准偏差范围为2.05％～4.75％。在61件大米检测中，共有5件样品检出真菌毒素，检测到的真菌毒素有5种，其中雪腐镰刀菌烯醇、伏马毒素B_1、伏马毒素B_2、15-乙酰基脱氧雪腐镰刀菌烯醇各有1件样品检出，黄曲霉毒素B_1（Aflatoxin B_1，AFB_1）有3件检出，检出率为8.33％。检出的5种真菌毒

素含量在 $0.69 \sim 71.47 \mu g/kg$，均未超过国家食品安全标准规定的真菌毒素限量标准。该方法准确、便捷、可靠，可适用于大米中多种真菌毒素的检测，能提供准确的实验数据，为相关部门对大米的监管提供技术支持。

随着技术的进步，大米中黄曲霉毒素的检测方法日臻完善，较为常见的黄曲霉毒素检测方法有基于仪器分析技术、抗体的免疫、适配体生物传感器及其他方法。基于仪器分析技术检测黄曲霉毒素的方法主要有高效液相色谱分析法、液相色谱—串联质谱分析法、薄层色谱法等。基于免疫学检测黄曲霉毒素方法主要有酶联免疫吸附测定法、免疫层析法、时间分辨荧光免疫分析法、免疫传感法。基于适配体生物传感器检测黄曲霉毒素的方法主要有试纸条法、荧光适配体传感器、电化学适配体传感器、表面增强拉曼光传感器等检测方法。黄鑫等（2019）通过超高效液相色谱—串联质谱法检测饲料中黄曲霉毒素，所建立的方法 RSD 小于 2%，该方法重复性高，回收率、准确率也较高，对于新检测方法的探索和以谷物为饲料中黄曲霉毒素的检测发展具有重要意义。姚静静等（2019）通过碳二亚胺法制备黄曲霉毒素抗原，并采用体内诱生腹水法制备黄曲霉毒素 B_1 单克隆抗体，并基于该抗体建立了检测黄曲霉毒素 B_1 的酶联免疫吸附测定方法。其检测范围达到 $0.014 \sim 1.920 ng/mL$，检测限为 $0.014 ng/mL$，灵敏度较高，为粮食与饲料中黄曲霉毒素 B_1 快速免疫学检测奠定了基础。

江苏省农业科学院农产品质量安全与营养研究所史建荣、徐剑宏研究团队（2019）分离与鉴定出一株德沃斯菌株 A16，该菌株在后续研究中证明对粮食中污染最为严重的真菌毒素——呕吐毒素及其衍生物具有极好的生物降解活性。也首次发现了对呕吐毒素衍生物 3-乙酰呕吐毒素与 5-乙酰呕吐毒素具有生物降解活性的微生物菌株，并证明其降解后的产物 3-酮基呕吐毒素的毒性已降至呕吐毒素的 1/10。该研究发现的菌株可应用于稻米储运与加工过程，具有极大的经济价值与现实意义。国家粮食和物资储备局科学研究院（2019）对降解微生物的高通量筛选，降解酶的高效表达，通过液体发酵、离心、喷雾干燥等一系列工序得到了玉米赤霉烯酮降解菌制剂、玉米赤霉烯酮降解酶、呕吐毒素降解菌制剂。其中玉米赤霉烯酮降解酶对 $100 mg/L$ 的玉米赤霉烯酮 2h 降解率达到 99% 以上。成果中的降解菌/酶及降解产物安全无毒，可高效降解小麦、大米等谷物制品中的呕吐毒素、玉米赤霉烯酮和伏马毒素，显著提高其附加值，能广泛应用于粮油制品中真菌毒素的安全高效降解脱毒。

陈帅等（2019）研究发现，稻谷感染产霉菌后，必须水分和温度同时达到一定的水平才会产毒。因此在粮堆储藏中维持水分含量在安全水分以内，可抑制粮堆中霉菌的生长与演替，阻止其代谢产生的各类霉菌毒素。同时在稻谷储藏中应采取适当的科学储粮措施，确保粮食在储藏过程中不会因温差较大、杂质聚集等原因造成局部发热霉变。

除此以外，粮食中的重金属残留问题也不得忽视。陈正行等（2019）采用稀盐酸对镉超标大米浸泡除镉，分别考察了浸提时间、料液比、浸提温度和盐酸浓度对整米除镉效果和蛋白质含量的影响。最佳工艺参数表明，反应时间 120min、料液比 1:2、反应温度 $45 \mathrm{℃}$、盐酸浓度为 $0.12 mol/L$ 时，大米中重金属镉的脱除率达到 87.21%，镉残余量降至国家规定的安全限量标准 0.20mg/kg 以下，蛋白质损失率约 16.50%。尹仁文等（2019）比较了大米蛋白和米渣蛋白对镉的结合能力，结果显示，米渣蛋白对镉的最大结合量为 12.08mg/g，被结合的镉 120min 后脱除率达到最大，大米蛋白对镉的最大结合量为 8.85mg/g，被结合的镉 60min 后脱除率达到最大。掩蔽蛋白羧基后，两种蛋白对镉的结合量较羧基掩蔽前均下降 18%；氧化巯基后，大米蛋白和米渣蛋白较巯基被氧化前对镉的结合量分别下降 40% 和 50%。证明与大米蛋白相比，米渣蛋白对镉的结合能力更强。

第二节　国外稻谷产后加工与综合利用研究进展

一、稻谷产后加工

整精米率是指碾磨后保持 75% 长度的稻谷所占的比例，一定程度反映稻谷加工的经济效益，提高整精米率是提高粮食产量、确保粮食安全的重要研究方向，Butardo（2019）提出开发现代成像工具和计算机算法，以高通量打造碾米质量，整精米回收技术的显著改进将有可能确保大米的食品安全。Jennine Rose Lapis 等（2019）为了得到最大整精米率，改进了实验室规模的稻谷采后干燥方法，以减少整精米损失。整精米率一方面与稻谷品种相关，另一方面稻谷采后加工条件也至关重要。碾米对整精米产量、破碎米产量、啤酒糟产量、白度和营养品质有显著影响。一些研究揭示不同稻谷干燥方法会导致整精米产量变化。

Kumoro 等（2019）为确定适宜的干燥和碾磨方法，分别采用浅床干燥法、烘箱干燥法和太阳干燥法，对干燥后的稻谷进行不同的脱壳、分离和抛光处理，得到精米。结果是一次去壳、一次分离和一次抛光的加工条件使碾米和整精米产量最高。虽然碾磨对稻米白度有显著影响，但稻谷的白度值仍在东南亚消费者可接受范围内。用混凝土地板和白色防水帆布碾磨浅床晒干的稻谷，总产量为 65%，整精米产量为 51%，而使用烘箱碾磨和在黑色帆布上晒干的稻谷总产量略低（64.50%），整精米产量略低（50.50%）。白米的水分、灰分、蛋白质和脂肪含量显著低于人工脱壳稻米，而碳水化合物和直链淀粉含量显著高于人工脱壳稻米。

Xangsayasane 等（2019）为探究不同成熟期稻谷的整精米率与干燥条件的关系，采用分别在开花后 25~45d、收获前后温度略高于 30℃ 和略低于 30℃ 时，手工收割稻米。收获时间推迟到 30d，导致 7 个案例中有 3 个案例的整精米率显著下降；进一步推迟到 35d，导致 10 个案例中有 8 个案例的整精米率显著下降。在两个实验中，用平板式干燥机干燥开花后 25d 收获的稻谷。与阳光干燥相比，整精米率有所提高。与人工干燥相比，收获延迟时阳光干燥会降低整精米率。与全天晒米相比，只在早上晒米还可以提高整精米率。在一定干燥方式下，整精米率随着开花至收获期间热量增加而降低。结果表明，当基准温度为 10℃ 的热量为 450~500℃ 时，水稻应在 75% 开花后 25d 左右收获。如果没有人工干燥机，糙米应该只在早上晒干，经常搅拌和混合，以促进更均匀的干燥。

ChungMyong Soo 等（2019）为探究获得高品质、高微生物安全性的缓苏米，分别将浸泡米在90～100℃蒸两次，然后在0～10℃陈化，在-20℃冷冻，在风速1～20m/s和相对湿度85％的低温下干燥。结果表明，与传统的热风干燥方法相比，采用这三步干燥方法可以提高感官品质，使感官品质在室温下保存3个月成为可能。该条件下的缓苏米的水分含量提高到30％，比传统风干米的7％提高了4.3倍，并保持了米粒的形状。感官评定结果表明，经蒸煮、陈化、冷冻干燥三步，稻谷的质构和外观均有显著改善。

日本松江勇次（2019）探究了鲜谷干燥温度及糙米水分与食味关系，新鲜稻谷水分含量不同，干燥所需的送风温度也不同，22％、25％、30％的水分含量分别对应的适宜温度为55℃、48℃、35℃。糙米中14％～15％的水分含量能够保证稻米最佳食味。

二、稻谷副产品的综合利用

（一）大米淀粉综合利用

Bhat 等（2019）分析了有色大米淀粉的化学组成，颗粒形态和晶体结构对其功能特性的影响。在物理化学、糊化和热特性方面，与杂交或非色素品种相比，这些水稻品种的淀粉具有新颖的特性。被分析的淀粉颗粒的直径分布范围大，因为它们的中值粒径为D50。分析的淀粉样品的色值表明高度的白度和纯度。与其他品种相比，Kaw Quder 和Kaw kareed 水稻品种中淀粉颗粒的致密性说明了它们较高的转变温度。淀粉颗粒显示出不规则的多面体形态，具有多面体角形形态的球形颗粒紧密堆积并具有相对光滑的表面。Towata 等（2019）通过小角/广角X射线散射和同步辐射X射线衍射研究了六个米酒的大米淀粉的晶体结构。结果显示，淀粉结构均提供晶相和无定形相的层状结构。淀粉的结晶相显示为A型淀粉和一些B型淀粉，B型淀粉含量在不同水稻品种之间略有不同，其中Yamadanishiki型淀粉含量最高。并且研究了清酒酿造初期淀粉结构的变化。在大米浸入水中后保持大米淀粉晶体结构和薄片结构，在蒸煮和糊化后，淀粉的结构变为无定形相。当蒸米饭冷却至15℃时，淀粉晶体结构得以恢复，还恢复了B型淀粉含量对品种的依赖性，而片状结构则未被恢复。该研究证明蒸煮后大米淀粉的晶体不完全被破坏，晶核仍然保留。

大米淀粉改性一直是研究的热门，通过各种方法改进大米淀粉性能，扩大了其在各方面的应用。Nguyen Doan 等（2019）通过淀粉蔗糖酶（ASase）反应制备了酶促抗性淀粉（RS），并将其用于开发结构增强的大米淀粉凝胶。考察了ASase修饰的和市售的RS的米淀粉凝胶的质地和理化特性。结果显示，在ASase修饰的RS的存在下，米胶的硬度增加了60％。凝胶内聚力似乎显著下降，而加入RS时弹性保持不变。用ASase修饰的RS增强的大米淀粉凝胶可减少多达40％的凝胶结构渗水，贮藏7d后，观察到完整的形态结构。这些结果表明，经ASase修饰的RS可作为质地增强剂和功能成分用于生产大米淀粉凝胶食品。Lacerda 等（2019）将不同直链淀粉含量的大米淀粉在 50℃下分别用 α-淀粉酶和淀粉葡糖苷酶处理 3h 和 6h，研究外在因素和内在因素对多孔淀粉性能的影响。结果表明，酶的类型和直链淀粉含量对所得多孔淀粉性能的影响很大，与反应时间无关。统计分析表明，平均直径与相对结晶度和糊化温度，直链淀粉含量与糊化焓，淀粉的损坏与峰值和结论温度之间呈现出正相关和强相关性；另一方面，在平均直径与糊化焓，直链淀粉含量与相对结晶度和糊化温度，相对结晶度和糊化焓之间发现负相关和强相关性。

Iftikhar 等（2019）研究了三种具有不同（22.7%、9.8%、0.3%）表观直链淀粉含量（AAC）大米淀粉的双重回生退火改性。结果表明，直链淀粉部分抑制糊化对支链淀粉结晶度的影响。改变的晶体排列对煮熟的糊的黏度、凝胶质地、溶胀力，悬浮液浊度和样品的冻融稳定性具有直接影响。在双重改性淀粉中，微晶熔融焓（ΔH）（9.9J/g，12.9J/g，19.0J/g）高于天然样品（ΔH＝7.4J/g，9.1J/g，12.1J/g）。表明淀粉—脂质复合物形成了改性淀粉基体内结晶相的主要部分。支链淀粉在晶体重整中起主要作用，并形成突出的支链淀粉—脂质复合物，缓慢消化的淀粉同时转化为抗性淀粉。增强的热稳定性、酶抗性和功能特性可适合用于双重改性大米淀粉在食品和非食品方面的应用。

对于大米淀粉的消化机理、影响因素方面的研究越来越受到关注。Toutounji 等（2019）为了缓解肥胖和 2 型糖尿病的影响，研究了影响大米淀粉消化率的内在和外在因素，以开发通过增加缓慢消化和不消化的碳水化合物含量的比例而引起低而稳定的餐后血糖反应的含淀粉食物。结果表明，大米的内在特性在淀粉的消化率中起着重要作用，加工后淀粉的消化率可以进一步提高，尤其是通过糊化和回生。稻米的收获后储存条件会影响淀粉的消化率，且这种影响是温度依赖性的。该研究增进了加工对淀粉消化率影响的理解，为食品生产商调节现有大米品种的淀粉消化率提供有效工具。Schwanz Goebel 等（2019）研究了 Brazilian indica 和泰国粳米微观结构对其淀粉消化率的影响，同时研究了两种谷物的化学成分，蒸煮时间、硬度、热性能和形态。结果表明，煮熟大米一直保持其紧凑的微观结构，直到中小肠消化阶段为止，这与淀粉较慢的水解过程相吻合。但是，两种大米在消化期结束时都有相似的淀粉水解率（%）。Brazilian indica 中较高的直链淀粉—脂质络合水平和蛋白质含量可能在减缓消化过程中葡萄糖的释放中发挥了作用，且 Brazilian indica 消化过程中葡萄糖的缓慢释放可能反映了食用后的饱腹感延长或饱胀感。Azizi 等（2019）首次了解了储存温度（37℃）对三种高消耗伊朗稻米品种（*Hashemi*、*Domsiyah* 和 *Gohar*）的理化特性和消化行为的潜在影响。老化后，仅在 *Hashemi* 的情况下，硫醇基的含量显着降低。老化过程并没有显著改变 *Gohar* 和 *Domsiyah* 中淀粉消化的速度和程度，但在 *Hashemi* 中观察到明显减少。结果表明，肽亚基组成的变化有助于控制稻米消化行为的潜在老化效率。这项研究表明，品种差异可能在老化过程中对改变水稻的理化特性和淀粉消化动力学起重要作用。结果还表明，大米淀粉的消化率不遵循直链淀粉含量水平，其他成分对大米消化率也同样重要。

除了食品领域，大米淀粉还被开发用作薄膜，用于药学、化学领域。Chan 等（2019）研究了增塑剂和载药量对大米淀粉薄膜释药模式的影响，并表征了获得的米膜的理化性质，包括溶胀和溶解研究。由于自然界中的药物无定形性，在低载药量的大米薄膜中实现了最高的药物溶解速度。当载药量增加时，大米淀粉薄膜的溶胀行为在以结晶形式释放药物中起主要作用。增塑剂与淀粉的相互作用表明了增塑剂的作用，其中强相互作用可以使药物溶解在溶出介质中更容易。已知大米淀粉在包装工业中具有优异的成膜性能，通过该研究可以用不同的增塑剂来定制大米薄膜以实现所需的药物释放模式。Suwanprateep 等（2019）通过流延法制备了混合有中果皮纤维素纤维的大米淀粉基薄膜。通过预处理、漂白和酸水解得到中果皮纤维素纤维，并表征了具有 2％、4％、6％和 8％的中果皮纤维素纤维重量的大米淀粉基薄膜。结果表明，复合材料中纤维含量大于 8 wt％会使得薄膜易于撕裂，不能将霉菌剥离，但纤维的量和添加的化学物质不会影响大米淀粉基薄膜的化学结构。随着纤维含量增加，温度越高，热稳定性越高，其中含有 8％中果皮纤维素纤维的大米淀粉基薄膜的热稳定性最高。而且，纤维素纤维会降低吸水性能。当使用具有 8％重量的中果皮纤维素纤维的大米淀粉膜时，吸水率最低。

（二）大米蛋白综合利用

在对大米蛋白水解物的利用方面，Bocquet 等（2019）通过补充游离赖氨酸、苏氨酸和色氨酸，提高了用于特殊医疗目的的食品（FSMPS）中由水解大米蛋白（HRPS）制成的蛋白质组分的蛋白质质量。Amagliani Luca 等（2019）研究了三种大米蛋白浓缩物、两种大米胚乳蛋白水解物和两种米糠蛋白水解物的理化性质，并与选定的乳制品蛋白成分（脱脂奶粉、乳清分离蛋白和蛋白水解物）比较，证明大米胚乳蛋白水解物具有高溶解度，高发泡力，相对较高的泡沫体积稳定性和热稳定性这些良好的物理性质。

在利用大米蛋白成膜方面，Pires 等（2019）评价了大米蛋白涂层和蜂胶对新鲜鸡蛋内部质量和蛋壳破碎强度的影响。在 20℃储存 6 周后，未包涂层鸡蛋失重率最高（5.39％），而大米蛋白（4.27％）和大米蛋白加蜂胶 5％（4.11％）和 10％（4.40％）失重率较低。与未包衣的鸡蛋相比，大米蛋白质和蜂胶处理有助于保持鸡蛋质量。Pires 等（2019）也评价了大米蛋白涂层和矿物油处理对新鲜鸡蛋内部质量和蛋壳破碎强度的影响。20℃储存 8 周后，未包涂层鸡蛋失重率最高（8.28％），矿物油（0.87％）和大米蛋白浓度 5％（5.60％）、10％（5.45％）、15％（5.54％）的处理中鸡蛋失重较低。大米蛋白浓缩物或矿物油为基础涂料的使用可能是提高商品鸡蛋保质期的有效选择。Pires 等（2019）同时研究了富含精油的大米蛋白涂层对维持鲜蛋内部质量的有效性。20℃贮藏 6 周时，未包被鸡蛋的失重率最高（5.43％），而大米蛋白单独包被（4.23％）或富含茶树精油（4.10％）、Copaiba 精油（3.90％）和胸腺精油（4.08％）失重率相对较少，使用富含不同精油的大米蛋白浓缩物涂层会影响鸡蛋在贮藏过程中的内部质量，可以延长商品鸡蛋的保质期。除此之外，Pires 等（2019）评价不同增塑剂类型（甘油、丙二醇、山梨醇）涂层对 20℃贮藏 6 周鸡蛋质量的影响。三种涂层效果相似，其中在大米蛋白和山梨醇包覆的鸡蛋中，对鸡蛋质量的保护效果最好。

最后在大米蛋白的产品开发与应用方面，Guglielmetti 等（2019）通过添加菊粉、大米蛋白和咖啡副产品提取物来改进无麸质商业面包预混料的配方，以获得富含蛋白质和膳食纤维的更健康的产品，从而降低患慢性疾病的风险。

（三）米糠综合利用

Junna Shibayama 等（2019）用啤酒酵母和植物乳杆菌（FRB）发酵 10％的米糠悬浮液（RB），将鲨鱼肉在添加 10％（w/v）蔗糖和 5％（w/v）NaCl 的 20％（v/v）FRB 中 10℃下预处理 48h。研究发现通过 FRB 预处理，1，1-二苯基-2-三硝基苯肼（DPPH）自由基清除作用明显增加，其诱导作用与蒸煮肉酱的 a^* 值增加相关，RB 预处理降低了 Fe 的还原能力，并且与蒸煮肉汤的 b^* 值相关，表明 RB 的预处理可防止在蒸煮过程中发生褐变，FRB 处理可促进褐变并增加 DPPH 自由基清除能力。

Supattra Supawong 等（2019）使用亚临界碱性水萃取，经酶促水解后发现由蛋白质（酰胺Ⅰ和Ⅱ）、糖、酚羟基和美拉德反应产物组成的 RBH 具有抗氧化活性，RBH 可以减少油炸食品的摄取并有效提供抗氧化保护，因此可以显著改善油炸蛋糕产品的质量，用于延长油炸鱼糜海鲜的冷冻保存期限。

Dejalmo Nolasco Prestes 等（2019）研究发现脱脂米糠（DRB）可改善由高直链麦芽麦芽制成的 Ale 型啤酒的氮含量和感官接受度的能力，使啤酒颜色变深，改善泡沫颜色，泡沫体积和整体结构，改善米啤酒的感官品质。

Geetesh Goga 等（2019）使用米糠生物柴油和正丁醇混合物 B10、B20、B10nb10、B20nb20 在单缸柴油机上实验研究，记录各种发动机负载下的性能和排放特性，并将 BSFC、BTE、CO、HC、NOx 和烟尘与柴油比较，发现在混合物中加入米糠生物柴油后，一氧化碳、烟气和正丁醇的排放量减少，还发现混合物中添加 10％米糠生物柴油可提高制动热效率，但在混合物中添加 20％米糠生物柴油会降低制动热效率。

Sojung Lee 等（2019）在鼠模型中研究了米糠油在巨噬细胞功能中的作用，通过在体内和体外均评估线粒体呼吸、细胞因子产生和激活标记物表达的变化，发现在米糠油干预后，米糠油增强了小鼠巨噬细胞的线粒体呼吸并下调了炎症反应，首次揭示了米糠油在改变细胞能量代谢中的作用。

Vikrant 等（2019）使用廉价且对环境无害的米糠油（RBO）作为原料，在 110℃、90min、2mL（3.33 wt％）RBO 条件下超声处理以水/乙醇乳液为介质，RBO 作为长链酯化剂，在高速均质器中化学酯交换反应，实现了具有疏水性的微晶纤维素（MCC）表面改性的生物基方法。结果表明，改性后 AUMCC 的结晶度降低，热稳定性随着热处理时间的增加而降低，极性成分减少，而非极性部分增加，这些 AUMCC 的功能化可用于制备复合材料。

Mona 等（2019）研究了米糠油（RBO）对胰岛素受体（IR）、胰岛素受体底物 1（IRS - 1）和葡萄糖转运蛋白 4（GLUT - 4）基因表达的分子影响，发现高果糖会损害胰岛素途径，并通过抑制 PI3K/Akt 信号转导和 GLUT4 表达来抑制肝葡萄糖的利用，添加 RBO 可改善胰岛素敏感性，并上调被测基因的表达，通过改善 IR 和 IRS - 1 的功能来减轻胰岛素信号传导阻滞。

Masayuki Taniguchi 等（2019）从米糠蛋白（RBPs）的酶水解物中鉴定出具有抗微生物和脂多糖中和活性的多功能阳离子肽，使用经 SU5416 预处理的静脉内皮细胞（HUVEC）管形成试验，发现了三种可能通过激活 VEGF 受体诱导血管生成的阳离子肽：RBP - LRR、RBP - EKL 和 RBP - SSF，且发现其促进伤口闭合的最佳浓度分别为 $10\mu\text{mol/L}$、$10\mu\text{mol/L}$ 和 $0.1\mu\text{mol/L}$。

Chin - Chung Chen 等（2019）首次在米糠中鉴定出两种新型脂肪酶 RBL1 和 RBL2，发现它们都具有脂解和酯化的活性，对几种有机溶剂和去污剂表现出极大的耐受性，且 RBL1 表现出极大的 pH 稳定性（pH 值 3～12）。在无溶剂体系中，尽管 RBL1 和 RBL2 没有酯交换活性，但它们的酯化活性比市售脂肪酶（CRL）好。

Luise Zambrana 等（2019）研究调查了米糠补充剂对居住在尼加拉瓜的 6～12 个月大的断奶婴儿的年龄、体重和 Z 值长度（WAZ，LAZ）、EED 粪便生物标志物以及微生物群和代谢组特征的影响，发现米糠补充剂可提供营养、益生元和植物化学物质，可增强肠道免疫力，减少肠道病原体和腹泻，改善儿童的环境肠道功能障碍（EED）。

Zhen 等（2019）将 RBW 与酶促棕榈油精（POL）酯交换，并研究 RBW 对结晶速率、固体脂肪含量（SFC）和热力学性质的影响。实验发现基于 RBW 的酶促酯交换（EIE）产品的结晶速率明显高于起始混合物和完全氢化的菜籽油（FHRSO），基于 EIE 的 RBW 样品主要以 β' 形式结晶，并且与物理混合的原材料相比，其 SFC 轮廓更为平滑，显示出更高的硬度和良好的表面性能，可成为潜在的塑料脂肪替代品。

（四）发芽糙米综合利用

Lee 等（2019）从发芽糙米提取出多酚和黄酮类活性物质发现这些物质能有效地保护肝脏、肾脏和胰腺组织免受损伤，并且对糖尿病有良好的抗氧化作用。

Sittidet 等（2019）冷等离子体处理发芽糙米发现，处理后的发芽糙米中 GABA、总酚类化合物、总维生素 E、某些单酚类、植物甾醇、三萜类和花青素的含量均比未处理时要高。

Rusdan 等（2019）对比印度尼西亚当地 Sintanur 品种大米和发芽糙米中 GABA 和膳食纤维含量时发现，发芽糙米中 GABA 和膳食纤维的含量分别为 12.2mg/100g 和 9.1g/100g，具有潜在的减少肥胖的作用。

（五）稻壳综合利用

Jaramillo 等（2019）以稻壳灰为硅源，P123 为主要孔结构导向剂，通过协同自组装合成了有序介孔二氧化硅。具有多峰多孔性的有序介孔二氧化硅决定了分子的基本性质，如高表面积、水热稳定性、可及性和扩散性等，使其在吸附、催化、分离、和生物工程等领域有广阔的应用前景。

Basu 等（2019）采用碱漂白技术从废弃稻壳中提取纤维素，然后用腐植酸包覆，合成了一种新型生物吸附剂。研究发现这种生物吸附剂对去除水生介质中的镍和铬非常有效，并且以腐植酸作为涂层，吸附能力显著增强，其对镍和铬的吸附容量分别为12.41mg/g 和 19.39mg/g。

Hanzah 等（2019）从鱼鳞中提取羟基磷灰石（HAp），并用稻壳改性，制备生物吸附剂，用于水产养殖废水中的氨氮去除。比较了微波辐射法、碱热处理法和热分解法制备羟基磷灰石，发现经热分解法提取的羟基磷灰石处理废水 210min 时，氨去除率达到79%左右，是稻壳涂层剂（RH/HAp）的最佳选择。

Agwu 等（2019）将稻壳（非洲稻）和锯末（芒尖锯木屑）两种纤维素材料磨碎至 1.25×10^{-4} m，根据美国石油学会推荐的现场测试泥浆方法，使用压滤机测试配制泥浆样品的过滤特性。从过滤损失测试中，观察到磨碎锯末平均防止 63%的过滤损失，而磨碎的稻壳平均防止 77%的过滤损失。对于以毫米为单位测量的滤饼厚度，与锯末相比磨碎的稻壳测出的滤饼厚度更大。对于泥饼特性，稻壳泥表现出柔软和光滑的饼，而锯末泥表现出粗糙的质地、黏性和坚实的饼。Antunes 等（2019）以稻壳为原料开发出一种高性能的建筑复合材料，可用于室内墙壁或天花板涂层系，具有改善隔热效果和调节室内相对湿度的功能。研究表明，随着稻壳含量的增加，由于堆积密度降低，导热系数降低，超声波速度、弯曲强度、耐磨性和耐火性降低，但水分缓冲能力至少提高了20%。对于高稻壳含量的复合材料，其预煮降低了生物敏感性，尽管降低了耐火性，但提高了耐磨性和抗压强度。Saand 等（2019）用稻壳灰作为水泥的部分替代物来生产混凝土，并研究其对配制产品的密度、抗压强度和劈裂抗拉强度的影响。稻壳灰以 0%、2.5%、5%、7.5%、10%、12.5%和 15%的不同用量替代水泥。结果表明，与对照相比，稻壳灰用量为 10%替代水泥时，最佳密度提高了 5.02%，抗压强度提高了22.22%，劈裂抗拉强度提高了 20.45%。

（六）碎米综合利用

大米中含有多酚类化合物、γ-谷维素和维生素 E 等具抗氧化、抗衰老和抗色素沉着功能的生物活性成分。Razak 等（2019）采用黑曲霉和少孢根霉分别固态发酵碎米20d，并测定发酵液中抗氧化剂活性及酪氨酸酶和弹性蛋白酶的抑制活性。结果表明，发酵使碎米中总酚类物质、黄酮类物质含量显著增加。少孢根霉发酵 20d 的碎米抗氧化活性达最高水平，此时酪氨酸酶和弹性酶的抑制活性分别达 46%和 51.9%。此外，少孢根霉发酵碎米对 DPPH 自由基清除能力高达 94.17%，高于黑曲霉。

Aryane 等（2019）以碎米和巴西莓为原材料，采用热塑挤压技术预糊化处理碎米粉—巴西莓粉配粉（0%、5%、10%、15%、20%），测定分析预糊化处理前后配粉的相关理化指标、热力学性质和糊化性质。结果表明，预糊化处理后，添加 10％巴西莓粉的碎米粉含丰富膳食纤维、颜色偏红、花青素损失较少，适合作为功能性食品的原料。

María 等（2019）以高蛋白水稻品种的碎米为研究对象，测定了碎米蛋白的水解产物对血管紧张素转换酶和肾素的半抑制浓度（IC_{50}）。结果发现，分离、纯化的大米蛋白水解产物的组成成分中存在能与两种酶的活性位点相作用的多肽，该研究首次发现从大米蛋白中提取的肽在体外有抑制肾素酶的作用。

（七）秸秆综合利用

水稻秸秆作为稻米生产中产量最大的副产物，其加工利用不仅关系到水稻产业链的完善，更关系到环境保护和资源可持续利用。国外学者在水稻秸秆的加工利用方面做了许多研究，研究多见于生化物质、新能源、新材料等领域。

在生物化学方面，EI Euch Imene 等（2019）为寻找具有生物活性的陆生真菌次生代谢产物，从退化水稻秸秆中分离到 4 种化合物，分别为 3 - 甲基 - 3H - 喹唑啉 - 4 - 酮、aurantiomide C、3 - O - 甲基绿脓杆菌素和脱氢环肽。通过大量核磁共振和质谱分析，并与文献数据比较，确定了所分离化合物的结构。评价了分离的化合物的抗菌活性和细胞毒性，对试验菌株没有或几乎没有抑制活性，并报道了该菌株的分类特征和发酵特性。为预测水稻秸秆的最佳替代工业用途，Bhattacharyya 等（2019）表征了印度东部地区 18 个最广泛种植水稻品种秸秆的生化、形态和化学（功能群），综合考虑三种表征方法（化学成分、形态特征、官能团的存在与否）。研究发现，水稻品种的秸秆 Tapaswini 和 IR 64 分别最适合生物乙醇和生物炭的生产。在分组过程中，当三种方法同时使用时，发现了重叠和矛盾的观察结果。这表明，为了更好的替代用途，可以通过生物化学和形态学特征对水稻秸秆分组，但这应该在农场或工厂一级小规模验证，以供最终推荐。

Yarusova 等（2019）以水稻秸秆为原料，采用碱水解法制备了铝硅酸钠和铝硅酸钾样品，并测定了样品的元素组成、颗粒形貌、比表面积和热性能。在静态条件下研究了合成的铝硅酸盐对 Cs^+ 离子的吸附性能。给出了吸附动力学曲线和吸附等温线，建立了吸附动力学模型。Zaher 等（2019）从水稻秸秆制浆黑液中沉淀锌（木质素/二氧化硅/脂肪酸）络合物（Zn - LSF 络合物）的方法，研究了作为天然橡胶复合材料绿色活化剂和抗氧化剂的效果。结果表明，锌配合物在天然橡胶复合材料中具有活化和抗氧化双重作用。硫化胶的物理力学性能对 NR 复合材料的流变性能、拉伸强度、断裂应变、硬度、杨氏模量、热氧老化和热稳定性有显著改善。

为让水稻秸秆生物质能源发挥最大效益，国外学者做了许多研究。水稻秸秆等农业生物质发酵为甲烷，首先要预处理生物质，以分解木质素，从而增加基质对发酵有机体的可接近性。基于木质素降解的稳健性，Shah 等（2019）分离出 7 株木质素降解芽孢杆菌候选菌株，表征和优化了这些菌株产木质素分解酶。结果发现，新分离的芽孢杆菌菌株对木质素、天青 B 染料具有高效降解作用，对水稻秸秆具有快速水解作用，提高了沼气产量。Tapadia 等（2019）研究了不同工艺和营养参数对微生物群落结构和功能的影响，以期在无热化学预处理的情况下促进水稻秸秆的生物甲烷化。以牛粪浆为接种物，在中温厌氧消化池的研究发现，当添加尿素（碳氮比为 25:1）和锌作为微量元素（100μmol/L）时，在 37℃、pH＝7 的条件下，颗粒秸秆（1mm 大小，7.5％固体负荷率）在水力停留时间为 21d 时，甲烷产率最高，为 274ml/g 挥发性固体。

水稻秸秆可以制作板材，Theng 等（2019）研究了水稻秸秆纤维形态和成型工艺参数对水稻秸秆纤维板力学性能和物理性能的影响。考虑三个工艺参数：成型加水量（0～20％）、木质素含量（0～25％）和挤出物液固比（0.33～1.07），研究这些因素对纤维板性能的影响。结果表明，挤出液固比为 0.4、成型时加水量为 5％、木质素含量为 8.9％时，弯曲性能最佳。在这些条件下生产的纤维板密度为 1 414kg/m³（即密度最大的板），最大弯曲强度为 50.3MPa，弹性模量为 8.6GPa，吸水率分别为 23.6％和 17.6％。

水稻秸秆也可以用作肥料。在日本的混合作物—家畜系统中，水稻秸秆（RS）被收集来喂养家畜，然后将牛粪堆肥（CDC）应用于农田。以往研究发现，CDC 对农田的供氮量大于 RS，但施用 CDC 的农田土壤全氮和有效氮与常规 RS 的农田土壤全氮和有效氮相似。为查明这一结果的原因，Nguyen 等（2019）调查了日本山形县马木川镇 10 对邻近水田的氮输入（有机质、肥料、固氮）、氮输出（植株吸氮量、氮淋失量）以及 RS 处理和 RS 去除加 CDC 处理的氮平衡。研究发现不同处理间全氮输入、全氮输出和氮平衡的不显著差异解释了土壤全氮和有效氮的相似性。水稻秸秆也可作为动物饲料，Kae-okliang 等（2019）探讨水稻秸秆和木薯果肉日粮中添加高效中性洗涤纤维（peNDF）对低产奶牛咀嚼活动、瘤胃发酵、产奶量和消化率的影响。结果表明，饲喂低木薯果肉日粮可提高牛奶中蛋白质、乳脂、非脂肪性固形物和总固形物的含量。而干物质摄入量、产奶量、乳糖含量、咀嚼活动、养分消化率、瘤胃发酵和 pH 值则不受处理的影响。

（八）米胚综合利用

Rittisak 等（2019）采用混合设计和响应面法研究了烤米胚芽保健茶的配方。研究过程中，百乐果粉、潘丹叶粉和烤米胚芽的比例分别为 20％～50％、20％～50％和 30％～70％，得到最佳工艺条件为干百乐果粉 45.25％、干潘丹叶粉 21.68％、炒米胚芽 33.07％。这种工艺得到的成品总酚含量为 75.16mg GAE/g，DPPH 的清除率为 69.03％，水分活度为 0.374，菌落总数小于 $1×10^2$ cfu/g，无酵母菌和霉菌。该产品的 150 名消费者接受度测试表明，99.3％的消费者表示能够接受该产品。

Chen D 等（2019）通过改性米胚多糖，使其含有高含量的有机硒，再分别用富硒米胚多糖和无机硒饲养小鼠，比较富硒米胚多糖的毒性、生物吸收能力和抗氧化能力。各项指标结果显示，改性后的多糖对小鼠具有很低的毒性和很高的生物吸附性，并且富硒米胚多糖提高了原多糖的抗氧化能力。

Hong 等（2019）采用酶辅助水提法提取大米胚芽油，比较果胶酶、蛋白酶、碱性磷酸酶、纤维素酶和碱性磷酸酶与纤维素酶（1:1，w/w）的复合酶对提取率的影响。结果显示复合酶效果最佳，此时得油率为22.27%，总饱和脂肪酸、单不饱和脂肪酸和多不饱和脂肪酸含量分别为22.50%、39.60%和36.00%。Upanan等提取了红米胚和麸皮提取物中的原花青素，来研究其对HepG2细胞的抗癌作用。结果表明，提取的原花青素可以通过生存素抑制HepG2细胞的增殖并诱导细胞凋亡，这可能成为癌症治疗的新靶点。

（九）稻米安全性问题

Ali等（2019）通过研究1990—2015年世界范围内水稻中黄曲霉毒素的污染情况，以及基于生物标志物的人类接触黄曲霉毒素的证据及其对健康的不良影响，发现水稻中的黄曲霉毒素含量在热带和亚热带地区相对较高。原因是湿热的气候条件有利于真菌在食品和饲料中的生长繁殖。同时该团队也调研了各大洲受黄曲霉毒素污染的水稻，分析发现在亚洲一些地区水稻受污染的情况较为严重。如印度，一项涵盖印度12个邦的大米研究报告称，在1511个样本中，约有38.5%被AFB_1污染。另一份涉及印度20个州的农业数据显示，在测定的1 200个样本中有814个检测到了黄曲霉毒素，含量为0.1～308$\mu g/kg$。在印度尼西亚，在抽查的所有水稻样本中均检测到了黄曲霉毒素，含量在2～70$\mu g/kg$。在伊朗一系列调查稻米及其制品中的黄曲霉毒素水平，发现在30个样本中的27个样本受到了黄曲霉毒素的污染，平均含量为2.9$\mu g/kg$。在韩国，在88个待测样中发现了5个含有AFB_1，含量在1.8～7.3$\mu g/kg$。（平均4.3$\mu g/kg$）。在巴基斯坦的一项研究显示，在208个水稻样本中有73个样本受到了黄曲霉毒素的污染，含量在0.04～7.4$\mu g/kg$。在大米的加工、储藏和分配过程中，应采取良好的农业和制造业做法，加强监管，以确保最终产品中的黄曲霉毒素污染水平较低。此外，建议定期调查水稻中黄曲霉毒素的发生情况及其生物标志物，从而保障水稻安全生产。

Sinphithakkul等（2019）调研了泰国出售的9种大米和大麦中是否存在多种真菌毒素，以评估消费者的健康风险。从泰国的不同超市收集到总共300个大米样本并使用QuEChERS程序（快速、简单、便宜、有效、耐用、安全）和配备了电喷雾电离源的三重四级杆质谱仪分析大米中16种真菌毒素，结果表明在总共300个样本中，41.33%的样本至少受到一种真菌毒素污染，38.71%的真菌毒素阳性样本受到一种以上毒素的污染。水稻和大麦样本中真菌毒素污染发生率不同，发现最多的真菌毒素是白僵菌素、二醋酸藨草镰刀菌烯醇、玉米赤霉烯酮和黄曲霉毒素。评估的真菌毒素接触对泰国消费者不构成健康风险，因为预估的接触浓度低于粮农组织/世卫组织食品添加剂联合专家委员会确定的可容忍日摄入量。研究结果表明，继续监测和风险评估水稻和大麦中的霉菌毒素污染是有必要的。

Akinmusire等（2019）为了实现尼日利亚家禽饲料的真菌毒素污染和饲料成分的来源跟踪，从尼日利亚12个州的家禽养殖场采集了30份饲料和72份饲料配料样本并使用LC/MS－MS法分析多种真菌毒素，结果发现在饲料和饲料配料中检测到140种微生物代谢物。在除鱼粉和其他谷物（小米和大米）外的所有饲料配料中，97％的样本中都含有伏马菌素 B-1，其平均浓度为 1 014μg/kg；83％的样本中出现了黄曲霉毒素 B₁，其平均浓度为 74μg/kg。本研究分析的饲料样本中，至少有四种真菌毒素，其中黄曲霉毒素和伏马菌毒素同时存在于 80％的样品中。该研究表明有必要探索其他以谷物和蛋白质为基础的复合饲料成分，以减少与家禽中较高的真菌毒素（如黄曲霉毒素）摄入相关的风险。

由于谷物中黄曲霉毒素（AFB）与赭曲霉毒素 A（OTA）等真菌毒素会对健康造成严重危害，为了验证多种真菌毒素与多基质的联合方法，Dhanshetty 等（2019）开发了一种简单、快速的高效液相色谱（UHPLC）荧光检测（FLD）法用来同时测定黄曲霉毒素（B₁、B₂、G₁、G₂）和赭曲霉毒素 A，并用于一系列谷物和加工产品基质中单一的实验验证。样本采用甲醇：水（4∶1）溶液均质萃取，清洗时用磷酸盐缓冲生理盐水稀释 3mL 试样，将其置于免疫亲和柱（AFLAOCHRA PREP（R））用 1mL 甲醇洗脱，然后用 0.2％的乙酸（以 1∶1 的比例）稀释清洗后的提取物，采用超高效液相色谱仪分析，为了同时分析 AFs 与 OTA，荧光检测器程序需在运行中切换激发波长。该法对 AFs 和 OTA 的定量限分别为 0.25 和 1 ng/g，其中不涉及任何衍生化。在水稻中，AFs 的回收率在 84％～106％，OTA 回收率在 72％以上，两种分析物的 RSD＜12％。该法实现了对生粮和加工粮中 AFs 和 OTA 的高通量分析，实验结果满足质量控制要求。

为了快速检测被黄曲霉毒素 B₁ 污染的精米样品，Putthang 等（2019）利用短波长 950～1 650nm 的近红外光谱技术，采用反射模式光谱分析 105 份水稻样本。结果发现，90 份样本受到了天然的 AFB₁ 污染，15 份样本受到了人为的 AFB₁ 污染。该法结合偏最小二乘回归和预测试以及完全交叉验证，利用最初预处理的吸收光谱，建立了用于检测 AFB₁ 的定量校准模型。根据处理后的光谱建立的外部验证统计模型预测较为准确，相关系数 R^2 为 0.952，预测标准误差为 3.362mu g/kg，偏差为 -0.778mu g/kg。这种 AFB₁ 污染偏最小二乘判别分析模型的样本分类，准确率达 90％。结果表明，近红外光谱技术对筛选被 AFB1 污染的精米具有潜在的应用价值。

Sirisomboon 等（2019）评估使用波数范围在 12 500～4 000 cm⁻¹（800～2 500 nm）的近红外光谱作为检测糙米中黄曲霉毒素的一种快速方法。通过储藏试验，以获得产生有代表性的被黄曲霉毒素污染和未被黄曲霉毒素污染的样本。这些数据被用来建立偏最小二乘回归模型，该模型使用了 120 个具有所需的近红外光谱数据和黄曲霉毒素浓度水平的糙米样品，数据是用标准的酶联免疫吸附测定法测定的。利用测试集从外部验证了所开发模型的准确性。预测系数 R^2 为 0.95，预测的均方根误差为 415.00mu g/kg，偏差为 -54.00mu g/kg。该模型具有良好的预测性，可以用于快速检测糙米中的黄曲霉毒素。

参 考 文 献

安红周，陈会会，薛义博，等. 2019. 不同碾磨时间对粳糙米加工特性的影响研究［J］. 食品科技，

44（8）：169 - 73.

贝斯. 2019. 大米蛋白和大豆蛋白的体外抗氧化活性 [D]. 哈尔滨：哈尔滨工业大学.

蔡沙，李森，管骁，等. 2019. 大米加工精度对其营养品质和食用品质的影响 [J]. 湖北农业科学，58（21）：150 - 154，88.

常慧敏，杨敬东，田少君. 2019. 超声辅助木瓜蛋白酶改性对米糠蛋白溶解性和乳化性的影响 [J]. 中国油脂，44（4）：35 - 40.

陈琛. 2019. 分支酶修饰蜡质大米淀粉结构与性质研究 [D]. 无锡：江南大学.

陈洹. 2019. 热挤压 3D 打印成型性与淀粉材料结构及流变特性的关联研究 [D]. 广州：华南理工大学.

陈俊，穆昌会，黄诗琪，等. 2019. 稻壳二氧化硅的制备及其负载磷酸银后光催化性能的研究 [J]. 辽宁化工，48（11）：1053 - 1055.

陈青. 2019. 乳酸菌发酵对大米镉结合蛋白的影响 [D]. 长沙：中南林业科技大学.

陈尚兵，袁建，张斌，等. 2019. 微波干燥对高水分稻谷中优势霉菌致死率的研究 [J]. 中国粮油学报，34（8）：119 - 25，32.

陈帅，于英威，杨娟，等. 2019. 粮食中的呕吐毒素（DON）研究进展 [J]. 粮油仓储科技通讯，35（4）：46 - 9，53.

陈双超. 2019. 杀菌型水稻秸秆纤维基地膜制造关键技术研究 [D]. 哈尔滨：东北农业大学.

陈子月，高维，秦新光. 2019. 提取工艺对大米淀粉的理化性质影响 [J]. 粮食与油脂，32（11）：63 - 65.

程科，郭亚丽，范露，等. 2019. 干燥方式对蒸谷米品质的影响 [J]. 粮食与饲料工业（6）：1 - 4，9.

代学民，刘超，王一超，等. 2019. 稻壳对废水中铬的去除效果研究 [J]. 河北建筑工程学院学报，37（2）：77 - 9，94.

邓安健，王延琦，谢志刚，等. 2019. 含稻壳粉可燃剂的膨化硝铵炸药性能研究 [J]. 爆破器材，48（5）：57 - 60.

邓昱昊，马海乐，李云亮，等. 2019. 超声预处理大米蛋白对其酶解产物 ACEI 活性的影响 [J]. 粮食与油脂，32（1）：50 - 54.

范明成，谢智鑫，刘容旭，等. 2019. 超高压处理对发芽糙米酒中 γ-氨基丁酸及挥发性成分的影响 [J]. 食品工业科技，40（20）：29 - 35.

范媛媛，丁俊胄，熊善柏，等. 2019. 复合菌种发酵法提高发芽糙米中 γ-氨基丁酸 [J]. 中国粮油学报，34（3）：1 - 6.

冯伟. 2019. 米蛋白与镉结合的分子机制及解离规律研究 [D]. 无锡：江南大学.

付伟，张伟，陈江魁，等. 2019. 饲料中黄曲霉毒素检测研究进展 [J]. 中国饲料，（22）：28 - 30.

高诚祥. 2019. 蛭石改性对水稻秸秆生物炭稳定性的影响 [D]. 杨凌：西北农林科技大学.

高红梅，于素凤，李雪，等. 2019. 富铬发芽糙米饼干的研制 [J]. 食品研究与开发，40（22）：97 - 101.

耿启明，黄永文，陈芳清. 2019. GET 技术应用中农家肥与水稻秸秆混合发酵对土壤肥力的影响 [J]. 河南农业科学，48（7）：68 - 73.

郭腾飞. 2019. 稻田秸秆分解的碳氮互作机理 [D]. 北京：中国农业科学院.

郭毅炜，申琪，管芳圆，等.2019.稻谷胚芽对糖尿病大鼠糖代谢紊乱的改善作用 [J].环境与职业医学，36（2）：99-105.

韩志刚，何明忠，何丽雯，等.2019.富硒米糠代替有机硒对实验仔兔生长性能和抗氧化功能的影响 [J].中国实验动物学报，27（5）：637-643.

何红艳，邹思佳.2019.脱硅稻壳炭对亚甲基蓝的吸附性能研究 [J].山东化工，48（22）：254-256.

黄皓，王珍妮，李莉，等.2019.甘油水溶液提取米糠多酚绿色工艺优化及多酚种类鉴定 [J].农业工程学报，35（4）：305-312.

黄锦，李永恒，王康，等.2019.不同淀粉质原料发酵生产燃料乙醇 [J].酿酒，46（6）：59-62.

黄强，龚贵金，黄艺瑶，等.2019.水稻秸秆-猪粪混合发酵研究 [J].安徽农业科学，47（24）：202-204.

黄鑫，栾庆祥，金晓峰.2019.超高效液相色谱—串联质谱法检测饲料中黄曲霉毒素 B_1 的比较研究 [J].饲料研究，42（1）：78-82.

豁银强，王尧，陈江平，等.2020.高能球磨对大米淀粉物化特性和结构的影响 [J].食品科学（13）89-95.

豁银强，袁佰华，汤尚文，等.2019.大米谷蛋白对大米淀粉凝胶化及凝胶特性的影响 [J].中国粮油学报，34（6）：1-5.

江苏科学家在粮食真菌毒素污染防控机制研究中取得重大进展 [J].中国食品学报，2019，19（5）：154.

姜文腾.2019.牛粪与水稻秸秆混合厌氧发酵产沼气工艺优化分析 [J].河南农业（2）：33-35.

孔祺，李星骆，刘庆庆.2019.蒸汽预糊化处理对发芽糙米结构及吸水特性的影响 [J].食品科技，44（12）：193-198.

雷月，宫彦龙，邓茹月，等.2020.超声波辅助喷雾加湿法富集发芽黑糙米生物活性物质工艺的响应面优化 [J].食品工业科技（4）：105-113.

李超，关阳，陆伟，等.2019.电饭煲制作发芽米饭营养性能指标的研究 [J].轻工标准与质量（5）：70-72.

李超楠.2019.米蛋白肽—钙螯合物的制备及其性质研究 [D].大庆：黑龙江八一农垦大学.

李凡.2019.籼粳杂交稻谷贮藏过程品质变化及贮藏特性的研究 [D].杭州：浙江大学.

李克强，王韧，冯伟，等.2019.整米中重金属镉的酸法消减工艺优化 [J].食品与生物技术学报，38（8）：10-7.

李双，刘永乐，俞健，等.2019.不同 pH 条件下米谷蛋白的理化及结构特性研究 [J].食品与机械，35（1）：75-79.

李文廷，张瑞雨，张秀清，等.2019.大米中16种真菌毒素同时检测分析 [J].食品安全质量检测学报，10（12）：3886-3894.

李兴军，刘静静，徐咏宁，等.2019.提高稻谷加工整精米率的原理方法 [J].粮食问题研究（4）：26-34.

李雪.2019.碎米和发芽糙米混合发酵过程中风味变化及其制品工艺条件优化、品质研究 [D].锦州：渤海大学.

林然，梁伟柱，郑雪辉，等.2019.稻壳二氧化硅的制备及其在牙膏中的应用 [J].技术与市场，

2019，26（2）：49-50，53.

林小琴.2019.常温复合植物蛋白发酵饮品研究［J］.农产品加工（24）：14-18.

林兴，苏佳琦，冯斌，等.2019.利用生物质硅源改性丙烯酸酯水性涂料研究［J］.林业工程学报，4（1）：148-154.

刘成梅，王日思，罗舜菁，等.2019.两种分子质量大豆可溶性膳食纤维对大米淀粉老化性质的影响［J］.中国食品学报，19（10）：110-116.

刘传菊，李欢欢，汤尚文，等.2019.大米淀粉结构与特性研究进展［J］.中国粮油学报，34（12）：107-114.

刘加艳，任宇鹏.2019.低取代度碎米淀粉辛烯基琥珀酸酯的工艺分析［J］.广州化工，47（18）：51-53，89.

刘晶，郭婷，郭天一，等.2019.米糠多糖通过MAPK通路抑制DSS诱导的小鼠结肠炎症［J］.食品与机械，35（1）：32-40.

刘军平，禹凯博，孙悦芳，等.2019.均质及大米蛋白对大米淀粉糊化和质构特性的影响［J］.中国粮油学报，1-6.

刘梁，倪丹妮，陈新，等.一种聚乙烯亚胺接枝米糠多糖铁的制备方法及基因载体［J］.合成树脂及塑料，2019，36（4）：95.

刘伶，关昶.2019.改性稻壳灰对废水中苯酚吸附性能的研究［J］.科学技术创新（31）：42-43.

刘伶，刘艳杰，孔丽，等.2019.改性稻壳灰对水中重金属锌的吸附性能的研究［J］.科学技术创新，（30）：55-56.

刘淑敏，王浩，杨庆余，等.2019.米糠蛋糕的研制及品质评定［J］.食品工业，40（4）：54-57.

刘晓飞，宋洁，王薇，等.2019.发芽糙米多糖提取工艺优化及抗氧化活性研究［J］.哈尔滨商业大学学报（自然科学版），35（2）：171-175，80.

刘雅婧，陆晨浩，赵腾，等.2019.微波干燥对高水分稻谷酶活力及稳定性的影响［J］.食品工业科技，40（17）：1-7.

刘英杰.2019.稻壳制备氮杂炭及其催化性能研究［D］.天津：天津工业大学.

刘誉繁，郑波，曾茜茜，等.2019.高压均质对大米淀粉分子结构及体外消化性能的影响［J］.现代食品科技，35（9）：227-231.

刘元，王玥玮，张立娟.2019.米糠发酵产γ-氨基丁酸条件优化的研究［J］.食品研究与开发，40（18）：150-153.

刘云飞.2019.改良挤压技术对大米淀粉结构和性质的影响及其在淀粉基食品中的应用［D］.南昌：南昌大学.

卢静静，杨承飞，张月，等.2019.利用稻壳制备油脂脱酸剂的研究［J］.食品工业，40（1）：96-99.

吕佼，杨柳，乔妹，等.2019.响应面法优化高膳食纤维咖啡米昔制备工艺［J］.粮食与饲料工业（4）：32-35，53.

吕静静.2019.稻壳制备海水硅酸盐肥料—方法与施用效果评估［D］.青岛：中国科学院大学（中国科学院海洋研究所）.

马帅.2019.不同温度处理下的水稻秸秆生物炭的理化特性及对土壤重金属生物有效性的影响［D］.扬州：扬州大学.

马腾达，王慧玲，周凤霞，等.2019.仪器分析技术在黄曲霉毒素 B_1 检测中的研究新进展 [J].吉林农业 (11)：72.

马晓雨.2019.基于大米蛋白酶解物构建的叶黄素纳米输送体系的制备及性质研究 [D].南昌：南昌大学.

梅竹.2019.白米、糙米和发芽糙米中氨基酸含量的研究 [J].粮食与饲料工业 (3)：4-5.

苗文娟，陈志宏，张籴，等.2019.大米蛋白乳饮料的工艺优化 [J].安徽农业科学，47 (24)：170-173，258.

缪园欣，廖明星，孙爱红.2019.米糠酒的发酵工艺优化研究 [J].中国酿造，38 (2)：199-202.

宁亚维，刘祥贵，王志新，等.2019.小米糙米发芽富集 γ-氨基丁酸 [J].食品与生物技术学报，38 (1)：53-57.

蒲广，黄瑞华，牛清，等.2019.日粮脱脂米糠替代玉米水平对苏淮猪生长性能、肠道发育及养分消化率的影响 [J].畜牧兽医学报，50 (4)：758-770.

钱丽丽，宋雪健，宋春蕾，等.2019.加工精度对大米矿质元素分布的影响 [J].中国食品学报，19 (7)：161-167.

裘实，许轲，韩超，等.2019.饲用稻和稻米产业副产品在长江中下游地区饲料化加工的应用前景 [J].安徽农业科学，47 (20)：10-14.

宋玉卿，张雪，李钊，等.2019.稻米胚芽油的超临界 CO_2 萃取工艺优化 [J].中国油脂，44 (12)：20-24.

隋光辉，程岩岩，陈志敏，等.2019.综合利用稻壳制备木糖、电容炭与硅酸钙晶须 [J].高等学校化学学报，40 (2)：224-229.

孙靖辰.2019.超声处理提高米糠蛋白溶解性与乳化性的工艺研究 [J].农产品加工 (14)：33-38，42.

谈建立.2019.地质聚合物基稻草纤维复合材料的制备与性能研究 [D].南宁：南宁师范大学.

田龙，宋肖肖，王丽，等.2019.微波磷酸法制备稻壳基活性炭的条件研究 [J].粮食与饲料工业 (1)：23-25，29.

脱颖，董平，姜忠丽，等.2019.糙米酵素乳饮料的功能成分及其抗氧化活性研究 [J].粮食与油脂，32 (3)：57-59.

万红霞，孙海燕，刘冬.2019.基于筛选双菌种的大米-牛奶双蛋白酸奶的研制 [J].现代食品科技，35 (10)：225-234.

万志华，张永林，宋少云，等.2019.包装方式对留胚米品质的影响 [J].包装工程，40 (17)：33-37.

王宏伟，肖乃勇，赵双丽，等.2019.糙糯米发芽过程中淀粉理化特性的变化 [J].中国粮油学报，34 (5)：1-6，21.

王辉，郭亚丽，李志方，等.2019.浅谈色选机在大米适度加工中的应用 [J].粮食与饲料工业 (8)：4-5，8.

王俊玲，倪嘉琪，于靖辉，等.2019.超声波对糙米发芽率的影响及糙米复合饮料的研制 [J].现代食品 (21)：86-89，94.

王灵玲，潘鑫，方勇，等.2019.超声波辅助同步提取籼米和金针菇混溶蛋白的工艺优化及其营养特性 [J].食品科学，40 (14)：283-288.

王文珺，孙双艳，叶金，等.2019.我国现行真菌毒素检测标准概述 [J].食品安全质量检测学报，10（4）：837-847.

王武娟.2019.羊粪与南方农业废弃物厌氧发酵产沼气条件优化研究 [D].南宁：广西大学.

王霞，郭世龙，鹿保鑫，等.2019.富硒芋艿头重组米的制备及其消化特性研究 [J].现代食品科技，35（8）：142-152.

王小琴，张耿峻，黄志华，等.2019.不同氧化剂辅助光催化反应对提高木质纤维素酶解效果的影响 [J].环境科学研究，32（11）：1921-1927.

王晓峰，丰祎，朱燕超，等.2019-08-13.一种制备稻壳基负极材料的方法，CN110429264A [P/OL].

王镱睿.2019.粮食中常见的真菌毒素及其限量标准、检测方法 [J].山西农经（6）：119-121.

王玉琦，张如春，张欣，等.2019.挤压碎米制备富锌强化大米 [J].食品科学，40（4）：279-285.

王玉强，赵倩明，沈宇，等.2019.日粮中添加米糠和玉米胚芽粕对泌乳奶牛瘤胃发酵及微生物菌群的影响 [J].扬州大学学报（农业与生命科学版），40（3）：65-71.

王玉荣，陶莲，冯文晓，等.2019.不同酶、菌及复合酶菌制剂对水稻秸秆青贮品质与瘤胃降解率的影响 [J].中国饲料（19）：50-57.

王月宁.2019.稻秆还田量与还田方式下土壤培肥效应及其对滴灌玉米生长的影响 [D].银川：宁夏大学.

王志远，怀丽华.2019.米糠蛋白抗氧化特性研究 [J].粮食与油脂，32（5）：40-42.

吴双双.2019.高产 monacolin K 或色素红曲菌的选育及其在米糠和碎米中的应用 [D].长沙：湖北师范大学.

吴伟，何莉媛，黄慧敏，等.2019.米糠酸败对米糠蛋白体外胃蛋白酶消化产物结构特征的影响 [J].食品科学，40（17）：14-21.

谢天，亓盛敏，郭亚丽，等.2019.回奢谷净化技术——大米适度加工关键新技术研究（1）[J].粮食与饲料工业（8）：1-3.

邢常瑞，初晨露，张晓云，等.2019.大米球蛋白铜离子结合肽的鉴定及其螯合活性分析 [J].食品科学，40（24）：53-59.

邢常瑞，章铖，杨错，等.2019.大米蛋白质中砷分布规律研究 [J].中国粮油学报，34（7）：1-6.

徐敏，武爱群.2019.超声波协同双酶复合酶解米渣蛋白制备 ACE 抑制肽工艺研究 [J].粮食与饲料工业（1）：1-7.

徐晓茹，周坚，吕庆云，等.2019.挤压前、后大米淀粉理化性质的变化 [J].中国食品学报，19（12）：187-194.

薛建娥，白建.2019.米糠替代玉米对蛋鸡蛋品质的影响 [J].中国饲料（15）：107-109.

杨柳，郭长婕，梁斌.2019.基于直链淀粉含量的大米食味品质评价 [J].现代食品（19）：171-174.

杨雪，李云亮，陆峰，等.2019.超声频率对大米蛋白酶解物及其胃肠模拟消化产物 ACE 抑制活性的影响 [J].中国食品学报，19（3）：60-66.

杨永红.2019.烧结助剂 Al_2O_3 添加量对多孔氮化硅陶瓷特性的影响 [J].化工设计通讯，45

（12）：162，167.

姚静静，胡骁飞，韩俊岭，等.2019.黄曲霉毒素 B_1 单克隆抗体的制备及基于该抗体的黄曲霉毒素 B_1 免疫学检测方法的建立 ［J］. 动物营养学报，31（3）：1405－1414.

殷俊，龚玲芬，周伟杰，等.2019.发芽糙米对社区 2 型糖尿病患者的营养干预效果 ［J］. 职业与健康，35（22）：3085－3087，91.

尹仁文，陈正行，李娟，等.2019.大米蛋白与米渣蛋白对镉结合能力的对比研究 ［J］. 食品工业科技，40（10）：43－49，56.

尤翔宇，黄慧敏，吴晓娟，等.2019.过氧自由基氧化对米糠蛋白结构和功能性质的影响 ［J］. 食品科学，40（4）：34－41.

余小丽，唐赟，康迪，等.2019.不同化学试剂预处理后的水稻秸秆和牛粪混合物的厌氧发酵特性分析 ［J］. 西华师范大学学报（自然科学版），40（3）：230－238.

喻宁亚，徐陈欣雨，丁浏阳，等.2019－06－20.一种改性稻壳基炭/炭硅吸附剂的制备方法，CN110201635A ［P/OL］.

袁东方.2019.水稻秸秆聚氨酯泡沫的阻燃性能改进 ［D］. 海口：海南大学.

袁华根，奚照寿，丁丽军.2019.磷缺乏日粮添加米糠和植酸酶对生长猪养分利用率及氮磷代谢的影响 ［J］. 中国饲料（12）：80－84.

袁加斗，刘肖凡，李坦，等.2019.稻壳砂浆轻质材料的耐久性研究 ［J］. 混凝土（12）：124－128，135.

张斌斌.2019.NADES 预处理对水稻秸秆酶解效果及机制的研究 ［D］. 湘潭：湘潭大学.

张韩方，魏风，孙健，等.2019.离子液体辅助条件下由稻壳合成超级电容器用多孔炭（英文）［J］. 电化学，25（6）：764－772.

张慧娟，曹欣然，柳天戈，等.2019.米根霉对脱脂米糠酚类物质释放的影响 ［J］. 食品工业科技，40（14）：108－111，126.

张吉鹍，吴樟强.2019.日粮纤维营养及米糠在猪饲料中的应用潜力 ［J］. 猪业科学，36（7）：56－60.

张记，孟国栋，彭桂兰，等.2019.稻谷热风-真空联合干燥工艺参数优化 ［J］. 食品与发酵工业，45（18）：155－161.

张娟，李潮鹏，宋梦锟，等.2019.输送设备及钢板仓对大米碎米率的影响 ［J］. 粮食与饲料工业（1）：8－10.

张猛，王琼，冯发运，等.2019.稻壳生物炭搭载特基拉芽孢杆菌防治西瓜枯萎病 ［J］. 江苏农业学报，35（6）：1308－1315.

张敏，徐燕，周裔彬，等.2019.大米蛋白对小麦淀粉理化特性的影响 ［J］. 食品工业科技，40（12）：101－104，111.

张琪，吴春艳，李想，等.2019.马铃薯挤压米工艺参数优化 ［J］. 食品研究与开发，40（2）：57－62.

张倩，肖华西，杨帆，等.2019.酶法及压热-酶法制备大米抗性淀粉的理化性质比较 ［J］. 中国粮油学报，34（10）：23－28.

张尚兴，向明，谢召兰.2019.稻米低温升加工工艺研究 ［J］. 农产品加工（2）：35－36，40.

张舒艺.2019.米糠黄酮的逆流提取工艺优化分析 ［J］. 数码世界（1）：132.

张文会，杨艳，朱素玲. 2019 - 12 - 10. 一种富含 γ-氨基丁酸的新型酵素口服片的制备方法，CN110547449A [P/OL].

张新霞，陈正行. 2019. 电子束变性处理提高大米蛋白酶解效率和抗氧化活性的机制研究 [D]. 无锡：江南大学.

张馨月，肇立春，唐小媛，等. 2019. 微波辅助浸提法提取脱脂米糠中菲汀的工艺研究 [J]. 农业科技与装备（5）：26 - 27.

张兴文，毛洵，张嘉任，等. 2019 - 10 - 17. 一种利用稻壳灰制备螺环硅烷的方法及其在膜材料中的应用，CN110627825A [P/OL].

张雪，于重伟，邹汶蓉，等. 2019. 富含 V_C 菇娘果米醋的研究 [J]. 食品工业科技，40（24）：125 - 130.

张莹. 2019. 粮食产品中真菌毒素检测技术研究进展 [J]. 食品安全导刊（3）：105.

张颖，何健，王涛，等. 2019. 通气和金属离子双重胁迫对糙米萌发富集 γ-氨基丁酸的影响 [J]. 食品与机械，35（5）：55 - 60，77.

张颖，余跃心，曹茂柏，等. 2019. 掺稻壳灰的活性粉末混凝土拌合物性能研究 [J]. 淮阴工学院学报，28（1）：20 - 24.

赵晨伟，王勇，李明祺，等. 2019. 米糠毛油酶法脱酸的工艺优化 [J]. 中国油脂，44（4）：17 - 20.

赵金鹏，赵杰，李君风，等. 2019. 不同添加剂对水稻秸秆青贮发酵品质和结构性碳水化合物组分的影响 [J]. 南京农业大学学报，42（1）：152 - 159.

赵卿宇，郭辉，陈博睿，等. 2019. 大米贮藏过程品质变化及其动力学研究 [J/OL]. 食品科学.

周丽春，朱建忠，王文广，等. 2019. 米糠纤维床反应器固定化发酵产丁酸的研究 [J]. 食品与生物技术学报，38（2）：140 - 144.

周麟依，孙玉凤，吴非. 2019. 丙二醛氧化对米糠蛋白结构及功能性质的影响 [J]. 食品科学，40（12）：98 - 107.

周显青，孙晶，张玉荣. 2019. 砻碾工艺条件对稻米籽粒力学特性的影响 [J]. 河南工业大学学报（自然科学版），40（1）：1 - 7.

周优，林冬枝，董彦君. 2019. CRISPR/Cas9 技术定点编辑水稻谷蛋白基因 GluA [J]. 上海农业学报，35（1）：22 - 28.

朱碧骅，麻荣荣，田耀旗. 2019. 直链淀粉晶种对淀粉回生的影响机制 [J]. 食品与发酵工业（4）：34 - 38.

朱凤霞，陈渠玲，张源泉，等. 2019. 富 GABA 发芽糙米方便营养粥的研制 [J]. 农产品加工（10）：19 - 22.

祝水兰，周巾英，刘光宪，等. 2019. 超声波辅助酸酶法提取碎米抗性淀粉工艺的优化 [J]. 南方农业学报，50（8）：1814 - 1821.

庄绪会，郭伟群，刘玉春，等. 2019. 生物酶-超声波协同提取制备米糠多糖工艺 [J]. 粮油食品科技，27（1）：56 - 62.

邹俊哲，林凯，谯飞，等. 2019. 菌酶协同发酵水解大米蛋白 ACE 抑制肽及其活性的研究 [J]. 食品研究与开发，40（9）：1 - 7.

邹俊哲，林凯，杨旭，等. 2019. 植物乳杆菌和蛋白酶协同发酵水解大米蛋白 ACE 抑制肽高活性组分的氨基酸序列分析 [J]. 食品研究与开发，40（8）：1 - 6.

左晓维，雷琳，刘河冰，等. 2019. 荧光免疫分析法检测食品中黄曲霉毒素的研究进展 ［J］. 食品与发酵工业，45（1）：236 - 245.

A M M，A A M，A A E S，et al. 2019. Rice bran oil ameliorates hepatic insulin resistance by improving insulin signaling in fructose fed - rats ［J］. Journal of diabetes and metabolic disorders，18（1）：1337 -1348.

Agwu O E，Akpabio J U，Archibong G W. 2019. Rice husk and saw dust as filter loss control agents for water - based muds ［J］. Heliyon，5（7）：8.

Akinmusire O O，El - Yuguda A D，Musa J A，et al. 2019. Mycotoxins in poultry feed and feed ingredients in Nigeria ［J］. Mycotoxin Research，35（2）：149 - 155.

Ali N. 2019. Aflatoxins in rice：Worldwide occurrence and public health perspectives ［J］. Toxicology Reports，6：1188 - 1197.

Amagliani L，O'Regan J，Schmitt C，et al. 2019. Characterisation of the physicochemical properties of intact and hydrolysed rice protein ingredients ［J］. Journal of Cereal Science，88：16 - 23.

Antunes A，Faria P，Silva V，et al. 2019. Rice husk - earth based composites：A novel bio - based panel for buildings refurbishment ［J］. Constr Build Mater，221：99 - 108.

Aryane R O，Emannuele C R A，Érica R O，et al. 2019. Broken rice grains pregelatinized flours incorporated with lyophilized açaí pulp and the effect of extrusion on their physicochemical properties ［J］. Journal of Food Science and Technology，56（3）：1337 - 1348.

Azizi R，Capuano E，Nasirpour A，et al. 2019. Varietal differences in the effect of rice ageing on starch digestion ［J］. Food Hydrocolloids，95：358 - 366.

Basu H，Saha S，Mahadevan I A，et al. 2019. Humic acid coated cellulose derived from rice husk：A novelbiosorbent for the removal of Ni and Cr ［J］. J Water Process Eng，32：8.

Bhat F M，Riar C S. 2019. Effect of chemical composition，granule structure and crystalline form of pigmented rice starches on their functional characteristics ［J］. Food Chemistry，297：124984.

Bhattacharyya P，Bhaduri D，Adak T，et al. 2020. Characterization of rice straw from major cultivars for best alternative industrial uses to cutoff the menace of straw burning ［J］. Industrial Crops & Products，143：111919.

Bocquet A，Dupont C，Chouraqui J P，et al. 2019. Efficacy and safety of hydrolyzed rice - protein formulas for the treatment of cow's milk protein allergy ［J］. Archives De Pediatrie，26（4）：238 - 246.

Cai C，Wei B，Tian Y，et al. 2019. Structural changes of chemically modified rice starch by one - step reactive extrusion ［J］. Food Chemistry，288：354 - 360.

Chan S Y，Goh C F，Lau J Y，et al. 2019. Rice starch thin films as a potential buccal delivery system：Effect of plasticiser and drug loading on drug release profile ［J］. International Journal of Pharmaceutics，562：203 - 211.

Chen C - C，Gao G - J，Kao A - L，et al. 2019. Two novel lipases purified from rice bran displaying lipolytic and esterification activities ［J］. International Journal of Biological Macromolecules，139：298 -306.

Chen D，Sun H，Shen Y，et al. 2019. Selenium bio - absorption and antioxidant capacity in mice treated by selenium modified rice germ polysaccharide ［J］. Journal of Functional Foods，61：103492.

Chen H, Xie F, Chen L, et al. 2019. Effect of rheological properties of potato, rice and corn starches on their hot‐extrusion 3D printing behaviors [J]. Journal of Food Engineering, 244: 150 – 158.

da SilvaPires P G, Bavaresco C, Rodrigues Leuven A F, et al. 2020. Plasticizer types affect quality and shelf life of eggs coated with rice protein [J]. Journal of Food Science and Technology – Mysore, 57 (3): 971 – 979.

Dhanshetty M, Banerjee K. 2019. Simultaneous Direct Analysis of Aflatoxins and Ochratoxin A in Cereals and Their Processed Products by Ultra – High Performance Liquid Chromatography with Fluorescence Detection [J]. Journal of Aoac International, 102 (6): 1666 – 1672.

Ding L, Zhang B, Tan C P, et al. 2019. Effects of limited moisture content and storing temperature on retrogradation of rice starch [J]. International Journal of Biological Macromolecules, 137: 1068 –1075.

Du J, Yang Z, Xu X, et al. 2019. Effects of tea polyphenols on the structural and physicochemical properties of high – hydrostatic – pressure – gelatinized rice starch [J]. Food Hydrocolloids, 91: 256 –262.

E Z L, Starin M, Hend I, et al. 2019. Rice bran supplementation modulates growth, microbiota and metabolome in weaning infants: a clinical trial in Nicaragua and Mali [J]. Scientific reports, 9 (1): 13919.

Fang Y, Pan X, Zhao E, et al. 2019. Isolation and identification ofimmunomodulatory selenium – containing peptides from selenium – enriched rice protein hydrolysates [J]. Food Chemistry, 275: 696 –702.

Goga G, Chauhan B S, Mahla S K, et al. 2019. Performance and emission characteristics of diesel engine fueled with rice bran biodiesel and n – butanol [J]. Energy Reports, 5: 78 – 83.

Gorade V G, Kotwal A, Chaudhary B U, et al. 2019. Surface modification of microcrystalline cellulose using rice bran oil: a bio – based approach to achieve water repellency [J]. Journal of Polymer Research, 26 (9): 217.

Guglielmetti A, Fernandez – Gomez B, Zeppa G, et al. 2019. Nutritional Quality, Potential Health Promoting Properties and Sensory Perception of an Improved Gluten – Free Bread Formulation Containing Inulin, Rice Protein and Bioactive Compounds Extracted from Coffee Byproducts [J]. Polish Journal of Food and Nutrition Sciences, 69 (2): 157 – 166.

Guo Y, Xu T, Li N, et al. 2019. Supramolecular structure and pasting/digestion behaviors of rice starches following concurrent microwave and heat moisture treatment [J]. International Journal of Biological Macromolecules, 135: 437 – 444.

Hamzah S, Yatim N I, Alias M, et al. 2019. Extraction of Hydroxyapatite from Fish Scales and Its Integration with Rice Husk for Ammonia Removal in Aquaculture Wastewater [J]. Indones J Chem, 19 (4): 1019 – 1030.

Huang Z H, Peng H L, Sun Y, et al. 2019. Beneficial effects of novel hydrolysates produced by limited enzymatic broken rice on the gut microbiota and intestinal morphology in weaned piglets [J]. Journal of Functional Foods, 62: 103560.

Iftikhar S A, Dutta H. 2019. Status of polymorphism, physicochemical properties and in vitro digestibility of dual retrogradation – annealing modified rice starches [J]. International Journal of Biological Macromolecules，132：330 - 339.

Jaramillo L Y，Arango - Benitez K，Henao W，et al. 2019. Synthesis of ordered mesoporous silicas from rice husk with tunable textural properties [J]. Mater Lett，257：4.

Kaeokliang O，Kawashima T，Narmseelee R，et al. 2019. Effects of physically effective fiber in diets based on rice straw and cassava pulp on chewing activity，ruminal fermentation，milk production，and digestibility in dairy cows [J]. Animal Science Journal，90（9）：1193 - 1199.

Kumoro A C，Lukiwati D R，Praseptiangga D，et al. 2019. Effect of drying and milling modes on the quality of white rice of an indonesian long grain rice cultivar [J]. Acta Sci Polon - Technol Aliment，18（2）：195 - 203.

Lacerda L D，Leite D C，da Silveira N P. 2019. Relationships between enzymatic hydrolysis conditions and properties of rice porous starches [J]. Journal of Cereal Science，89：102819.

Lapis J R，Cuevas R P O，Sreenivasulu N，et al. 2019. Measuring Head Rice Recovery in Rice [J]. Methods Mol Biol，1892：89 - 98.

Lee Y R，Lee S H，Jang G Y，et al. 2019. Antioxidative and antidiabetic effects of germinated rough rice extract in 3T3 - L1adipocytes and C57BLKS/J - db/db mice [J]. Food & Nutrition Research，63：3603.

Li H，Wang Z，Liang M，et al. 2019. Methionine Augments Antioxidant Activity of Rice Protein during Gastrointestinal Digestion [J]. International Journal of Molecular Sciences，20（4）：868.

Li J，Li Q，Qian C，et al. 2019. Volatile organic compounds analysis and characterization on activated-biochar prepared from rice husk [J]. Int J Environ Sci Technol，16（12）：7653 - 7662.

Li T，Wang L，Chen Z，et al. 2019. Electron beam irradiation induced aggregation behaviour，structural and functional properties changes of rice proteins and hydrolysates [J]. Food Hydrocolloids，97：105192.

Liu K，Du R，Chen F. 2019. Antioxidant activities of Se - MPS：Aselenopeptide identified from selenized brown rice protein hydrolysates [J]. Lwt - Food Science and Technology，111：555 - 560.

Liu Y，Chen J，Wu J，et al. 2019. Modification of retrogradation property of rice starch by improved extrusion cooking technology [J]. Carbohydrate Polymers，213：192 - 198.

Liu Y，Chen L，Xu H，et al. 2019. Understanding the digestibility of rice starch - gallic acid complexes formed by high pressure homogenization [J]. International Journal of Biological Macromolecules，134：856 - 863.

M B V，Nese S. 2019. Improving Head Rice Yield and Milling Quality：State - of - the - Art and Future Prospects [J]. Methods in molecular biology（Clifton，NJ），1892：1 - 18.

Ma R，Tian Y，Chen L，et al. 2019. Effects of cooling rate on retrograded nucleation of different rice starch - aromatic molecule complexes [J]. Food Chemistry，294：179 - 186.

María P，Paula A，E N A，et al. 2019. Broken Rice as a Potential Functional Ingredient with Inhibitory Activity of Renin and Angiotensin - Converting Enzyme（ACE）[J]. Plant Foods for Human Nutrition，74（3）：405 - 413.

Masayuki T，Kazuki S，Ryousuke A，et al. 2019. Wound healing activity and mechanism of action of antimicrobial and lipopolysaccharide - neutralizing peptides from enzymatic hydrolysates of rice bran proteins [J]. Journal of bioscience and bioengineering，128（2）：142 – 148.

Mingcai L，Hui L，Zhengxuan W，et al. 2019. Rice protein reduces DNA damage by activating the p53 pathway and stimulating endogenous antioxidant response in growing and adult rats [J]. Journal of the Science of Food and Agriculture，99（13）：6097 – 6107.

Nguyen T T，Sasaki Y，Kakuda K，et al. Comparison of the nitrogen balance in paddy fields under conventionalrice straw application versus cow dung compost application in mixed crop – livestock systems [J]. Soil Science and Plant Nutrition，66（1）：116 – 124.

NguyenDoan H X，Song Y，Lee S，et al. 2019. Characterization of rice starch gels reinforced with enzymatically – produced resistant starch [J]. Food Hydrocolloids，91：76 – 82.

Pan X，Fang Y，Wang L，et al. 2019. Covalent Interaction between Rice Protein Hydrolysates and Chlorogenic Acid：Improving the Stability of Oil – in – Water Emulsions [J]. Journal of Agricultural and Food Chemistry，67（14）：4023 – 4030.

Pires P G S，Leuven A F R，Franceschi C H，et al. 2020. Effects of rice protein coating enriched with essential oils on internal quality and shelf life of eggs during room temperature storage [J]. Poultry science，99（1）：604 – 611.

Pires P G S，Machado G S，Franceschi C H，et al. 2019. Rice protein coating in extending the shelf – life of conventional eggs [J]. Poultry Science，98（4）：1918 – 1924.

Pires P G S，Pires P D S，Cardinal K M，et al. 2019. Effects of rice protein coatings combined or not with propolis on shelf life of eggs [J]. Poultry Science，98（9）：4196 – 4203.

Prestes D N，Spessato A，Talhamento A，et al. 2019. The addition of defatted rice bran to malted rice improves the quality of rice beer [J]. LWT，112：108262.

Putthang R，Sirisomboon P，Sirisomboon C D. 2019. Shortwave Near – Infrared Spectroscopy for Rapid Detection of Aflatoxin B – 1 Contamination in Polished Rice [J]. Journal of Food Protection，82（5）：796 – 803.

Razak D L A，Jamaluddin A，Rashid N Y A，et al. 2019. Assessment of fermented broken rice extracts for their potential as functional ingredients in cosmeceutical products [J]. Annals of Agricultural Sciences，64（2）：176 – 182.

Ren – wen Y，Zheng – xing C，Juan L，et al. 2019. Comparison of the binding ability to cadmium between rice protein and rice dreg protein [J]. Science and Technology of Food Industry（10）：43 – 56.

Rittisak S C R，Pongsri R. 2019. Optimization of Herbal Health Tea Flavored with Roasted Rice Germ （Khao Dawk Mali 105）Using Response Surface Methodology [J]. Malaysian Journal of Analytical Science，23（3）：495 – 504.

Rusdan I，Kukilo G，Witanto S. 2019. Identification of gamma – aminobutyric acid（GABA）and dietary fiber of Indonesian local germinated brown rice（GBR）[J]. AIP Conference Proceedings，2108：020013.

Saand A，Ali T，Keerio M A，et al. 2019. Experimental Study on the Use of Rice Husk Ash as Partial Cement Replacement in Aerated Concrete [J]. Eng Technol Appl Sci Res，9（4）：4534 – 4537.

Schwanz Goebel J T，Kaur L，Colussi R，et al. 2019. Microstructure of indica and japonica rice influences their starch digestibility：A study using a human digestion simulator [J]. Food Hydrocolloids，

94：191 - 198.

Shah T A，Lee C C，Orts W J，et al. 2019. Biological pretreatment of rice straw byligninolytic Bacillus sp. strains for enhancing biogas production ［J/OL］. Environmental Progress & Sustainable Energy，38 （3）：13036. 1 - 13036. 9.

Shen C，Tang S，Meng Q. 2019. Cadmium removal from rice protein via synergistic treatment ofrhamnolipids and F127/PAA hydrogels ［J］. Colloids and Surfaces B - Biointerfaces，181：734 - 739.

Shibayama J，Kuda T，Takahashi H，et al. 2019. Induction of browning and antioxidant capacity of cooked shark meats by pre - treatment with fermented rice bran suspension ［J］. Process Biochemistry，87：33 - 36.

Sinphithakkul P，Poapolathep A，Klangkaew N，et al. 2019. Occurrence of Multiple Mycotoxins in Various Types of Rice and Barley Samples in Thailand ［J］. Journal of Food Protection，82 （6）：1007 -1015.

Sirisomboon C D，Wongthip P，Sirisomboon P. 2019. Potential of near infrared spectroscopy as a rapid method to detect aflatoxins in brown rice ［J］. Journal of near Infrared Spectroscopy，27 （3）：232 -240.

Sittidet Y，Sugunya M，Dheerawan B，et al. 2019. Cold plasma treatment to improve germination and enhance the bioactive phytochemical content of germinated brown rice ［J］. Food Chemistry，289：328 - 339.

Sojung L，Seungmin Y，Jeong P H，et al. 2019. Rice bran oil ameliorates inflammatory responses by enhancing mitochondrial respiration in murine macrophages ［J］. PloS one，14 （10）：e0222857.

Supawong S，Park J W，Thawornchinsombut S. 2019. Effect of rice bran hydrolysates on physicochemical and antioxidative characteristics of fried fish cakes during repeated freeze - thaw cycles ［J］. Food Bioscience，32：100471.

Suwanprateep S，Kumsapaya C，Sayan P. 2019. Structure and Thermal Properties of Rice Starch - based Film Blended with Mesocarp Cellulose Fiber ［J］. Materials Today：Proceedings，17：2039 - 2047.

Tapadia - Maheshwari S，Pore S，Engineer A，et al. 2019. Illustration of the microbial community selected by optimized process and nutritional parameters resulting in enhanced biomethanation of rice straw without thermo - chemical pretreatment ［J］. Bioresource Technology，289：121639.

Theng D，Arbat G，Delgado - Aguilar M，et al. 2019. Production of fiberboard from rice straw thermomechanical extrudates by thermopressing：influence of fiber morphology，water and lignin content ［J］. European Journal of Wood and Wood Products，77 （1）：15 - 32.

Ting L，Li W，Dongling S，et al. 2019. Effect of enzymolysis - assisted electron beam irradiation on structural characteristics and antioxidant activity of rice protein ［J］. Journal of Cereal Science，89：102789.

Toutounji M R，Farahnaky A，Santhakumar A B，et al. 2019. Intrinsic and extrinsic factors affecting rice starch digestibility ［J］. Trends in Food Science & Technology，88：10 - 22.

Towata S - i，Ito A，Komiya S，et al. 2019. Rice starch for brewing sake：Characterization by synchrotron X - ray scattering ［J］. Journal of Cereal Science，85：249 - 255.

Upanan S，Yodkeeree S，Thippraphan P，et al. 2019. The Proanthocyanidin - Rich Fraction Obtained from Red Rice Germ and Bran Extract Induces HepG2 Hepatocellular Carcinoma Cell Apoptosis [J]. Molecules，24 (4)：813.

Wang H，Geng H，Tang H，et al. 2019. Enzyme-assisted Aqueous Extraction of Oil from Rice Germ and its Physicochemical Properties and Antioxidant Activity [J]. Journal of Oleo Science，68 (9)：881-891.

Wang X，Wu Y J，Wang R J，et al. 2019. Gray BP neural network based prediction of rice protein interaction network [J]. Cluster Computing-the Journal of Networks Software Tools and Applications，22 (2)：4165-4171.

Wang Z Y，Su H M，Bi X，et al. 2019. Effect of fragmentation degree on sensory and texture attributes of cooked rice [J]. J Food Process Pres，43 (4)：13920.

Xangsayasane P，Vongxayya K，Phongchanmisai S，et al. 2018. Rice milling quality as affected by drying method and harvesting time during ripening in wet and dry seasons [J]. Plant Production Science，22 (1)：98-106.

Xiao H X，Yang F，Lin Q L，et al. 2019. Preparation and properties of hydrophobic films based on acetylated broken-rice starchnanocrystals for slow protein delivery [J]. International Journal of Biological Macromolecules，138：556-564.

Xiao J，Mouming Z，Ning X，et al. 2019. Interaction between plant phenolics and rice protein improved oxidative stabilities of emulsion [J]. Journal of Cereal Science，89：102818.

Xiaoshuai C，Haiming Y，Zhiyue W. 2019. The Effect of Different Dietary Levels of Defatted Rice Bran on Growth Performance，Slaughter Performance，Serum Biochemical Parameters，and Relative Weights of the Viscera in Geese [J]. Animals：an open access journal from MDPI，9 (12)：1040.

Xin P，Yong F，Lingling W，et al. 2019. Effect of enzyme types on the stability of oil-in-water emulsions formed with rice protein hydrolysates [J]. Journal of the Science of Food and Agriculture，99 (15)：6731-6740.

Yang H，Sun-Waterhouse D，Peng-zhan L，et al. 2019. Modification of rice protein with glutaminase for improved structural and sensory properties [J]. International Journal of Food Science & Technology，54 (7)：2458-2467.

Yang W，Kong X，Zheng Y，et al. 2019. Controlled ultrasound treatments modify the morphology and physical properties of rice starch rather than the fine structure [J]. Ultrasonics Sonochemistry，59：104709.

Yang X，Yunliang L，Feng L，et al. 2019. Effects of ultrasonic frequencies on ACE inhibitory activity of hydrolysate and gastrointestinal simulated digestive products from rice protein [J]. Journal of Chinese Institute of Food Science and Technology，19 (3)：60-66.

Yarusova S B，Gordienko P S，Panasenko A E，et al. 2019. Sorption Properties of Sodium and Potassium Aluminosilicates from Alkaline Hydrolyzates of Rice Straw [J]. Russian Journal of Physical Chemistry A，93 (2)：333-337.

Ye J，Luo S，Huang A，et al. 2019. Synthesis and characterization of citric acid esterified rice starch by reactive extrusion：A new method of producing resistant starch [J]. Food Hydrocolloids，92：135-142.

Yu K F，Wang Y，Wang X F，et al. 2019. Preparation of porous carbon anode materials for lithium – ion battery from rice husk [J]. Mater Lett，253：405 – 408.

Z E E I，M E – M M，Marcel F，et al. 2019. Secondary metabolites from Penicillium sp. 8PKH isolated from deteriorated rice straws [J]. Zeitschrift furNaturforschung C，Journal of biosciences，74（11 – 12）：283 – 285.

Zaher K S A，El – Sabbagh S H，Abdelrazek F M，et al. 2019. Utility of Zinc（Lignin/Silica/Fatty Acids）Complex Driven From Rice Straw as Antioxidant and Activator in Rubber Composites [J]. Polymer Engineering and Science，59：196 – 205.

Zhang M，Sun C，Wang X，et al. 2020. Effect of rice protein hydrolysates on the short – term and long –term retrogradation of wheat starch [J]. International journal of biological macromolecules，155：1169 – 1175.

Zhang Q，Wang Z，Zhang C，et al. 2020. Structural and functional characterization of rice starch – basedsuperabsorbent polymer materials [J]. International Journal of Biological Macromolecules，153：1291 – 1298.

Zhang Y，Chen C，Chen Y，et al. 2019. Effect of rice protein on the water mobility，water migration and microstructure of rice starch during retrogradation [J]. Food Hydrocolloids，91：136 – 142.

Zhen Z，Jing Y，Tao F，et al. 2019. Interesterification of rice bran wax and palm olein catalyzed by lipase：Crystallization behaviours and characterization [J]. Food chemistry，286：29 – 37.

Zhengxuan W，Mingcai L，Hui L，et al. 2019. Rice protein exerts anti – inflammatory effect in growing and adult rats via suppressing NF – kappaB pathway [J]. International Journal of Molecular Sciences，20（24）：6164.

Zhou X，Tian – Mi M，Lu H，et al. 2019. Purification and identificationimmunomodulatory peptide from rice protein hydrolysates [J]. Food and Agricultural Immunology，30（1）：150 – 162.

천희순，조원일，ChungMyongSoo，et al. 2019. Low – temperature aging and drying treatments of restorative rice to improve its microbial safety and texture [J]. Korean Journal of Food Science and Technology，51（1）：29 – 34.

松江勇次，吴香雷. 2019. 良食味米生産の栽培理論—登熟期間中における最適な水管理，収穫籾の乾燥温度および玄米水分 [J]. 粮油食品科技，27（6）：5 – 9.

下篇

2019 年
中国水稻生产、质量与
贸易发展动态

第八章　中国水稻生产发展动态

2019 年，中央继续加大"三农"投入补贴力度，毫不放松抓好粮食生产，推动藏粮于地、藏粮于技落实落地，稳定完善扶持粮食生产政策举措，挖掘品种、技术、减灾等稳产增产潜力，保障农民种粮基本收益。继续完善粮食主产区利益补偿机制，健全产粮大县奖补政策，压实主销区和产销平衡区稳定粮食生产责任。全面完成粮食生产功能区和重要农产品生产保护区划定任务，完善支持政策。大力发展紧缺和绿色优质农产品生产，推进农业由增产导向转向提质导向。稻谷最低收购价格保持 2018 年水平不变，稳定农民种粮信心。农业农村部继续开展粮食绿色高质高效创建，聚焦重点环节，集成"全环节"标准化绿色高效技术模式，构建"全过程"社会化服务体系，打造"全链条"产业融合模式，引领"全县域"农业绿色高质量发展。继续深入开展化肥使用量零增长行动，保持化肥使用量负增长；深入开展农药使用量零增长行动，大力推广化学农药替代、精准高效施药、轮换用药等科学用药技术。2019 年，我国水稻面积调减、单产再创新高、总产略降。

第一节　国内水稻生产概况

一、2019 年水稻种植面积、总产和单产情况

2019 年全国水稻种植面积44 541.0万亩，比 2018 年减少 743.2 万亩，减幅 1.7%；亩产 470.6kg，提高 2.2kg，再创历史新高；总产 20 961.0 万 t，减产 251.9 万 t，减幅 1.2%。

（一）早稻生产

2019 年全国早稻面积6 675.0万亩，比 2018 年减少 512.0 万亩，减幅 7.1%；亩产 393.5kg，下降 4.3kg，减幅 1.1%；总产 2 626.5 万 t，减产 232.5 万 t，减幅 8.1%。从面积看，2019 主产区早稻播种面积出现不同程度下降，主要原因是农业农村部《2019 年种植业工作要点》明确要求继续适当调减低质低效区水稻种植，由于早稻种植比较效益低，加之"双抢"期间劳动强度大，南方地区改种优质高效单季稻或其他特色经济作物，"双季稻改单季稻"和"水田改旱田"面积增加，湖南、江西、广东等地早稻播种移栽期间阴雨寡照天气影响春播进度，导致部分地区早稻播种面积减少。此外，部分地区休耕轮作面积增加也减少早稻面积。从单产看，2019 年早稻生长前期南方地区气象条件总体较好，中后期主产区大部地区持续低温和阴雨寡照"双碰头"，部分地

区出现持续强降水，对早稻分蘖成穗和灌浆结实影响较大，早稻生育进程普遍推迟 5～7 天，早稻单产略有降低。

（二）中晚稻生产

2019 年全国中晚稻面积 37 866.0 万亩，比 2018 年减少 230.5 万亩；总产 18 334.5 万 t，减产 19.5 万 t。2019 年全国中晚稻生长期间气象条件总体较好，分不同稻区看，东北稻区除 5 月下旬、6 月中下旬及 8 月黑龙江大部出现 3 段低温阴雨寡照天气，导致水稻生育期延迟外，其余水稻生长期间光温水匹配总体较好；长江中下游地区一季稻生长期间光温适宜、降水丰沛，气象条件有利于一季稻生长发育和产量形成，但部分时段持续高温和台风带来的强降水等对一季稻生长造成一定不利影响；西南地区一季稻生长期间气象条件总体利于一季稻生长发育和产量形成，但收获阶段多阴雨天气，不利于一季稻成熟收获和晾晒；双季晚稻生育期内气象条件总体较为有利，晚稻生长关键时段光热充足，寒露风灾害及病虫害影响偏轻，但分蘖至灌浆期遭遇持续高温少雨天气，制约单产提高。

二、扶持政策

2019 年，中央继续加大"三农"投入补贴力度，推动藏粮于地、藏粮于技落实落地，稳定完善扶持粮食生产政策举措，挖掘品种、技术、减灾等稳产增产潜力，保障农民种粮基本收益。大力发展紧缺和绿色优质农产品生产，推进农业由增产导向转向提质导向。

（一）加大农业生产投入和补贴力度

1. 耕地地力保护补贴

耕地地力保护补贴政策资金主要用于支持耕地地力保护，其补贴对象为所有拥有耕地承包权的种地农民，补贴依据可以是二轮承包耕地面积、计税耕地面积、确权耕地面积或粮食种植面积等，具体依据哪一种类型面积或哪几种类型面积，由省级人民政府结合本地实际自定；补贴标准由地方根据补贴资金总量和确定的补贴依据综合测算确定。已作为畜牧养殖场使用的耕地、林地、成片粮田转为设施农业用地、非农业征（占）用耕地等已改变用途的耕地，以及长年抛荒地、占补平衡中"补"的面积和质量达不到耕种条件的耕地等不再给予补贴。鼓励农民采取秸秆还田、深松整地、减少化肥农药用量、施用有机肥等措施。这部分补贴资金以现金直补到户。

2. 高标准农田建设

2019 年中央安排高标准农田建设资金 859 亿元，其中，中央财政安排农田建设补助资金 694 亿元，发展改革委安排中央预算内投资农业生产发展专项 165 亿元。2019 年，按照"统一规划布局、统一建设标准、统一组织实施、统一验收考核、统一上图入库"五个统一的要求，全国顺利完成 8 000 万亩高标准农田建设任务，并向粮食生产功能区、重要农产品生产保护区倾斜。高标准农田项目区耕地质量能够提升 1～2 个等级，粮食产能平均提高 10%～20%，亩均粮食产量提高 100kg，实现"一季千斤*，两季吨粮"。高标准农田实施后显著改善基础设施条件，推动了新品种、新技术、智慧农业等先进要素聚集，助力农业高质量发展。据专家调研测算，高标准农田项目区农药施用量减少 19.1%，化肥施用量减少 13.8%，亩均可以增加农民综合收益约 500 元。2019 年11 月，国务院办公厅印发《关于切实加强高标准农田建设提升国家粮食安全保障能力的意见》，明确到 2020 年全国建成 8 亿亩集中连片、旱涝保收、节水高效、稳产高产、生态友好的高标准农田；到 2022 年建成 10 亿亩高标准农田，以此稳定保障 5 亿 t 以上粮食产能。

3．加强小型农田水利设施建设

近年来，中央财政持续加大对农田水利设施建设的支持力度，通过水利发展资金支持高效节水灌溉，小型病险水库除险加固、水利工程设施维修养护等；"十三五"以来，中央财政累计安排农田水利建设资金 627 亿元，支持各地开展高效节水灌溉、"五小"水利、田间渠系配套、农村河塘清淤整治等小型农田水利工程建设。2019 年，财政部、农业农村部联合印发了《农田建设补助资金管理办法》（财农〔2019〕46 号），将农业综合开发专项资金、土地整治工作专项资金和水利发展资金农田水利建设支出整合纳入农田建设补助资金，集中支持开展高标准农田及农田水利建设。2019 年，中央财政继续推进灌区续建配套与节水改造，完成 150 处大中型灌区、455 处重点中型灌区节水配套改造及 20 处大型灌排泵站更新改造年度目标，新增、恢复、改善灌溉面积 3 100 万亩，新增年节水能力 12.4 亿 m³。

4．东北黑土地保护利用

2015—2017 年，中央财政每年安排 5 亿元资金，在东北 4 省（自治区）的 17 个县（市、区、旗）开展黑土地保护利用试点。2018 年起每年安排 8 亿元资金在东北 4 省（自治区）的 32 个县（市、区、旗）开展黑土地保护利用试点。其中 8 个县开展整建制推进试点，24 个县开展保护利用试点。2019 年，按照中央一号文件要求，农业农村部农田建设管理司继续落实《东北黑土地保护规划纲要（2017—2030 年）》要求，进一步完善黑土地保护利用的技术模式和工作机制，坚持用养结合、保护利用、突出重点、综合施策、政府引导、社会参与，推动 32 个县的试点工作有序开展。其中，项目县实施示范面积 20 万亩以上，整建制推进项目县示范面积 50 万亩以上。支持各地利用农作物秸秆综合利用、农机深松整地、畜禽粪污资源化利用等资金，协同推进黑土地保护利用工作。鼓励新型农业经营主体和社会化服务组织承担实施任务。

5．完善农机具购置补贴政策

2019 年中央财政投入农机购置补贴资金 180 亿元，比 2018 年增加 6 亿元，增幅

---

* 1 斤＝0.5kg。全书同

3.4％。全年使用补贴资金 170 亿元，使用比例达到 94.4％，突出绿色和需求导向，对保护性耕作、残膜回收、秸秆处理、畜禽粪污资源化利用等机械装备，以及丘陵山区、特色产业急需的农机新产品，实现应补尽补，全年累计补贴 175 万农户购置 200 多万台（套）农机具。新一轮的农机购置补贴政策，更加注重开放性。一是对纳入补贴范围的农机产品实行普惠制敞开补贴。这样更有利于集中资金保重点，促进市场公平竞争。优先保证粮食等主要农作物生产所需机具和支持农业绿色发展机具的补贴需要，逐步将区域内保有量明显过多、技术相对落后、需求量小的机具品目剔除出补贴范围。二是对纳入补贴范围的国内外农机产品一视同仁。无论国产还是进口产品，只要符合补贴资质条件，用户购买后都可以申领补贴。这有利于深化对外开放，促进国内外农机企业公平竞争，让消费者真正得到实惠。

（二）加快适用技术推广应用

1. 深入推进粮食绿色高质高效创建

2019 年，农业农村部继续深入推进粮棉油糖绿色高质高效创建，以重点县为单位，突出水稻、小麦、玉米三大谷物和大豆及油菜、花生等油料作物，调整优化粮食种植结构，集成推广绿色高质高效标准化生产技术模式，推广应用水肥一体化、先进机械等现代化节水、节肥、节药新机具、新设备，大力推行全程社会化服务和"全产业链"生产模式，辐射带动"全县域"生产水平提升，增加绿色优质农产品供给，有效减少淡水、化肥、农药使用量。承担任务的相关省份从中央财政下达的预算中统筹安排予以支持。2019 年 4 月，为贯彻落实中办国办《关于创新体制机制推进农业绿色发展的意见》和 2019 年中央一号文件精神，农业农村部制定了《2019 年农业农村绿色发展工作要点》，明确推进按标生产，在绿色高质高效示范县、果菜茶有机肥替代化肥示范县，加快集成组装一批标准化高质高效技术模式，建设一批全程标准化生产示范基地。鼓励龙头企业、农民合作社、家庭农场等新型经营主体按标生产，发挥示范引领作用。

2. 继续实施农业防灾救灾技术补助

2019 年，中央财政继续安排 9.2 亿元用于农业生产救灾及水利救灾，其中农业生产支出 8.8 亿元，比 2018 年增加 6.2 亿元，主要包括农作物病虫害防治 8 亿元，雪灾救灾 0.8 亿元。农作物重大病虫害统防统治突出小麦、水稻等主要农作物重大病虫和农区蝗虫防控，适时开展应急防治，大力推进统防统治，推广全程承包服务模式；支持病虫绿色防控技术示范推广，加强病虫害监测预警和防控技术指导。确保项目实施区统防统治覆盖率达到 50％以上，绿色防控覆盖率达到 30％以上，实现蝗虫不起飞危害、重大病虫不大面积暴发成灾。

3. 持续推进化肥农药减量增效

2019 年中央一号文件再次提出加大农业面源污染治理力度，开展农业节肥节药行动，实现化肥农药使用量负增长。选择一批重点县（市）开展化肥减量增效示范，加快技术集成创新，探索有效服务机制，在更高层次上推进化肥减量增效；加强农企合作，共建化肥减量技术服务示范基地，探索支持以畜禽粪便为原料，低成本、腐熟好的堆肥的施用，为农民提供全程技术服务。此外，对于企业纳税人生产销售和批发、零售有机肥料、有机、无机复混肥料和生物有机肥免增值税，对农作物秸秆、林业三剩物综合利用产品，实现一定比例的增值税退税政策。深入开展农药使用量零增长行动，加力推进绿色防控减量，建设一批病虫害统防统治与绿色防控融合示范基地、稻田综合种养示范基地、蜜蜂授粉与绿色防控技术集成示范基地；推行政府购买服务等方式，扶持一批农作物病虫防治专业服务组织，在粮食主产区开展全程专业化统防统治服务；加力推进高效药械减量，支持新型经营主体和植保专业服务组织购买植保无人机、自走式喷杆喷雾机等高效药械，加强农企合作，示范推广高效药械、低毒低残留农药，加强技术培训，引导农民安全科学用药。

4. 加强耕地质量保护与提升

2019 年 1 月，自然资源部、农业农村部印发《关于加强和改进永久基本农田保护工作的通知》，明确开展永久基本农田质量建设，优先在永久基本农田上开展高标准农田建设，提高永久基本农田质量，定期对全国耕地和永久基本农田质量水平进行全面评价并发布评价结果；按照"谁保护、谁受益"的原则，探索实行耕地保护激励性补偿和跨区域资源性补偿，鼓励有条件的地区建立耕地保护基金。2019 年，农业农村部继续开展农机深松整地工作，支持适宜地区开展农机深松整地作业，全国作业面积达到 1.4 亿亩以上，作业深度一般要求达到或超过 25cm，打破犁底层；继续开展耕地轮作休耕制度试点，轮作休耕试点面积为 3 000 万亩。其中轮作试点 2 500 万亩，主要在东北冷凉区、北方农牧交错区、黄淮海地区和长江流域的大豆、花生、油菜产区实施，休耕试点500 万亩，主要在地下水超采区、重金属污染区、西南石漠化区、西北生态严重退化地区实施；继续开展农作物秸秆综合利用试点，在全国范围内整县推进，坚持农用优先、多元利用，培育一批产业化利用主体，打造一批全量利用样板县，激发秸秆还田、离田、加工利用等各环节市场主体活力，探索可推广、可持续的秸秆综合利用技术路线、模式和机制；继续开展重金属污染耕地综合治理，以湖南省长株潭地区为重点，加强产地与产品重金属监测，推广 VIP（品种替代、灌溉水源净化、pH 值调节）等污染耕地安全利用技术模式，探索可复制、可推广的污染耕地安全利用模式。

5. 加强基层农技推广体系改革与建设

2019 年 5 月，农业农村部办公厅印发《关于做好 2019 年基层农技推广体系改革与建设补助项目组织实施的通知》，明确中央财政通过农业生产发展资金继续对基层农技推广体系改革与建设工作给予支持，重点支持实施意愿较高、2018 年度项目任务完成较好的农业县承担农技推广补助项目，聚焦农业科技助力贫困地区产业发展、基层农技推广体系改革创新、优质绿色高效技术示范推广、重大农业技术协同推广模式构建完善等方面，提升推广服务效能，加快科技进村入户，强化以结果为导向的激励约束，提高项目实施成效和财政资源配置效率。在贫困地区全面实施农技推广服务特聘计划，从农业乡土专家、种养能手、新型农业经营主体技术骨干、科研教学单位一线服务人员中招募一批特聘农技员，为产业扶贫提供有力支撑。支持县级以上农民合作社示范社及农民合作社联合社高质量发展，培育一大批规模适度的家庭农场。支持农民合作社和家庭农场建设清选包装、冷藏保鲜、烘干等产地初加工设施，开展"三品一标"、品牌建设等，提高产品质量安全水平和市场竞争力。

（三）加大产粮大县奖励力度

2019年，为进一步促进粮食稳产增产，缓解主产区财政困难，调动地方政府重农抓粮积极性，中央财政预算继续实施产粮大县奖励政策，对粮食生产达到一定规模的产粮大县进行奖励。2019年，奖励资金规模达到449.56亿元，比2018年增加21.14亿元，增幅4.9%。2005设立产粮大县奖励制度以来，中央财政不断加大奖励力度，累计安排奖励资金4 017亿元，形成了包括常规产粮大县、超级产粮大县、产油大县、商品粮大省、特种大县和"优质粮食工程"等内容的综合奖励政策体系。根据财政部《产粮（油）大县奖励资金管理暂行办法》，常规产粮大县奖励资金可以继续作为一般性转移支付，奖励资金纳入贫困县涉农资金整合范围，由县级政府统筹安排、合理使用。超级产粮大县奖励资金不作为财力性补助，全部用于扶持粮油生产和产业发展，包括粮食仓库维修改造和智能信息化建设，支持粮油收购、加工等方面。

（四）开展农业产业化联合体试点建设

2019年，继续加强农业产业化联合体建设工作，以龙头企业、农民合作社和家庭农场等新型农业经营主体分工协作为前提，依托规模经营方式，以利益联结为纽带形成一体化农业经营组织联盟。继续在河北、内蒙古、安徽、河南、海南、宁夏、新疆等农业产业化联合体发展基础条件较好的省份开展试点工作，每年安排一定数量的农业综合开发项目扶持当地农业产业化联合体发展，支持农业产业化联合体成员发挥优势、互补共赢。对龙头企业重点支持其发展农产品加工、冷链、物流和其他新业态；对农民合作社重点支持其提升农业服务能力、带动农户发展能力，实施农业标准化生产；对家庭农场重点支持其提升农业专业化、标准化、规模化、集约化生产水平。对于农业产业化联合体成员开展高效农业种养基地建设、农业新技术和新品种引进与推广、农产品加工、农业废弃物资源化利用等方面的项目要加大支持力度，补齐农业产业链条短板，建立利益联结机制，促进全产业链和价值链建设。农业综合开发产业化发展项目对农业产业化联合体成员获得符合相关政策要求的贷款，优先安排贴息。

（五）完善农业保险制度

2019年我国农业保险保费收入达到680亿元，同比增长18.8%；农险保额3.6万亿元，同比增长4.1%，农业保险业务规模稳居亚洲第一。目前全国农险承保的农作物品种270余种，基本覆盖各个领域。2019年12月，财政部、农业农村部、银保监会和国家林草局四部门联合发布《关于加快农业保险高质量发展的指导意见》，首次明确了农业保险的政策性属性,拓展了农业保险的内涵和外延,突出强调了提质增效、转型升级的要求;明确提出到 2022 年,稻谷、小麦、玉米 3 大主粮作物农业保险覆盖率达到70%以上,收入保险成为我国农业保险的重要险种,农业保险深度达到 1%,农业保险密度达到 500 元/人。2019 年,我国继续推进农业保险提标、扩面、增品,扎实推进稻谷、小麦、玉米大灾保险试点、完全成本保险和收入保险试点,支持各地因地制宜开展地方特色优势农产品保险,不断提升保障水平,在地方财政自主开展、自愿承担一定补贴比例基础上,对主要作物制种保险给予保费补贴支持,确保农民自缴保费比例不超过20%。继续开展并扩大农业大灾保险试点,保障水平覆盖"直接物化成本＋地租",保障对象覆盖试点地区的适度规模经营主体和小农户;在内蒙古、辽宁、安徽、山东、河南、湖北等 6 个省(自治区)各选择 4 个产粮大县继续开展三大粮食作物完全成本保险和收入保险试点,保障水平覆盖"直接物化成本＋地租＋劳动力成本",中央财政启动对地方优势特色农产品保险实施奖补试点。

(六)调整稻谷最低收购价格

2019 年国家继续在稻谷主产区实行最低收购价政策,综合考虑粮食生产成本、市场供求、国内外市场价格和产业发展等因素,早籼稻、中晚籼稻和粳稻最低收购价格分别为每 120 元/50kg、126 元/50kg 和 130 元/50kg,保持 2018 年水平不变(表 8-1)。自 2015 年开始,我国粮食最低收购价改变了连续 7 年上调的做法,保持稳定或逐步下调,2019 年保持不变。由于大部分主产区新季稻谷开秤价格低于国家公布的最低收购价格,最低收购价预案相继启动,但政策性稻谷收购量低于 2018 年。2020 年 2 月,国家宣布继续在主产区实行稻谷最低收购价政策,综合考虑粮食生产成本、市场供求、国内外市场价格和产业发展等因素,早籼稻、中晚籼稻和粳稻最低收购价格分别为 121元/50kg、127 元/50kg 和 130 元/50kg,其中早籼稻、中晚籼稻分别比 2019 年提高 1元/50kg,粳稻最低收购价格保持不变,要求各地引导农民合理种植,加强田间管理,促进稻谷稳产提质增效。同时,国家首次限定最低收购价稻谷收购总量,并根据近几年最低收购价收购数量,限定最低收购价稻谷收购总量为 5 000 万 t(籼稻 2 000 万 t、粳稻3 000 万 t)。

表 8-1 2018—2020 年我国稻谷最低收购价格政策变化情况

提出时间	文 件	价 格
2018 年 2 月 9 日	国家发展改革委《关于公布 2018 年稻谷最低收购价的通知》	早籼稻:120 元/50kg;中晚籼稻:126 元/50kg;粳稻:130 元/50kg
2019 年 2 月 25 日	国家发展改革委《关于公布 2019 年稻谷最低收购价的通知》	早籼稻:120 元/50kg;中晚籼稻:126 元/50kg;粳稻:130 元/50kg
2020 年 2 月 28 日	国家发展改革委《关于公布 2020 年稻谷最低收购价的通知》	早籼稻:121 元/50kg;中晚籼稻:127 元/50kg;粳稻:130 元/50kg

（七）进出口贸易政策

2019 年，国家继续对稻谷和大米等 8 类商品实施关税配额管理，税率不变。其中，对尿素、复合肥、磷酸氢铵 3 种化肥的配额税率继续实施 1% 的暂定税率。继续对碎米实施 10% 的最惠国税率。2019 年 10 月 9 日，国家发展与改革委员会发布了《2020 年粮食进口关税配额申领条件和分配原则》，其中，大米 532 万 t（长粒米 266 万 t，中短粒米 266 万 t），国有企业贸易比例 50%。

三、品种推广情况

（一）平均推广面积

据全国农作物主要品种推广情况统计[①]，2018 年全国种植面积在 10 万亩以上的水稻品种共计 767 个，比 2017 年减少 64 个；合计推广面积 31 605 万亩，占全国水稻种植面积的比重为 70.9%，比 2017 年减少 2 254 万亩。其中，常规稻推广品种 285 个，比 2017 年减少 24 个，推广总面积达到 15 098 万亩，比 2017 年减少 1 020 万亩；杂交稻推广品种 482 个，比 2017 年减少 40 个，推广面积 16 507 万亩，比 2017 年减少 1 234 万亩（表 8-2）。

表 8-2　2016—2018 年全国 10 万亩以上水稻品种推广情况

年份	常规稻		杂交稻	
	数量（个）	面积（万亩）	数量（个）	面积（万亩）
2016	295	16 556	534	18 024
2017	309	16 118	522	17 741
2018	285	15 098	482	16 507

数据来源：全国农业技术推广服务中心，品种按推广面积 10 万亩以上进行统计。

（二）大面积品种推广情况

1. 常规稻

2018 年常规稻推广面积超过 100 万亩的品种有 31 个，合计推广面积达 8 529 万亩，比 2017 年减少 469 万亩。其中，绥粳 18 仍然是推广面积最大的常规稻品种，合计推广面积 1 024 万亩，比 2017 年增加 28 万亩，其中黑龙江推广 1 014 万亩，内蒙古推广 10 万亩；龙粳 31 合计推广面积 944 万亩，其中黑龙江推广 939 万亩，内蒙古推广 5 万亩；黄华占和中嘉早 17 是仍然是南方地区推广面积最大的两个水稻品种，推广面积分别达

---

① 由于全国农业技术推广服务中心的品种推广数据截至 2018 年，本书即以 2018 年数据进行阐述。

到 607 万亩和 601 万亩，主要集中在湖北、湖南、江西三省，湖南黄华占推广面积达到 294 万亩、江西中嘉早 17 推广面积达到 371 万亩；龙粳 46 推广面积 575 万亩，比 2017 年减少 287 万亩；南粳 9108 推广面积 466 万亩，比 2017 年减少 69 万亩（表 8-3）。

2. 杂交稻

2018 年杂交稻推广面积在 100 万亩以上的品种共计 26 个，累计推广面积 5 365 万亩，比 2017 年增加 356 万亩。其中，晶两优华占取代 C 两优华占成为全国杂交水稻推广面积最大的品种，推广面积 419 万亩，比 2017 年增加 174 万亩；晶两优 534 推广面积 407 万亩，比 2017 年大幅增加 268 万亩，一跃成为全国杂交稻推广面积第二大的品种；隆两优华占推广面积 391 万亩，比 2017 年减少 52 万亩；C 两优华占推广面积 344 万亩，比 2017 年减少 52 万亩；两优 688 推广面积 314 万亩，比 2017 年增加 16 万亩；天优华占推广面积 278 万亩，比 2017 年减少 15 万亩（表 8-3）。

表 8-3　2018 年常规稻和杂交稻推广面积前 10 位的品种情况

常规稻		杂交稻	
品种名称	推广面积（万亩）	品种名称	推广面积（万亩）
绥粳 18	1024	晶两优华占	419
龙粳 31	944	晶两优 534	407
黄华占	607	隆两优华占	391
中嘉早 17	601	C 两优华占	344
龙粳 46	575	两优 688	314
南粳 9108	466	天优华占	278
淮稻 5 号	353	宜香优 2115	253
中早 39	333	深两优 5814	251
龙稻 18	332	泰优 390	249
绥粳 15	276	隆两优 534	202

数据来源：全国农业技术推广服务中心，品种按推广面积 10 万亩以上进行统计。

四、气候条件

据中国气象局发布的《2019 年中国气候公报》，2019 年我国主要粮食作物产区光、温、水匹配较好，气候条件总体对农业生产较为有利，部分地区出现暴雨洪涝、低温阴雨、极端高温等灾害，对粮食作物生长发育造成一定影响。2019 年，全国平均气温 10.34℃，比常年偏高 0.79℃，为 1951 年以来第 5 暖年；全年各月气温均偏高，其中 4 月气温偏高 1.8℃，为历史同期次高。全国平均降水量 645.5mm，比常年偏多 2.5%，比 2018 年（673.8mm）偏少 4.2%，北方大部降水偏多、南方接近常年或偏少，冬春夏降水偏多、秋季偏少。全国大部地区日照时数偏少，春秋季日照接近常年同期或偏多，冬夏季大部地区偏少。低温冷冻害及雪灾显著偏轻，暴雨洪涝灾害总体偏轻，区域性和阶段性干旱明显，但灾害损失偏轻。

（一）早稻生长期间的气候条件

2019年早稻生长前期南方地区气象条件总体较好，江南、华南地区春播期间多晴雨相间天气，光温条件正常，早稻播种顺利，秧苗长势较好，但生长中后期主产区大部地区持续低温和阴雨寡照"双碰头"，部分地区出现持续强降水，对早稻分蘖成穗和灌浆结实影响较大，早稻生育进程普遍推迟5～7天，影响早稻产量。

（1）播种育秧期。华南早稻2月中旬至3月下旬播种，江南早稻3月下旬至4月中旬播种。早稻育秧移栽期间，江南、华南地区多晴雨相间天气，光温条件正常，无明显低温阴雨和寡照天气，保证了早稻育秧、移栽和苗期正常生长对水分的需求，秧苗长势较好。3月下旬至4月，江南南部出现局地短时强降水和雷暴大风等强对流天气，导致春播作业短暂受阻。3月下旬湖南、江西等地部分地区还出现了2～3天日平均气温≤12℃的阶段性低温天气，对早稻播种育秧略有不利。

（2）分蘖拔节期。4月中下旬，江南和华南西部等地日照偏少3～8成，5月江南、华南大部出现持续阴雨天气，降水偏多、气温偏低，有效积温不足，部分地区出现持续强降雨和强对流天气，对早稻分蘖造成不利影响，降低早稻成穗率。

（3）孕穗抽穗期。5月中旬至6月中旬，江南大部、华南北部雨日普遍较常年同期偏多、日照偏少，但幼穗分化期温度一直在25～30℃，气候条件总体平稳。6月以来，华南东部、湖北东部、湖南中部、江西南部等地降水量较常年同期偏多两成至1倍，部分地区早稻抽穗扬花期遭受"雨洗禾花"，局部地区农田遭遇严重暴雨洪涝灾害，影响授粉结实，导致空瘪率增加，结实率下降。

（4）灌浆结实期。7月上中旬，江南大部、华南西部强降水过程多，降水量较常年同期偏多1～4倍，导致部分农田受淹、农业设施受损；7月下旬天气转好，早稻抢收工作顺利开展。

（二）一季稻生长期间的气候条件

2019年全国一季稻生育期内，东北、长江中下游和西南产区大部气温接近常年同期或偏高，热量充足，光照适宜，降水充沛，气象条件总体较好，有利于一季稻生长发育和产量形成，灾害总体偏轻。

（1）播种育秧期。4月至5月中旬，东北地区气温接近常年同期或偏高1～2℃，地温回升迅速，土壤化冻快，利于一季稻播种育秧及秧田管理。长江中下游地区4月中下旬一季稻播种育秧期间，气温正常偏低，日照偏少30%～50%，江汉大部降水量偏少30%～50%，对一季稻播种育秧造成不利影响。西南地区东部气温正常、降水充足，利于一季稻播种育秧和适时移栽；5月云南大部降水偏少80%以上，对一季稻播种、出苗及移栽成活产生了较大影响。

（2）移栽分蘖期。5月，东北地区大部出现了3次较强降水过程，土壤墒情明显改善，前期旱情得到缓解。黑龙江省5月以来降水偏多、日照偏少，活动积温比2018年同期少了152℃，水稻生育进程普遍推迟5～7天；吉林省5月下旬水稻插秧高峰期出现2～3天极端低温与大风天气，对于插秧后缓苗影响极大。5月下旬至6月，长江中下游大部气温接近常年同期，降水量有100～400mm，良好的水热条件利于一季稻移栽、返青和分蘖。

（3）孕穗抽穗期。5月下旬、6月中下旬及8月黑龙江大部出现3段低温阴雨寡照天气，导致部分低洼地块稻田出现渍涝灾害，水稻生育期延迟，不利于开花授粉；吉林8月上中旬，水稻抽穗扬花盛期降水频繁，特别是8月5—10日出现集中降雨天气，气温偏低、日照偏少，影响水稻开花授粉；长江中下游地区8月出现大范围持续高温天气，高温日数多、强度强、影响范围广，江西大部、湖南东部、湖北东南部高温日数普遍超过20天，较常年偏多5～10天，对一季稻抽穗扬花造成不利影响。西南地区东部6月至9月中旬雨日多、日照少，阴雨寡照导致一季稻授粉不畅、生育进程推迟。

（4）灌浆成熟期。9月，东北地区大部气温较常年同期偏高1～2℃，日照正常或偏多30％～50％，光温条件较前期明显好转，大部地区初霜期接近常年或偏晚1～7天，9月下旬气温明显偏高，日照充足，对一季稻灌浆成熟十分有利。9月至10月上旬长江中下游大部地区气温正常或较常年同期偏高、日照正常或偏多、降水偏少，利于一季稻灌浆成熟和收晒。9月下旬至10月中旬，西南地区大部多阴雨天气，不利于一季稻成熟收获和晾晒。

（三）双季晚稻生长期间的气候条件

2019年全国双季晚稻主产区生长季≥10℃积温较常年同期偏多、日照时数偏多，晚稻生长关键时段光热充足，寒露风灾害及病虫害影响偏轻，关键生育期气象条件总体利于晚稻生长发育和产量形成。

（1）播种育秧期。6月中下旬，江南、华南晚稻产区大部光温基本接近常年同期，土壤墒情适宜，农业生产用水充足，有利于晚稻播种育秧顺利进行。

（2）移栽分蘖期。7月下旬以来，江南、华南大部出现高温天气，对晚稻秧苗生长和适时移栽返青造成不利影响。8—9月，江南和华南北部出现20～35天日最高气温≥35℃的高温天气，比常年同期偏多12～20天，长时间持续高温导致部分晚稻分蘖和幼穗分化期缩短。8月，受台风"利奇马"等影响，广西、广东、海南、浙江等地出现强风暴雨天气，局地晚稻受淹，影响晚稻正常生长。

（3）孕穗抽穗至灌浆成熟期。9月以后，未出现明显寒露风天气，光热充足利于晚稻分蘖后的早生快发、幼穗分化、授粉结实和灌浆，也利于抑制病虫害的发生发展。江南和华南晚稻产区大部时段光温水条件良好，利于晚稻授粉结实和灌浆成熟。但是江南中部、江淮等地8月下旬至10月降水量较常年同期偏少50％以上，持续高温少雨导致江西、安徽等地出现中度农业干旱，部分灌溉条件差、灌溉不及时的晚稻出现卡穗、结实率下降等情况。

五、成本收益

(一) 2014—2018 年我国稻谷成本收益情况

2014 年以来，在稻谷持续增产、成本刚性增长、国外低价大米持续高位进口、最低收购价格连续调整等一系列因素综合影响下，国内稻米市场价格持续低迷，水稻种植利润不断下降。根据 2019 年《全国农产品成本收益资料汇编》，2018 年全国稻谷亩均总产值、现金收益和净利润分别为 1 289.5 元、639.9 元和 65.9 元，分别比 2017 年减少 24.7 元、77.9 元和 66.7 元，减幅分别为 4.0%、10.9% 和 50.3%（表 8-4），净利润降幅较大。2018 年稻谷成本收益变化的主要特点如下。

一是总成本小幅增加。2018 年稻谷亩均总成本 1 223.6 元，比 2017 年增加 13.5 元，增幅 1.11%。其中，生产成本 988.5 元，比 2017 年略增 7.6 元，增幅 0.8%；人工成本 473.9 元，比 2017 年减少 9.1 元，减幅 1.9%；土地成本 235.1 元，比 2017 年增加 5.8 元，增幅 2.5%，人工成本和土地成本两项之和占总成本的比重为 57.9%，比 2017 年下降了 1 个百分点，主要是机械化进步实现了对劳动力的部分替代；机械作业费用 190.9 元，比 2017 年提高 6.2 元，增幅 3.3%。

二是净利润连续五年下降。2018 年稻谷亩均净利润仅为 65.9 元，比 2017 年减少 66.7 元，减幅 50.3%，连续第四年呈现下降趋势，但净利润仍比玉米和小麦高出 229.23 元和 225.30 元。特别是对于规模经营户来说，水稻种植仍是相对更好的选择。

三是农资成本持续增加。尽管农业农村部继续深入推进化肥农药减量增效工作，但农资价格上涨势头仍未得到有效控制。2018 年，稻谷亩均种子、化肥和农药成本分别为 63.4 元、131.0 元和 53.6 元，分别比 2017 年增加 2.2 元、7.7 元和 0.6 元，增幅分别为 3.6%、6.3% 和 1.1%，特别是种子成本增长明显，说明我国杂交稻用种成本仍然偏高。

表 8-4　2014—2018 年稻谷成本收益变化情况　　　　（单位：元/亩）

	2014 年	2015 年	2016 年	2017 年	2018 年
产值合计	1 381.4	1 377.5	1 343.8	1 342.7	1 289.5
总成本	1 176.6	1 202.1	1 201.8	1 210.2	1 223.6
生产成本	970.5	987.3	979.9	980.9	988.5
物质与服务费用	469.8	478.7	484.5	498.0	514.7
种子	54.2	55.4	57.5	61.2	63.4

（续表）

	2014 年	2015 年	2016 年	2017 年	2018 年
化肥	120.8	121.8	120.0	123.3	131.0
农药	50.2	51.2	51.3	53.0	53.6
机械作业费	170.5	175.7	180.8	184.7	190.9
人工成本	500.7	508.6	495.3	482.9	473.8
土地成本	206.1	214.8	221.9	229.3	235.1
净利润	204.8	175.4	142.0	132.6	65.9
现金收益	801.0	784.1	739.6	717.9	639.9

数据来源：2019 年全国农产品成本收益资料汇编。

（二）2019 年我国稻谷成本收益情况

2019 年，在农业供给侧结构性改革深入推进、国外低价大米继续保持高位进口、稻谷最低收购价格保持不变、农资价格持续上涨等多重因素影响下，稻谷市场价格持续弱势运行，农民种粮效益不断下降，"卖粮难"不同程度出现，农民种稻积极性受到较大打击。根据农业农村部水稻专家指导组在全国范围开展的调研结果表明，2019 年水稻种植期间高温、干旱以及中后期病虫鼠害等疫情发生，导致中晚稻单产和总产同比略有下降。2019 年全国水稻种植成本继续上涨（表 8 - 5），亩均总成本 1 145.8 元，比 2018 年增加 21.1 元，增幅 1.9%。其中，用工成本 132.0 元/（人·天），同比增加 8.8 元，增幅 7.2%；土地租金 440.0 元/亩，同比减少 12.2 元，减幅 2.7%；尿素价格 111.3 元/50kg，增加 4.0 元，增幅 3.8%。2019 年稻谷平均销售价格 1.39 元/斤，与 2018 年同期相比基本持平。

表 8 - 5　2019 年农户稻谷种植成本情况

	总成本（元/亩）	比上年同期（%）	用工成本[元/(人·天)]	比上年同期（%）	土地成本（元/亩）	比上年同期（%）	尿素价格（元/50kg）	比上年同期（%）
全　　国	1 145.8	1.9	132.0	7.2	440.0	-2.7	111.3	3.8
东　　北	1 402.9	1.2	186.3	10.3	631.4	0.0	110.8	3.6
长江中游	1 038.9	5.5	130.1	5.5	314.0	0.4	112.8	5.5
长江下游	1 125.9	-1.6	125.7	8.6	415.0	-12.8	102.5	3.8
西　　南	1 167.0	3.2	96.3	7.7	468.2	-0.6	115.6	3.5
华　　南	994.4	1.7	121.6	2.7	371.7	0.3	114.6	2.5

数据来源：2019 年 12 月农业农村部水稻专家指导组分区域调研数据汇总。

1. 早籼稻

2019 年，全国早稻亩产 393.5kg，下降 4.3kg。2019 年我国进口大米 254.6 万 t，同比减少 17.3%，进口市场主要集中在东南亚和南亚国家，其中 60% 以上是越南、巴基斯坦的低价籼米，对我国南方籼稻市场的冲击更为明显，导致早籼稻市场价格持续低迷；同时受各地气候和市场条件制约，不同地区籼稻生产在单产水平、成本投入方面呈现出一定差异。根据安徽、江西物价成本调查机构针对早籼稻生产的成本收益调查结果显示，2019 年江西调查户早籼稻平均亩产 378.00kg，比 2018 年减少 53kg，减幅12.3%。；亩均总成本 1 113.29 元，增加 88.10 元，增幅 8.6%；与上年相比，早籼稻生产种子成本略有减少，农膜、秧盘成本大幅下降，土地成本略降，但化肥、农药、机械作业费、人工成本持续上升；亩均净利润为 -79.6 元，比 2018 年下降 1.47 元，降幅1.9%；成本利润率 -7.15%，比 2018 年略有提高。2019 年安徽调查户早籼稻平均亩产439.62kg，比 2018 年减少 24.09kg，减幅 5.2%；每亩总成本 949.88 元，比 2018 年减少 42.73 元，减幅 4.31%。其中，人工成本 307.47 元，比 2018 年减少 2.87 元，减幅0.93%，土地成本 191.74 元，减少 29.43 元，减幅 13.31%，主要是近年来早籼稻种植收益下降，农户种植意愿不强，各地流转地平均价格有所下降，带动土地成本下降。由于 2019 年早籼稻每亩物质与服务费用和人工成本均有不同程度下降，早籼稻每亩总成本和现金成本均呈下降趋势，由于早籼稻价格略跌、亩产值下降，抵消了成本下降对收益的影响，带动早籼稻亩均净利润下降，亩均净利润为 57.61 元，比 2018 年减少31.23 元，减幅 35.15%；成本利润率 6.06%，比 2018 年降低了 2.89 个百分点（表 8 - 6）。

表 8 - 6　2018—2019 年安徽和江西早籼稻生产成本收益情况

	安徽		江西	
	2018 年	2019 年	2018 年	2019 年
单产（kg/亩）	463.71	439.62	431.00	378.00
总成本（元/亩）	992.61	949.88	1 025.22	1 113.29
净利润（元/亩）	88.84	57.61	-78.13	-79.60
成本利润率（%）	8.95	6.06	-7.28	-7.15

数据来源：安徽、江西两省成本调查机构调查数据。

2. 中籼稻

2019 年，全国中籼稻生长期间总体气候条件适宜，有利于中籼稻生长发育和产量形成。根据安徽省物价成本调查机构调查，2019 年安徽省调查户中籼稻平均亩产553.95kg，比 2018 年提高 12.46kg，增幅 2.3%，主要原因是 2019 年安徽省中籼稻生长期日照充足，温度适宜，病虫害防治到位。同时，安徽省农户大面积采用优质抗逆水稻品种，降低了干旱对水稻生长的影响。2019 年安徽省中籼稻平均出售价格为 119.24

元/50kg，比 2018 年增加 1.43 元/50kg，增幅 1.21%；亩均总成本 1 080.64 元，比 2018 年减少 15.7 元，减幅 1.43%。其中，土地成本 222.51 元，比 2018 年减少 6.99 元，减幅 3.05%，减少的主要原因是近年来种粮收益不高，农民种植意愿降低，土地价格有所下降；人工成本 358.09 元，比 2018 年减少 5.87 元，减幅 1.61%，主要是稻谷种植收益下降，农民用工减少，以及规模户增多使人工成本降低；亩均净利润 260.66 元，比 2018 年增加 61.6 元，增幅 30.94%；成本利润率提高 5.96 个百分点。根据四川省物价成本调查机构调查，2019 年四川省调查户中籼稻平均亩产 528.29kg，比 2018 年略降 0.69%；每 50kg 出售价格 126.26 元，比 2018 年提高 0.49%；亩均生产总成本 1351.64 元，增加 34.12 元，增幅 2.59%，其中人工成本占比高达 61.94%，主要是农村劳动力紧缺，推动劳动日工价和雇工工价不断上涨；物质与服务费用占比 29.33%，其中种子费为 75.68 元，比 2018 年提高 6.83%；亩均净利润仅为 -8 元，比 2018 年减少 38.29 元，减幅 126.4%，主要原因是成本增长；成本利润率 -0.59%，下降 2.89 个百分点（表 8 - 7）。

表 8 - 7 2018—2019 年安徽和四川中籼稻生产成本收益情况

项目	安徽		四川	
	2018 年	2019 年	2018 年	2019 年
单产（kg/亩）	541.49	553.95	531.9605	528.29
总成本（元/亩）	1 096.34	1 080.64	1 317.52	1 351.64
净利润（元/亩）	199.06	260.66	30.29	-8.00
成本利润率（%）	18.16	24.12	2.30	-0.59

数据来源：安徽、四川两省成本调查机构调查数据。

3. 晚籼稻

2019 年江南地区晚籼稻种植期间气候适宜，病虫害较少，促进了晚籼稻抽穗扬花和灌浆成熟，单产普遍提高。根据江西省物价成本调查机构调查结果显示，2019 年江西省晚籼稻平均亩产 477.9kg，比 2018 年提高 5.9kg，增幅 1.3%；亩均总成本 1 106.05 元，比 2018 年增加 84.10 元，增幅 8.23%。其中，物质与服务费用 420.79 元，比 2018 年增长 4.38%；人工成本 491.26 元，比 2018 年增加 66.45 元，增幅 15.64%，主要是劳动日工价上涨较快；土地成本 194.00 元，与 2018 年相比基本持平；亩均种子费用 51.79 元，比 2018 年减少 7.02 元，减幅 11.94%；亩均净利润 322.76 元，比 2018 年减少 77.18 元，减幅 19.30%。根据湖北省物价成本调查机构调查结果显示，2019 年湖北省晚籼稻平均亩产 430kg，比 2018 年减少 11.5kg，减幅 2.60%；亩均总成本 769.20 元，比 2018 年减少 11.79 元，减幅 1.51%；人工成本 330.50 元，减少 1.88 元，减幅 0.57%；土地成本 165.00 元，减少 5.68 元，减幅 3.33%；亩均净利润 61.20 元，比 2018 年减少 22.26 元，减幅 26.67%。

表 8-8　2018—2019 年江西和湖北晚籼稻生产成本收益情况

	江西		湖北	
	2018 年	2019 年	2018 年	2019 年
单产（kg/亩）	472.00	477.90	441.50	430.00
总成本（元/亩）	1 021.95	1 106.05	780.99	769.20
净利润（元/亩）	399.94	322.76	83.46	61.20
成本利润率（%）	39.13	29.18	10.69	7.96

数据来源：江西、湖北两省成本调查机构调查数据。

4. 粳稻

根据辽宁物价成本调查机构调查，2019 年辽宁省粳稻平均亩产 527.78kg，比 2018 年减少 10.89kg，减幅 2.0%，减产的主要原因是粳稻在扬花期遭遇持续阴雨天气，导致授粉不均匀，粳稻成熟时出现了空壳瘪壳。主产品亩均总产值 1 836.67 元，比 2018 年减少 73.80 元，减幅 3.9%；亩均总成本 1 492.36 元，减少 26.50 元，减幅 1.74%；人工成本 455.47 元，减少 41.09 元，减幅 8.27%，主要是机械化推广替代了部分人工；机械作业费 259.80 元，比 2018 年增加 13.00 元，增幅 5.27%；亩均净利润 432.40 元，减少 16.09 元，减幅为 3.59%，主要是产量减少和价格降低。根据山东物价成本调查机构调查，2019 年山东调查户粳稻平均亩产 666.91kg，比 2018 年提高 34.31kg，增幅 5.42%，主要是粳稻发育后期及灌浆期，晴好少雨的天气有利于生殖生长所需的积温光照。亩均总成本 1 555.32 元，比 2018 年增加 294.27 元，增幅 23.24%。其中，物质与服务费用 593.32 元，增加 70.89 元，增幅 13.57%；土地成本 385.67 元，增加 175.65 元，增幅 83.63%；人工成本 576.33 元，增加 47.73 元，增幅 9.03%；亩均现金收益 871.57 元，减少 249 元，减幅 22.22%；亩均净利润 122.55 元，减少 301.81 元，减幅 71.12%（表 8-9）。

表 8-9　2018—2019 年辽宁和山东粳稻生产成本收益情况

	辽宁		山东	
	2018 年	2019 年	2018 年	2019 年
单产（kg/亩）	538.67	527.78	632.6	666.91
总成本（元/亩）	1 518.86	1 492.36	1 261.05	1 555.32
净利润（元/亩）	432.40	448.49	424.36	122.55
成本利润率（%）	28.47	30.05	33.65	7.88

数据来源：辽宁、山东两省成本调查机构调查数据。

第二节 世界水稻生产概况

一、2019 年世界水稻生产情况

据联合国粮农组织（FAO）《作物前景与粮食形势》报告，预计 2019 年全球稻谷产量达到 7.32 亿 t 左右，比 2018 年减产 350 多万 t，减幅 0.5%，仍为历史次高水平。主要原因是亚洲主产国印度、孟加拉国、巴基斯坦、泰国、越南等水稻生长期间气候条件总体有利，水稻生产形势较好。

二、区域分布

2018 年[①]亚洲水稻种植面积占世界的 87.40%，非洲占 8.52%，美洲占 3.67%，欧洲和大洋洲分别占 0.37% 和 0.04%（图 8-1）。表 8-10 至表 8-12 为 2014—2018 年各大洲及部分主产国家水稻种植面积、总产及单产变化情况。

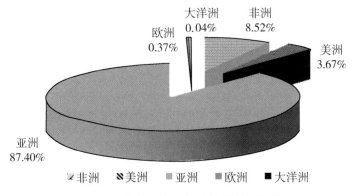

图 8-1　2018 年世界各大洲水稻种植面积情况

（一）亚洲

2018 年，亚洲水稻面积和总产分别为 219 105.6 万亩和 70 539.3 万 t，分别占世界水稻种植面积和总产的 87.40% 和 90.20%。印度仍是世界水稻种植面积最大的国家，2018 年种植面积达到 66 750.0 万亩，亩产 258.5kg，总产 17 258.0 万 t；中国水稻种植面积仅次于印度[②]，2018 年水稻面积 45 284.2 万亩，亩产 468.4kg，总产 21 212.9 万 t、居世界第一。

---

①　联合国粮农组织（FAO）数据库（FAOSTAT）公布数据更新到 2018 年，本文即以 2018 年数据对世界水稻生产情况进行论述。

②　为了便于比较，本部分内容中国的水稻生产采用 FAO 统计数据，与国内统计数据略有差异。

（二）非洲

2018 年非洲水稻种植面积 21 364.6 万亩，总产 3 317.4 万 t，分别占世界水稻种植面积和总产的 8.52% 和 4.24%。埃及是非洲地区水稻单产水平最高的国家，2018 年水稻面积 832.7 万亩，总产 490.0 万 t，亩产高达 588.4kg；尼日利亚是非洲水稻种植面积最大的国家，2018 年水稻种植面积高达 5 019.0 万亩，总产 680.9 万 t，但单产水平较低，亩产仅为 135.7kg。

（三）欧洲

2018 年欧洲水稻种植面积为 938.9 万亩，总产 402.3 万 t，分别占世界水稻种植面积和总产的 0.37% 和 0.51%。意大利是欧洲水稻种植面积最大的国家，2018 年水稻种植面积 344.3 万亩，总产 151.2 万 t，亩产 439.2kg；西班牙是欧洲水稻单产水平最高的国家，2018 年水稻面积 157.5 万亩，总产 80.8 万 t，亩产高达 513.5kg，欧洲第一、世界第八；俄罗斯是欧洲水稻面积第二大的国家，2018 年水稻面积 270.3 万亩，总产 103.8 万 t，亩产 384.1kg。

（四）大洋洲

2018 年大洋洲地区水稻种植面积仅为 98.4 万亩，总产 64.6 万 t，面积和总产分别仅占世界水稻种植面积和总产的 0.04% 和 0.08%。澳大利亚是大洋洲水稻生产主要国家，2018 年水稻种植面积为 91.7 万亩，总产 63.5 万 t，亩产高达 692.4kg，是世界上单产水平最高的国家之一，但长期受水资源约束，水稻生产波动较大。

（五）美洲

2018 年美洲地区水稻种植面积 9 191.5 万亩，总产 3 876.4 万 t，分别占世界水稻种植面积和总产的 3.67% 和 4.96%。巴西是美洲地区水稻种植面积最大的国家，2018 年水稻种植面积 2 792.0 万亩，总产 1 174.9 万 t，亩产 420.8kg；其次是美国，2018 年水稻种植面积为 1 769.5 万亩，总产 1 017.0 万 t，亩产 574.7kg。

三、主要特点

（一）种植面积稳步扩大

世界水稻生产主要集中在亚洲的东亚、东南亚、南亚的季风区及东南亚的热带雨林区。近十年（2009—2018 年），世界水稻种植面积总体呈现稳步扩大趋势，2018 年世界水稻种植面积 250 698.9 万亩，比 2009 年增加 14 008.9 万亩，增幅达到 5.9%。其中，非洲水稻面积从 2009 年的 13 283.4 万亩快速增加至 2018 年的 21 364.6 万亩，增加了

8 081.2万亩，增幅达到60.8%，呈现了良好的发展潜力；亚洲水稻面积增加了7 611.0万亩，增幅3.6%；大洋洲水稻面积增加了79.1万亩，增幅410.9%；美洲水稻面积减少了1 699.9万亩，减幅15.6%；欧洲水稻面积减少了62.6万亩，减幅6.2%。世界水稻生产集中度较高，水稻种植积前10位的国家，除尼日利亚外，均分布在亚洲，其中印度、中国、印度尼西亚、孟加拉国、泰国、越南、缅甸等7个国家水稻种植面积均在1亿亩以上，面积之和达到190 917.6万亩，产量之和达到62 582.0万t，分别占世界水稻种植面积和总产的76.2%和80.0%。

（二）单产水平逐步提高

世界水稻单产水平差距较大，分大洲看，2018年世界水稻单产水平最高的大洲是大洋洲，水稻亩产高达656.4kg；其次是欧洲，水稻亩产达到428.5kg；第三是美洲，水稻亩产421.7kg；亚洲水稻亩产321.9kg，非洲水稻亩产仅为155.3kg。分国家看，2018年世界水稻种植面积在1 000万亩以上的国家共有26个，单产水平最高的美国亩产高达574.7kg，比最低的刚果高出524.1kg；在种植面积最大的10个国家中，中国水稻单产水平最高，2018年水稻亩产468.4kg，比最低的尼日利亚高出332.8kg。近十年（2009—2018年），世界水稻单产水平总体呈现振荡提高趋势，2018年世界水稻亩产达到311.9kg，比2009年提高22.2kg，增幅7.7%。其中，大洋洲水稻亩产提高了262.2kg，增幅66.5%；美洲水稻亩产提高了75.6kg，增幅21.8%；亚洲水稻亩产提高了28.6kg，增幅9.8%；欧洲水稻亩产提高了4.0kg，增幅0.9%；非洲水稻亩产则下降了19.9kg，减幅11.3%。单产差距大，除了受科技水平、耕地质量、气候条件和投入成本等因素影响外，最重要的原因之一就是熟制差异，南亚国家一般一年可以种植三季，多数为两熟制。2009年以来，由于世界水稻面积稳步扩大、单产逐步提高，世界水稻总产也呈稳步增长态势，先于2010年、2016年稳定达到7亿t和7.5亿t水平，2018年世界水稻总产突破7.8亿t，创历史最高水平。

表8-10　2014—2018年世界水稻种植面积

区域	年份				
	2014	2015	2016	2017	2018
世界（万亩）	246 437.1	243 945.6	244 472.3	249 124.1	250 698.9
亚洲					
种植面积（万亩）	215 870.3	213 689.4	212 774.7	218 543.7	219 105.6
占世界比重（%）	87.60	87.60	87.03	87.72	87.40
中国（万亩）	45 464.8	46 176.0	46 119.0	46 120.5	45 284.2
印度（万亩）	66 165.0	65 085.0	64 785.0	65 685.0	66 750.0
泰国（万亩）	15 997.4	14 577.0	13 046.0	15 752.9	15 610.9

（续表）

区域	年份				
	2014	2015	2016	2017	2018
印度尼西亚（万亩）	20 696.0	21 175.0	22 734.2	23 568.0	23 992.5
孟加拉国（万亩）	17 123.5	17 071.8	16 501.2	17 422.5	17 865.5
日本（万亩）	2 362.5	2 259.0	2 218.5	2 199.0	2 205.0
越南（万亩）	11 724.7	11 742.9	11 602.1	11 562.8	11 356.1
缅甸（万亩）	10 304.3	10 154.2	10 086.0	10 118.1	10 058.4
柬埔寨（万亩）	4 340.3	4 183.2	4 381.5	4 449.7	4 472.5
巴基斯坦（万亩）	4 336.0	4 109.2	4 086.0	4 350.9	4 215.0
非洲					
种植面积（万亩）	19 599.4	19 862.0	21 379.6	20 448.0	21 364.6
占世界比重（%）	7.95	8.14	8.75	8.21	8.52
尼日利亚（万亩）	4 622.9	4 682.3	5 617.7	4 963.3	5 019.0
埃及（万亩）	860.6	766.3	853.0	824.5	832.7
欧洲					
种植面积（万亩）	959.4	979.3	999.9	964.0	938.9
占世界比重（%）	0.39	0.40	0.41	0.39	0.37
意大利（万亩）	329.3	341.0	351.2	351.2	344.3
大洋洲					
种植面积（万亩）	119.8	110.7	47.5	130.9	98.4
占世界比重（%）	0.05	0.05	0.02	0.05	0.04
澳大利亚（万亩）	115.0	104.5	39.9	123.3	91.7
美洲					
种植面积（万亩）	9 888.2	9 304.2	9 270.5	9 037.5	9 191.5
占世界比重（%）	4.01	3.81	3.79	3.63	3.67
巴西（万亩）	3 511.3	3 207.6	2 915.9	3 009.3	2 792.0
美国（万亩）	1 780.4	1 563.1	1 880.0	1 441.1	1 769.5

数据来源：联合国粮农组织（FAO）统计数据库。

表 8-11　2014—2018 年世界水稻总产

区域	年份				
	2014	2015	2016	2017	2018
世界（万 t）	74 245.4	74 590.5	75 188.5	76 982.9	7 8200.0
亚洲					

（续表）

区域	年份				
	2014	2015	2016	2017	2018
总产量（万t）	66 924.2	67 331.4	67 767.4	69 696.4	70 539.3
占世界比重（%）	90.14	90.27	90.13	90.53	90.20
中国（万t）	20 650.7	21 214.2	21 109.4	21 267.6	21 212.9
印度（万t）	15 720.0	15 654.0	16 370.0	16 850.0	17 258.0
泰国（万t）	3 262.0	2 770.2	2 531.2	3 268.8	3 219.2
印度尼西亚（万t）	7 084.6	7 539.8	7 935.5	8114.9	8 303.7
孟加拉国（万t）	5 180.7	5 180.5	5 045.3	5 414.8	5 641.7
日本（万t）	1 054.9	998.6	1 005.5	978.0	972.8
越南（万t）	4 497.4	4 509.1	4 311.2	4 276.4	4 404.6
缅甸（万t）	2 642.3	2 621.0	2 567.3	2 562.5	2 541.8
柬埔寨（万t）	932.4	933.5	995.2	1 035.0	1 064.7
巴基斯坦（万t）	1 050.4	1 020.2	1 027.4	1117.5	1 080.3
非洲					
总产量（万t）	3 075.1	3 085.0	3 332.4	3 181.2	3 317.4
占世界比重（%）	4.14	4.14	4.43	4.13	4.24
尼日利亚（万t）	600.3	625.6	756.4	660.8	680.9
埃及（万t）	546.7	481.8	530.9	496.1	490.0
欧洲					
总产量（万t）	396.5	422.4	423.9	414.3	402.3
占世界比重（%）	0.53	0.57	0.56	0.54	0.51
意大利（万t）	138.6	151.8	158.7	159.8	151.2
大洋洲					
总产量（万t）	83.0	70.0	28.6	82.0	64.6
占世界比重（%）	0.11	0.09	0.04	0.11	0.08
澳大利亚（万t）	81.9	69.0	27.4	80.7	63.5
美洲					
总产量（万t）	3 766.7	3 681.6	3 636.1	3 609.0	3 876.4
占世界比重（%）	5.07	4.94	4.84	4.69	4.96
巴西（万t）	1 217.6	1 230.1	1 062.2	1 246.5	1 174.9
美国（万t）	1 008.0	872.5	1 016.7	808.4	1 017.0

数据来源：联合国粮农组织（FAO）统计数据库。

表 8 - 12　2014—2018 年世界水稻单位面积产量　　　（单位：kg/亩）

区域	年份				
	2014	2015	2016	2017	2018
世界	301.3	305.8	307.6	309.0	311.9
亚洲	310.0	315.1	318.5	318.9	321.9
中国	454.2	459.4	457.7	461.1	468.4
印度	237.6	240.5	252.7	256.5	258.5
泰国	203.9	190.0	194.0	207.5	206.2
印度尼西亚	342.3	356.1	349.1	344.3	346.1
孟加拉国	302.5	303.5	305.8	310.8	315.8
日本	446.5	442.1	453.2	444.7	441.2
越南	383.6	384.0	371.6	369.8	387.9
缅甸	256.4	258.1	254.5	253.3	252.7
柬埔寨	214.8	223.2	227.1	232.6	238.1
巴基斯坦	242.3	248.3	251.4	256.8	256.3
非洲	156.9	155.3	155.9	155.6	155.3
尼日利亚	129.9	133.6	134.6	133.1	135.7
埃及	635.3	628.7	622.4	601.6	588.4
欧洲	413.2	431.4	424.0	429.7	428.5
意大利	421.0	445.2	452.0	455.0	439.2
大洋洲	692.4	632.6	602.2	626.4	656.4
澳大利亚	712.2	660.7	685.9	654.7	692.4
美洲	380.9	395.7	392.2	399.3	421.7
巴西	346.8	383.5	364.3	414.2	420.8
美国	566.1	558.1	540.8	561.0	574.7

数据来源：联合国粮农组织（FAO）统计数据库。

第九章　中国水稻种业发展动态

2019 年，国家继续深化种业体制机制改革，优化种业发展环境，提升种业自主创新力、持续发展力和国际竞争力，优化种子供给质量结构，推动现代种业发展，保障国家粮食安全。全国杂交水稻和常规水稻制种面积 311 万亩，比 2018 年减少 29 万亩，其中杂交稻制种面积比 2018 年减少 18％，常规稻制种面积比 2018 年增长 1％。杂交水稻种子供过于求程度有所缓解，常规稻种子仍然供需平衡有余。水稻种子市场价格基本稳定，水稻种业市场规模基本保持稳定。国内水稻种业企业竞争力不断增强，企业面对激烈市场竞争在科技研发、区域资源利用和国际化布局等方面有了进一步探索。

第一节　国内水稻种业发展环境

2019 年，国家将农业种质资源作为保障国家粮食安全与重要农产品供给的战略性资源，将其视为农业科技原始创新与现代种业发展的物质基础，复杂的国际局势对国内种业发展提出更高要求。国家继续深化种业体制机制改革，优化种业发展环境，提升种业自主创新力、持续发展力和国际竞争力，优化种子供给质量结构，推动现代种业发展，保障国家粮食安全。

一、水稻种业供过于求程度有所缓解

我国水稻亩均用种量基本稳定，在水稻种植面积稳定的情况下全年种子市场需求基本稳定。2019 年，我国水稻制种面积和产量均有所下降，其中杂交稻制种面积调减，单产有所提高，总产小幅下降；常规稻制种面积略增，单产下降，总产也小幅下降。杂交水稻种子生产进一步向制种优势区域、优质品种集中，制种结构进一步优化。预计2020 年我国水稻种子需求基本保持稳定，杂交水稻种子供过于求程度有所缓解，常规稻种子仍然供需平衡有余。

二、水稻种业市场受政策影响明显

2019 年 2 月，农业农村部发布《2019 年种植业工作要点》，明确提出要坚持优化供给，持续推进种植结构调整，继续适当调减低质低效区水稻种植，调减东北地下水超采区井灌稻种植。同时，明确提出增加绿色优质农产品供给，大力发展优质稻米，提高种植效益。与此同时，2019 年国家继续在稻谷主产区实行最低收购价政策，早籼稻、中

晚籼稻和粳稻最低收购价格分别为 120 元/50kg、126 元/50kg 和 130 元/50kg，保持 2018 年水平不变。种粮成本持续增长，种植效益继续下滑，影响农民水稻种植积极性。2019 年，全国水稻种植面积 44 541.0 万亩，比 2018 年减少 743.2 万亩，对生产用种量造成影响。其中，早稻种植面积减至 6 675.0 万亩，比 2018 年减少 512.0 万亩。

三、水稻种业市场主体面临挑战

2019 年水稻种业企业发展面临较大挑战。在整体市场规模保持稳定的情况下，市场参与主体经营遇冷，整体业绩表现不佳，但主要企业在研发投入、自主创新、国际化进程等方面进行了积极探索。水稻种业企业积极培育核心研发育种能力，不断增强专利保护意识。种业企业探索延长水稻产业上下游链条，提升企业经营效益，积极探索产业集聚效应的规模化优势，在海南等多地利用优势区域和产业政策进行有益探索，同时积极布局海外市场，利用国内积累的市场与技术优势，探索海外水稻种业业务，提高种业国际竞争力。

四、种业治理能力提升保障完善

国家不断推进完善种质资源保护和管理制度。在法规完善方面，国家相关部门不断完善配套规章，推动条例修订更新，健全种子种苗质量标准。在落地保障方面，相关部门强化市场监管和知识产权保护，严厉打击假冒侵权等违法行为，激励自主创新、原始创新，推进种业放管服改革，加大财税、金融政策扶持力度，强化种业可追溯管理和大数据服务，不断优化产业发展环境。全国种子管理机构改革基本完成，其中中央和省级层面已经初步完成，部省两级种业行政管理机构首次得到健全，但市县改革多数尚未完成。

五、水稻绿色品种指标体系出台

为深入推进农业供给侧结构性改革，构建资源节约型、环境友好型生产体系，培育"少打农药、少施化肥、节水抗旱、优质高产"的绿色水稻品种，促进绿色高效品种推广应用。2019 年 5 月，农业农村部种业管理司发布《关于印发水稻、玉米、小麦、大豆绿色品种指标体系的通知》，其中水稻绿色品种基本条件是原则上近 3 年通过国家或省级审定，目前生产上年推广面积≥100 万亩。水稻绿色品种主要包括环境友好型绿色品种（抗稻瘟病绿色品种、抗褐飞虱绿色品种、抗稻曲病绿色品种、兼抗绿色品种和重金属镉积累绿色品种），资源节约型绿色品种（节水绿色品种、节肥绿色品种），水稻品质优良型绿色品种（产量与生产主推品种产量相当，品质达部二级标准；产量比主推品种减 5%，品质达部一级标准）。

第二节　国内水稻种子生产动态

2019 年国内水稻生产基本稳定。新品种审定加速，杂交稻制种面积调减，单产有所提高，总产小幅下降；常规稻制种面积略增，单产下降，总产也小幅下降。杂交水稻种子生产进一步向制种优势区域、优质品种集中，制种结构得到进一步优化。

一、2019 年国内水稻种子生产情况

（一）杂交水稻种子生产情况

2019 年，杂交水稻制种收获面积 138 万亩（图 9-1），比 2018 年减少 31 万亩，减幅高达 18%；其中早稻制种面积 18 万亩、中稻 85 万亩，晚稻 35 万亩，分别比 2018 年减少 15 万亩、12 万亩和 4 万亩，减幅分别为 46%、12%、10%；两系杂交稻制种收获面积 58 万亩，比 2018 年减少 17 万亩，三系杂交稻制种收获面积 80 万亩，比 2018 年减少 14 万亩。全国杂交水稻制种单产为 173kg/亩，略高于 2018 年，处于历史较高水平（图 9-2）。全国新产种子约 2.4 亿 kg，比 2018 年减少 18%，其中新产早稻种子 3 166 万 kg、中稻种子 14 647 万 kg、晚稻种子 5 959 万 kg，分别比 2018 年减少 50%、5%、16%；两系杂交稻新产种子 9 890 万 kg，三系杂交稻新产种子 13 882 万 kg，分别比 2018 年减少 22%、14%。

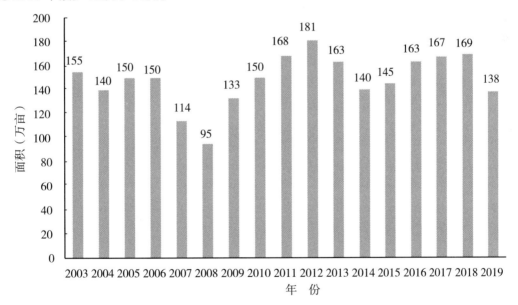

图 9-1　2003—2019 年全国杂交水稻种子制种面积变化

数据来源：全国农业技术推广服务中心。

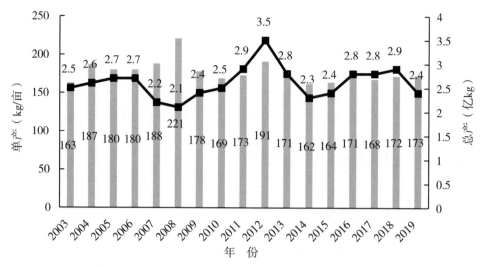

图 9 - 2 2003—2019 年全国杂交水稻种子单产与总产变化
数据来源：全国农业技术推广服务中心。

（二）常规稻种子生产情况

全国常规稻制种收获面积 173 万亩，比 2018 年略增 2 万亩，收获种子 8.64 亿 kg，比 2018 年减少 0.18 亿 kg，黑龙江、湖北、江西部分常规稻制种基地因暴雨等不利天气影响造成单产下降。

总体分析，我国水稻种业在市场需求和政策引导双轮驱动下，制种结构不断优化，制种数量有所下降。优质稻产业加速发展，推动制种结构加速优化，优质、抗性好、高产、宜轻简化栽培品种制种面积逐步占据主导地位。杂交水稻种业进入结构性转型期，C 两优系列等近年来推广面积大但优质特点不突出的品种、Ⅱ优系列和冈优系列等推广时间较长的普通品种制种面积出现大幅下降，野香优、荃优、泰丰优、宜香优系列等优质稻品种，甬优系列等具备产量优势的品种制种面积稳中有升。

二、2019 年水稻种子供需形势

（一）杂交水稻种子供过于求

尽管 2019 年杂交稻制种面积减少、制种数量下降，但是杂交水稻种子供过于求的局面仍然没有彻底改观，行业转型压力仍然较大。从总供给看，2019 年杂交水稻制种面积大幅调减，单产略高于 2018 年，新收获种子 2.4 亿 kg，加上期末有效库存 1.6 亿 kg，2020 年可供种子总量仍然保持在 4 亿 kg 左右高位（图 9-3）。从总需求看，优质常规稻挤压效应持续，直播稻、再生稻面积继续增加，稻田综合种养也在一定程度上减少水稻种植面积；同时，国家公布的 2019 年稻谷最低收购价保持不变，但实际收购中部分地区达不到该收购价格，加之水稻实现大规模优质优价仍需一个过程，农民种植水稻的比较效益偏低，种植积极性不高，杂交水稻种植面积继续呈现小幅下降趋势，亩用种量保持稳定，2019 年总用种量保持在 2.1 亿～2.2 亿 kg，出口数量稳定在 3 000 万 kg 左右，期末余种仍在 1.6 亿 kg 左右，供过于求的程度不减。从市场走势看，全国杂交水稻种子市场滞销品种大规模转商出清、优质品种市场规模迅速扩张并行的态势已经确立，水稻种业结构转型阵痛加剧，库存积压品种的市场份额继续大幅下降，优质食味品种份额持续加大、扩张速度或更加迅猛，种子价格分化继续加剧，但各地需重点关注优质品种大面积种植存在的生产和市场风险。

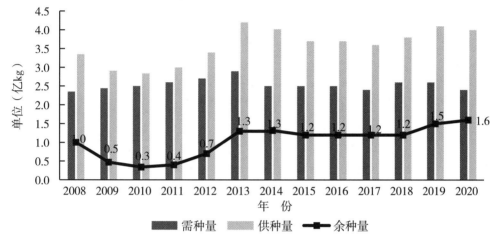

图 9-3　2008—2020 年全国杂交水稻种子供需情况

数据来源：全国农业技术推广服务中心。

（二）常规稻种子供需平衡有余

2019 年全国常规稻制种收获面积 173 万亩，比 2018 年略增 2 万亩，收获种子 8.64 亿 kg，比 2018 年减少 0.18 亿 kg。受优质稻持续快速发展、"种子＋"全产业链融合发展模式实践增多、"水稻＋"新型生产模式推广范围扩大等因素影响，预计 2020 年常规稻种植面积稳中有增，商品种子需求量 7.3 亿 kg 左右，常规稻种子供给平衡有余。

第三节　国内水稻种子市场动态

一、国内水稻种子市场情况

（一）水稻种子市场价格

商品种子价格受生产成本、粮价政策、供求关系、作物种类及品种、销售时间、销售区域、种子企业与零售商策略等多种因素影响。2013 年以来，全国杂交水稻种子市场零售价总体呈稳中略升态势；受近年来种植面积逐步扩大影响，常规稻种子市场零售价总体呈上升趋势。2019 年杂交水稻种子市场零售价格为 59.66 元/kg，比 2018 年上涨 2.17 元/kg；2019 年常规稻种子市场价格为 8.07 元/kg，比 2018 年上涨 0.28 元/kg（图 9-4）。

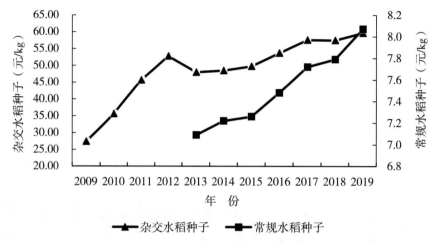

图 9-4　2009—2019 年全国杂交水稻种子和常规水稻种子价格

数据来源：全国农业技术推广服务中心。

（二）水稻种子市场规模

根据 2019 年度我国水稻商品种子使用量、种子价格等进行测算，2019 年水稻种子市值约 187.01 亿元，其中杂交水稻种子市值达到 133.70 亿元，常规水稻种子市值达 53.31 亿元。2019 年杂交水稻市值排名前五的省份依次为安徽、湖南、广西、湖北和四川，常规水稻市值排名前五的省份依次为黑龙江、江苏、安徽、吉林和江西。

二、水稻种子国际贸易情况

根据国家海关统计数据，2019 年我国水稻种子出口量为 1.75 万 t，比 2018 年减少 0.28 万 t，减幅 13.7%；出口金额 6 310.4 万美元，比 2018 年减少 655.2 万美元，减幅 9.4%（表 9-1）。整体看，2019 年水稻种子出口数量和出口金额均明显下降，出口单位金额有所上升。

表 9-1　2015—2019 年中国水稻种子出口贸易情况

年份	数量（万 t）	比上年涨幅（%）	金额（万美元）	比上年涨幅（%）
2015	1.87	-7.5	5 810.7	-8.3

（续表）

年份	数量（万 t）	比上年涨幅（％）	金额（万美元）	比上年涨幅（％）
2016	2.30	23.0	7 434.9	27.9
2017	1.63	−29.1	5 502.8	−26.0
2018	2.03	24.5	6 965.6	26.6
2019	1.75	−13.7	6 310.4	−9.41

数据来源：国家海关。

按照出口国国别统计，2019 年我国水稻种子出口量最大的国家为巴基斯坦，出口量达 1.05 万 t，比 2018 年增加 0.18 万 t，增幅 20.7％，占我国杂交水稻种子出口总量的 59.95％；第二是越南，杂交水稻种子出口 0.37 万 t，比 2018 年减少 0.20 万 t，减幅 35.1％，占我国杂交水稻种子出口总量的 21.25％；第三是菲律宾，杂交水稻种子出口 0.23 万 t，比 2018 年减少 0.34 万 t，减幅 59.6％，占我国杂交水稻种子出口总量的 12.93％；出口孟加拉国、尼泊尔杂交水稻种子数量分别为 0.07 万 t 和 0.01 万 t，分别占我国杂交水稻种子出口总量的 3.74％和 0.60％（表 9-2）。

表 9-2　2019 年中国水稻种子主要出口国家情况

国家	数量（万 t）	占比（％）
巴基斯坦	1.05	59.95
越　南	0.37	21.25
菲律宾	0.23	12.93
孟加拉国	0.07	3.74
尼泊尔	0.01	0.60

数据来源：国家海关。

第四节　国内水稻种业企业发展动态

一、国内水稻种业企业概况

2011 年以来，随着国务院出台《关于加快推进现代农作物种业发展的意见》，种子企业作为商业化育种体系主体的地位得以明确，行业准入门槛大幅提高，鼓励和支持育繁推一体化的大型种子企业进行行业兼并和重组，种业行业逐渐迎来高速发展期。企业兼并重组不断加快，种子研发、生产的集中度明显提升。2016 年，全国持有效经营许可证的种业企业数量 4 316 家，比 2011 年减少 2 675 家，此后企业数量又呈增长趋势。截至 2019 年 12 月，全国持有效经营许可证的种业企业数量为 6 393 家（图 9-5），比

2018年增加730家，其中经营水稻种子的企业1 074家，占种业企业数量的16.8%，比2018年增加34家。

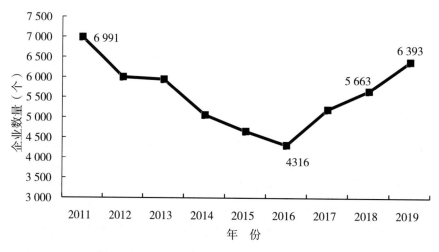

图9-5　2011—2019年全国种子企业数量变化

从全国水稻种子经营销售量情况看，2019年国内销售本企业杂交水稻商品种子销售量前5名、前10名、前20名企业销售数量分别为6 472万kg、8 337万kg、11 377万kg，分别占全国杂交水稻商品种子使用量（22 414万kg）的28.87%、37.19%、50.76%，分别比2018年降低了6.87、7.35、7.14个百分点。2019年国内销售本企业常规水稻商品种子销售量前5名、前10名、前20名的企业种子销售数量分别为19 510万kg、28 495万kg、34 916万kg，分别占全国常规水稻商品种子使用量（66 078万kg）的29.53%、43.12%、52.84%，与2018年相比，前5名销售量占比下降了0.34个百分点，前10名、前20名企业销售数量占比分别增加了1.71、2.13个百分点。

企业研发投入方面，2019年种子企业科研总投入为45.68亿元，同比增长5.44亿元，占销售额的比重达到7.98%。在研发产出方面，2019年企业选育国审水稻品种324个（次），占比91.01%，比2018年增加10.55个百分点。

二、上市水稻种子企业经营业绩

近年来，种业公司依靠深化核心技术，下沉渠道布局等研产销强化优势，吸引资本市场支持，实现业务拓展与产业升级，截至2019年12月，我国种业企业上市公司达41家，其中主板上市企业8家，中小板1家，创业板2家，新三板上市30家。种业企业市场表现活跃，赢得资本市场关注。

截至2019年年底，我国经营水稻业务的A股上市企业有6家，分别是袁隆平农业高科技股份有限公司（简称隆平高科）、江苏省农垦农业发展股份有限公司（简称苏垦农发）、中农发种业集团股份有限公司（简称农发种业）、黑龙江北大荒农业股份有限公司（简称北大荒）、合肥丰乐种业股份有限公司（简称丰乐种业）、安徽荃银高科种业股份有限公司（简称荃银高科）和海南神农基因科技股份有限公司（简称神农科技），其中以水稻种子业务为主营业务的主要有隆平高科、丰乐种业、荃银高科、神农科技四家上市企业。在全国中小企业股份转让系统（简称新三板）挂牌的种业企业有 30 家，经营水稻业务的新三板公司主要有：北大荒垦丰种业股份有限公司（简称垦丰种业）、四川西科种业股份有限公司（简称西科种业）、新疆金丰源种业股份有限公司（简称金丰源）、重庆帮豪种业股份有限公司（简称帮豪种业）、湖北中香农业科技股份有限公司（简称中香农科）、江苏中江种业股份有限公司（简称中江种业）、湖南桃花源农业科技股份有限公司（简称桃花源）、江苏红旗种业股份有限公司（简称红旗种业）、上海天谷生物科技股份有限公司（简称天谷生科）、江苏红一种业科技股份有限公司（简称红一种业）等。

根据各公司发布的 2019 年年度报告，营业总收入前三位的依次为隆平高科、丰乐种业、垦丰种业，其中，隆平种业 2019 年营业总收入达 31.3 亿元，丰乐种业 2019 年营业总收入 24.04 亿元，垦丰种业 2019 年营业总收入 13.8 亿元。表 9-3 中所列企业中，仅有丰乐种业保持了营业总收入与净利润正向增长，荃银高科 2019 年营业收入实现正向增长。

表 9-3　2017—2019 年 A 股及部分新三板上市公司经营业绩情况[1]

（单位：亿元、%）

公司名称	项目	2017 年		2018 年		2019 年	
		数额	增长率	数额	增长率	数额	增长率
隆平高科	营业总收入	31.90	38.73	35.80	12.19	31.3	-12.57
	净利润	8.92	77.86	9.03	1.20	-1.85	-120.47
丰乐种业	营业总收入	14.47	18.81	19.27	33.17	24.04	24.75
	净利润	0.15	-34.18	0.57	280.00	0.64	12.28
神农科技	营业总收入	4.51	-61.06	1.72	61.92	1.12	-34.88
	净利润	0.01	-95.59	0.17	1 249.21	-3.38	-2 088.24
荃银高科	营业总收入	9.47	25.12	9.16	-3.32	11.54	25.98
	净利润	0.97	84.94	0.93	-4.12	0.87	-6.45
垦丰种业*	营业总收入	14.27	-15.86	16.52	15.78	13.80	-16.46
	净利润	1.22	-64.89	1.72	41.15	1.23	-28.49
红旗种业*	营业总收入	2.59	9.82	2.48	-4.02	2.20	-11.19
	净利润	0.04	-59.43	0.03	-18.60	0.03	-1.19

[1]　注：表中标有"*"企业为新三板上市企业，下表同。

（续表）

公司名称	项目	2017年		2018年		2019年	
		数额	增长率	数额	增长率	数额	增长率
桃花源*	营业总收入	0.93	18.48	0.57	-38.19	0.25	-56.14
	净利润	0.14	29.53	0.10	-32.78	-0.40	-513.20
天谷生物*	营业总收入	0.46	124.85	0.63	206.97	0.77	22.22
	净利润	0.11	235.73	0.15	36.36	0.14	-7.47

数据来源：上市公司年度报告。

从种子业务来看，种子收入位居前5位的企业依次为隆平高科、垦丰种业、荃银高科、丰乐种业，隆平高科种子业务收入达25.73亿元，其中水稻种子收入占比48.81%，较去年出现大幅下滑。毛利率方面，2019年种子业务毛利率最高的为垦丰种业，种子业务毛利率达45.11%；第二为荃银高科，种子业务毛利率为43.82%，第三为丰乐种业，种子业务毛利率为43.82%。此外，神农科技出现负毛利率，桃花源毛利率出现大幅下滑（表9-4）。

表9-4 2017—2019年部分上市公司水稻种子经营情况（单位：亿元、%）

公司名称	2017年种子业务			2018年种子业务			2019年种子业务		
	收入	毛利率	水稻业务占比	收入	毛利率	水稻业务占比	收入	毛利率	水稻业务占比
隆平高科	25.10	43.10	77.37	32.51	45.19	65.36	25.73	37.85	48.81
荃银高科	7.36	42.93	75.68	7.82	45.01	79.28	9.22	43.82	74.51
丰乐种业	2.7	33.5	—	2.8	34.5	—	4.1	42.1	—
神农科技	2.05	45.32	84.87	1.24	1.5	95.16	0.92	-36.16	97.61
垦丰种业*	13.11	36.19	41.4	15.1	40.62	34.2	12.79	45.11	43.32
红旗种业*	2.56	13.46	70.70	2.45	15.19	74.69	2.15	15.30	74.42
桃花源*	0.93	40.16	100	0.57	48.09	100	0.25	4.29	100
天谷生物*	0.46	49.85	100	0.63	45.89	99.54	0.76	40.78	100

数据来源：上市公司年度报告。

三、国内水稻种子企业经营动态

面对日趋激烈的行业竞争，水稻种业企业不断提升自身竞争力，深入挖掘产业链和海内外市场价值，向以育繁推一体化、全产业链和跨界融合为代表的集团化，以联结小农户、大市场和科研院所的平台化，以开放、交流、探索创新的国际化的方向不断发展。

(一) 种业企业竞争力显著提高

2019年，国内市场收并购事件较为频发，水稻种业市场集中度有所提高，同时水稻种业企业科研投入加大，企业竞争力不断提升。随着企业兼并重组加快，目前我国已经拥有一批销售额超过10亿元、20亿元、30亿元的骨干种业企业。企业研发投入持续增加，创新能力明显增强。受市场行情影响，研发投入绝对量没有大幅上涨，但占比持续提高。

(二) 科研主体转型发展

公司自主育种队伍不断完善，科企合作进一步加深，育种实力不断增强。新品种权申请、授权数量中企业所占比例进一步提高，种子企业2018年申请的新品种保护数量比过去五年翻了一番，在申请总量中的比重超过50%，种业企业成为品种申请主体。

育种方向将作出重大调整，抗病、丰产、优质、抗倒成为新品种的标准配置，部分地区耐高温、抗穗萌等也成为基本条件，企业、育种家在输出品种上由求数量转向重质量。同时，以生物组学、合成生物学等为代表的前沿学科揭示了性状形成机理，理论突破正在形成，以基因编辑、全基因组选择等为代表的技术加快进步，使育种定向改良更加便捷，育种效率几何级增长，育种由随机朝定向、可设计转变，品种"按需定制"正成为现实，种业发展也将迎来"跨界融合"阶段。

(三) 种业企业关注产业链价值

在努力提升种业自身竞争力的同时，水稻种业企业深入挖掘产业链价值，关注产业链聚合效应。种业企业在打通种业产业链条过程中，关注培育上游种植技术集成能力，提升种业实际应用价值，同时，积极布局产业链下游市场，把握并引导市场需求，增强品质溢价能力。

2019年水稻种业市场上，订单农业对种业企业传统渠道形成较大影响，单方面依靠整合下游渠道短时间内对种业企业销售可能具有快速拉动作用，但未来将面临较大种植、资金风险压力等，因此，在整合产业链价值过程中，还需要对种植端技术进行全面把握，切实帮助实现种业产业价值。

(四) 关注优势区域的平台资源

南繁在推进我国水稻种业发展中具有重要地位。2019年，全国29个省份，700多家科研单位和种子企业，近7 000名科研人员，投入到南繁工作中。参与水稻种子选育与种子生产工作中。水稻种业企业重视在优势区域的科研资源布局，积极参与建设南繁基地，将企业自身科研、生产、销售、科技交流、成果转化等与南繁基地平台资源密切关联，实现产业资源聚集的优势最大化。

（五）重视种业对外开放

2019 年 6 月 30 日，国家发布《外商投资准入特别管理措施（负面清单）（2019 年版）》、《自由贸易试验区外商投资准入特别管理措施（负面清单）（2019 年版）》和《鼓励外商投资产业目录（2019 年版）》。负面清单的不断更新，标志着中国对外开放的步伐坚定不移。其中种业相关内容，进一步表明对种业行业的放开。种业企业作为市场主体，保持了对外开放的敏感度。一方面，在研发、生产、销售等环节积极接触海外优质资源，加强对外交流与合作；另一方面，在自身科研及产品质量提升过程中，积极布局海外市场。引进吸收与有效输出同步进行，进一步推动我国种业对外开放进程。

第十章 中国稻米质量发展动态

2014年以来,我国稻米品质从发展期进入了基本能够满足消费需求下的波动期。根据农业农村部稻米及制品质量监督检验测试中心分析统计,2014年以来我国稻米品质达标率持续回升,2019年检测样品达标率达到51.8%,比2018年上升了8.2个百分点。其中籼稻达标率比2018年上升了10.1个百分点,粳稻达标率下降了2.0个百分点;整精米率、直链淀粉含量和碱消值的达标率分别比2018年上升了13.1、1.6和1.4个百分点;垩白度比2018年下降了0.2个百分点。2019年全国大部地区早稻、一季稻和双季晚稻生长期间光温水匹配较好,气象条件总体有利于水稻生长发育和品质形成。

第一节 国内稻米质量情况

2019年度农业农村部稻米及制品监督检验测试中心共检测品质全项的水稻品种样品9 412份,来自全国27个省(自治区、直辖市),依据农业行业标准NY/T 593—2013《食用稻品种品质》进行了全项检验,总体达标率为51.8%,其中,粳稻达标率为45.4%,籼稻为53.5%。

一、总体情况

2019年度的优质食用稻达标率总体比2018年上升了8.2个百分点,处于持续上升状态。其中,籼稻比2018年上升了10.1个百分点,粳稻下降了2.0个百分点;从不同来源样品看,区试类和选育类稻米品质达标率分别比2018年上升了7.3和13.3个百分点,应用类下降了2.6个百分点;从不同稻区看,华南稻区、华中稻区和西南稻区的优质食用稻达标率分别比2018年提高了4.1、12.9和4.3个百分点,北方稻区下降了0.4个百分点。

2019年检测的9 412份样品中有4 877份样品符合优质食用稻品种品质要求(3级以上),占51.8%(表10-1)。其中籼黏优质食用稻品种品质的达标率为53.5%,达2级标准以上的样品为27.2%;粳黏的达标率为45.4%,达2级标准以上样品为17.2%。

在2019年检测到的种植面积在100万亩以上的杂交水稻品种中,有宜香优2115、深两优5814、泰优398、丰两优香1号、甬优1540、桃优香占等6个品种可以达到优质食用稻2级以上水平。在历年检测到的2018年种植面积在100万亩以上杂交稻品种中食用品质达到2级以上的品种有晶两优华占、晶两优534、隆两优华占、C两优华占、两优688、天优华占、宜香优2115、深两优5814、五优308、Y两优1号、丰两优香1号、甬优1540、泰优398、桃优香占和徽两优996等15个品种,占品种总数的

55.6%，占面积的65.8%。

表10-1　优质食用稻品种品质检测评判分级情况

稻类	测评样（份）	1~2级		3级		合计	
		样品数（份）	百分率（%）	样品数（份）	百分率（%）	样品数（份）	百分率（%）
籼糯	68	7	10.3	10	14.7	17	25.0
籼黏	7 559	2 052	27.2	1 994	26.4	4 046	53.5
粳糯	121	27	22.3	31	25.6	58	47.9
粳黏	1 664	286	17.2	470	28.2	756	45.4
总计	9 412	2 372	25.2	2 505	26.6	4 877	51.8

二、不同稻区样品优质食用稻品种品质达标情况

根据《中国稻米品质区划及优质栽培》，全国31个省（自治区、直辖市）共划分为4个稻米品质产区。据此将检测样品归为华南（粤、琼、桂、闽、台）、华中（苏、浙、沪、皖、赣、鄂、湘）、西南（滇、黔、川、渝、青藏）和北方（京、津、冀、鲁、豫、晋、陕、宁、甘、辽、吉、黑、蒙、新）4个稻区。

2019年优质食用稻品种品质达标率最高的地区为华南稻区，最低的地区为华中稻区，其达标率分别为53.8%和50.6%；西南稻区与北方稻区的达标率分别为51.3%和53.4%（表10-2）。

籼稻优质稻达标率最高的是华中稻区，达标率为54.2%；华南和西南稻区次之，分别为53.8%和51.8%；北方稻区最低，达标率为46.8%。除测评样仅有3份的华南稻区外，粳稻优质稻达标率最高的是北方稻区，达到57.3%；华中稻区次之，达标率为42.7%；西南稻区的达标率最低，为36.7%。籼稻达标样品数最多的是华中稻区，有1 564份；其次是华南和西南稻区，分别有1 426份和969份；最少的是北方稻区，仅有104份。粳稻达标样品最多的稻区是华中稻区，达标577份，远高于其他稻区。其中，北方稻区粳稻达标样品数有213份，西南稻区和华南稻区分别仅有22份和2份。

表10-2　各稻区优质食用稻品种品质检测评判达标情况

稻区	稻类	测评样（份）	1~2级		3级		合计	
			样品数（份）	百分率（%）	样品数（份）	百分率（%）	样品数（份）	百分率（%）
华南	籼稻	2 650	791	29.8	635	24.0	1 426	53.8
	粳稻	3	1	33.3	1	33.3	2	66.7
	总计	2 653	792	29.8	636	24.0	1 428	53.8

（续表）

稻区	稻类	测评样（份）	1～2级		3级		合计	
			样品数（份）	百分率（%）	样品数（份）	百分率（%）	样品数（份）	百分率（%）
华中	籼稻	2 883	727	25.2	837	29.0	1 564	54.2
	粳稻	1 350	219	16.2	358	26.5	577	42.7
	总计	4 233	946	22.4	1195	28.2	2 141	50.6
西南	籼稻	1 872	485	25.9	484	25.8	969	51.8
	粳稻	60	6	10.0	16	26.7	22	36.7
	总计	1 932	491	25.4	500	25.9	991	51.3
北方	籼稻	222	56	25.2	48	21.6	104	46.8
	粳稻	372	87	23.4	126	33.9	213	57.3
	总计	594	143	24.1	174	29.3	317	53.4

三、不同来源样品优质食用稻品质达标情况

检测样品按来源将其分为 3 类：一是应用类，由生产基地、企业送样；二是区试类，由各级水稻品种区试机构送样；三是选育类，即育种家选送的高世代品系。这 3 种来源也代表了水稻品种推广应用的 3 个阶段。

总体达标率依次为：区试类＞选育类＞应用类，达标率分别为 53.1%、50.1% 和 45.6%（表 10-3）。籼稻的达标率依次为：区试类＞选育类＞应用类，分别为 53.9%、52.8% 和 47.1%。粳稻的达标率依次为：区试类＞选育类＞应用类，分别为 48.1%、43.6% 和 42.4%。

表 10-3　各类样品优质食用稻品种品质检测评判分级情况

类型	稻类	测评样（份）	1～2级		3级		合计	
			样品数（份）	百分率（%）	样品数（份）	百分率（%）	样品数（份）	百分率（%）
应用类	籼稻	442	104	23.5	106	24.0	210	47.5
	粳稻	269	45	16.7	69	25.6	114	42.4
	总计	711	149	21.0	175	24.6	324	45.6
区试类	籼稻	5 564	1 598	28.7	1 400	25.2	2 998	53.9
	粳稻	873	181	20.7	239	27.4	420	48.1
	总计	6437	1779	27.6	1639	25.5	3418	53.1

（续表）

类型	稻类	测评样（份）	1～2 级		3 级		合计	
			样品数（份）	百分率（%）	样品数（份）	百分率（%）	样品数（份）	百分率（%）
选育类	籼稻	1621	357	22.0	498	30.7	855	52.8
	粳稻	643	87	13.5	193	30.0	280	43.6
	总计	2 264	444	19.6	691	30.5	1 135	50.1

1. 华南稻区

有 2 653 份样品来源于该稻区，其中籼稻 2 650 份，而粳稻仅有 3 份，说明华南稻区适合种植籼稻品种，不适合种植粳稻品种。不同类型籼稻样品的达标率为：选育类＞区试类＞应用类（表 10－4）。华南稻区 3 份粳稻样品中 1 份来源于应用类，达标；2 份来源于区试类，均未达标。

2. 华中稻区

有 4 233 份样品来源于该稻区，其中籼稻 2 883 份，粳稻 1 350 份。不同来源籼稻样品的达标率为：选育类＞区试类＞应用类；粳稻样品为：区试类＞选育类＞应用类。

3. 西南稻区

有 1 932 份样品来源于该稻区，其中籼稻 1 872 份，粳稻 60 份。不同来源籼稻样品的达标率为：区试类＞应用类＞选育类。粳稻样品中，有 51 份来源于应用类，其达标率为 35.3%；9 份来源于选育类，其达标率为 44.4%。

4. 北方稻区

有 594 份样品来源于该稻区，其中籼稻 222 份，粳稻 372 份。不同来源籼稻样品的达标率为：应用类仅有 1 份样品，且达标，区试类 93.0%，选育类 57.1%。粳稻样品的达标率为：应用类＞选育类＞区试类。

表 10－4　不同稻区各类型样品优质食用稻品种品质达标情况

分类	稻类	华南稻区		华中稻区		西南稻区		北方稻区	
		测评样数（份）	达标率（%）	测评样数（份）	达标率（%）	测评样数（份）	达标率（%）	测评样数（份）	达标率（%）
应用类	籼	66	33.3	180	52.2	195	47.7	1	100
	粳	1	100	127	26.0	51	35.3	90	68.9
区试类	籼	2 098	53.8	1 882	54.2	1 370	54.8	214	93.0
	粳	2	0	751	47.7	0	—	120	50.8
选育类	籼	486	56.8	821	54.8	307	40.7	7	57.1
	粳	0	—	472	39.4	9	44.4	162	55.6

糙米率、整精米率、垩白度、透明度、碱消值、胶稠度和直链淀粉含量等7项指标是为《食用稻品种品质》标准的定级指标。在这些品质性状上，糙米率、垩白度、透明度、碱消值和胶稠度达标率总体较好，平均均在80％以上（表10－5）。不同来源稻米主要呈现以下特点。

1. 应用类

与其他类型样品相比，籼黏的碱消值和胶稠度的达标率均最高，分别比区试类的高1.3和0.8个百分点，分别比选育类的高0.1和0.8个百分点。糙米率的达标率仅次于区试类，居第二位，并比选育类高1.8个百分点。垩白度和直链淀粉的达标率仅次于选育类，居第二位，并分别比区试类高3.0和1.5个百分点。整精米率和透明度的达标率最低，比区试类分别低11.5和1.4个百分点，比选育类分别低1.7和2.0个百分点。

与其他类型样品相比，粳黏碱消值和胶稠度的达标率最高，比区试类分别高出9.7和0.2个百分点，比选育类分别高出0.8和2.3个百分点。糙米率、垩白度和直链淀粉的达标率仅次于区试类，居第二位，并分别比选育类高1.6、0.2和1.5个百分点。粳黏整精米率和透明度的达标率最低，比区试类分别低3.9和8.8个百分点，比选育类分别低1.0和0.3个百分点。本年度该类样品的亮点是籼黏的碱消值和胶稠度达标率分别高达84.2％和98.4％，而粳黏碱消值和胶稠度达标率分别高达97.2％和98.4％。

2. 区试类

与其他类型样品相比，籼黏糙米率和整精米率的达标率最高，比应用类分别高出0.3和11.5个百分点，比选育类分别高出2.1和9.7个百分点。透明度的达标率仅次于选育类，比应用类高1.4个百分点。胶稠度达标率和选育类的相同，比应用类低0.8个百分点。籼黏垩白度、碱消值和直链淀粉的达标率最低，分别比应用类低3.0、1.3和1.5个百分点，分别比选育类低5.4、1.2和1.8个百分点。

与其他类型样品相比，粳黏糙米率、整精米率、垩白度、透明度和直链淀粉的达标率最高，分别比应用类高0.8、3.9、6.3、8.8和13.1个百分点，并分别比选育类高2.4、2.9、6.5、8.5和14.6个百分点。粳黏胶稠度的达标率仅次于应用类，居第二位，并比选育类高2.1个百分点。粳黏碱消值的达标率最低，分别比应用类和选育类低9.7和8.9个百分点。本年度该类样品的亮点是籼黏的糙米率和整精米率达标率高达99.8％和82.2％，粳黏的糙米率、整精米率、垩白度、透明度和直链淀粉达标率高达99.6％、72.8％、91.3％、89.9％和87.1％。

3. 选育类

与其他类型样品相比，该类样品籼黏垩白度、透明度和直链淀粉的达标率最高，比应用类分别高出2.4、2.0和0.3个百分点，比区试类分别高出5.4、0.6和1.8个百分点。整精米率达标率居第二位，比应用类高1.7个百分点，比区试类低9.7个百分点。籼黏的碱消值和胶稠度仅次于应用类，其中碱消值比区试类高1.2个百分点，胶稠度与选育类的达标率相同。籼黏糙米率的达标率最低，比应用类低1.8个百分点，比区试类低2.1个百分点。

与其他类型样品相比，粳黏的整精米率和垩白度达标率仅次于区试类样品，居第二位，分别比应用类样品高 1.0 和 0.3 个百分点。其碱消值达标率仅次于应用类样品，居第二位，比区试类高 8.9 个百分点。粳黏糙米率、垩白度、胶稠度、直链淀粉的达标率最低，分别比应用类样品低 1.6、0.2、2.3、1.5 个百分点，分别比区试类低 2.4、6.5、2.1、14.6 个百分点。本年度该类样品的亮点是其籼黏垩白度、透明度和直链淀粉的达标率高达 92.6%、97.4% 和 87.5%。

表 10 - 5　不同类型样品主要品质性状指标达标情况

分类	稻类	测评样（份）	达标率（%）						
			糙米率	整精米率	垩白度	透明度	碱消值	胶稠度	直链淀粉
应用类	籼	437	99.5	70.7	90.2	95.4	84.2	98.4	87.2
	粳	254	98.8	68.9	85.0	81.1	97.2	98.4	74.0
区试类	籼	5 529	99.8	82.2	87.2	96.8	82.9	97.6	85.7
	粳	792	99.6	72.8	91.3	89.9	87.5	98.2	87.1
选育类	籼	1 593	97.7	72.4	92.6	97.4	84.1	97.6	87.5
	粳	618	97.2	69.9	84.8	81.4	96.4	96.1	72.5

四、各项理化品质指标变化及影响稻米品质因素的分析

在现行标准中采用的各项品质指标中，糙米率、整精米率、碱消值、胶稠度的数值越高，稻米的品质越好；垩白粒率、垩白度与透明度的数值越低，稻米的品质越好；直链淀粉的数值适中品质好；蛋白质的数值越高其营养品质越好，但有研究报道蛋白质含量高会影响大米口感。

籼黏和粳黏样品的主要检测项目统计结果见表 10 - 6，从中可以看出：整精米率和碱消值等品质指标为粳黏优于籼黏，垩白粒率和直链淀粉等品质指标为籼黏优于粳黏；糙米率、垩白度、透明度和胶稠度则粳黏与籼黏极为相近。

不同水稻品种间品质指标的变异以垩白度和垩白粒率较大；透明度、直链淀粉、整精米率、蛋白质、胶稠度和碱消值次之；糙米率最小。籼黏和粳黏相比，其垩白粒率和垩白度等指标的差异性较大。

垩白粒率、碱消值、整精米率和胶稠度 4 项指标，粳黏的变异明显小于籼黏。其中，粳黏整精米率和蛋白质的变异系数比籼黏低 5 个百分点以上；其碱消值的变异系数比籼黏低近 9 个百分点；其垩白粒率的变异系数比籼黏的低 30 个百分点以上。粳黏垩白度和胶稠度的变异系数比籼黏低 3～4 个百分点，而其透明度的变异系数却比籼黏高近 9 个百分点。粳黏和籼黏糙米率和直链淀粉的变异系数相近。

表 10-6 籼黏与粳黏主要检测指标统计结果

稻类	项目	糙米率(%)	整精米率(%)	垩白粒率(%)	垩白度(%)	透明度(级)	碱消值(级)	胶稠度(mm)	直链淀粉(%)	蛋白质(%)
籼黏 (N=7 559)	变幅	78.1~85.6	7.5~74.1	0~99	0.0~34.1	1~5	3.0~7.0	30~97	8.1~27.8	5.3~15.4
	平均值	81.0	58.5	17.7	2.4	1.5	6.0	72.8	17.3	7.4
	CV(%)	1.8	19.1	100.0	123.6	39.7	16.2	12.0	17.8	15.1
粳黏 (N=1 661)	变幅	73.0~88.9	11.7~79.1	0~92	0.0~68.5	1~5	4.0~7.0	46~96	7.8~31.3	5.74~10.4
	平均值	83.0	65.1	22.8	2.7	1.8	6.8	73.4	15.7	7.6
	CV(%)	2.0	13.1	69.4	119.3	48.7	7.5	8.6	18.4	10.0

不同类型样品各检测指标的统计结果（表10-7）：从平均值来看，不同来源样品的糙米率差异不大；籼黏整精米率评价从高到低的顺序为：区试类＞应用类、选育类，不同来源粳黏的整精米率差异不大；籼黏的垩白粒率和垩白度为：选育类优于应用类优于区试类，粳黏的垩白粒率和垩白度分别为：区试类优于应用类优于选育类；籼黏的透明度（1.5~1.6）优于粳黏（1.7~1.8），而粳黏的碱消值（6.7~6.9）优于籼黏（5.9~6.0），其不同类型间差异均不大；籼黏的胶稠度为：区试类＞应用类、选育类，粳黏的为：区试类、应用类＞选育类；直链淀粉粳黏（15.3%~16.0%）低于籼黏（17.0%~17.4%），直链淀粉含量籼黏的区试类较高，粳黏的选育类较低；除了籼黏的区试类样品的平均蛋白质含量较低（7.1%）外，其余不同稻类及类型间差距不大（7.6%~7.9%）。

不同样品类型间，品质指标的变异以垩白度、垩白粒率、透明度和整精米率较大；直链淀粉、碱消值、蛋白质和胶稠度次之；糙米率最小。不同样品类型间的籼黏和粳黏相比，应用类籼黏的垩白粒率和垩白度变异系数最大，而区试类粳黏的最小；粳黏透明度的变异系数均比籼黏的大，并以应用类粳黏最大，而选育类籼黏的最小；籼黏整精米率的变异系数均比粳黏的大，并以应用类籼黏最大，而应用类粳黏的最小；籼黏碱消值的变异系数均比粳黏的大，其中籼黏不同类型样品的变异系数相当，而应用类和选育类粳黏的变异系数相当，并为最小；选育类籼黏的糙米率变异系数最大，区试类籼黏糙米率的变异系数最小；粳黏胶稠度的变异系数均比籼黏的小，并以区试类粳黏最小，而区试类和选育类籼黏的最大。

表 10-7 不同类型类样品理化检测指标统计结果

稻类	样品类型	项目	糙米率(%)	整精米率(%)	垩白粒率(%)	垩白度(%)	透明度(级)	碱消值(级)	胶稠度(mm)	直链淀粉(%)	蛋白质(%)
籼黏	应用类 (N=437)	变幅	76.3~84.6	12.6~73.5	0~97	0.0~27.6	1~4	3.0~7.0	33~86	11.0~26.9	6.02~11.0
		平均值	80.5	56.1	16.7	2.3	1.6	6.0	72.2	17.1	7.9
		CV(%)	1.6	23.0	105.1	147.0	40.8	17.1	11.4	17.4	12.5
	区试类 (N=5 529)	变幅	74.2~84.9	7.7~74.5	0~100	0.0~37.5	1~5	3.0~7.0	30~92	3.7~28.2	5.26~11.1
		平均值	81.0	59.3	18.4	2.5	1.5	6.0	73.0	17.4	7.1
		CV(%)	1.4	18.0	99.1	122.2	39.8	16.2	12.0	17.7	15.7
	选育类 (N=1 593)	变幅	20.4~86.1	6.0~74.3	0~92	0.0~22.4	1~5	3.2~7.0	35~92	7.9~27.5	5.54~11.1
		平均值	80.8	56.7	15.6	2.0	1.6	5.9	72.3	17.0	7.8
		CV(%)	2.8	21.3	100.2	116.7	38.8	16.2	12.1	18.0	13.0

（续表）

稻类	样品类型	项目	糙米率（%）	整精米率（%）	垩白粒率（%）	垩白度（%）	透明度（级）	碱消值（级）	胶稠度（mm）	直链淀粉（%）	蛋白质（%）
粳黏	应用类（N=254）	变幅	77.8~87.5	41.6~78.0	0~86	0.0~23.5	1~5	4.5~7.0	54~89	7.8~24.1	5.74~10.3
		平均值	82.7	65.2	22.5	2.8	1.8	6.9	73.6	15.8	7.7
		CV（%）	1.9	10.8	85.5	112.4	56.02	4.8	8.6	21.7	12.0
	区试类（N=792）	变幅	77.6~86.8	12.0~76.6	1~79	0.0~15.8	1~5	4.0~7.0	50~96	8.3~20.5	6.06~9.79
		平均值	83.0	65.5	22.2	2.5	1.7	6.7	73.7	16.0	7.6
		CV（%）	1.8	11.9	61.6	81.6	46.2	9.5	7.9	14.3	10.1
	选育类（N=618）	变幅	73.0~88.9	11.7~79.1	0~92	0.0~68.5	1~5	4.8~7.0	46~89	8.2~31.3	6.06~10.4
		平均值	83.1	64.6	23.8	3.0	1.8	6.8	72.8	15.3	7.6
		CV（%）	2.2	15.4	70.9	146.5	47.4	4.9	9.4	21.3	9.3

不同稻区各项检测的统计结果见表10-8与表10-9。不同稻区间糙米率、碱消值和透明度等指标的平均值基本一致（不足10份样品的稻区个别值例外）。此外，还可以看出以下几点：

（1）整精米率均符合优质食用稻标准要求。其中华中和北方稻区的籼黏整精米率差异不大，西南稻区略高而华南稻区略低；华中和北方稻区的粳黏整精米率差异不大，且均比西南稻区略高。

（2）垩白粒率与垩白度。华南稻区的籼黏较好，北方稻区的粳黏较好。

（3）直链淀粉。各稻区直链淀粉均值都已达标。其中，西南和华南稻区的籼黏和粳黏，其直链淀粉指标略好于同稻类的其他稻区。

（4）在相同稻类中糙米率、碱消值和直链淀粉在各稻区间的差异不大。对于胶稠度来说，北方稻区的籼黏和其他稻区的差异大一些，粳黏各稻区间的差异不大。对于蛋白质含量来说，西南稻区的籼黏和粳黏略低一些，华中和华南稻区的籼黏略高一些，其余差异不大。

表10-8 各稻区籼黏样品检测指标统计结果

稻区	项目	糙米率（%）	整精米率（%）	垩白粒率（%）	垩白度（%）	透明度（级）	碱消值（级）	胶稠度（mm）	直链淀粉含量（%）	蛋白质含量（%）
华南稻区（N=2 621）	变幅	58.8~85.0	7.7~74.3	0~100	0.0~27.4	1~4	3.0~7.0	33~92	7.0~28.2	5.72~11.0
	平均值	81.3	57.9	14.2	1.9	1.4	5.9	72.2	17.0	8.0
	CV（%）	1.6	18.9	120.7	149.6	37.4	17.0	12.5	16.8	11.4
华中稻区（N=2 871）	变幅	20.4~86.1	6.0~74.3	0~96	0.0~21.0	1~5	3.0~7.0	32~92	10.6~28.0	5.92~11.1
	平均值	81.0	58.6	17.2	2.4	1.6	5.9	72.2	17.3	8.0
	CV（%）	2.1	20.7	99.5	122.4	42.0	15.7	11.9	19.2	12.4

（续表）

稻区	项目	糙米率（%）	整精米率（%）	垩白粒率（%）	垩白度（%）	透明度（级）	碱消值（级）	胶稠度（mm）	直链淀粉含量（%）	蛋白质含量（%）
西南稻区（N=1 847）	变幅	73.7~85.2	10.7~74.5	0~97	0.0~37.5	1~4	3.1~7.0	36~89	3.7~27.7	5.26~11.1
	平均值	80.6	59.2	23.5	3.2	1.5	6.0	73.8	17.6	6.6
	CV（%）	1.3	16.8	78.0	98.2	36.7	15.7	11.0	16.2	10.8
北方稻区（N=220）	变幅	76.2~82.8	15.6~73.2	1~92	0.0~24.4	43 832.00	4.0~7.0	30~89	11.5~26.8	5.46~10.6
	平均值	80.2	58.8	16.6	2.0	1.5	5.8	77.7	18.2	7.3
	CV（%）	1.2	16.1	79.3	109.9	32.8	16.6	13.0	18.3	17.9

表 10-9 各稻区粳黏样品检测指标统计结果

稻区	项目	糙米率（%）	整精米率（%）	垩白粒率（%）	垩白度（%）	透明度（级）	碱消值（级）	胶稠度（mm）	直链淀粉（%）	蛋白质（%）
华南稻区（N=3）	变幅	82.9~85.6	68.7~74.7	8~47	0.7~6.6	1~1	7.0~7.0	66~72	16.7~17.6	—
	平均值	84.1	72.6	24.3	2.9	1.0	7.0	69.3	17.2	—
	CV（%）	1.6	4.6	83.2	113.3	0.0	0.0	4.4	2.6	—
华中稻区（N=1 243）	变幅	73.0~88.9	11.7~79.1	0~92	0.0~68.5	1~5	4.0~7.0	46~89	7.8~31.3	6.06~10.4
	平均值	82.9	65.1	22.8	2.8	1.9	6.7	73.4	15.2	7.6
	CV（%）	2.0	13.3	65.6	124.2	47.4	7.6	8.0	19.6	10.3
西南稻区（N=52）	变幅	79.2~86.7	48.8~76.2	6~86	0.4~23.5	1~4	5.2~7.0	56~88	12.8~22.4	6.92~6.92
	平均值	82.3	64.6	39.9	5.2	1.9	6.9	72.9	18.0	6.9
	CV（%）	1.6	9.3	60.7	90.3	35.9	5.1	10.9	10.1	—
北方稻区（N=366）	变幅	77.6~86.8	25.8~78.0	0~81	0.0~13.2	1~5	4.2~7.0	50~96	8.3~24.1	5.74~10.2
	平均值	83.5	65.4	20.3	2.3	1.4	6.8	73.5	17.0	7.6
	CV（%）	1.8	13.2	77.3	90.8	50.2	7.0	10.1	11.6	9.5

糙米率、整精米率、垩白度、透明度、碱消值、胶稠度和直链淀粉含量是影响稻米品质性状的主要指标。其中，整精米率是稻米碾磨品质的关键指标，直接影响出米率，无论何种类型的优质稻，均要求稻谷有较高的整精米率。垩白度与透明度是影响稻米外观的重要指标，直链淀粉、碱消值和胶稠度是影响稻米蒸煮食用品质的关键指标。

从表 10-10 可以看出，总体上各指标达标率高低次序是糙米率＞胶稠度＞透明度＞垩白度＞直链淀粉含量＞碱消值＞整精米率。糙米率的总体达标率为99.2%，其中籼黏99.4%，粳黏98.6%；整精米率的总体达标率为78.0%，其中籼黏79.5%，粳黏71.2%；垩白度总体达标率为88.4%，其中籼黏为88.5%，粳黏为87.9%；透明度总体达标率为94.8%，其中籼黏为96.9%，粳黏为85.4%；碱消值总体达标率为

84.9%，其中籼黏 83.3%，粳黏 92.3%；胶稠度总体达标率为 97.6%，其中籼黏 97.7%，粳黏 97.5%；直链淀粉总体达标率为 85.0%，其中籼黏 86.1%，粳黏 为 79.7%。

表 10-10 主要品质性状指标达标情况

检测项目	籼黏（$N=7\ 559$）		粳黏（$N=1\ 664$）		合计达标（$N=9\ 223$）	
	样品数	百分率（%）	样品数	百分率（%）	样品数	百分率（%）
糙米率	7 512	99.4	1 641	98.6	9 153	99.2
整精米率	6 007	79.5	1 184	71.2	7 191	78.0
垩白度	6 688	88.5	1 463	87.9	8 151	88.4
透明度	7 323	96.9	1 421	85.4	8 744	94.8
碱消值	6 294	83.3	1 536	92.3	7 830	84.9
胶稠度	7 382	97.7	1 622	97.5	9 004	97.6
直链淀粉	6 511	86.1	1 326	79.7	7 837	85.0

第二节 国内稻米品质发展趋势

农业农村部稻米及制品质量监督检测中心按照 NY/T 593—2013《食用稻品种品质》对 2015—2019 年稻米品质检测结果进行综合分析，结果表明，2015—2019 年我国稻米品质总体呈现逐步回升趋势。2015 年以来，籼黏品种品质达标率逐年提升，同比提升幅度依次为 2.9、5.3、8.3 和 10.1 个百分点，2019 年的提升率最高。2015—2019 年，粳黏优质米达标率相对平稳，2018 年达到 47.2%，为近五年最高，2019 年略降至 45.4%（图 10-1）。

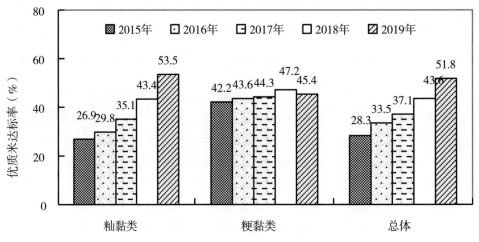

图 10-1 不同水稻类型优质食用稻米样品达标率变动情况

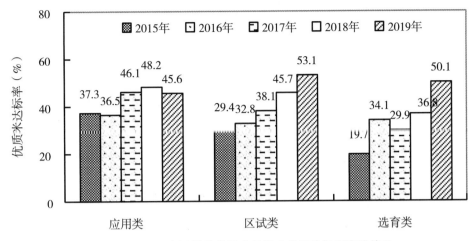

图 10-2 不同来源样品优质食用稻米样品达标率变动情况

与近 5 年结果相比，本年度区试类和选育类样品的优质食用稻米达标率均有较大幅度提高。其中，区试类的优质米达标率自 2015 年以来逐年提升，同比增幅分别达到 3.4、5.3、7.6、7.4 个百分点。2019 年，选育类的优质米达标率比 2018 年提高了 13.3 个百分点，应用类的比 2018 年和 2017 年分别低 2.6、0.5 个百分点，比 2015 年和 2016 年分别高 8.3、9.1 个百分点，居近 5 年的第三位（图 10-2）。

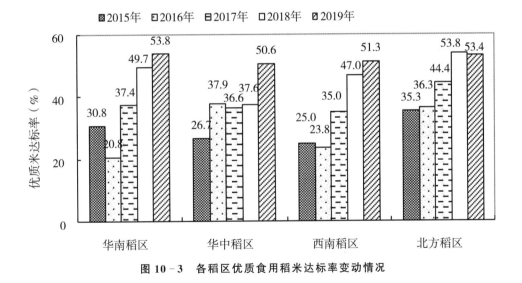

图 10-3 各稻区优质食用稻米达标率变动情况

通过对近 5 年不同稻区优质米达标率的比较发现，四大稻区的优质米达标率均有一定幅度提升（图 10-3），达标率均超过 50%。2019 年，华南稻区（53.8%）、华中稻区（50.6%）和西南稻区（51.3%）样品的优质食用稻米达标率均为近 5 年以来的最高水平；华南稻区的优质米达标率分别比 2015—2018 年提高 23.0、33.0、16.4、4.1 个百分点；华中稻区的优质米达标率分别比 2015—2018 年提高 23.9、12.7、14.0、13.0

个百分点；西南稻区的优质米达标率分别比 2015—2018 年提高 26.3、27.5、16.3、4.3 个百分点；北方稻区样品的优质米达标率（53.4%）仅略低于 2018 年（53.8%），居近 5 年以来的第二位，并分别比 2015 年、2016 年和 2017 年提高 18.1、17.1、9.0 个百分点。

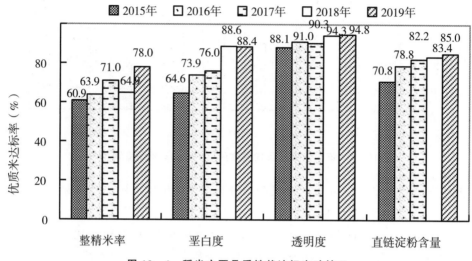

图 10-4　稻米主要品质性状达标变动情况

整精米率、垩白度、透明度和直链淀粉是决定稻米品质的关键指标。在这 4 项品质指标中，透明度的达标率一直处于较高水平，2019 年达标率高达 94.8%（图 10-4）；整精米率的达标率年度间有所波动，总体呈提高趋势，2019 年达到最高的 78.0%；直链淀粉含量的达标率从 2015 年后高位回升，2019 年达到 85.0%；垩白度达标率 2015年后开始稳步回升，2018 年达到 88.6%，2019 年为 88.4%，比 2015 年提高 23.8 个百分点。

第十一章　中国稻米市场与贸易动态

2019 年国内稻米市场价格继续偏弱运行，市场上优质稻和普通稻价格分化明显。大米贸易继 2011 年以来首次由贸易逆差转为顺差，其中大米进口 254.6 万 t，比 2018 年减少 53.1 万 t；出口 274.8 万 t，比 2018 年增加 65.9 万 t，创近十六年来新高[①]，主要是继续大幅增加出口至非洲地区的大米数量，全年大米净出口量达到 20.2 万 t。2019 年国际大米市场供需仍然宽松，市场价格小幅上涨，贸易量继续稳定增加。

第一节　国内稻米市场与贸易概况

一、2019 年我国稻米市场情况

2019 年国内稻谷产量略有减少，但仍为历史较高水平，稻米市场供给充足。2019 年国家继续在主产区实施稻谷最低收购价格政策，早籼稻、中晚籼稻、粳稻收购价格分别为 120 元/50kg、126 元/50kg 和 130 元/50kg，保持 2018 年水平不变，对市场提振作用有限，国内稻米市场继续偏弱运行，市场价格持续下跌，特别是粳稻市场走势明显弱于 2018 年。谷价下跌、生产用工成本增加，种稻效益继续下降，农民生产积极性受到影响。

（一）2019 年国内稻谷市场收购价格走势

2019 年，国内稻米市场在经济下行压力增大、国内稻谷供需保持宽松、低价进口大米数量保持高位等一系列因素综合影响下，市场价格持续低迷，特别是粳稻市场走势明显弱于 2018 年。据国家发改委价格监测，2019 年全国早籼稻、晚籼稻和粳稻谷平均收购价格分别为 2 387.2 元/t、2 537.2 元/t 和 2 701.7 元/t，分别比 2018 年下跌了 149.6 元/t、140.2 元/t 和 297.8 元/t，跌幅分别达到 5.9%、5.2% 和 9.9%；2019 年 12 月，早籼稻、晚籼稻和粳稻的平均收购价格分别为 2 382.5 元/t、2 513.9 元/t 和 2 624.9 元/t，分别比 2018 年同期下跌 3.0%、4.3% 和 11.9%（图 11-1）。分不同季度看：

1. 第一季度（1—3 月）

国内稻米市场整体呈现平稳略降走势。截至 3 月底，政策性中晚稻拍卖尚未启动，市场处于观望状态，加之政策性库存庞大，大米企业等主体入市经营意愿不强，市场购

[①]　本数据来源于农业农村部网站，大米进出口数据中包含少量稻谷和米粉制品等；为便于分析具体进出口品种和来源，本章后文叙述中大米进出口数据均采用海关总署数据进行分析，其中进口大米 250.6 万 t，仅包含精米、糙米和碎米，不包含稻谷和米粉制品。

销略显清淡，市场走势稳中偏弱。2 月国家公布 2019 年稻谷最低收购价格，其中早籼稻、中晚籼稻、粳稻收购价格分别为 120 元/50kg、126 元/50kg 和 130 元/50kg，保持2018 年水平不变，对市场提振作用有限。3 月国内早籼稻、晚籼稻、粳稻收购价格分别为 2 405.8 元/t、2 557.5 元/t 和 2 734.0 元/t，分别比 1 月下跌 12.9 元/t、6.7 元/t 和25.9 元/t，跌幅分别为 0.5% 和 0.3% 和 0.9%。

2. 第二季度（4—6 月）

进入第二季度，稻米进入市场传统消费淡季，同时政策性稻谷拍卖底价下调，投放量增加，越南、泰国、巴基斯坦等国家低价大米也持续进口到港，对国内稻谷市场特别是籼稻市场形成一定压制，稻谷收购行情全面走弱、市场价格快速下跌。6 月国内早籼稻、晚籼稻、粳稻收购价格分别为 2 360.1 元/t、2 538.0 元/t 和 2 710.0 元/t，其中早籼稻、晚籼稻收购价格分别比 4 月下跌 41.3 元/t 和 14.7 元/t，跌幅分别为 1.7% 和0.6%，粳稻收购价格比 4 月上涨 6.4 元，涨幅 0.2%。

3. 第三季度（7—9 月）

进入第三季度，稻谷市场处于新旧粮交替之际，受终端需求低迷及政策性稻谷拍卖等因素影响，市场购销比较清淡，企业等主体入市操作谨慎。总体看，随着早籼稻最低收购价执行预案在安徽、江西和湖南 3 省陆续启动，早籼稻收购价格止跌反弹，粳稻、晚籼稻收购市场偏弱运行。9 月国内早籼稻、晚籼稻、粳稻收购价格分别为 2 382.7元/t、2 514.1 元/t 和 2 701.8 元/t，其中早籼稻收购价格比 7 月上涨 23.7 元/t，涨幅为1.0%，晚籼稻和粳稻收购价格分别下跌 20.5 元/t 和 10.1 元/t，跌幅分别为 0.8%和 0.4%。

4. 第四季度（10—12 月）

进入 10 月，新季中晚籼稻和粳稻陆续上市，市场供应迅速增加，在托市收购政策影响下，国内稻谷收购市场走势略有好转，但总体仍呈偏弱运行。市场上优质优价明显，尽管 2019 年普通稻市场低迷，但各地对优质食味稻品种普遍采取加价收购，如黑龙江对绥粳 18 出台了 3.12 元/kg 的指导价，广东也提出对美香占 2 号加价 0.4 元/kg收购。12 月，早籼稻、晚籼稻、粳稻收购价格分别为 2 382.5 元/t、2 513.9 元/t 和2 624.9 元/t，其中早籼稻和晚籼稻收购价格与 10 月相比基本持平，粳稻收购价格比 10月份下跌 43.7 元/t，跌幅 1.6%。

（二）2019 年国内大米市场批发价格走势

全年大米批发市场走势总体呈现弱势运行格局，价格水平明显低于 2018 年，其中晚粳米批发价格下跌明显。2019 年，全国标一早籼米、晚籼米、晚粳米平均批发价格分别为 3 757.5 元/t、4 081.2 元/t 和 4 140.5 元/t，分别比 2018 年下跌 51.4 元/t、39.6元/t 和 285.2 元/t，跌幅分别为 1.4%、1.0% 和 6.4%。

1. 标一早籼米

2019 年，早籼稻面积、产量继续下降，但供给宽松格局未变，早籼米批发市场价

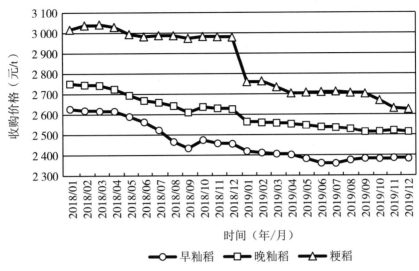

图 11-1 2018—2019 年全国粮食购销市场稻谷月平均收购价格走势

数据来源：国家发改委价格监测中心。

格年内整体呈现振荡下跌态势。节日效应对年初早籼米批发价格市场走势并未造成明显
影响，1—6 月早籼米市场价格持续下滑，6 月跌至 3 643.1 元/t，比 1 月下跌 118.7 元/
t，跌幅 3.2%。受农民主动进行结构调整、部分地区播种移栽期间气候条件较差等因素
影响，2019 年早稻播种面积、单产和总产均明显下降。7 月以后，受新季早籼稻陆续集
中上市，各类学校开学，以及中秋、国庆节日消费拉动等因素影响，大米采购需求有所
增加，早籼米批发价格呈快速上涨趋势，10 月涨至 4 035.2 元/t，比 6 月上涨 10.8%。
国庆消费小高峰过后，新季早籼米陆续上市后市场供给充裕，价格逐步回落，12 月早
籼米批发价格跌至 3 626.1 元/t，比 10 月下跌 409.1 元/t，跌幅达 10.1%，比 1 月下跌
135.8 元/t，跌幅 3.6%（图 11-2）。

2. 标一晚籼米

晚籼米与早籼米批发市场走势基本相同，市场价格在 3 月短暂上涨至 4 106.4 元/t
后随即持续快速下滑，至 8 月跌至 3 926.7 元/t，比 3 月下跌 179.7 元/t，跌幅 4.4%，
比 1 月下跌 144.9 元/t，跌幅 3.6%；受季节性需求拉动、南方新季晚籼稻陆续上市等
因素影响，9 月和 10 月晚籼米批发市场价格连续两个月大幅上涨，10 月涨至 4 537.0
元/t，比 8 月上涨 610.4 元/t，涨幅高达 15.5%。随着市场需求减少、新季晚籼米陆续
上市，市场供需宽松，晚籼米批发市场价格进入下行通道，12 月市场价格跌至 3 904.5
元/t，比 10 月下跌 632.5 元/t，跌幅达 13.9%，比 1 月下跌 167.1 元/t，跌幅 4.1%
（图 11-2）。

3. 标一晚粳米

粳米市场价格全年整体呈波动上涨态势。1—8 月，晚粳米批发市场价格稳中略涨，
由 1 月的 4 141.9 元/t 上涨至 8 月的 4 228.9 元/t，上涨 87.0 元/t，涨幅 2.1%。9—11

月，新粮上市前陈粮价格快速下跌并低位运行，11月晚粳米批发价格跌至 4 018.3元/t，比 8 月下跌 210.6 元/t，跌幅 5.0%。尽管部分地区新季粳稻陆续上市，江苏启动粳稻托市收购，但均未对市场造成明显影响。受雨雪天气导致运输受阻以及运费上涨等因素影响，12月晚粳米批发价格小幅上涨，涨至 4 212.7元/t，比 9 月上涨 231.3 元/t，涨幅达到 5.8%，比1月上涨 70.8 元/t，涨幅为 1.7%（图 11 - 2）。

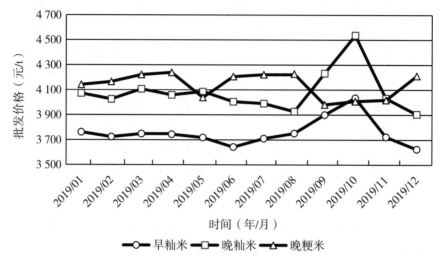

图 11 - 2　2019 年全国粮食批发市场稻米月平均批发价格走势
数据来源：国家发改委价格监测中心

（三）2019 年国内稻谷托市收购和竞价交易情况

2019 年，国内稻谷仍然呈现产大于需的格局，市场价格持续低迷，大部分主产区新季稻谷开秤价格低于国家公布的最低收购价格，最低收购价预案也相继启动。10月22 日，安徽率先启动 2019 年中晚稻最低收购价执行预案，随后，河南、湖北、四川三省自11月4日起、江苏自11月7日起、湖南自11月29日起、江西自12月10日起、黑龙江自12月12日起相继启动 2019 年中晚稻最低收购价执行预案。据统计，截至2019 年 12 月 31 日，湖北、安徽等 14 个主产区累计收购中晚籼稻数量 2 852万 t，同比减少 84 万 t；黑龙江等 7 个主产区累计收购粳稻数量 2 753万 t，同比减少 649 万 t。今年的稻谷收购形势与往年略有不同，分品种看，2019 年早籼稻继续减产，特别是由于早籼稻的储备属性，销区储备库为自身补库需求出现了"抢粮现象"，早籼稻价格"高开高走"。中晚籼稻受早籼稻价格影响，同比高开，企业积极入市收购，市场化收购占比同比提升。粳稻今年的表现最为突出，主要是东北地区农民惜售现象严重。

政策性稻谷成交达近几年最好水平。继 2018 年下调最低收购价稻谷竞价销售底价后，2019 年国家再次下调了竞价销售底价。2019 年国家政策性稻谷拍卖设置了专场拍卖环节，主要低价拍卖 2013—2014 年的陈稻为主，基于价格优势，成交大幅增加。据统计，2019 年国家政策性稻谷累计成交量 1 261.1万 t，同比增加 405 万 t；其中早籼稻累计成交量 147.4 万 t，同比增加 75.6 万 t；中晚籼稻累计成交量 488.2 万 t，同比增加 237.1 万 t；粳稻累计成交量 625.5 万 t，同比增加 92.2 万 t。

二、2019 年我国大米国际贸易情况

（一）大米进出口品种结构

2019 年，我国累计出口大米 274.8 万 t，比 2018 年增加 65.9 万 t，增幅 31.5%。出口的大米品种主要是中短粒米精米、长粒米精米和中短粒米糙米[①]，这 3 类品种出口量约占大米出口总量的 99.4%。2019 年，我国中短粒米精米出口 161.5 万 t，比 2018 年增加 34.0 万 t，增幅 26.7%，占大米出口总量的 58.8%；长粒米精米出口 93.3 万 t，增加 34.6 万 t，增幅 59.0%，占大米出口总量的 34.0%；中短粒米糙米出口 18.1 万 t，减少 1.5 万 t，减幅 7.7%，占大米出口总量的 6.6%（表 11-1）。

2019 年，我国累计进口大米 250.6 万 t，比 2018 年减少 53.1 万 t，减幅 17.5%。进口大米品种主要是长粒米精米、长粒米碎米、中短粒米精米和中短粒米碎米，这 4 类品种进口量占大米进口总量的 99.1%。2019 年，我国长粒米精米进口 181.5 万 t，比 2018 年增加 10.9 万 t，增幅 6.4%，占大米进口总量的 72.5%；长粒米碎米进口 43.7 万 t，减少 2.2 万 t，减幅 4.7%，占大米进口总量的 17.5%；中短粒米精米进口 16.5 万 t，减少 47.4 万 t，减幅 74.2%，占大米进口总量的 6.6%；中短粒米碎米进口 6.2 万 t，减少 13.6 万 t，减幅 68.5%，占大米出口总量的 2.5%（表 11-1）。

表 11-1 2018—2019 年我国大米分品种进出口统计 （单位：万 t,%）

项目	2018 年				2019 年			
	出口量	比例	进口量	比例	出口量	比例	进口量	比例
总量	208.9	100	303.7	100	274.8	100	250.6	100
种用长粒米稻谷	1.9	0.9	0	0	1.5	0.6	0.0	0.0
种用中短粒米稻谷	0.1	0.1	0	0	0.2	0.1	0.0	0.0
其他长粒米稻谷	0	0	1.6	0.5	0.0	0.0	2.0	0.8
其他中短粒米稻谷	0	0	0.2	0.1	0.0	0.0	0.3	0.1
长粒米糙米	0.1	0	1.4	0.5	0.0	0.0	0.0	0.0
中短粒米糙米	19.6	9.4	0.3	0.1	18.1	6.6	0.0	0.0
长粒米精米	58.7	28.1	170.6	56.2	93.3	34.0	181.5	72.4

① 2018 年，中国海关进出口商品名称与编码（HS Code）有所调整。调整前，进出口大米品种按照籼米、其他 2 类划分，调整后按照长粒米和中短粒米划分。即种用长粒米稻谷对应以前的种用籼稻稻谷，种用中短粒米稻谷对应以前的其他种用稻谷，依此类推。

（续表）

项目	2018 年				2019 年			
	出口量	比例	进口量	比例	出口量	比例	进口量	比例
中短粒米精米	127.5	61	63.9	21.1	161.5	58.8	16.5	6.6
长粒米碎米	1	0.5	45.9	15.1	0.0	0.0	43.7	17.5
中短粒米碎米	0.1	0	19.8	6.5	0.1	0.0	6.2	2.5

数据来源：中国海关信息网。

（二）大米进出口国别和地区

从出口国家和地区看，非洲仍是我国最主要的大米出口地区。2019 年，我国向非洲出口大米 175.3 万 t，占大米出口总量的 63.8%；向亚洲出口 69.7 万 t，占 25.4%。其中，出口埃及 44.6 万 t，占出口总量的 16.2%，居出口地区第一位；出口土耳其 22.8 万 t，占 8.3%，居亚洲地区第一位。与 2018 年相比，2019 年我国出口非洲大米数量增加 47.0 万 t，增幅 36.6%，占全年出口总增量的 71.3%；出口大洋洲大米数量增加 12.7 万 t，增幅高达 635%（表 11 - 2）。

表 11 - 2　2018—2019 年我国大米分市场出口统计　（单位：万 t、%）

地区和国家	2018 年		地区和国家	2019 年	
	出口量	比例		出口量	比例
世界	208.9	100	世界	274.8	100
非洲	128.3	61.4	非洲	175.3	63.8
科特迪瓦	45	21.6	埃及	44.6	16.2
几内亚	18.4	8.8	科特迪瓦	30.9	11.2
埃及	17	8.1	喀麦隆	13.7	5.0
贝宁	8	3.8	尼日尔	12.9	4.7
塞拉利昂	6.9	3.3	塞拉利昂	12.3	4.5
亚洲	67	32.1	亚洲	69.7	25.4
韩国	17.3	8.3	土耳其	22.8	8.3
土耳其	16.8	8	朝鲜	16.2	5.9
菲律宾	8.2	3.9	韩国	14.8	5.4
日本	7.3	3.5	蒙古	4.0	1.4
朝鲜	4.4	2.1	叙利亚	3.3	1.2
美洲	7	3.3	美洲	6.5	2.4

（续表）

地区和国家	2018 年		地区和国家	2019 年	
	出口量	比例		出口量	比例
波多黎各	6.4	3.1	波多黎各	6.3	2.3
欧洲	4.7	2.3	欧洲	6.2	2.3
保加利亚	1.7	0.8	保加利亚	3.0	1.1
乌克兰	1.4	0.7	俄罗斯联邦	1.0	0.4
大洋洲	2	1	大洋洲	14.7	5.3
基里巴斯	0.5	0.3	巴布亚新几内亚	12.2	4.5

数据来源：中国海关信息网。

2019 年，我国大米进口量继续减少（表 11 - 3），主要原因是国内稻米市场价格持续下行，东南亚大米与国内大米之间的价差缩小，进口大米利润缩减。据国家发改委价格监测中心数据显示，2019 年，国内大米与东南亚大米到岸价的价差由 1 月的 760 元/t 缩小至 12 月份的 280 元/t，且各月的价差均明显低于 2018 年同期。从进口国家看，2019 年进口巴基斯坦大米 60.4 万 t，占大米进口总量的 24.1%；进口缅甸大米 54.6 万 t，占 21.8%；进口泰国大米 52.6 万 t，占 21.0%；进口越南大米 47.9 万 t，占 19.1%，进口来源国家非常集中。2019 年，越南、泰国大米占我国进口大米的比重有所下降，比 2018 年分别下降 28.7 个和 8.6 个百分点；巴基斯坦、缅甸大米占我国进口大米的比重大幅增加，比 2018 年分别提高 12.8 个和 19.3 个百分点，成为我国前两位大米进口来源国。2018 年，中国海关总署解除对日本新潟大米的进口限制后，我国从日本进口大米有所增加，由 2018 年的 0.05 万 t 增加至 2019 年的 0.1 万 t。

表 11 - 3　2018—2019 年我国大米分市场进口统计　（单位：万 t、%）

国家和地区	2018 年		2019 年	
	进口量	比例	进口量	比例
世界	303.7	100	250.6	100
亚洲	303.5	99.9	250.3	99.9
巴基斯坦	34.2	11.3	60.4	24.1
缅甸	7.7	2.5	54.6	21.8
泰国	89.9	29.6	52.6	21.0
越南	145.2	47.8	47.9	19.1
柬埔寨	16.3	5.4	22.5	8.97
老挝	7.4	2.4	7.3	2.89
中国台湾	2.8	0.9	4.9	1.94

（续表）

国家和地区	2018 年		2019 年	
	进口量	比例	进口量	比例
日本	0.05	0.0	0.10	0.04
欧洲	0.2	0.1	0.1	0.02
俄罗斯	0.2	0.1	0.1	0.02

数据来源：中国海关信息网。

第二节　国际稻米市场与贸易概况

一、2019 年国际大米市场情况

2019 年，全球粮食供给总体宽松，受泰国持续干旱、泰铢走强、世界贸易保护主义抬头等因素综合影响，2019 年国际大米价格年内整体呈现振荡上行态势，但与 2018 年同期相比国际大米价格呈现下跌趋势。根据联合国粮农组织市场监测数据，2019 年全品类大米价格指数（2002—2004 年＝100）由 1 月的 220 小幅上涨至 12 月的 221.6，涨幅 0.7%，年均价格指数 223.3，略低于上年的 224.3。与 2018 年波动下跌的变化趋势不同，2019 年国际大米价格总体呈波动上涨态势（图 11-3）。

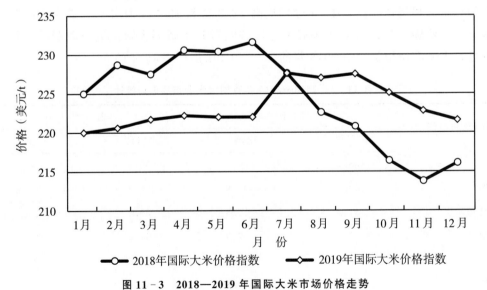

图 11-3　2018—2019 年国际大米市场价格走势
数据来源：国际全品类大米价格指数，来自联合国粮农组织。

分阶段看：一是 1—6 月的稳中略涨阶段。6 月，国际大米价格指数为 222，与 1 月份相比基本持平，略涨 0.9%。其中，亚洲地区大米价格上涨，美国大米价格持续下跌

（图 11-4）。6 月，泰国 25％破碎率大米价格每吨 410.8 美元，比 1 月上涨 8.8 美元，涨幅 2.2％，比上年同期下跌 8.3 美元，跌幅 2.0％；美国长粒大米价格每吨 478.8 美元，比 1 月下跌 40.3 美元，跌幅 7.8％，比上年同期下跌 12.9％。亚洲主要国家大米价格坚挺，主要印度卢比升值、越南国内贸易商积极入市收购、巴基斯坦出口中国和东非市场稳定等因素影响。美国大米价格持续下跌，主要是市场需求疲软、库存高企。二是 7—9 月的高位稳定阶段。7 月，国际大米价格指数为 227.6，环比上涨 2.5％，8—9 月高位振荡。美国长粒米价格由低谷加速回弹，亚洲大部分国家大米价格小幅上涨。9 月，美国长粒大米价格每吨 508 美元，比 6 月上涨 29.3 美元，涨幅 6.1％，比上年同期下跌 2.0％；泰国 25％破碎率大米 9 月价格每吨 420.8 美元，比 6 月上涨 10 美元，涨幅 2.4％，比上年同期上涨 7.1％。泰国旱情持续发展和泰铢继续走强，美国需求回暖，是这段时期国际大米价格上涨的主要原因。三是 10—12 月的持续下跌阶段。12 月，国际大米价格指数 221.6，比 9 月下降 2.6％。其中，泰国和美国大米稳中略涨，印度和巴基斯坦大米价格下跌。12 月，印度 25％破碎率大米价格每吨 355 美元，比 9 月下跌 8 美元，跌幅 2.2％，与上年同期相比基本持平；巴基斯坦大米价格每吨 319.5 美元，比 9 月下跌 14.3 美元，跌幅 4.3％，比上年同期上涨 1.1％。价格持续下跌，主要有两方面原因：一方面是东南亚新粮收获上市，供给充足。印度、泰国的雨季水稻、越南夏秋水稻和冬季水稻均进入收获高峰期，在需求疲软的情况下，市场承压下行；另一方面是尼日利亚关闭边境，大米进口阻断。为打击大米走私、保护国内稻农种稻积极性，尼日利亚 8 月开始关闭边境，进口东南亚大米的物流受阻、需求下降。2019 年，美国长粒米、印度 25％破碎率大米、巴基斯坦 25％破碎率大米全年平均价格分别为 500.5 美元/t、360.7 美元/t 和 323.8 美元/t，分别比 2018 年下跌 5.8％、3.5％和 10.1％，泰国

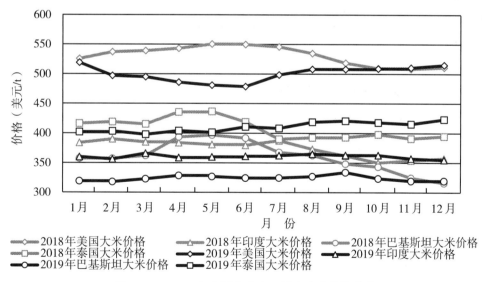

图 11-4 2019 年主要大米出口国家大米价格走势

数据来源：联合国粮农组织。

25％破碎率大米 410.3 美元/t，比 2018 年略涨 0.5％。

二、2019 年国际大米贸易情况分析

（一）2019 年主要大米进口地区情况

世界大米进口地区主要集中在亚洲、非洲和北美洲。2019 年，世界大米进口总量 4 376.4 万 t，比 2018 年减少 314.8 万 t，减幅 6.7％。其中，亚洲累计进口大米 1 946.1 万 t，占世界大米进口总量的 44.5％，比 2018 年减少 443.2 万 t，减幅 18.5％；非洲累计进口大米 1 554.7 万 t，占世界大米进口总量的 35.5％，比 2018 年增加 73.1 万 t，增幅 4.9％；北美洲累计进口大米 438.7 万 t，占世界大米进口总量的 10.0％，比 2018 年增加 32.4 万 t，增幅 8.0％（表 11-4）。

表 11-4 2017—2019 年主要大米进口地区和进口量 （单位：万 t）

国家/地区	年份		
	2017	2018	2019
世 界	4 100.6	4 691.2	4 376.4
亚 洲	1 839.4	2 389.3	1 946.1
非 洲	1 459.2	1 481.6	1 554.7
北美洲	407.8	406.3	438.7
欧 洲	233.6	248.4	262.9
南美洲	139.6	143.1	146.8
大洋洲	21	22.5	27.2

数据来源：USDA 报告。

（二）2019 年主要大米出口地区情况

2019 年，世界大米出口总量为 4 370.8 万 t，出口国家主要集中在亚洲，包括印度、泰国、越南、巴基斯坦等东南亚、南亚水稻主产国家。其中，印度出口大米 1 042.0 万 t，占世界大米出口总量的 23.8％；泰国出口大米 756.2 万 t，占世界大米出口总量的 17.3％；越南出口大米 658.1 万 t，占 15.1％；巴基斯坦出口大米 449.3 万 t，占 10.3％，上述四个国家累计出口大米 2 905.6 万 t，占世界大米出口总量的 66.5％（表 11-5）。

表 11-5 2017—2019 年世界大米主要出口国家和出口数量 （单位：万 t）

国家/地区	年份		
	2017	2018	2019
印 度	1 171	1 204.1	1 042

（续表）

国家/地区	年份		
	2017	2018	2019
泰国	1 161.5	1 105.6	756.2
越南	648.8	659	658.1
巴基斯坦	354.8	401.1	449.3
美国	364.5	276.4	297.1
中国	80.5	136.4	277
缅甸	335	275	270
柬埔寨	115	130	135
巴西	83	115.2	87.8
乌拉圭	95	75.6	83
巴拉圭	53.8	65.3	68.9

数据来源：USDA 报告。

三、2019/2020 年度世界大米库存供求情况

根据美国农业部世界农产品供需预测报告（表 11 - 6～表 11 - 8）数据，2017/2018 年度，世界大米初始库存为 15 032.5 万 t，本年度生产量达到 49 476.6 万 t，进口总量 4 691.2 万 t，总供给量为 69 200.3 万 t；国内总消费量 48 066.8 万 t，出口总量 4 721.8 万 t，总需求量 52 788.6 万 t，期末库存为 16 411.7 万 t。2018/2019 年度，世界大米初始库存为 16 411.7 万 t，本年度生产量达到 49 645.7 万 t；进口总量 4 376.4 万 t，总供给量 70 433.8 万 t；国内总消费量为 48 388.6 万 t；出口总量 4 370.8 万 t，总需求量 52 759.4 万 t，期末库存为 17 674.4 万 t。与 2018/2019 年度相比，2019/2020 年度世界大米产量预计降至 49 379.0 万 t，减少了 266.7 万 t，减幅 0.5%；进出口贸易量略有减少，其中大米进口 4 065.8 万 t，比 2018/2019 年度减少 310.6 万 t，减幅 7.1%；大米出口 4 239.7 万 t，比 2018/2019 年度减少 131.1 万 t，减幅 3.0%；消费量稳定增加，达到 48 844.7 万 t，比 2018/2019 年度增加 456.1 万 t，增幅 0.9%。受连年增产影响，2019/2020 年度世界大米库存量达到 18 034.8 万 t，比 2018/2019 年度增加 360.4 万 t，增幅 2.0%；世界大米库存消费比（期末库存与国内消费量的比值）达到 36.9%，分别比 2017/2018 年度、2018/2019 年度提高 2.8 个和 0.4 个百分点，已经连续五年稳定在 30% 以上水平，连续 2 年稳定在 36% 以上，远高于国际公认的 17%～18% 的粮食安全线水平，世界大米总体供需平衡有余。

表 11 - 6　2017/2018 年度世界主要进出口国家大米供应情况　（单位：万 t）

区　域	供应			消费		期末库存
	初始库存	生产	进口	国内消费	出口	
世界	15 033	49 477	4 691	48 067	4 722	16 412
主要出口国	2 855	17 415	162	13 887	3 646	2 900
印度	2 055	11 276	0	9 867	1 204	2 260
泰国	424	2 058	25	1 100	1 106	301
越南	97	2 766	50	2 150	659	103
巴基斯坦	134	750	0	340	401	142
美国	146	566	87	430	276	93
主要进口国	10 381	16 761	1 210	16 756	171	11 424
菲律宾	200	1 224	130	1 325	0	229
中国	9 850	14 887	550	14 251	136	10 900
欧盟	119	203	201	370	35	118
尼日利亚	186	447	200	675	0	158
沙特阿拉伯	26	0	129	135	0	20

数据来源：美国农业部世界农产品供需报告。

表 11 - 7　2018/2019 年度世界主要进出口国家大米供应情况　（单位：万 t）

区　域	供应			消费		期末库存
	初始库存	生产	进口	国内消费	出口	
世界	16 412	49 646	4 376	48 389	4 371	17 674
主要出口国	2 900	17 857	167	13 973	3 203	3 749
印度	2 260	11 648	0	9 916	1 042	2 950
泰国	301	2 034	25	1 150	756	454
越南	103	2 734	50	2 120	658	110
巴基斯坦	142	730	0	330	449	93
美国	93	711	92	457	297	142
主要进口国	11 424	16 673	1 218	16 902	307	12 115
菲律宾	229	1 173	360	1 410	0	352

（续表）

区　域	供应			消费		期末库存
	初始库存	生产	进口	国内消费	出口	
中国	10 900	14 849	320	14 292	277	11 500
欧盟	118	197	215	380	30	119
尼日利亚	158	454	180	680	0	122
沙特阿拉伯	20	0	143	140	0	22

数据来源：美国农业部世界农产品供需报告。

表 11 - 8　2019/2020 年度世界主要进出口国家大米供求情况　（单位：万 t）

区　域	供应			消费		期末库存
	初始库存	生产	进口	国内消费	出口	
世界	17 674	49 379	4 066	48 845	4 240	18 035
主要出口国	3 749	17 643	167	14 202	3 171	4 185
印度	2 950	11 800	0	10 230	1 020	3 500
泰国	454	1 800	25	1 120	750	409
越南	110	2 737	40	2 130	650	107
巴基斯坦	93	720	0	300	440	73
美国	142	586	102	422	311	97
主要进口国	12 115	16 481	940	17 093	330	12 113
菲律宾	352	1 140	250	1 430	0	312
中国	11 500	14 673	240	14 513	300	11 600
欧盟	119	197	220	390	30	116
尼日利亚	122	471	120	650	0	63
沙特阿拉伯	22	0	110	110	0	22

数据来源：美国农业部世界农产品供需报告。

附　　表

附表 1　2018 年全国各省水稻生产面积、单产和总产情况

	面积（万亩）	单产（kg/亩）	总产（万 t）
全国	45 284.2	468.4	21 212.9
北京	0.3	450.2	0.1
天津	59.8	625.1	37.4
河北	117.6	446.2	52.5
山西	1.2	464.0	0.6
内蒙古	225.7	540.0	121.9
辽宁	732.5	570.7	418.0
吉林	1 259.6	513.1	646.3
黑龙江	5 674.6	473.3	2 685.5
上海	155.4	566.2	88.0
江苏	3 322.1	589.4	1 958.0
浙江	976.6	488.8	477.4
安徽	3 817.1	440.4	1 681.2
福建	929.4	428.6	398.3
江西	5 154.3	405.9	2 092.2
山东	170.7	577.4	98.6
河南	930.6	538.8	501.4
湖北	3 586.5	548.1	1 965.6
湖南	6 013.5	444.7	2 674.0
广东	2 681.1	384.9	1 032.1
广西	2 628.8	386.6	1 016.2
海南	369.2	354.1	130.7
重庆	984.7	494.5	486.9
四川	2 811.0	526.0	1 478.6
贵州	1 007.7	417.5	420.7
云南	1 274.3	414.1	527.7

（续表）

	面积（万亩）	单产（kg/亩）	总产（万 t）
西藏	1.4	372.8	0.5
陕西	158.1	510.4	80.7
甘肃	5.7	431.3	2.5
青海			
宁夏	117.0	568.7	66.6
新疆	117.6	617.9	72.7

数据来源：国家统计局。

附表 2　2018 年世界水稻生产面积、单产和总产情况

	面积（万亩）	单产（kg/亩）	总产（万 t）
世界	250 698.9	311.9	78 200.0
亚洲	219 105.6	321.9	70 539.3
非洲	21 364.6	155.3	3 317.4
美洲	9 191.5	421.7	3 876.4
欧洲	938.9	428.5	402.3
大洋洲	98.4	656.4	64.6
印度	66 750.0	258.5	17 258.0
中国	45 284.2	468.4	21 212.9
印度尼西亚	23 992.5	346.1	8 303.7
孟加拉国	17 865.5	315.8	5 641.7
泰国	15 610.9	206.2	3 219.2
越南	11 356.1	387.9	4 404.6
缅甸	10 058.4	252.7	2 541.8
菲律宾	7 200.6	264.8	1 906.6
尼日利亚	5 019.0	135.7	680.9
柬埔寨	4 472.5	238.1	1 064.7
巴基斯坦	4 215.0	256.3	1 080.3
巴西	2 792.0	420.8	1 174.9
几内亚	2 789.7	83.9	234.0
日本	2 205.0	441.2	972.8
尼泊尔	2 204.3	233.7	515.2

（续表）

	面积（万亩）	单产（kg/亩）	总产（万 t）
刚果	1 954.8	50.7	99.0
坦桑尼亚	1 799.8	167.6	301.7
美国	1 769.5	574.7	1 017.0
斯里兰卡	1 561.4	251.7	393.0
马里	1 454.3	217.8	316.8
马达加斯加	1 392.3	289.5	403.0
老挝	1 272.3	281.8	358.5
塞拉利昂	1 194.5	77.0	92.0
科特迪瓦	1 162.6	181.4	210.9
韩国	1 106.5	469.5	519.5
马来西亚	1 000.4	271.8	271.9
哥伦比亚	954.2	348.2	332.3
伊朗	870.0	228.7	199.0
埃及	832.7	588.4	490.0
朝鲜	706.5	295.5	208.8
秘鲁	656.9	541.6	355.8

数据来源：联合国粮农组织（FAO），本表所列国家的水稻种植面积均在 500 万亩以上，共有 31 个。

附表 3　2015—2019 年我国早籼稻、晚籼稻和粳稻收购价格情况（单位：元/t）

年份	早籼稻	晚籼稻	粳稻
2015	2 649.4	2 752.8	3 120.6
2016	2 624.8	2 724.8	3 032.9
2017	2 623.6	2 752.9	3 055.7
2018	2 536.7	2 677.3	2 999.5
2019	2 387.2	2 537.2	2 701.8

数据来源：根据国家发改委价格监测中心数据整理。

附表 4　2015—2019 年我国早籼米、晚籼米和晚粳米批发价格情况（单位：元/t）

年份	早籼米	晚籼米	晚粳米
2015	3 826.7	4 164.1	4 551.0
2016	3 856.6	4 135.8	4 475.0

（续表）

年份	早籼米	晚籼米	晚粳米
2017	3 901.2	4 222.8	4 622.4
2018	3 808.9	4 120.8	4 425.7
2019	3 757.5	4 081.2	4 140.5

数据来源：根据国家发改委价格监测中心数据整理。

附表5　2015—2019年国际市场大米现货价格情况　（单位：美元/t）

年份	泰国含碎25%大米FOB价格
2015	372.1
2016	384.7
2017	379.8
2018	411.6
2019	389.3

数据来源：根据国家发改委价格监测中心数据整理。

附表6　2015—2019年我国大米进出口贸易情况　（单位：万t）

年份	进口	出口
2015	337.7	28.7
2016	356.2	39.5
2017	402.6	119.7
2018	307.7	208.9
2019	254.6	274.8

数据来源：海关总署。

附表7　2020年农业农村部超级稻品种认定情况

序号	品种/组合	类型	选育单位
1	苏垦118	粳型常规稻	江苏省农业科学院
2	中组143	籼型常规稻	中国水稻研究所
3	嘉丰优2号	籼型三系杂交稻	浙江可得丰种业有限公司、浙江省嘉兴市农业科学院
4	华浙优71	籼型三系杂交稻	中国水稻研究所、浙江勿忘农种业股份有限公司
5	福农优676	籼型三系杂交稻	福建省农业科学院水稻研究所、福建禾丰种业股份有限公司
6	吉优航1573	籼型三系杂交稻	江西省农业科学院水稻研究所、江西省超级水稻研究发展中心、广东省农业科学院水稻研究所

（续表）

序号	品种/组合	类型	选育单位
7	泰优 871	籼型三系杂交稻	江西农业大学农学院、广东省农业科学院水稻研究所
8	龙丰优 826	籼型三系杂交稻	广西壮族自治区农业科学院水稻研究所
9	旌优华珍	籼型三系杂交稻	四川绿丹至诚种业有限公司、四川省农业科学院水稻高粱研究所
10	甬优 7850	籼粳杂交稻	宁波市种子有限公司
11	晶两优 1988	籼型两系杂交稻	袁隆平农业高科技股份有限公司、湖南隆平高科种业科学研究院有限公司、湖南亚华种业科学研究院、湖南百分农业科技有限公司

　　注：根据超级稻品种退出规定，取消因推广面积未达要求的丰优 299、两优培九、内 2 优 6 号、淦鑫 688、Ⅱ优航 2 号、荣优 3 号、扬粳 4038、武运粳 24 号、楚粳 28 号、金优 785 等 10 个品种超级稻冠名资格；截至 2020 年，经农业农村部确认、可冠名超级稻的水稻品种共 133 个。

附表 8　2019 年国家和地方品种审定情况

品种名称	审定编号	选育单位	品种名称	审定编号	选育单位
德优 4938	国审稻 20190001	四川省农业科学院水稻高粱研究所	韵两优丝苗	国审稻 20196021	袁隆平农业高科技股份有限公司等
荃优 665	国审稻 20190002	湖南金健种业科技有限公司等	奥富优 287	国审稻 20196022	湖南奥谱隆科技股份有限公司
川 345 优 2115	国审稻 20190003	四川农业大学农学院等	奥富优 958	国审稻 20196023	湖南奥谱隆科技股份有限公司
荃优 259	国审稻 20190004	江西先农种业有限公司等	黔丰优 990	国审稻 20196024	湖南奥谱隆科技股份有限公司
镇籼优 1393	国审稻 20190005	江苏沿海地区农业科学研究所等	深两优 3956	国审稻 20196025	湖南科裕隆种业有限公司等
隆两优 6878	国审稻 20190006	袁隆平农业高科技股份有限公司等	科两优 407	国审稻 20196026	湖南科裕隆种业有限公司
两优 9028	国审稻 20190007	安徽隆平高科（新桥）种业有限公司等	科两优 10 号	国审稻 20196027	湖南科裕隆种业有限公司
两优 1931	国审稻 20190008	安徽省农业科学院水稻研究所	科两优 1168	国审稻 20196028	湖南科裕隆种业有限公司
翔两优 316	国审稻 20190009	合肥科翔种业研究所	源两优 8000	国审稻 20196029	湖南桃花源农业科技股份有限公司等
隆两优 8612	国审稻 20190010	袁隆平农业高科技股份有限公司等	桃湘优莉晶	国审稻 20196030	湖南桃花源农业科技股份有限公司等
两优 7871	国审稻 20190011	安徽省农业科学院水稻研究所	深两优 841	国审稻 20196031	湖南隆平种业有限公司

（续表）

品种名称	审定编号	选育单位	品种名称	审定编号	选育单位
两优 1316	国审稻 20190012	湖南金健种业科技有限公司等	海香优 902	国审稻 20196032	湖南桃花源农业科技股份有限公司
鹏优国泰	国审稻 20190013	湖北华昌农业科技有限公司等	蓉优 1152	国审稻 20196033	湖南桃花源农业科技股份有限公司等
金两优华占	国审稻 20190014	湖南金健种业科技有限公司等	川康优 612	国审稻 20196034	湖南桃花源农业科技股份有限公司等
徽两优 280	国审稻 20190015	江西金信种业有限公司等	蜀香优 636	国审稻 20196035	湖南希望种业科技股份有限公司
创两优 965	国审稻 20190016	湖南鑫盛华丰种业科技有限公司等	蓉 7 优 212	国审稻 20196036	湖南希望种业科技股份有限公司等
旺两优 1577	国审稻 20190017	湖南袁创超级稻技术有限公司	B 两优 029	国审稻 20196037	湖南希望种业科技股份有限公司
旺两优 958	国审稻 20190018	湖南袁创超级稻技术有限公司	C 两优 919	国审稻 20196038	合肥丰乐种业股份有限公司等
隆两优 8401	国审稻 20190019	湖南隆平高科种业科学研究院有限公司等	川优 670	国审稻 20196039	合肥丰乐种业股份有限公司等
晶两优 5438	国审稻 20190020	袁隆平农业高科股份有限公司等	川种优 356	国审稻 20196040	中国种子集团有限公司等
Y 两优 2098	国审稻 20190021	广西燕坤农业科技有限公司	荣优粤农丝苗	国审稻 20196041	北京金色农华种业科技股份有限公司等
顺优 656	国审稻 20190022	湖南鑫盛华丰种业科技有限公司等	蓉 7 优锦禾	国审稻 20196042	北京金色农华种业科技股份有限公司等
玖两优 305	国审稻 20190023	湖南鑫盛华丰种业科技有限公司等	蓉 7 优雅禾	国审稻 20196043	北京金色农华种业科技股份有限公司等
邵两优 007	国审稻 20190024	湖南绿丰种业科技有限公司	C 两优 673	国审稻 20196044	北京金色农华种业科技股份有限公司等
湘优 269	国审稻 20190025	安徽袁粮水稻产业有限公司	蓉优 506	国审稻 20196045	四川国豪种业股份有限公司等
隆晶优 4013	国审稻 20190026	湖南亚华种业科学研究院	蓉 6 优 505	国审稻 20196046	四川省科荟种业股份有限公司等
秀优 7113	国审稻 20190027	浙江省嘉兴市农业科学研究院等	荟丰优 713	国审稻 20196047	四川省科荟种业股份有限公司等
浙粳优 1578	国审稻 20190028	浙江勿忘农种业股份有限公司等	福农优 3301	国审稻 20196048	四川省科荟种业股份有限公司等

（续表）

品种名称	审定编号	选育单位	品种名称	审定编号	选育单位
甬优 7861	国审稻 20190029	宁波市种子有限公司	蓉优丝苗	国审稻 20196049	四川国豪种业股份有限公司等
荃优合莉油占	国审稻 20190030	广东省良种引进服务公司等	隆两优 5438	国审稻 20196050	袁隆平农业高科技股份有限公司等
安丰优 5618	国审稻 20190031	广东省农业科学院水稻研究所等	晶两优 8612	国审稻 20196051	袁隆平农业高科技股份有限公司等
川农优 308	国审稻 20190032	四川农业大学	晶两优绿丝苗	国审稻 20196052	袁隆平农业高科技股份有限公司等
晶两优 534	国审稻 20190033	袁隆平农业高科技股份有限公司等	隆两优 3301	国审稻 20196053	袁隆平农业高科技股份有限公司等
晶两优 1206	国审稻 20190034	袁隆平农业高科技股份有限公司等	晶两优 7818	国审稻 20196054	袁隆平农业高科技股份有限公司等
宏稻 59	国审稻 20190035	河南师范大学水稻新种质研究所等	和两优 1177	国审稻 20196055	袁隆平农业高科技股份有限公司等
赛粳 16	国审稻 20190036	江苏徐淮地区淮阴农业科学研究所等	隆两优 765	国审稻 20196056	袁隆平农业高科技股份有限公司等
津粳 253	国审稻 20190037	天津市水稻研究所	隆两优鹏10 号	国审稻 20196057	袁隆平农业高科技股份有限公司等
长选 808	国审稻 20190038	长春市农业科学院	悦两优 3189	国审稻 20196058	袁隆平农业高科技股份有限公司等
吉洋 46（JY-46）	国审稻 20190039	梅河口吉洋种业有限责任公司等	旌 7 优华珍	国审稻 20196059	袁隆平农业高科技股份有限公司等
中早 59	国审稻 20190040	中国水稻研究所等	隆两优 1019	国审稻 20196060	袁隆平农业高科技股份有限公司等
旌优 4945	国审稻 20190041	四川泰谷农业科技有限公司等	玮两优 1273	国审稻 20196061	袁隆平农业高科技股份有限公司等
隆晶优 1273	国审稻 20190042	云南省文山壮族苗族自治州农业科学院	隆两优 7817	国审稻 20196062	袁隆平农业高科技股份有限公司等
锦两优 7810	国审稻 20190043	四川泰谷农业科技有限公司等	晶两优 1252	国审稻 20196063	袁隆平农业高科技股份有限公司等
雅 7 优 5049	国审稻 20190044	四川嘉禾种子有限公司等	晶两优 1074	国审稻 20196064	袁隆平农业高科技股份有限公司等
内 6 优 2119	国审稻 20190045	四川省成都科瑞农业研究中心	D 两优 8612	国审稻 20196065	袁隆平农业高科技股份有限公司等
梦两优丝苗	国审稻 20190046	湖南隆平种业有限公司等	隆两优 1111	国审稻 20196066	袁隆平农业高科技股份有限公司等

（续表）

品种名称	审定编号	选育单位	品种名称	审定编号	选育单位
晶两优金九占	国审稻20190047	四川比特利种业有限责任公司等	晶两优77	国审稻20196067	袁隆平农业高科技股份有限公司等
川康优丝苗	国审稻20190048	四川省农业科学院作物研究所等	隆8优534	国审稻20196068	袁隆平农业高科技股份有限公司等
川优五山	国审稻20190049	四川省农业科学院作物研究所等	晶两优1686	国审稻20196069	袁隆平农业高科技股份有限公司等
正优727	国审稻20190050	四川正兴种业有限公司等	简两优5208	国审稻20196070	袁隆平农业高科技股份有限公司等
旌优1365	国审稻20190051	四川省国垠天府农业科技股份有限公司等	梦两优70122	国审稻20196071	袁隆平农业高科技股份有限公司等
川康优6107	国审稻20190052	四川省农业科学院水稻高粱研究所等	隆两优4952	国审稻20196072	袁隆平农业高科技股份有限公司等
内6优1787	国审稻20190053	四川省农业科学院水稻高粱研究所等	隆两优802	国审稻20196073	袁隆平农业高科技股份有限公司等
龙两优粤禾丝苗	国审稻20190054	湖南大地种业有限责任公司等	晶两优70122	国审稻20196074	袁隆平农业高科技股份有限公司等
宜优1787	国审稻20190055	四川省农业科学院水稻高粱研究所等	晶两优3134	国审稻20196075	袁隆平农业高科技股份有限公司等
荃优548	国审稻20190056	四川农业大学水稻研究所等	隆8优丝苗	国审稻20196076	袁隆平农业高科技股份有限公司等
旌优637	国审稻20190057	四川天宇种业有限责任公司等	晶两优2533	国审稻20196077	袁隆平农业高科技股份有限公司等
蓉7优313	国审稻20190058	四川农业大学水稻研究所等	亚两优70122	国审稻20196078	袁隆平农业高科技股份有限公司等
旌优3391	国审稻20190059	四川省农业科学院水稻高粱研究所	梦两优1221	国审稻20196079	袁隆平农业高科技股份有限公司等
福农优华珍	国审稻20190060	四川省农业科学院水稻高粱研究所等	梦两优10	国审稻20196080	袁隆平农业高科技股份有限公司等
C两优粤禾丝苗	国审稻20190061	四川台沃种业有限责任公司等	强两优698	国审稻20196081	湖南奥谱隆科技股份有限公司
泸两优2840	国审稻20190062	四川川种种业有限责任公司等	强两优雄占	国审稻20196082	湖南奥谱隆科技股份有限公司
兆优6377	国审稻20190063	湖北省安陆市兆农育种创新中心等	天两优218	国审稻20196083	湖南奥谱隆科技股份有限公司
济优7116	国审稻20190064	湖北省安陆市兆农育种创新中心	源两优600	国审稻20196084	安徽桃花源农业科技有限责任公司等

（续表）

品种名称	审定编号	选育单位	品种名称	审定编号	选育单位
恒丰优 28	国审稻 20190065	重庆中一种业有限公司	源两优 295	国审稻 20196085	湖南桃花源农业科技股份有限公司等
创两优丰占	国审稻 20190066	袁氏种业高科技有限公司等	蓉 18 优 2348	国审稻 20196086	四川众智种业科技有限公司
宜优 2108	国审稻 20190067	四川福华高科种业有限责任公司	深两优 1427	国审稻 20196087	湖南桃花源农业科技股份有限公司等
双优 2288	国审稻 20190068	四川金百圣农业有限公司等	源两优 1568	国审稻 20196088	湖南桃花源农业科技股份有限公司等
广 8 优 199	国审稻 20190069	湖南金稻种业有限公司等	粘两优 2363	国审稻 20196089	湖南桃花源农业科技股份有限公司等
广 8 优 2156	国审稻 20190070	广东省农业科学院水稻研究所等	N 两优 018	国审稻 20196090	湖南希望种业科技股份有限公司等
广 8 优 165	国审稻 20190071	广东省农业科学院水稻研究所等	希两优 028	国审稻 20196091	湖南希望种业科技股份有限公司等
广 8 优壮乡丝苗	国审稻 20190072	广西兆和种业有限公司等	B 两优 6 号	国审稻 20196092	湖南希望种业科技股份有限公司等
国泰香优 2 号	国审稻 20190073	四川众智种业有限公司	N 两优 028	国审稻 20196093	湖南希望种业科技股份有限公司等
恒丰优华占（恒丰华占）	国审稻 20190074	广东粤良种业有限公司等	希两优 019	国审稻 20196094	湖南希望种业科技股份有限公司
正优 327	国审稻 20190075	四川奥力星农业科技有限公司	N 两优 6 号	国审稻 20196095	湖南希望种业科技股份有限公司等
野香优 1701	国审稻 20190076	四川鼎盛和袖种业有限公司等	N 两优 345	国审稻 20196096	湖南希望种业科技股份有限公司等
秋乡 851	国审稻 20190077	四川智慧高地种业有限公司	望两优 301	国审稻 20196097	湖南希望种业科技股份有限公司等
野香优 9901	国审稻 20190078	四川鼎盛和袖种业有限公司等	望两优 029	国审稻 20196098	湖南希望种业科技股份有限公司等
旺两优 9188	国审稻 20190079	湖南袁创超级稻技术有限公司	N 两优 029	国审稻 20196099	湖南希望种业科技股份有限公司等
Y 两优 1577	国审稻 20190080	湖南袁创超级稻技术有限公司	N 两优 012	国审稻 20196100	湖南希望种业科技股份有限公司等
泰优 7203	国审稻 20190081	四川省泸州泰丰种业有限公司	卓两优 1998	国审稻 20196101	湖南希望种业科技股份有限公司等
隆两优 298	国审稻 20190082	湖南杂交水稻研究中心等	南两优 1998	国审稻 20196102	湖南希望种业科技股份有限公司等
V 两优 1219	国审稻 20190083	浙江省温州市农业科学研究院等	卓两优 141	国审稻 20196103	湖南希望种业科技股份有限公司等

（续表）

品种名称	审定编号	选育单位	品种名称	审定编号	选育单位
晟优 1278	国审稻 20190084	湖南杂交水稻研究中心	两优 5078	国审稻 20196104	合肥丰乐种业股份有限公司等
垦两优 801	国审稻 20190085	湖北省垦丰长江种业科技有限公司	丰两优华占	国审稻 20196105	合肥丰乐种业股份有限公司
糯两优 7 号	国审稻 20190086	福建农林大学作物遗传改良研究所等	丰两优 3305	国审稻 20196106	合肥丰乐种业股份有限公司
C 两优 068	国审稻 20190087	湖北康农种业股份有限公司	六两优香 11	国审稻 20196107	合肥丰乐种业股份有限公司
徽两优 106	国审稻 20190088	江西农嘉种业有限公司等	内优 506	国审稻 20196108	合肥丰乐种业股份有限公司等
深两优 1377	国审稻 20190089	四川省广汉泰利隆农作物研究所	Q 两优丝苗	国审稻 20196109	安徽荃银高科种业股份有限公司等
隆两优 1177	国审稻 20190090	袁隆平农业高科技股份有限公司等	荃两优 851	国审稻 20196110	安徽荃银高科种业股份有限公司
E 两优 121	国审稻 20190091	四川嘉禾种子有限公司等	Q 两优 851	国审稻 20196111	安徽荃银高科种业股份有限公司
绿两优 9871	国审稻 20190092	安徽绿雨种业股份有限公司	荃优 5108	国审稻 20196112	安徽荃银高科种业股份有限公司
荃优 683	国审稻 20190093	中国水稻研究所等	两优 106	国审稻 20196113	江苏红旗种业股份有限公司等
荆两优 967	国审稻 20190094	湖北荆楚种业科技有限公司等	徽两优 8061	国审稻 20196114	江苏红旗种业股份有限公司等
林两优 959	国审稻 20190095	湖南省长沙利众农业科技有限公司	6 优黄泰占	国审稻 20196115	江苏红旗种业股份有限公司
惠两优 2919	国审稻 20190096	湖南北大荒种业科技有限责任公司等	千乡优 220	国审稻 20196116	江苏中江种业股份有限公司等
荃优 466	国审稻 20190097	广东省农业科学院水稻研究所等	荃优 220	国审稻 20196117	江苏中江种业股份有限公司等
C 两优 717	国审稻 20190098	湖南金耘水稻育种研究有限公司	深两优 008	国审稻 20196118	浙江勿忘农种业股份有限公司等
两优 17 华占	国审稻 20190099	安徽绿亿种业有限公司等	中浙优 H7	国审稻 20196119	浙江勿忘农种业股份有限公司等
两优 57 华占	国审稻 20190100	安徽省合肥丰民农业科技有限公司	中浙优华湘占	国审稻 20196120	浙江勿忘农种业股份有限公司等
两优 253	国审稻 20190101	安徽绿亿种业有限公司	两优 2818	国审稻 20196121	中国种子集团有限公司等

（续表）

品种名称	审定编号	选育单位	品种名称	审定编号	选育单位
两优 778	国审稻 20190102	安徽日辉生物科技有限公司等	C 两优粤农丝苗	国审稻 20196122	北京金色农华种业科技股份有限公司等
两优 3108	国审稻 20190103	福建科力种业有限公司等	徽两优粤农丝苗	国审稻 20196123	北京金色农华种业科技股份有限公司等
Y 两优 19	国审稻 20190104	河南省信阳市农业科学院	深两优 168	国审稻 20196124	湖北省种子集团有限公司等
科优 1103	国审稻 20190105	福建省建阳民丰农作物品种研究所	荃优 510	国审稻 20196125	湖北省种子集团有限公司等
诺两优 6 号	国审稻 20190106	福建科力种业有限公司等	创两优 364	国审稻 20196126	湖北省种子集团有限公司等
F 两优 1252	国审稻 20190107	福建科力种业有限公司等	荃优 489	国审稻 20196127	湖北省种子集团有限公司等
两优 1288	国审稻 20190108	福建省南平市农业科学研究所等	荃优 458	国审稻 20196128	湖北省种子集团有限公司等
豪两优 729	国审稻 20190109	安徽国豪农业科技有限公司	奇两优华占	国审稻 20196129	湖北省种子集团有限公司等
欣 25 优 801	国审稻 20190110	安徽荃银欣隆种业有限公司	神农优 428	国审稻 20196130	重庆中一种业有限公司
瑞两优 1578	国审稻 20190111	安徽国瑞种业有限公司	神 9 优 28	国审稻 20196131	重庆中一种业有限公司
谷优 6866	国审稻 20190112	福建禾丰种业股份有限公司等	天龙两优 18	国审稻 20196132	四川西科种业股份有限公司
欣两优 2 号	国审稻 20190113	安徽荃银欣隆种业有限公司	荟两优 5466	国审稻 20196133	四川省科荟种业股份有限公司
潢优 676	国审稻 20190114	福建禾丰种业股份有限公司等	冈 8 优 316	国审稻 20196134	四川华元博冠生物育种有限责任公司
圳两优 758	国审稻 20190115	湖南省长沙利诚种业有限公司	昌两优 8 号	国审稻 20196135	广西恒茂农业科技有限公司
浙两优 2714	国审稻 20190116	浙江农科种业有限公司	泷两优 713	国审稻 20196136	海南神农基因科技股份有限公司等
喜两优超占	国审稻 20190117	安徽喜多收种业科技有限公司	Y 两优 1198	国审稻 20196137	海南神农基因科技股份有限公司等
九优粤禾丝苗	国审稻 20190118	安徽荃银超大种业有限公司等	兆优 6319	国审稻 20196138	海南神农基因科技股份有限公司
创两优新华粘	国审稻 20190119	湖南永益农业科技发展有限公司	隆优 1212	国审稻 20196139	袁隆平农业高科技股份有限公司等

（续表）

品种名称	审定编号	选育单位	品种名称	审定编号	选育单位
浙大两优 136	国审稻 20190120	浙江大学	玖两优 1212	国审稻 20196140	袁隆平农业高科技股份有限公司等
雨两优 1033	国审稻 20190121	中国水稻研究所等	玖两优 5208	国审稻 20196141	袁隆平农业高科技股份有限公司等
广西优 6376	国审稻 20190122	湖北省荆州农业科学院	匯优 5187	国审稻 20196142	袁隆平农业高科技股份有限公司等
春两优 534	国审稻 20190123	中国农业科学院深圳农业基因组研究所等	隆优 1206	国审稻 20196143	袁隆平农业高科技股份有限公司等
福龙两优 1402	国审稻 20190124	中国种子集团有限公司等	天两优 55	国审稻 20196144	湖南奥谱隆科技股份有限公司
深两优 837	国审稻 20190125	湖南广阔天地科技有限公司等	奥富优 826	国审稻 20196145	湖南奥谱隆科技股份有限公司
深两优 475	国审稻 20190126	湖南恒德种业科技有限公司等	岳优 1016	国审稻 20196146	湖南桃花源农业科技股份有限公司
恒两优新华粘	国审稻 20190127	湖南恒德种业科技有限公司等	玖两优 8792	国审稻 20196147	湖南桃花源农业科技股份有限公司等
Y 两优 475	国审稻 20190128	四川锦秀河山农业科技有限公司等	桃湘优 188	国审稻 20196148	湖南桃花源农业科技股份有限公司
创两优 25	国审稻 20190129	湖南垦惠商业化育种有限责任公司等	桃湘优美晶	国审稻 20196149	湖南桃花源农业科技股份有限公司等
利两优 808	国审稻 20190130	湖南垦惠商业化育种有限责任公司等	A 两优 336	国审稻 20196150	安徽桃花源农业科技有限责任公司等
神农优 496	国审稻 20190131	重庆中一种业有限公司	桃秀优华占	国审稻 20196151	湖南桃花源农业科技股份有限公司等
淳丰优 6377	国审稻 20190132	湖北省安陆市兆农育种创新中心等	越两优 305	国审稻 20196152	合肥丰乐种业股份有限公司等
济优 6587	国审稻 20190133	湖北省安陆市兆农育种创新中心	两优 1778	国审稻 20196153	合肥丰乐种业股份有限公司等
堆丰优 6541	国审稻 20190134	湖北省安陆市兆农育种创新中心	广油丰润	国审稻 20196154	合肥丰乐种业股份有限公司等
泰优 068	国审稻 20190135	湖北康农种业股份有限公司等	六两优 666	国审稻 20196155	合肥丰乐种业股份有限公司
万象优 982	国审稻 20190136	江西红一种业科技股份有限公司	丰两优 916	国审稻 20196156	合肥丰乐种业股份有限公司
早丰优 242	国审稻 20190137	中国水稻研究所等	银两优 851	国审稻 20196157	安徽荃银高科种业股份有限公司

（续表）

品种名称	审定编号	选育单位	品种名称	审定编号	选育单位
广泰优华占	国审稻20190138	江西先农种业有限公司等	桃优粤农丝苗	国审稻20196158	北京金色农华种业科技股份有限公司
早优259	国审稻20190139	湖南金色农华种业科技有限公司等	昌盛优粤农丝苗	国审稻20196159	北京金色农华种业科技股份有限公司
欢优和占	国审稻20190140	广西兆和种业有限公司	吉田优粤农丝苗	国审稻20196160	北京金色农华种业科技股份有限公司
广和优305	国审稻20190141	广西区贺州市农业科学院等	广泰优粤农丝苗	国审稻20196161	北京金色农华种业科技股份有限公司
早丰优和占	国审稻20190142	广西兆和种业有限公司等	安丰优1380	国审稻20196162	湖北省种子集团有限公司等
济优6377	国审稻20190143	湖北省安陆市兆农育种创新中心等	川浙优丝苗	国审稻20196163	四川省科荟种业股份有限公司等
堆丰优6377	国审稻20190144	湖北省安陆市兆农育种创新中心	闽两优5466	国审稻20196164	四川省科荟种业股份有限公司等
堆丰优1127	国审稻20190145	湖北省安陆市兆农育种创新中心	恒丰优粤农丝苗	国审稻20196165	北京金色农华种业科技股份有限公司
济优1127	国审稻20190146	湖北省安陆市兆农育种创新中心	广8优粤农丝苗	国审稻20196166	北京金色农华种业科技股份有限公司
广8优华占	国审稻20190147	广东省农业科学院水稻研究所等	隆晶优570	国审稻20196167	袁隆平农业高科技股份有限公司等
广和优香丝苗	国审稻20190148	广西兆和种业有限公司等	亮两优534	国审稻20196168	袁隆平农业高科技股份有限公司等
广8优305	国审稻20190149	广西兆和种业有限公司等	隆晶优413	国审稻20196169	袁隆平农业高科技股份有限公司等
浙粳165	国审稻20190150	浙江省农业科学院作物与核技术利用研究所等	琯两优华占	国审稻20196170	袁隆平农业高科技股份有限公司等
嘉禾优5号	国审稻20190151	中国水稻研究所等	隆晶优1187	国审稻20196171	袁隆平农业高科技股份有限公司等
春优161	国审稻20190152	中国水稻研究所等	亮两优1206	国审稻20196172	袁隆平农业高科技股份有限公司等
常优998	国审稻20190153	江苏省常熟市农业科学研究所	宁香粳11	国审稻20196173	袁隆平农业高科技股份有限公司等
春两优华占	国审稻20190154	中国农业科学院作物科学研究所等	隆两优1227	国审稻20196174	袁隆平农业高科技股份有限公司等
博Ⅲ优466	国审稻20190155	广东华茂高科种业有限公司等	晶两优991	国审稻20196175	袁隆平农业高科技股份有限公司等

（续表）

品种名称	审定编号	选育单位	品种名称	审定编号	选育单位
粤禾优 1002	国审稻 20190156	广东华茂高科种业有限公司等	晶两优 1988	国审稻 20196176	袁隆平农业高科技股份有限公司等
深两优 1978	国审稻 20190157	国家植物航天育种工程技术研究中心（华南农业大学）等	玉两优 534	国审稻 20196177	袁隆平农业高科技股份有限公司等
华美优 3352	国审稻 20190158	广东华农大种业有限公司	隆 8 优 1212	国审稻 20196178	袁隆平农业高科技股份有限公司等
顺两优 6105	国审稻 20190159	广东华农大种业有限公司	菲两优 212	国审稻 20196179	袁隆平农业高科技股份有限公司等
泼优 6615	国审稻 20190160	广东和丰种业科技有公司	光两优 1206	国审稻 20196180	袁隆平农业高科技股份有限公司等
新稻 89	国审稻 20190161	河南省新乡市农业科学院	晶两优黄莉占	国审稻 20196181	袁隆平农业高科技股份有限公司等
泗稻 18 号	国审稻 20190162	江苏省农业科学院宿迁农科所	隆两优 1308	国审稻 20196182	袁隆平农业高科技股份有限公司等
光伟 11 号	国审稻 20190163	合肥丰乐种业股份有限公司	隆两优 1236	国审稻 20196183	袁隆平农业高科技股份有限公司等
绿秀 19	国审稻 20190164	安徽绿亿种业有限公司	韵两优 3134	国审稻 20196184	袁隆平农业高科技股份有限公司等
皖垦津清	国审稻 20190165	天津市农作物研究所等	梦两优 827	国审稻 20196185	袁隆平农业高科技股份有限公司等
天隆优 629	国审稻 20190166	国家粳稻工程技术研究中心等 袁隆平农业高科技股份有限公司等	禧两优华占	国审稻 20196186	袁隆平农业高科技股份有限公司等
隆晶优 4171	国审稻 20196001	袁隆平农业高科技股份有限公司等	韵两优 121	国审稻 20196187	袁隆平农业高科技股份有限公司等
梦两优华占	国审稻 20196002	袁隆平农业高科技股份有限公司等	宇两优 102	国审稻 20196188	袁隆平农业高科技股份有限公司等
锦两优 22	国审稻 20196003	袁隆平农业高科技股份有限公司等	宇两优 3134	国审稻 20196189	袁隆平农业高科技股份有限公司等
K 两优 22	国审稻 20196004	湖南桃花源农业科技股份有限公司等	华两优 6134	国审稻 20196190	袁隆平农业高科技股份有限公司等
中佳早 52	国审稻 20196005	湖北省种子集团有限公司等	梦两优 1206	国审稻 20196191	袁隆平农业高科技股份有限公司等
两优 152	国审稻 20196006	湖北省种子集团有限公司等	华两优 1642	国审稻 20196192	袁隆平农业高科技股份有限公司等

品种名称	审定编号	选育单位	品种名称	审定编号	选育单位
D 两优 722	国审稻 20196007	袁隆平农业高科技股份有限公司等	晶两优 1468	国审稻 20196193	湖南百分农业科技有限公司
韵两优 332	国审稻 20196008	湖南隆平种业有限公司等	华两优 102	国审稻 20196194	袁隆平农业高科技股份有限公司等
晶两优 5348	国审稻 20196009	袁隆平农业高科技股份有限公司等	梦两优黄莉占	国审稻 20196195	袁隆平农业高科技股份有限公司等
宇两优 633	国审稻 20196010	袁隆平农业高科技股份有限公司等	简两优黄莉占	国审稻 20196196	袁隆平农业高科技股份有限公司等
晶两优 4945	国审稻 20196011	袁隆平农业高科技股份有限公司等	韵两优 128	国审稻 20196197	袁隆平农业高科技股份有限公司等
隆两优 1319	国审稻 20196012	袁隆平农业高科技股份有限公司等	云两优 2118	国审稻 20196198	湖南奥谱隆科技股份有限公司
隆两优 1212	国审稻 20196013	袁隆平农业高科技股份有限公司等	天两优 12	国审稻 20196199	湖南奥谱隆科技股份有限公司
锦两优华占	国审稻 20196014	袁隆平农业高科技股份有限公司等	深两优 867	国审稻 20196200	湖南桃花源农业科技股份有限公司
隆晶优 1212	国审稻 20196015	袁隆平农业高科技股份有限公司等	N 两优 8 号	国审稻 20196201	湖南希望种业科技股份有限公司等
隆晶优 4456	国审稻 20196016	袁隆平农业高科技股份有限公司等	深两优 248	国审稻 20196202	合肥丰乐种业股份有限公司等
隆两优绿丝苗	国审稻 20196017	袁隆平农业高科技股份有限公司等	荃优丝苗	国审稻 20196203	安徽荃银高科种业股份有限公司等
隆两优黄占	国审稻 20196018	袁隆平农业高科技股份有限公司等	荃优华占	国审稻 20196204	安徽荃银高科种业股份有限公司等
晶两优 641	国审稻 20196019	袁隆平农业高科技股份有限公司等	荃优 822	国审稻 20196205	安徽省皖农种业有限公司等
隆 8 优华占	国审稻 20196020	袁隆平农业高科技股份有限公司等	明香粳 813	国审稻 20196206	江苏明天种业科技股份有限公司
南方稻区					
扬籼优 953	苏审稻 20190001	江苏红旗种业股份有限公司等	川优 536	川审稻 20190003	四川农业大学水稻研究所等
镇籼优 382	苏审稻 20190002	江苏丘陵地区镇江农业科学研究所等	玉龙优 2727	川审稻 20190004	四川省农业科学院水稻高粱研究所等
华丰稻 1 号	苏审稻 20190003	江苏大丰华丰种业股份有限公司	旌 3 优 2115	川审稻 20190005	四川绿丹至诚种业有限公司等究所
南粳 5718	苏审稻 20190004	江苏省农业科学院粮食作物研究所等	花优 12	川审稻 20190006	四川省农业科学院水稻高粱研究所等

（续表）

品种名称	审定编号	选育单位	品种名称	审定编号	选育单位
连粳 18 号	苏审稻 20190005	江苏省连云港市农业科学院	蓉优 702	川审稻 20190007	四川奥力星农业科技有限公司等
连粳 17 号	苏审稻 20190006	江苏省连云港市农业科学院	蓉优 88	川审稻 20190008	四川省农业科学院水稻高粱研究所等
南粳 58	苏审稻 20190007	江苏省农业科学院粮食作物研究所	蓉优 189	川审稻 20190009	四川省白贡市农业科学研究所等
沪运粳 4326	苏审稻 20190008	上海黄海种业有限公司等	荃川优 4720	川审稻 20190010	西南科技大学水稻研究所等
镇稻 448	苏审稻 20190009	江苏丰源种业有限公司等	川农优 657	川审稻 20190011	四川农业大学水稻研究所等
扬辐粳 9 号	苏审稻 20190010	江苏里下河地区农业科学研究所等	内 6 优 2336	川审稻 20190012	四川省达州市农业科学研究院等
泗稻 17 号	苏审稻 20190011	江苏省农业科学院宿迁农科所	泸两优晶灵	川审稻 20190013	四川川种种业有限责任公司等
丰粳 1606	苏审稻 20190012	江苏神农大丰种业科技有限公司	宜优 2816	川审稻 20190014	四川绿丹至诚种业有限公司等
南粳晶谷	苏审稻 20190013	江苏省农业科学院粮食作物研究所等	荃 9 优 2117	川审稻 20190015	四川农业大学农学院等
武育粳 39 号	苏审稻 20190014	江苏（武进）水稻研究所等	蓉 7 优 2816	川审稻 20190016	四川农业大学农学院等
南粳 55	苏审稻 20190015	江苏省农业科学院粮食作物研究所	禾 5 优 727	川审稻 20190017	四川禾嘉种业有限公司等
甬优 1526	苏审稻 20190016	浙江省宁波市种子有限公司	锦丰优 727	川审稻 20190018	四川省农业科学院生物技术核技术研究所等
常优 998	苏审稻 20190017	江苏省常熟市农业科学研究所	泰优 1060	川审稻 20190019	四川泰隆超级杂交稻研究所等
浙粳优 6153	苏审稻 20190018	浙江省农业科学院作物与核技术利用研究所	乐 3 优 2275	川审稻 20190020	四川农业大学农学院等
常优粳 7 号	苏审稻 20190019	江苏中江种业股份有限公司等	旌 10 优 2918	川审稻 20190021	四川农业大学农学院等
沭优 9 号	苏审稻 20190020	江苏欢腾农业有限公司	益两优 94	川审稻 20190022	四川川种种业有限责任公司
扬粳糯 2 号	苏审稻 20190021	江苏金土地种业有限公司等	雅 5 优 2199	川审稻 20190023	四川农业大学农学院
扬农糯 418	苏审稻 20190022	扬州大学农学院等	乐 3 优 727	川审稻 20190024	四川省乐山市农业科学研究院等

品种名称	审定编号	选育单位	品种名称	审定编号	选育单位
早香粳1号	苏审稻20190023	江苏省常熟市农业科学研究所	德粳6号	川审稻20193001	四川省农业科学院水稻高粱研究所
嘉早丰18	浙审稻2019001	浙江可得丰种业有限公司等	德粳4号	川审稻20193002	四川省农业科学院水稻高粱研究所
舜达135	浙审稻2019002	浙江省绍兴市舜达种业有限公司等	沈农9903	川审稻20193003	沈阳农业大学
舜达95	浙审稻2019003	绍兴市舜达种业有限公司等	友香优2017	黔审稻20190001	贵州友禾种业有限公司等
春江157	浙审稻2019004	中国水稻研究所	恒丰优9802	黔审稻20190002	广东粤良种业有限公司
浙粳100	浙审稻2019005	浙江省农业科学院作物与核技术利用研究所等	粮两优1378	黔审稻20190003	湖南粮安科技股份有限公司等
泰两优1413	浙审稻2019006	浙江科原种业有限公司等	粮两优1798	黔审稻20190004	湖南粮安科技股份有限公司等
浙粳152	浙审稻2019007	浙江省农业科学院作物与核技术利用研究所等	D优35	黔审稻20190005	贵州省水稻研究所等
农两优渔1号	浙审稻2019008	浙江大学原子核农业科学研究所等	安优101	黔审稻20190006	贵州省水稻研究所等
浙大粉彩禾	浙审稻2019009	浙江大学原子核农业科学研究所等	J香优168（J香优2268）	黔审稻20190007	四川发生种业有限责任公司
浙大黑彩禾	浙审稻2019010	浙江大学原子核农业科学研究所等	成优4001（凯丰优4001）	黔审稻20190008	贵州省黔东南苗族侗族自治州农业科学院等
浙大银彩禾	浙审稻2019011	浙江大学原子核农业科学研究所等	赣73优明占	黔审稻20190009	福建省三明市农业科学研究院等
富5S	浙审稻（不育系）2019001	中国水稻研究所	贵红1号	黔审稻20190010	贵州大学水稻研究所
七S（YS117）	浙审稻（不育系）2019002	中国水稻研究所	禾香优1963	黔审稻20190011	四川省眉山市东坡区祥禾作物研究所
江79S（GS79）	浙审稻（不育系）2019003	浙江大学作物科学研究所等	晶两优7818	黔审稻20190012	袁隆平农业高科技股份有限公司等
禾香1A	浙审稻（不育系）2019004	浙江省嘉兴市农业科学研究院（所）等	鹏优6377	黔审稻20190013	国家杂交水稻工程技术研究中心清华深圳龙岗研究所等
春江25A	浙审稻（不育系）2019005	中国水稻研究所	泰优98	黔审稻20190014	江西现代种业股份有限公司

（续表）

品种名称	审定编号	选育单位	品种名称	审定编号	选育单位
春江 35A	浙审稻（不育系）2019006	中国水稻研究所	正优 578	黔审稻 20190015	贵州杜鹃农业有限公司
春江 88A	浙审稻（不育系）2019007	中国水稻研究所	内香优 6231	黔审稻 20190016	四川发生种业有限责任公司等
中智 S	浙审稻（不育系）2019008	中国水稻研究所	黔糯优 88	黔审稻 20190017	贵州金农农业科学研究所等
申优 27	沪审稻 2019001	上海市农业科学院等	闽糯 6 优 6 号	黔审稻 20190018	福建农林大学作物遗传改良研究所等
嘉优 8 号	沪审稻 2019002	浙江省嘉兴市农业科学研究院（所）等	浦粳优 201	黔审稻 20190019	上海市浦东新区农业技术推广中心
闵粳 366	沪审稻 2019003	上海沁弘种业有限公司	浦粳优 701	黔审稻 20190020	上海市浦东新区农业技术推广中心
秀水 613	沪审稻 2019004	中垦种业股份有限公司等	天隆优 619	黔审稻 20190021	天津天隆种业科技有限公司
上农软香 18	沪审稻 2019005	上海黄海种业有限公司等	荃 9 优 801	黔审稻 20190022	安徽荃银欣隆种业有限公司等
宝农 407	沪审稻 2019006	上海市宝山区宝常良种繁育场	荃优丝苗	黔审稻 20190023	安徽荃银高科种业股份有限公司等
沪旱 68	沪审稻 2019007	上海天谷生物科技股份有限公司	荃优华占	黔审稻 20190024	安徽荃银高科种业股份有限公司等
申惠粳 1 号	沪审稻 2019008	上海惠和种业有限公司	宜香优 2115	黔审稻 20190025	四川农业大学农学院等
青角 198	沪审稻 2019009	上海市青浦区农业技术推广服务中心等	蓉 7 优 1098	黔审稻 20196001	贵州卓豪农业科技股份有限公司等
光明早粳	沪审稻 2019010	光明种业有限公司等	江两优 68	黔审稻 20196002	贵州卓豪农业科技股份有限公司等
嘉农粳 3 号	沪审稻 2019011	上海市嘉定区农业技术推广服务中心等	野香优新华粘	黔审稻 20196003	广西绿海种业有限公司
旱优 540	沪审稻 2019012	上海市农业生物基因中心	粮两优 139	黔审稻 20196004	贵州禾睦福种子有限公司
光明糯 2 号	沪审稻 2019013	光明种业有限公司等	泸香优 121	黔审稻 20196005	贵州省遵义农资（集团）农之本种业有限责任公司等
光明糯 3 号	沪审稻 2019014	光明种业有限公司等	泰优和占	黔审稻 20196006	贵州遵义农资（集团）农之本种业有限责任公司等

品种名称	审定编号	选育单位	品种名称	审定编号	选育单位
优糖稻2号	沪审稻2019015	上海市农业科学院	滇香紫1号	滇审稻2019001	云南农业大学稻作研究所等
兵两优309	赣审稻20190001	江西普胜农业开发有限责任公司等	滇红151	滇审稻2019002	云南农业大学稻作研究所等
陵两优258	赣审稻20190002	广西恒茂农业科技有限公司等	户昌1号	滇审稻2019003	云南省陇川县户撒乡福睿精米厂等
中佳早68	赣审稻20190003	江西省南昌市农业科学院粮油作物研究所等	紫两优737	滇审稻2019004	云南省国有资本运营金鼎禾朴农业科技有限公司等
9两优39	赣审稻20190004	中国水稻研究所等	紫两优894	滇审稻2019005	云南省国有资本运营金鼎禾朴农业科技有限公司等
陵两优725	赣审稻20190005	江西雅农科技实业有限公司等	闽红两优727	滇审稻2019006	福建亚丰种业有限公司等
江早398	赣审稻20190006	江西洪农种业有限公司	旗1优128	滇审稻2019007	云南省国有资本运营金鼎禾朴农业科技有限公司等
中早47	赣审稻20190007	江西兴安种业有限公司等	凌禾优88	滇审稻2019008	云南省国有资本运营金鼎禾朴农业科技有限公司
陵两优14229	赣审稻20190008	江西金山种业有限公司等	内优6478	滇审稻2019009	云南省农业科学院粮食作物研究所等
陵两优7129	赣审稻20190009	中国水稻研究所等	华浙优1号	滇审稻2019010	中国水稻研究所等
赣早糯116	赣审稻20190010	江西国穗种业有限公司	蓉优1847	滇审稻2019011	贵州省水稻研究所等
陵两优46	赣审稻20190011	中国水稻研究所等	宜优811	滇审稻2019012	云南省文山壮族苗族自治州农业科学院等
优 I 527	赣审稻20190012	江西惠农种业有限公司	锦优948	滇审稻2019013	云南金瑞种业有限公司
兵两优1号	赣审稻20190013	江西天涯种业有限公司等	楚稻7号	滇审稻2019014	云南省楚雄禾丰农业科技开发有限公司
株两优104	赣审稻20190014	中国水稻研究所等	楚稻6号	滇审稻2019015	云南省楚雄禾丰农业科技开发有限公司
煜两优11	赣审稻20190015	江西大地丰收种业有限公司等	楚粳49号	滇审稻2019016	云南省楚雄彝族自治州农业科学院

（续表）

品种名称	审定编号	选育单位	品种名称	审定编号	选育单位
陵两优 2 号	赣审稻 20190016	江西洪崖种业有限责任公司等	楚粳 48 号	滇审稻 2019017	云南省楚雄彝族自治州农业科学院
泰优 398	赣审稻 20190017	广东省农业科学院水稻研究所等	玉粳 25 号	滇审稻 2019018	云南省玉溪市农业科学院等
隆两优 1686	赣审稻 20190018	江西省天仁种业有限公司等	卢农 1 号	滇审稻 2019019	云南卢农小稻作物研究所等
内香优 8012	赣审稻 20190019	江西洪崖种业有限责任公司等	锦瑞 4 号	滇审稻 2019020	云南金瑞种业有限公司
荃优 106	赣审稻 20190020	江西省萍乡市农业科学研究所等	丽粳 23 号	滇审稻 2019021	云南省丽江市农业科学研究所
荃优雅占	赣审稻 20190021	江西天涯种业有限公司等	丽粳 22 号	滇审稻 2019022	云南省丽江市农业科学研究所
徽两优 238	赣审稻 20190022	江西先农种业有限公司	昭粳 13 号	滇审稻 2019023	云南省昭通市农业科学院
乾两优华占	赣审稻 20190023	广西恒茂农业科技有限公司等	靖稻 8 号	滇审稻 2019024	云南省曲靖市农业科学院等
深两优 678	赣审稻 20190024	江西汇丰源种业有限公司等	明 1 优明占	滇审稻 2019025	福建省三明市农业科学研究院
Y 两优 08	赣审稻 20190025	江西洪崖种业有限责任公司	锦两优 852	滇审稻 2019026	云南金瑞种业有限公司
营两优 929	赣审稻 20190026	江西红一种业科技股份有限公司	云两优 504	滇审稻 2019027	云南省农业科学院粮食作物研究所
野香优海丝	赣审稻 20190027	广西绿海种业有限公司等	文稻 21 号	滇审稻 2019028	云南省文山壮族苗族自治州农业科学院等
七两优 30	赣审稻 20190028	江西兴安种业有限公司等	广油占	粤审稻 20190001	广东省农业科学院水稻研究所
鄱湖香	赣审稻 20190029	江西农业大学农学院	黄广金占	粤审稻 20190002	广东省农业科学院水稻研究所
坤两优 22	赣审稻 20190030	江西科源种业有限公司等	五丝早占	粤审稻 20190003	广东省农业科学院水稻研究所
紫两优 2262	赣审稻 20190031	江西省玉山县特种水稻研究开发中心	广金占	粤审稻 20190004	广东省农业科学院水稻研究所
扬产糯 1 号	赣审稻 20190032	扬州大学等	黄广美占	粤审稻 20190005	广东省农业科学院水稻研究所
泰乡优早占	赣审稻 20190033	江西天涯种业有限公司等	禾粤丝苗	粤审稻 20190006	广东省农业科学院水稻研究所

（续表）

品种名称	审定编号	选育单位	品种名称	审定编号	选育单位
昌盛优 980	赣审稻 20190034	江西先农种业有限公司等	黄泰丝苗	粤审稻 20190007	广东省农业科学院水稻研究所
79 优 310	赣审稻 20190035	江西省农业科学院水稻研究所等	禾广油占	粤审稻 20190008	广东省农业科学院水稻研究所
恒优雅占	赣审稻 20190036	江西天涯种业有限公司等	广晶美占	粤审稻 20190009	广东省农业科学院水稻研究所
早优 50	赣审稻 20190037	江西洪崖种业有限责任公司等	五粤华占	粤审稻 20190010	广东省农业科学院水稻研究所
吉优隆占	赣审稻 20190038	江西省天仁种业有限公司等	新粤占	粤审稻 20190011	广东省农业科学院水稻研究所
泰乡优 133	赣审稻 20190039	江西雅农科技实业有限公司等	广黄占	粤审稻 20190012	广东省农业科学院水稻研究所
科优 5 号	赣审稻 20190040	江西天涯种业有限公司等	南油丝苗	粤审稻 20190013	广东省农业科学院水稻研究所
万象优 982	赣审稻 20190041	江西红一种业科技股份有限公司	黄广农占	粤审稻 20190014	广东省农业科学院水稻研究所
五优 718	赣审稻 20190042	江西洪崖种业有限责任公司	粤莉丝苗	粤审稻 20190015	广东省农业科学院水稻研究所
野香优航 1573	赣审稻 20190043	江西省超级水稻研究发展中心等	禾广丝苗	粤审稻 20190016	广东省农业科学院水稻研究所
新泰优 1617	赣审稻 20190044	江西汇丰源种业有限公司等	华航 61 号	粤审稻 20190017	国家植物航天育种工程技术研究中心（华南农业大学）
猫牙玉针	赣审稻 20190045	江西汇丰源种业有限公司	华航 59 号	粤审稻 20190018	国家植物航天育种工程技术研究中心（华南农业大学）
广泰优航 0799	赣审稻 20190046	江西天稻粮安种业有限公司等	华航 62 号	粤审稻 20190019	国家植物航天育种工程技术研究中心（华南农业大学）
井冈软粘	赣审稻 20190047	吉安市种子管理局等	米岗油占	粤审稻 20190020	广东现代耕耘种业有限公司
五乡优丝占	赣审稻 20190048	江西科源种业有限公司等	禾粳占 7 号	粤审稻 20190021	广州市农业科学研究院等
新泰优安占	赣审稻 20190049	江西科源种业有限公司等	旺两优 959	粤审稻 20190022	湖南袁创超级稻技术有限公司
秀优宜占	赣审稻 20190050	江西天稻粮安种业有限公司等	恒丰优 5511	粤审稻 20190023	广东粤良种业有限公司
泰乡优雅占	赣审稻 20190051	江西普胜农业开发有限责任公司等	恒丰优 222	粤审稻 20190024	广东粤良种业有限公司

（续表）

品种名称	审定编号	选育单位	品种名称	审定编号	选育单位
荃优 16	赣审稻 20190052	江苏中江种业股份有限公司等	博Ⅱ优珍丝苗	粤审稻 20190025	广东粤良种业有限公司
洪香占	赣审稻 20190053	江西洪崖种业有限责任公司	恒丰优 158	粤审稻 20190026	广东粤良种业有限公司等
恒优 99	赣审稻 20190054	江西农嘉种业有限公司等	野优 5522	粤审稻 20190027	广东粤良种业有限公司等
国优华占	赣审稻 20190055	江西现代种业股份有限公司	泰优粤禾丝苗	粤审稻 20190028	广东省金稻种业有限公司等
广 8 优粤禾丝苗	赣审稻 20190056	广东省农业科学院水稻研究所等	顺两优 6100	粤审稻 20190029	广东华农大种业有限公司
豫章香占	赣审稻 20190057	江西春丰农业科技有限公司等	华美优 708	粤审稻 20190030	广东华农大种业有限公司
野香优巴丝	赣审稻 20190058	江西农业大学农学院等	广泰优 736	粤审稻 20190031	广东华茂高科种业有限公司等
新泰优丝占	赣审稻 20190059	江西省南昌市农业科学院粮油作物研究所等	粤禾优 1002	粤审稻 20190032	广东华茂高科种业有限公司等
美特占	赣审稻 20190060	江西农业大学农学院等	荃优合莉油占	粤审稻 20190033	广东省良种引进服务公司等
赣香占 1 号	赣审稻 20190061	江西省农业科学院水稻研究所	南两优红 3 号	粤审稻 20190034	广东省农业科学院水稻研究所
甬优 540	赣审稻 20190062	浙江省宁波市种子有限公司等	安优 1380	粤审稻 20190035	广东省农业科学院水稻研究所
甬优 5550	赣审稻 20190063	浙江省宁波市种子有限公司等	五优 738	粤审稻 20190036	广东省农业科学院水稻研究所
赣宁粳 1 号	赣审稻 20190064	南京农业大学等	Y 两优 88	粤审稻 20190037	广东省农业科学院水稻研究所
79A	赣审稻 20190065	江西省农业科学院水稻研究所	发两优 849	粤审稻 20190038	广东省农业科学院水稻研究所
赣野 A	赣审稻 20190066	江西省农业科学院水稻研究所	广 8 优粤禾丝苗	粤审稻 20190039	广东省农业科学院水稻研究所
国丰 143A	赣审稻 20190067	江西现代种业股份有限公司	金龙优粤禾丝苗	粤审稻 20190040	广东省农业科学院水稻研究所
昌盛 843A	赣审稻 20190068	江西天涯种业有限公司等	南两优 362	粤审稻 20190041	广东省农业科学院水稻研究所
秀丰 A	赣审稻 20190069	江西天稻粮安种业有限公司等	金稻优 1302	粤审稻 20190042	广东省农业科学院水稻研究所

（续表）

品种名称	审定编号	选育单位	品种名称	审定编号	选育单位
紫宝22S	赣审稻20190070	江西省玉山县特种水稻研究开发中心	广泰优7170	粤审稻20190043	广东省农业科学院水稻研究所
营S	赣审稻20190071	江西红一种业科技股份有限公司	Y两优油占	粤审稻20190044	广东省农业科学院水稻研究所
萍S	赣审稻20190072	江西省萍乡市农业科学研究所	广8优1816	粤审稻20190045	广东省农业科学院水稻研究所
金泰优1051	闽审稻20190001	福建农林大学作物科学学院等	恒优2298	粤审稻20190046	广东省农业科学院水稻研究所等
泉珍12号	闽审稻20190002	福建省泉州市农业科学研究所	广泰优华占	粤审稻20190047	广东省农业科学院水稻研究所等
科优186	闽审稻20190003	福建省南平市农业科学研究所等	恒丰优1378	粤审稻20190048	国家植物航天育种工程技术研究中心（华南农业大学）等
孟两优319	闽审稻20190004	福建科力种业有限公司种业研究院等	深两优1378	粤审稻20190049	国家植物航天育种工程技术研究中心（华南农业大学）等
金泰优683	闽审稻20190005	福建农林大学作物科学学院等	深两优1578	粤审稻20190050	国家植物航天育种工程技术研究中心（华南农业大学）等
禾两优676	闽审稻20190006	福建农林大学作物科学学院等	香龙优2877	粤审稻20190051	广东省肇庆学院等
荃优164	闽审稻20190007	福建省三明市农业科学研究院等	吉优黄占	粤审稻20190052	广东省仲恺农业工程学院农业与生物学院等
两优108	闽审稻20190008	福建省南平市农业科学研究所等	荃优青占	粤审稻20190053	广东省仲恺农业工程学院农学院
甬优5526	闽审稻20190009	浙江省宁波市种子有限公司	吉优美占	粤审稻20190054	广东鲜美种苗股份有限公司等
T两优华占	闽审稻20190010	福建旺福农业发展有限公司等	裕优038	粤审稻20190055	广东鲜美种苗股份有限公司
荃优699	闽审稻20190011	福建禾丰种业股份有限公司等	博Ⅱ优青占	粤审稻20190056	广东鲜美种苗股份有限公司
元两优676	闽审稻20190012	福建禾丰种业股份有限公司等	兴两优3089	粤审稻20190057	广东天弘种业有限公司
赣73优明占	闽审稻20190013	福建省三明市农业科学研究院等	谷优460	粤审稻20190058	广东天弘种业有限公司等

（续表）

品种名称	审定编号	选育单位	品种名称	审定编号	选育单位
农优 683	闽审稻 20190014	福建省农业科学院水稻研究所等	广泰优秋占	粤审稻 20190059	广东天弘种业有限公司等
T 两优 653	闽审稻 20190015	福建旺福农业发展有限公司	广泰优天弘丝苗	粤审稻 20190060	广东天弘种业有限公司等
T 两优 4159	闽审稻 20190016	福建六三种业有限责任公司等	Y 两优 090	粤审稻 20190061	广东天之源农业科技有限公司
荟丰优 3545	闽审稻 20190017	福建省农业科学院生物技术研究所等	中映优 161	粤审稻 20190062	广东现代耕耘种业有限公司
荟丰优 5478	闽审稻 20190018	福建科荟种业股份有限公司	中映优 852	粤审稻 20190063	广东现代耕耘种业有限公司
臻优 683	闽审稻 20190019	福建禾丰种业股份有限公司等	中昊优 9822	粤审稻 20190064	广东恒昊农业有限公司
明 2 优明占	闽审稻 20190020	福建六三种业有限责任公司等	堆优 1269	粤审稻 20190065	深圳市兆农农业科技有限公司
金泰优明占	闽审稻 20190021	福建农林大学作物科学学院等	堆优 6377	粤审稻 20190066	深圳市兆农农业科技有限公司等
金泰优 2453	闽审稻 20190022	福建农林大学作物科学学院	济优 6377	粤审稻 20190067	深圳市兆农农业科技有限公司等
安丰优 3510	闽审稻 20190023	福建省农业科学院生物技术研究所等	和优 1269	粤审稻 20190068	深圳兆农农业科技有限公司
B 两优 164	闽审稻 20190024	福建省三明市农业科学研究院等	五优青占	粤审稻 20190069	广州市金粤生物科技有限公司等
内 10 优 164	闽审稻 20190025	福建省三明市农业科学研究院等	恒丰优粤禾丝苗	粤审稻 20190070	广东省清远市农业科技推广服务中心（清远市农业科学研究所）等
福农优 9802	闽审稻 20190026	福建省农业科学院水稻研究所等	昌盛优粤农丝苗	粤审稻 20190071	北京金色农华种业科技股份有限公司等
荃优 639	闽审稻 20190027	福建省农业科学院水稻研究所等	韵两优 633	粤审稻 20190072	湖南隆平种业有限公司
泸优 6169	闽审稻 20190028	福建农乐种业有限公司等	隆优 1212	粤审稻 20190073	湖南隆平种业有限公司等
甬优 5518	闽审稻 20190029	浙江省宁波市种子有限公司	隆优丝苗	粤审稻 20190074	湖南隆平种业有限公司等
野香优 639	闽审稻 20190030	福建禾丰种业股份有限公司等	玖两优黄莉占	粤审稻 20190075	湖南隆平种业有限公司等
澜优粤禾丝苗	闽审稻 20190031	福建省农业科学院水稻研究所等	隆 8 优丝苗	粤审稻 20190076	袁隆平农业高科股份有限公司等

（续表）

品种名称	审定编号	选育单位	品种名称	审定编号	选育单位
宁 12 优 6169	闽审稻 20190032	福建农乐种业有限公司等	深两优 121	粤审稻 20190077	中国农业科学院深圳农业基因组研究所等
谷优 366	闽审稻 20190033	福建旺穗种业有限公司等	荣 3 优 1002	粤审稻 20190078	中国种子集团有限公司等
潢优 164	闽审稻 20190034	福建农乐种业有限公司等	金龙优 2877	粤审稻 20190079	中国种子集团有限公司三亚分公司等
伍天优 713	闽审稻 20190035	福建神农大丰种业科技有限公司等	金龙优 2018	粤审稻 20190080	中国种子集团有限公司三亚分公司等
谷优 6866	闽审稻 20190036	福建禾丰种业股份有限公司等	南红 5 号	粤审稻 20190081	广东省农业科学院水稻研究所
聚两优 5336	闽审稻 20190037	福建科荟种业股份有限公司等	和两优红 3	粤审稻 20190082	广东省农业科学院水稻研究所
农优 212	闽审稻 20190038	福建省农业科学院水稻研究所	和两优红宝	粤审稻 20190083	广东省农业科学院水稻研究所等
神农优红丝苗	闽审稻 20190039	福建旺穗种业有限公司等	深两优红 3	粤审稻 20190084	广东省农业科学院水稻研究所
明轮臻占	闽审稻 20190040	福建省三明市农业科学研究院	金红丝苗	粤审稻 20190085	华南农业大学国家植物航天育种工程技术研究中心
菁农 S	闽审稻 20190041	福建科荟种业股份有限公司等	凤枣丝苗 2 号	粤审稻 20190086	广东省东莞市中堂凤冲水稻科研站
福昌 1A	闽审稻 20190042	福建省农业科学院水稻研究所	桂两优 5 号	桂审稻 2019001	广西壮族自治区农业科学院水稻研究所
旗 2A	闽审稻 20190043	福建省农业科学院水稻研究所	早丰优 33	桂审稻 2019002	北京金色农华种业科技股份有限公司等
闽 1303S	闽审稻 20190044	福建省农业科学院生物技术研究所等	隆优丝占	桂审稻 2019003	广西恒茂农业科技有限公司等
律达 A	闽审稻 20190045	福建省农业科学院水稻研究所	圻优 166	桂审稻 2019004	广西万川种业有限公司等
涵丰 A	闽审稻 20190046	福建农林大学作物科学学院	尚两优 818	桂审稻 2019005	广西区南宁市桂福园农业有限公司等
伍天 A	闽审稻 20190047	福建省泉州市农业科学研究所	玖两优鹏 2 号	桂审稻 2019006	湖南省水稻研究所等
闽农糯 6A	闽审稻 20190048	福建农林大学作物遗传改良研究所	广和优 305	桂审稻 2019007	广西区贺州市农业科学院等

（续表）

品种名称	审定编号	选育单位	品种名称	审定编号	选育单位
春 S	闽审稻 20190049	福建省建瓯市厚积农业科学研究所	广 8 优 305	桂审稻 2019008	广西兆和种业有限公司等
元亨 S	闽审稻 20190050	福建省农业科学院水稻研究所	广和优郁香	桂审稻 2019009	广西兆和种业有限公司等
遂 S	闽审稻 20190051	福建省三明市农业科学研究院	恒丰优郁香	桂审稻 2019010	广西兆和种业有限公司等
荟农 S	闽审稻 20190052	福建科荟种业股份有限公司	美香两优香丝	桂审稻 2019011	广西壮邦种业有限公司
澜达 A	闽审稻 20190053	福建省农业科学院水稻研究所	灵丰优粳 16	桂审稻 2019012	广西桂穗种业有限公司
福祥 1A	闽审稻 20190054	福建省农业科学院水稻研究所	五优 071	桂审稻 2019013	广西荃鸿农业科技有限公司等
272S	闽审稻 20190055	福建农林大学作物科学学院	中特优 38	桂审稻 2019014	广西桂先种业有限公司等
明禾 A	闽审稻 20190056	福建省三明市农业科学研究院	野香优 700	桂审稻 2019015	广西绿海种业有限公司
闽红 249S	闽审稻 20190057	福建省农业科学院水稻研究所	顺优油占	桂审稻 2019016	广西仙德农业科技有限公司
红 19S	闽审稻 20190058	福建省农业科学院水稻研究所	丽香优 558	桂审稻 2019017	广西百香高科种业有限公司
紫 392S	闽审稻 20190059	福建省农业科学院水稻研究所	科德优 118	桂审稻 2019018	广西仙德农业科技有限公司
禾 9S（茂 S）	闽审稻 20190060	福建农林大学作物科学学院	五优 1179	桂审稻 2019019	国家植物航天育种工程技术研究中心（华南农业大学）
双园 A	闽审稻 20190061	厦门大学生命科学学院	五优 6133	桂审稻 2019020	广东华农大种业有限公司等
早籼 402	皖审稻 20190001	安徽省芜湖青弋江种业有限公司等	吉优 8 号	桂审稻 2019021	广西区连山壮族瑶族自治县农业科学研究所
早籼 406	皖审稻 20190002	安徽省农业科学院水稻研究所	泰两优 1332	桂审稻 2019022	浙江科原种业有限公司等
G 两优 6369	皖审稻 20190003	安徽省合肥金色生物研究有限公司	软华优 1179	桂审稻 2019023	国家植物航天育种工程技术研究中心（华南农业大学）等
永两优 830	皖审稻 20190004	安徽咏悦农业科技有限公司等	五优银占	桂审稻 2019024	湖南永益农业科技发展有限公司等

（续表）

品种名称	审定编号	选育单位	品种名称	审定编号	选育单位
创两优 028	皖审稻 20190005	安徽省安庆市稼元农业科技有限公司	五优新华粘	桂审稻 2019025	湖南永益农业科技发展有限公司等
徽两优 2628	皖审稻 20190006	安徽喜多收种业科技有限公司等	早丰优华占	桂审稻 2019026	中国水稻研究所等
荃优 259	皖审稻 20190007	北京金色农华种业科技股份有限公司等	广泰优华占	桂审稻 2019027	江西先农种业有限公司等
喜两优 106	皖审稻 20190008	安徽喜多收种业科技有限公司	五优 1906	桂审稻 2019028	广东华茂高科种业有限公司等
两优 2420	皖审稻 20190009	湖北铁诚兴种业科技有限公司等	早优星占	桂审稻 2019029	江西普胜农业开发有限责任公司等
两优 T31	皖审稻 20190010	安徽天禾现代农业服务有限公司	万象优 337	桂审稻 2019030	江西红一种业股份有限公司等
深两优 2688	皖审稻 20190011	安徽喜多收种业科技有限公司	万象优双占	桂审稻 2019031	江西红一种业科技股份有限公司
两优 1266	皖审稻 20190012	安徽喜多收种业科技有限公司等	德两优华占	桂审稻 2019032	湖南金健种业科技有限公司等
T 两优 1 号	皖审稻 20190013	安徽侬多丰农业科技有限公司	秦优 866	桂审稻 2019033	江西金信种业有限公司
巨丰优 248	皖审稻 20190014	安徽国瑞种业有限公司	永 3 优华占	桂审稻 2019034	湖南神农大丰种业科技有限责任公司
两优 7761	皖审稻 20190015	安徽省农业科学院水稻研究所	岳优 518	桂审稻 2019035	湖南金健种业有限责任公司
荃 9 优 5 号	皖审稻 20190016	安徽荃银高科种业股份有限公司	泰丰优 2213	桂审稻 2019036	广东省农业科学院水稻研究所
荃优 136	皖审稻 20190017	安徽荃银高科种业股份有限公司	润优华占	桂审稻 2019037	江西省天仁种业有限公司等
荃优 801	皖审稻 20190018	安徽合肥新强种业科技有限公司等	深优星占	桂审稻 2019038	江西华昊水稻协同创新科技有限公司等
荃两优丝苗	皖审稻 20190019	安徽荃银高科种业股份有限公司等	壮香优 1205	桂审稻 2019039	广西白金种子股份有限公司等
创两优 558	皖审稻 20190020	安徽省天禾农业科技集团股份有限公司	特优 639	桂审稻 2019040	福建禾丰种业股份有限公司等
两优 8876	皖审稻 20190021	安徽省合肥旱地农业科学技术研究所	亿丰优 798	桂审稻 2019041	广西区岑溪市朝阳农业科技有限公司等
春优 584	皖审稻 20190022	安徽省创富种业有限公司	隆晶优 8129	桂审稻 2019042	袁隆平农业高科股份有限公司等

（续表）

品种名称	审定编号	选育单位	品种名称	审定编号	选育单位
新粳 599	皖审稻 20190023	安徽喜多收种业科技有限公司	V 两优 1111	桂审稻 2019043	广西百香高科种业有限公司
绿糯 3 号	皖审稻 20190024	安徽绿雨种业股份有限公司	东两优 814	桂审稻 2019044	南宁市桂福园农业有限公司等
武运 367	皖审稻 20190025	安徽省创富种业有限公司	特优 9983	桂审稻 2019045	南宁市桂福园农业有限公司
弋粳 149	皖审稻 20190026	安徽省芜湖青弋江种业有限公司	乾两优华占	桂审稻 2019046	广西恒茂农业科技有限公司等
舒丰粳 1 号	皖审稻 20190027	安徽省舒城县农业科学研究所	特优 365	桂审稻 2019047	广西万川种业有限公司等
银粳 218	皖审稻 20190028	安徽银禾种业有限公司	广 8 优郁香	桂审稻 2019048	广西兆和种业有限公司等
浙沣糯 188	皖审稻 20190029	上海黄海种业有限公司等	特优 809	桂审稻 2019049	广西桂穗种业有限公司
皖垦糯 1116	皖审稻 20190030	安徽皖垦种业股份有限公司	特优 580	桂审稻 2019050	广西区容县种子公司
两优 604	皖审稻 20190031	安徽农业大学等	科德优 32	桂审稻 2019051	广西区容县种子公司等
天两优 7 号	皖审稻 20190032	安徽天禾农业科技集团股份有限公司	特优 168	桂审稻 2019052	广西壮族自治区博白县农业科学研究所
两优 992	皖审稻 20190033	安徽省合肥旱地农业科学技术研究所	星火优 168	桂审稻 2019053	广西绿丰种业有限责任公司
绿两优 909	皖审稻 20190034	安徽绿雨种业股份有限公司	特优 289	桂审稻 2019054	广西万禾种业有限公司等
武育糯 4819	皖审稻 20190035	安徽皖垦种业股份有限公司等	特优 8689	桂审稻 2019055	广西万禾种业有限公司等
科辐粳 7 号	皖审稻 20190036	中国科学院合肥物质科学研究院技术生物与农业工程研究所	悦香优 289	桂审稻 2019056	广西万禾种业有限公司等
两优 002	皖审稻 20191001	安徽理想种业有限公司等	智两优 5478	桂审稻 2019057	广西桂先种业有限公司等
两优 005	皖审稻 20191002	安徽理想种业有限公司等	荃优 665	桂审稻 2019058	湖南金健种业科技有限公司等
喜两优丝苗	皖审稻 20191003	安徽喜多收种业科技有限公司等	两优 758	桂审稻 2019059	广西皓凯生物科技有限公司等
巧两优丝苗	皖审稻 20191004	安徽喜多收种业科技有限公司等	荃优 123	桂审稻 2019060	广西恒茂农业科技有限公司等

（续表）

品种名称	审定编号	选育单位	品种名称	审定编号	选育单位
喜两优晶占	皖审稻20191005	安徽喜多收种业科技有限公司等	清香优2号	桂审稻2019061	广西皓凯生物科技有限公司等
徽两优918	皖审稻20191006	安徽喜多收种业科技有限公司等	悦香优8689	桂审稻2019062	广西万禾种业有限公司等
裕两优华占	皖审稻20191007	安徽喜多收种业科技有限公司等	特优嘉早	桂审稻2019063	广西皓凯生物科技有限公司等
C两优998	皖审稻20191008	安徽喜多收种业科技有限公司	中映优98	桂审稻2019064	广西桂先种业有限公司等
深两优870	皖审稻20191009	广东兆华种业有限公司等	裕丰优158	桂审稻2019065	广西皓凯生物科技有限公司等
富两优2号	皖审稻20191010	安徽丰大种业股份有限公司	特优1029	桂审稻2019066	广西仙德农业科技有限公司
恒丰优粤禾丝苗	皖审稻20191011	四川台沃种业有限责任公司等	丽香优纳丝	桂审稻2019067	广西百香高科种业有限公司
泉糯669	皖审稻20191012	安徽禾泉种业有限公司	特优919	桂审稻2019068	广西绿海种业有限公司
两优172	皖审稻20191013	安徽省芜湖青弋江种业有限公司	粳香优海丝	桂审稻2019069	广西绿海种业有限公司
卓优华占	皖审稻20191014	广东天弘种业有限公司等	特优155	桂审稻2019070	广西大学等
爱优1122	皖审稻20191015	安徽理想种业有限公司	花香优717	桂审稻2019071	广西农业科学院水稻研究所等
两优5989	皖审稻20191016	宇顺高科种业股份有限公司	特优913	桂审稻2019072	广西博士园种业有限公司
五优珍丝苗	皖审稻20191017	广东粤良种业有限公司	特优5118	桂审稻2019073	广西万千种业有限公司
武运2340	皖审稻20191018	宇顺高科种业股份有限公司	丰泽优798	桂审稻2019074	广西区岑溪市振田水稻研究所
裕粳1号	皖审稻20191019	安徽喜多收种业科技有限公司	金两优2168	桂审稻2019075	广西南宁华稻种业有限责任公司
喜粳糯68	皖审稻20191020	安徽喜多收种业科技有限公司等	甜优1号	桂审稻2019076	南宁市桂稻香农作物研究所等
化感2205	皖审稻20192001	安徽省芜湖市星火农业实用技术研究所等	葛68优623	桂审稻2019077	南宁市桂稻香农作物研究所等
陵两优1785	湘审稻20190001	湖南省岳阳市金穗作物研究所等	特优7671	桂审稻2019078	广西国良种业有限公司

（续表）

品种名称	审定编号	选育单位	品种名称	审定编号	选育单位
垦优 1683	湘审稻 20190002	湖南北大荒种业科技有限责任公司	特优 1359	桂审稻 2019079	广西南宁良农种业有限公司
吉优 421	湘审稻 20190003	湖南北大荒种业科技有限责任公司等	万太优美占	桂审稻 2019080	广西区农业科学院水稻研究所
玖两优 1339	湘审稻 20190004	湖南希望种业科技股份有限公司等	壮香优白金 5	桂审稻 2019081	广西白金种子股份有限公司
五优 1252	湘审稻 20190005	湖南隆平高科种业科学研究院有限公司等	扬籼优 713	桂审稻 2019082	江苏里下河地区农业科学研究所
简两优 10	湘审稻 20190006	袁隆平农业高科技股份有限公司等	新泰优丝占	桂审稻 2019083	南昌市农业科学院粮油作物研究所等
锦两优 534	湘审稻 20190007	袁隆平农业高科技股份有限公司等	创两优 602	桂审稻 2019084	南宁市桂福园农业有限公司等
隆晶优华占	湘审稻 20190008	湖南隆平高科种业科学研究院有限公司等	恒丰优 1770	桂审稻 2019085	广西大学等
汉两优 1 号	湘审稻 20190009	湖南佳和种业股份有限公司	美香两优晶丝	桂审稻 2019086	广西壮邦种业有限公司
泰优新华粘	湘审稻 20190010	湖南永益农业科技发展有限公司等	广和优香丝苗	桂审稻 2019087	广西兆和种业有限公司等
九优 808	湘审稻 20190011	安徽荃银高科种业股份有限公司等	邦两优香丝苗	桂审稻 2019088	广西壮邦种业有限公司
金两优 1858	湘审稻 20190012	湖南金健种业科技有限公司	荃香优 136	桂审稻 2019089	广西荃鸿农业科技有限公司等
晶两优 8612	湘审稻 20190013	袁隆平农业高科技股份有限公司等	中升优 852	桂审稻 2019090	广西桂先种业有限公司等
强两优 6166	湘审稻 20190014	湖南奥谱隆科技股份有限公司	垦香优 118	桂审稻 2019091	广西万禾种业有限公司等
隆两优 1301	湘审稻 20190015	袁隆平农业高科技股份有限公司等	凯丰优 158	桂审稻 2019092	广西皓凯生物科技有限公司等
晶两优 5438	湘审稻 20190016	袁隆平农业高科技股份有限公司等	垦香优玉珍	桂审稻 2019093	广西万禾种业有限公司等
湘两优 755	湘审稻 20190017	湖南年丰种业科技有限公司等	悦香优银占	桂审稻 2019094	广西万禾种业有限公司等
中两优 018	湘审稻 20190018	湖南洞庭高科种业股份有限公司等	宁丰优 699	桂审稻 2019095	广西皓凯生物科技有限公司等
隆两优 5203	湘审稻 20190019	湖南隆平高科种业科学研究院有限公司等	软华优玉丝香	桂审稻 2019096	广西皓凯生物科技有限公司等

（续表）

品种名称	审定编号	选育单位	品种名称	审定编号	选育单位
T两优新华粘	湘审稻20190020	湖南恒德种业科技有限公司等	野香优甜丝	桂审稻2019097	广西绿海种业有限公司
晶两优765	湘审稻20190021	湖南隆平高科种业科学研究院有限公司等	野香优油丝	桂审稻2019098	广西绿海种业有限公司
惠两优2号	湘审稻20190022	湖南北大荒种业科技有限责任公司等	满香优173	桂审稻2019099	南宁市西玉农作物研究所
农香优2381	湘审稻20190023	湖南佳和种业股份有限公司等	丽香优111	桂审稻2019100	广西百香高科种业有限公司
C两优419	湘审稻20190024	湖南省春云农业科技股份有限公司等	满香优1109	桂审稻2019101	南宁市西玉农作物研究所
C两优新华粘	湘审稻20190025	湖南永益农业科技发展有限公司等	野香优明月丝苗	桂审稻2019102	广西绿海种业有限公司
甬优6760	湘审稻20190026	浙江省宁波市种子有限公司	粳香优巴丝	桂审稻2019103	广西绿海种业有限公司
深两优1124	湘审稻20190027	湖南鑫盛华丰种业科技有限公司等	科德优6号	桂审稻2019104	广西仙德农业科技有限公司
Y两优170	湘审稻20190028	湖南佳和种业股份有限公司等	香两优269	桂审稻2019105	广西瑞特种子有限责任公司
创两优450	湘审稻20190029	湖南鑫盛华丰种业科技有限公司等	广8优1205	桂审稻2019106	广西白金种子股份有限公司等
美两优晶银占	湘审稻20190030	湖南金源种业有限公司	甬优7053	桂审稻2019107	浙江省宁波市种子有限公司
润两优414	湘审稻20190031	湖南正隆农业科技有限公司	百香优005	桂审稻2019108	广西百香高科种业有限公司
龙两优粤禾丝苗	湘审稻20190032	湖南大地种业有限责任公司等	Y两优2098	桂审稻2019109	广西燕坤农业科技有限公司
C两优华晶占	湘审稻20190033	湖南中朗种业有限公司等	高丰优689	桂审稻2019110	广西壮族自治区农业科学院水稻研究所
晶两优5438	湘审稻20190034	袁隆平农业高科技股份有限公司等	昌两优华占	桂审稻2019111	广西恒茂农业科技有限公司等
B两优0502	湘审稻20190035	湖南希望种业科技股份有限公司等	丰顺优1号	桂审稻2019112	广西金卡农业科技有限公司
华两优10	湘审稻20190036	袁隆平农业高科技股份有限公司等	丰田优1999	桂审稻2019113	广西金卡农业科技有限公司
晶两优510	湘审稻20190037	袁隆平农业高科技股份有限公司等	先优桂香占	桂审稻2019114	广西大学；南宁市西玉农作物研究所

（续表）

品种名称	审定编号	选育单位	品种名称	审定编号	选育单位
C 两优银华粘	湘审稻 20190038	湖南永益农业科技发展有限公司等	昌两优丝苗	桂审稻 2019115	广西恒茂农业科技有限公司等
甬优 4953	湘审稻 20190039	浙江省宁波市种子有限公司	广 8 优兆香丝苗	桂审稻 2019116	广西兆和种业有限公司等
两优 887	湘审稻 20190040	湖南湘穗种业有限责任公司	又香优书丝苗	桂审稻 2019117	广西兆和种业有限公司
玖两优 1208	湘审稻 20190041	湖南省水稻研究所等	穗香优 963	桂审稻 2019118	广西桂穗种业有限公司
早优 1710	湘审稻 20190042	湖南省水稻研究所等	金泰优 32	桂审稻 2019119	福建农林大学作物科学学院等
泰优 553	湘审稻 20190043	湖南金健种业科技有限公司等	广丰优 036	桂审稻 2019120	广西皓凯生物科技有限公司等
泰优 305	湘审稻 20190044	广东省农业科学院水稻研究所等	祥丰优 036	桂审稻 2019121	广西皓凯生物科技有限公司等
袁优 6735	湘审稻 20190045	袁氏种业高科技有限公司	宏泰优 621	桂审稻 2019122	广西农业科学院水稻研究所等
盛泰优 626	湘审稻 20190046	湖南洞庭高科种业股份有限公司等	中昊优 T37	桂审稻 2019123	广西桂先种业有限公司等
堆优 6553	湘审稻 20190047	湖南宽和仁农业发展有限公司	悦香优 6188	桂审稻 2019124	广西万禾种业有限公司等
耘两优玖 48	湘审稻 20190048	湖南金色农丰种业有限公司等	显两优 822	桂审稻 2019125	广西荃鸿农业科技有限公司等
玖两优 615	湘审稻 20190049	湖南金健种业科技有限公司等	清香优 039	桂审稻 2019126	广西皓凯生物科技有限公司等
玖两优金 2 号	湘审稻 20190050	深圳市金谷美香实业有限公司等	万丰优 289	桂审稻 2019127	广西万禾种业有限公司等
尚两优丰占	湘审稻 20190051	袁氏种业高科技有限公司	长香优 289	桂审稻 2019128	广西万禾种业有限公司等
泰优祥占	湘审稻 20190052	湖南优至种业有限公司等	民丰优 036	桂审稻 2019129	广西皓凯生物科技有限公司等
福两优 534	湘审稻 20190053	袁隆平农业高科技股份有限公司等	新丰优 529	桂审稻 2019130	广西皓凯生物科技有限公司等
深优 9591	湘审稻 20190054	湖南金健种业科技有限公司等	野香优巴丝	桂审稻 2019131	江西农业大学农学院等
泰丰优 2213	湘审稻 20190055	广东省农业科学院水稻研究所	丽香优 520	桂审稻 2019132	广西百香高科种业有限公司
福两优华占	湘审稻 20190056	袁隆平农业高科技股份有限公司等	泰丰优 1087	桂审稻 2019133	广西仙德农业科技有限公司

（续表）

品种名称	审定编号	选育单位	品种名称	审定编号	选育单位
峰晟优9113	湘审稻20190057	湖南洞庭高科种业股份有限公司等	先优银占9号	桂审稻2019134	广西大学等
03优华占	湘审稻20190058	湖南泰邦农业科技股份有限公司等	金玉优1067	桂审稻2019135	广西仙德农业科技有限公司
顺优1208	湘审稻20190059	湖南鑫盛华丰种业科技有限公司	科德优6398	桂审稻2019136	广西仙德农业科技有限公司
泰优粤占	湘审稻20190060	湖南永益农业科技发展有限公司等	香占优巴丝	桂审稻2019137	广西绿海种业有限公司
恒优520	湘审稻20190061	湖南佳和种业股份有限公司等	香占优甜丝	桂审稻2019138	广西绿海种业有限公司
旺两优107	湘审稻20190062	湖南袁创超级稻技术有限公司	银泰优8号	桂审稻2019139	广西大学等
春两优121	湘审稻20190063	湖南省春云农业科技股份有限公司等	丽香优5号	桂审稻2019140	广西百香高科种业有限公司
甬优5526	湘审稻20190064	浙江省宁波市种子有限公司	东方龙优9983	桂审稻2019141	广西川桂种业有限公司
桃优89	湘审稻20190065	湖南北大荒种业科技有限责任公司等	正优873	桂审稻2019142	广西川桂种业有限公司
袁优华占	湘审稻20190066	袁氏种业高科技有限公司等	金泰优明占	桂审稻2019143	福建农林大学作物科学学院等
恒两优金农丝苗	湘审稻20190067	湖南恒德种业科技有限公司等	国良优633	桂审稻2019144	广西国良种业有限公司
吉优华占	湘审稻20190068	广东省金稻种业有限公司等	秀优363	桂审稻2019145	南宁市桂稻香农作物研究所等
东两优丰占	湘审稻20190069	袁氏种业高科技有限公司	正湘优868	桂审稻2019146	南宁市桂稻香农作物研究所等
恒两优华占	湘审稻20190070	湖南恒德种业科技有限公司等	耀丰优131	桂审稻2019147	广西南宁良农种业有限公司
泰优068	湘审稻20190071	湖南优至种业有限公司等	发优1133	桂审稻2019148	广西瑞特种子有限责任公司
绿银占	湘审稻20190072	深圳隆平金谷种业有限公司	河西丰占2号	桂审稻2019149	广西区河池市农业科学研究所等
深优1234	湘审稻20190073	袁隆平农业高科技股份有限公司等	百香1339	桂审稻2019150	广西百香高科种业有限公司
钦优5187	湘审稻20190074	袁隆平农业高科技股份有限公司等	粮发香丝	桂审稻2019151	广西恒茂农业有限公司等
隆晶优8129	湘审稻20190075	袁隆平农业高科技股份有限公司等	桂育12	桂审稻2019152	广西区农业科学院水稻研究所

（续表）

品种名称	审定编号	选育单位	品种名称	审定编号	选育单位
美优华占	湘审稻20190076	湖南金源种业有限公司	广粮香2号	桂审稻2019153	广西粮发种业有限公司等
彩慧黑糯	湘审稻20190077	湖南五彩农业科技发展有限公司	鼎烽2号	桂审稻2019154	广西鼎烽种业有限公司
两优576	鄂审稻2019001	湖北省种子集团有限公司	万香696	桂审稻2019155	广西万禾种业有限公司等
两优1208	鄂审稻2019002	湖北大楚农业科技有限公司	丰惠2668	桂审稻2019156	广西中惠农业科技有限公司等
冈早籼11号	鄂审稻2019003	湖北武汉佳禾生物科技有限责任公司等	骏香23	桂审稻2019157	广西万禾种业有限公司等
E两优171	鄂审稻2019004	湖北楚创高科农业有限公司等	坤两优华占	桂审稻2019158	广西恒茂农业科技有限公司等
E两优20	鄂审稻2019005	湖北省农业科学院粮食作物研究所	坤两优8号	桂审稻2019159	广西恒茂农业科技有限公司等
两优548	鄂审稻2019006	湖北省种子集团有限公司	野香优红占	桂审稻2019160	广西绿海种业有限公司
襄两优322	鄂审稻2019007	湖北省襄阳市农业科学院等	浙糯优1号	桂审稻2019161	浙江勿忘农种业股份有限公司
全两优楚丰丝苗	鄂审稻2019008	湖北荃银高科种业有限公司	农香优华占	桂审稻2019162	江西天涯种业有限公司等
全两优华占	鄂审稻2019009	湖北荃银高科种业有限公司等	深优9519	桂审稻2019163	清华大学深圳研究生院
泸两优662	鄂审稻2019010	湖北大楚农业科技有限公司	广8优2156	桂审稻2019164	广东省农业科学院水稻研究所等
E两优1453	鄂审稻2019011	武汉隆福康农业发展有限公司等	广8优2168	桂审稻2019165	广东省农业科学院水稻研究所
C两优068	鄂审稻2019012	湖北农华农业科技有限公司	广8优188	桂审稻2019166	广东省农业科学院水稻研究所等
广两优188	鄂审稻2019013	湖北农华农业科技有限公司	广8优199	桂审稻2019167	湖南金稻种业有限公司等
亚两优黄莉占	鄂审稻2019014	袁隆平农业高科技股份有限公司等	广8优673	桂审稻2019168	中国种子集团有限公司等
C两优300	鄂审稻2019015	安徽省黄山市农业科学研究所	宜香4245	桂审稻2019169	四川省宜宾市农业科学院
C两优018	鄂审稻2019016	湖南洞庭高科种业股份有限公司等	徽两优华占	桂审稻2019170	中国水稻研究所等

（续表）

品种名称	审定编号	选育单位	品种名称	审定编号	选育单位
C两优66	鄂审稻2019017	湖南希望种业科技股份有限公司等	荃优0861	桂审稻2019171	江西先农种业有限公司等
韵两优5187	鄂审稻2019018	袁隆平农业高科技股份有限公司等	C两优华占	桂审稻2019172	湖南金色农华种业科技有限公司
巨风优650	鄂审稻2019019	湖北省农业科学院粮食作物研究所等	明两优829	桂审稻2019173	福建省三明市农业科学研究所
荃优412	鄂审稻2019020	湖北省种子集团有限公司等	隆两优836	桂审稻2019174	安徽隆平高科种业有限公司
襄优5327	鄂审稻2019021	湖北省襄阳市农业科学院等	两优688	桂审稻2019175	福建省南平市农业科学研究所等
兆优6377	鄂审稻2019022	湖北鄂科华泰种业股份有限公司等	隆两优899	桂审稻2019176	安徽隆平高科种业有限公司
7优370	鄂审稻2019023	中垦锦绣华农武汉科技有限公司；湖北大学	宜香优1108	桂审稻2019177	四川省宜宾市农业科学院
荃优967	鄂审稻2019024	中国种子集团有限公司等	两优234	桂审稻2019178	武汉大学
隆晶优4393	鄂审稻2019025	袁隆平农业高科技股份有限公司等	珞优9348	桂审稻2019179	武汉国英种业有限责任公司等
沪优549	鄂审稻2019026	上海市农业生物基因中心	蓉18优2348	桂审稻2019180	四川众智种业科技有限公司
荃优7810	鄂审稻2019027	湖南隆平高科种业科学研究院有限公司等	创两优4418	桂审稻2019181	江西天涯种业有限公司
红糯优1号	鄂审稻2019028	湖北中香农业科技股份有限公司等	农香优雅占	桂审稻2019182	江西天涯种业有限公司等
甬优1526	鄂审稻2019029	浙江省宁波市种子有限公司	圣优108	桂审稻2019183	福建省建阳春天种业有限公司
甬优6763	鄂审稻2019030	浙江省宁波市种子有限公司等	深两优841	桂审稻2019184	湖南隆平种业有限公司
甬优7053	鄂审稻2019031	浙江省宁波市种子有限公司	Y两优1928	桂审稻2019185	湖南天盛生物科技有限公司等
甬优6711	鄂审稻2019032	浙江省宁波市种子有限公司等	科两优105	桂审稻2019186	江西惠农种业有限公司
两优748	鄂审稻2019033	湖北省种子集团有限公司	深两优332	桂审稻2019187	深圳市兆农农业科技有限公司
Y两优911	鄂审稻2019034	湖南袁创超级稻技术有限公司	徽两优001	桂审稻2019188	安徽理想种业有限公司等

（续表）

品种名称	审定编号	选育单位	品种名称	审定编号	选育单位
吉优华占	鄂审稻2019035	广东省金稻种业有限公司等	五优3301	桂审稻2019189	广东省农业科学院水稻研究所等
福稻99	鄂审稻2019036	武汉隆福康农业发展有限公司等	Y两优1500	桂审稻2019190	定远双丰农业科学研究中心等
粤禾丝苗	鄂审稻2019037	广东省农业科学院水稻研究所	福两优366	桂审稻2019191	福建省农业科学院福州国家水稻改良分中心等
川种优639	鄂审稻2019038	湖北中种武陵种业有限公司等	晶两优华占	桂审稻2019192	袁隆平农业高科技股份有限公司等
恩两优66	鄂审稻2019039	湖北省恩施土家族苗族自治州农业科学院	隆两优黄莉占	桂审稻2019193	袁隆平农业高科技股份有限公司等
内10优702	鄂审稻2019040	福建省农业科学院水稻研究所等	深两优876	桂审稻2019194	江西洪崖种业有限责任公司
中百优65	鄂审稻2019041	湖北中种武陵种业有限公司等	隆两优3463	桂审稻2019195	袁隆平农业高科技股份有限公司等
长农优231	鄂审稻2019042	长江大学等	聚两优751	桂审稻2019196	广东省农业科学院水稻研究所
盛泰优018	鄂审稻2019043	湖南洞庭高科种业股份有限公司等	兆优5455	桂审稻2019197	深圳市兆农农业科技有限公司
恩1S	鄂审稻2019044	湖北省恩施土家族苗族自治州农业科学院	宜香优5979	桂审稻2019198	四川省宜宾市农业科学院
忠605S	鄂审稻2019045	湖北荃银高科种业有限公司	望两优华占	桂审稻2019199	湖南希望种业科技股份有限公司等
汉光56S	鄂审稻2019046	湖北省种子集团有限公司等	特优1218	桂审稻2019200	福建省建阳市嘉禾农作物研究所
鄂丰5S	鄂审稻2019047	湖北省种子集团有限公司	圣优2396	桂审稻2019201	福建省建阳市嘉禾农作物研究所
鄂丰7S	鄂审稻2019048	湖北省种子集团有限公司	圣丰2优651	桂审稻2019202	福建省南平市农业科学研究所
襄3S	鄂审稻2019049	襄阳市农业科学院	深两优813	桂审稻2019203	湖南泰邦农业科技股份有限公司等
襄313A	鄂审稻2019050	襄阳市农业科学院	旌1优华珍	桂审稻2019204	四川省农业科学院水稻高粱研究所
裕丰576A	鄂审稻2019051	湖北省种子集团有限公司	Y两优976	桂审稻2019205	武汉市文鼎农业生物技术有限公司等
CY优228	渝审稻20190001	重庆市丰都县亿金农业科学研究所	徽两优898	桂审稻2019206	安徽荃银高科种业股份有限公司等

（续表）

品种名称	审定编号	选育单位	品种名称	审定编号	选育单位
陵香1优211	渝审稻20190002	重庆市渝东南农业科学院	荃优华占	桂审稻2019207	安徽荃银高科种业股份有限公司等
川优5715	渝审稻20190003	四川省农业科学院水稻高粱研究所等	文优198	桂审稻2019208	云南省文山州农业科学院等
川优712	渝审稻20190004	四川省农业科学院水稻高粱研究所等	蜀优217	桂审稻2019209	四川农业大学水稻研究所
U8优528	渝审稻20190005	重庆本硕博农业发展有限公司等	赣优735	桂审稻2019210	江苏中江种业股份有限公司等
渝豪优609	渝审稻20190006	重庆帮豪种业股份有限公司	隆两优143	琼审稻2019001	湖南杂交水稻研究中心等
神农5优28	渝审稻20190007	重庆市农业科学院等	恒丰优5511	琼审稻2019002	广东粤良种业有限公司
西大5优16	渝审稻20190008	西南大学农学与生物科技学院	特优382	琼审稻2019003	广东现代耕耘种业有限公司
恒丰优粤禾丝苗	渝审稻20190009	四川台沃种业有限责任公司等	中浙优394	琼审稻2019004	福建金山都种业发展有限公司等
蜀优1279	渝审稻20190010	四川农业大学水稻研究所等	特优5511	琼审稻2019005	广东粤良种业有限公司
泰优98	渝审稻20190011	江西现代种业股份有限公司	中映优116	琼审稻2019006	广东现代耕耘种业有限公司
恒丰优珍丝苗	渝审稻20190012	广东粤良种业有限公司等	谷优3207	琼审稻2019007	福建省农业科学院水稻研究所等
和两优1086	渝审稻20190013	广西瀚林农业科技有限公司等	特优6788	琼审稻2019008	海南省澄迈金丰种业有限责任公司
神9优55	渝审稻20190014	重庆市农业科学院等	旗1优759	琼审稻2019009	福建农业科学院水稻研究所等
渝红稻5815	渝审稻20190015	重庆市农业科学院等	福两优366	琼审稻2019010	福建省农业科学院福州国家水稻改良分中心等
渝优965	渝审稻20190016	重庆市农业科学院等	两优866	琼审稻2019011	海南广陵高科实业有限公司等
川优6099	川审稻20190001	四川省农业科学院水稻高粱研究所等	东丰优208	琼审稻2019012	海南波莲水稻基因科技有限公司等
川优6139	川审稻20190002	四川省绵阳市农业科学研究院等	特优131	琼审稻2019013	符致波等

（续表）

品种名称	审定编号	选育单位	品种名称	审定编号	选育单位
			北方稻区		
中龙粳 100	黑审稻 20190001	中国科学院北方粳稻分子育种联合研究中心等	吉丰 618	吉审稻 20190017	吉林省公主岭市南崴子街道农业技术推广站
松粳 29	黑审稻 20190002	黑龙江省农业科学院五常水稻研究所	吉粳 518	吉审稻 20190018	吉林省农业科学院
松粳 838	黑审稻 20190003	黑龙江省农业科学院五常水稻研究所	通禾 869	吉审稻 20190019	吉林省通化市农业科学研究院等
龙稻 102	黑审稻 20190004	黑龙江省农业科学院耕作栽培研究所	东稻 144	吉审稻 20190020	中国科学院东北地理与农业生态研究所
鹏稻 2 号	黑审稻 20190005	黑龙江鹏程农业发展有限公司	新育 40	吉审稻 20190021	吉林省新田地农业开发有限公司
五研 1 号	黑审稻 20190006	黑龙江省五常市种子研发中心	吉粳 516	吉审稻 20190022	吉林省农业科学院
粳禾 1 号	黑审稻 20190007	黑龙江省五常市鲜享水稻种植农民专业合作社	吉大 817	吉审稻 20190023	吉林大学植物科学学院等
垦粳 1501	黑审稻 20190008	黑龙江八一农垦大学	东粳 78	吉审稻 20190024	吉林省通化市富民种子有限公司
龙稻 201	黑审稻 20190009	黑龙江省农业科学院耕作栽培研究所	通科 69	吉审稻 20190025	吉林省通化市农业科学研究院等
龙洋 13	黑审稻 20190010	黑龙江省五常市民乐水稻研究所	金沅 266	吉审稻 20190026	吉林省金沅种业有限责任公司
哈农育 1 号	黑审稻 20190011	哈尔滨市祥财农业科技发展有限公司	吉粳 811	吉审稻 20190027	吉林省农业科学院
齐粳 2 号	黑审稻 20190012	黑龙江省农业科学院齐齐哈尔分院	九稻 546	吉审稻 20190028	吉林省吉林市农业科学院
绥育 117463	黑审稻 20190013	黑龙江省农业科学院绥化分院	吉农大 959	吉审稻 20190029	吉林农业大学
绥生稻 1 号	黑审稻 20190014	黑龙江省绥化市瑞丰种业有限公司	庆林 811	吉审稻 20190030	吉林省吉林市丰优农业研究所
牡育稻 42	黑审稻 20190015	黑龙江省农业科学院牡丹江分院	吉粳 813	吉审稻 20190031	吉林省农业科学院
绥 129287	黑审稻 20190016	黑龙江省农业科学院绥化分院	宏科 328	吉审稻 20190032	吉林省辉南县宏科水稻科研中心
龙庆粳 6	黑审稻 20190017	黑龙江省庆安县北方绿洲稻作研究所	吉宏 21	吉审稻 20190033	吉林省吉林市宏业种子有限公司

品种名称	审定编号	选育单位	品种名称	审定编号	选育单位
龙粳 3767	黑审稻 20190018	黑龙江省农业科学院水稻研究所等	吉粳 812	吉审稻 20190034	吉林省农业科学院
绥稻 616	黑审稻 20190019	黑龙江省绥化市盛昌种子繁育有限责任公司	田友 17	吉审稻 20190035	黑龙江田友种业有限公司
龙盾 0913	黑审稻 20190020	黑龙江省莲江口种子有限公司	珍粳 168	吉审稻 20190036	吉林省珍实农业科技有限公司
绥 118146	黑审稻 20190021	黑龙江省农业科学院绥化分院	吉农大 701	吉审稻 20190037	吉林农业大学
北稻 8 号	黑审稻 20190022	黑龙江省北方稻作研究所	通系 937	吉审稻 20190038	吉林省通化市农业科学研究院
绥粳 302	黑审稻 20190023	黑龙江省农业科学院绥化分院	长粳 729	吉审稻 20190039	吉林省长春市农业科学院
莲汇 10	黑审稻 20190024	黑龙江省莲汇农业科技有限公司	通院 568	吉审稻 20190040	吉林省通化市农业科学研究院
龙粳 3047	黑审稻 20190025	黑龙江省农业科学院水稻研究所等	长粳 730	吉审稻 20190041	吉林省长春市农业科学院
龙粳 1491	黑审稻 20190026	黑龙江省农业科学院水稻研究所等	九稻 87	吉审稻 20190042	吉林省吉林市农业科学院
田友 518	黑审稻 20190027	黑龙江田友种业有限公司等	吉农大 703	吉审稻 20190043	吉林农业大学
莲汇 9	黑审稻 20190028	黑龙江省莲汇农业科技有限公司	吉粳 538	吉审稻 20190044	吉林省农业科学院
建航 1715	黑审稻 20190029	黑龙江省建三江农垦吉地原种业有限公司	吉洋 129	吉审稻 20190045	吉林省梅河口吉洋种业有限责任公司
珍宝香 1	黑审稻 20190030	黑龙江省虎林市绿都种子有限责任公司	吉作 109	吉审稻 20190046	吉林省梅河口吉洋种业有限责任公司
佳田 1	黑审稻 20190031	黑龙江省虎林市绿都种子有限责任公司	榆优 18	吉审稻 20190047	吉林省榆树市水稻研究所
龙庆稻 8 号	黑审稻 20190032	黑龙江省庆安县北方绿洲稻作研究所	春阳 689	吉审稻 20190048	吉林省梅河口市硕丰农业技术服务有限公司
龙粳 3100	黑审稻 20190033	黑龙江省农业科学院水稻研究所等	沈农稻 546	辽审稻 20190001	沈阳农业大学农学院

（续表）

品种名称	审定编号	选育单位	品种名称	审定编号	选育单位
龙粳 1424	黑审稻 20190034	黑龙江省农业科学院佳木斯水稻研究所等	铁粳 17	辽审稻 20190002	辽宁省铁岭市农业科学院
棱峰 3	黑审稻 20190035	黑龙江省绥棱县水稻综合试验站	沈稻 171	辽审稻 20190003	沈阳裕赓种业有限公司
绥稻 10	黑审稻 20190036	黑龙江省绥化市盛昌种子繁育有限责任公司	天源稻 816	辽审稻 20190004	沈阳市辽馨水稻研究所
龙粳 4298	黑审稻 20190037	黑龙江省农业科学院水稻研究所等	锦稻 313	辽审稻 20190005	辽宁省盘锦北方农业技术开发有限公司
龙粳 3033	黑审稻 20190038	黑龙江省农业科学院水稻研究所等	北粳 1604	辽审稻 20190006	沈阳农业大学水稻研究所
龙粳 4556	黑审稻 20190039	黑龙江省农业科学院水稻研究所等	铁粳 20	辽审稻 20190007	辽宁省铁岭市农业科学院
龙粳 3007	黑审稻 20190040	黑龙江省农业科学院水稻研究所等	美锋稻 225	辽审稻 20190008	辽宁东亚种业有限公司
龙稻 111	黑审稻 20190041	黑龙江省农业科学院耕作栽培研究所	辽粳 1402	辽审稻 20190009	辽宁省水稻研究所
龙粳 2401	黑审稻 20190042	黑龙江省农业科学院水稻研究所等	辽 99 优 15	辽审稻 20190010	辽宁省水稻研究所
龙交 13S6	黑审稻 20190043	黑龙江省农业科学院水稻研究所等	辽 99 优 30	辽审稻 20190011	辽宁省水稻研究所
龙粳 4344	黑审稻 20190044	黑龙江省农业科学院水稻研究所等	花粳 1812	辽审稻 20190012	辽宁省盐碱地利用研究所
黑粳 1518	黑审稻 20190045	黑龙江省农业科学院黑河分院	锦稻糯 325	辽审稻 20190013	辽宁省盘锦北方农业技术开发有限公司
利元 8 号	黑审稻 20190046	黑龙江省五常市利元种子有限公司	丹粳 16	辽审稻 20190014	辽宁省丹东农业科学院
哈粘稻 1 号	黑审稻 20190047	哈尔滨市农业科学院	辽粳 2501	辽审稻 20190015	辽宁省水稻研究所
新粘 2 号	黑审稻 20190048	黑龙江新峰农业发展集团桦川新峰种业有限公司	丹粳 14	辽审稻 20190016	辽宁省丹东农业科学院
吉源香 1 号	黑审稻 20190049	黑龙江省肇源县庄稼人生产资料连锁有限公司	稻源 8 号	辽审稻 20190017	辽宁省营口天域稻业有限公司
松粳 28	黑审稻 20190050	黑龙江省农业科学院五常水稻研究所	稻源香久	辽审稻 20190018	辽宁省营口天域稻业有限公司

（续表）

品种名称	审定编号	选育单位	品种名称	审定编号	选育单位
初香粳1号	黑审稻20190051	哈尔滨和冠农业科技开发有限公司	方粳923	辽审稻20190019	辽宁恒方农业科技有限公司
鸿源香1号	黑审稻20190052	黑龙江孙斌鸿源农业开发集团有限责任公司等	优香1号	蒙审稻2019001	黑龙江省齐齐哈尔市富拉尔基农艺农业科技有限公司
齐粳10	黑审稻20190053	黑龙江省农业科学院齐齐哈尔分院	中亚106	蒙审稻2019002	吉林省公主岭市中亚水稻种子繁育有限公司
龙盾513	黑审稻20190054	黑龙江省莲江口种子有限公司	天源619	蒙审稻2019003	吉林省天源种子研究所
龙稻1602	黑审稻20190055	黑龙江省农业科学院耕作栽培研究所	天源617	蒙审稻2019004	吉林省天源种子研究所
佳香2	黑审稻20190056	黑龙江省虎林市绿都种子有限责任公司	兴粳5号	蒙审稻2019005	内蒙古兴安盟农牧业科学研究所
龙粳1437	黑审稻20190057	黑龙江省农业科学院水稻研究所等	兴育131	蒙审稻2019006	内蒙古兴安盟兴安粳稻优品种科技研究所
通禾819	吉审稻20190001	吉林省通化市农业科学研究院等	乌兰1号	蒙审稻2019007	内蒙古扎赉特旗佰东农业科技有限公司等
宏科389	吉审稻20190002	吉林省辉南县宏科水稻科研中心	富育555	蒙审稻2019008	内蒙古兴安盟兴安粳稻优品种科技研究所
通科66	吉审稻20190003	吉林省通化市农业科学研究院等	金郁6号	蒙审稻2019009	黑龙江省中邦农业有限公司
九稻325	吉审稻20190004	吉林市农业科学院	鸿发6号	蒙审稻2019010	黑龙江省佳木斯市鸿发种业有限公司
旭粳9	吉审稻20190005	吉林东丰东旭农业有限公司	鸿发香粳1号	蒙审稻2019011	黑龙江省佳木斯市鸿发种业有限公司
庆林511	吉审稻20190006	吉林市丰优农业研究所	金穗15	冀审稻20190001	河北省农林科学院滨海农业研究所
东粳77	吉审稻20190007	吉林省通化市富民种子有限公司	滨糯1号	冀审稻20190002	河北省农林科学院滨海农业研究所等
吉农大667	吉审稻20190008	吉林农业大学等	中科发928	冀审稻20190003	中国科学院遗传与发育生物学研究所
通禾829	吉审稻20190009	吉林省通化市农业科学研究院等	垦香850	冀审稻20190004	河北省农林科学院滨海农业研究所等

（续表）

品种名称	审定编号	选育单位	品种名称	审定编号	选育单位
庆林 611	吉审稻 20190010	吉林市丰优农业研究所	津特 6	津审稻 20195001	天津天隆科技股份有限公司
吉粳 305	吉审稻 20190011	吉林省农业科学院	宁粳 58 号	宁审稻 20190001	宁夏农林科学院农作物研究所
通系 936	吉审稻 20190012	吉林省通化市农业科学研究院等	乘香优 2000	陕审稻 2019001	湖北惠民农业科技有限公司
通泽 861	吉审稻 20190013	吉林省辉南县鹤浪水稻研发有限公司	美香新占	陕审稻 2019002	深圳市金谷美香实业有限公司
通科 68	吉审稻 20190014	吉林省通化市农业科学研究院等	羌穗 100	陕审稻 2019003	陕西省汉中市金穗农业科技开发有限责任公司等
吉农大 128	吉审稻 20190015	吉林农业大学	泰两优 5187	陕审稻 2019004	四川泰隆汇智生物科技有限公司
庆林 711	吉审稻 20190016	吉林省吉林市丰优农业研究所	旺两优 900	陕审稻 2019005	湖南袁创超级稻技术有限公司
圣香糯 1 号	鲁审稻 20196011	山东省水稻研究所	圣稻 26	鲁审稻 20190001	山东省水稻研究所等
圣稻 27	鲁审稻 20190010	山东省水稻研究所等	新粮 310	豫审稻 20190009	河南大学等
甬优 4949	鲁审稻 20190009	宁波市种子有限公司等	豫农粳 12	豫审稻 20190008	河南农业大学
精华 3 号	鲁审稻 20190008	郯城县种苗研究所等	信粳 1 号	豫审稻 20190007	信阳市农业科学院
圣稻 28	鲁审稻 20190007	山东省水稻研究所等	广两优 19	豫审稻 20190006	信阳市农业科学院
济稻 4 号	鲁审稻 20190006	山东省农业科学院生物技术研究中心	金博优 3523	豫审稻 20190005	河南金博士种业股份有限公司等
垦稻 88	鲁审稻 20190005	郯城县种苗研究所等	C 两优 33	豫审稻 20190004	湖南金色农华种业科技有限公司
日稻 1 号	鲁审稻 20190004	山东天和种业有限公司	荃优 6 号	豫审稻 20190003	中国农业科学院作物科学研究所等
润农 303	鲁审稻 20190003	山东润农种业科技有限公司等	利两优 1 号	豫审稻 20190002	长沙利诚种业有限公司
大粮 306	鲁审稻 20190002	临沂市金秋大粮农业科技有限公司	旺两优 900	豫审稻 20190001	湖南袁创超级稻技术有限公司

附表 9　2019 年水稻新品种授权情况

品种权号	品种名称	品种权人	品种权号	品种名称	品种权人
			授权日：2019 - 01 - 01		
CNA20130585.4	G69S	合肥国丰农业科技有限公司	CNA20141679.8	通禾 859	通化市农业科学研究院
CNA20130624.74.9	德两优 1103	德农种业股份公司	CNA20141680.5	通禾 858	通化市农业科学研究院
CNA20130970.7	锦 303A	云南金瑞种业有限公司	CNA20141681.4	通禾 99	通化市农业科学研究院
CNA20131091.9	锦优 956	云南金瑞种业有限公司	CNA20141684.1	武运粳 32 号	江苏（武进）水稻研究所
CNA20131171.2	L62S	天津市天隆科技股份有限公司	CNA20141688.7	绵优 3523	绵阳市农业科学研究院
CNA20140318.7	桂禾丰	广西壮族自治区农业科学院水稻研究所	CNA20141692.1	吉粳 113	吉林省农业科学院
CNA20140340.9	百绿海籼 01	深圳市百绿生物科技有限公司	CNA20141714.5	和两优 143	四川泰隆农业科技有限公司
CNA20140383.7	龙粳 54	黑龙江省农业科学院佳木斯水稻研究所	CNA20141715.4	川香优 199	四川泰隆农业科技有限公司
CNA20140428.4	宛粳 096	南阳市农业科学院	CNA20141719.0	深两优 523	四川泰隆农业科技有限公司
CNA20140526.5	淮稻 14 号	江苏徐淮地区淮阴农业科学研究所	CNA20141727.0	T 优 199	四川泰隆农业科技有限公司
CNA20140527.4	淮香粳 15 号	江苏徐淮地区淮阴农业科学研究所	CNA20141728.9	深两优华航 31	四川泰隆农业科技有限公司
CNA20140574.6	垦粳 5 号	北大荒垦丰种业股份有限公司	CNA20141738.7	富粳 1 号	安徽省创富种业有限公司
CNA20140638.0	豪两优 996	安徽国豪农业科技有限公司	CNA20141744.9	DF24	合肥华韵生物技术研究所
CNA20140647.9	宁恢 9 号	江苏省农业科学院	CNA20141746.7	华韵粳 1 号	合肥华韵生物技术研究所
CNA20140956.4	RPE3S	安徽省农业科学院水稻研究所	CNA20141754.6	C 两优 248	湖南亚华种业科学研究院
CNA20140980.4	创恢 977	湖南袁创超级稻技术有限公司	CNA20141762.6	L1S	国家粳稻工程技术研究中心
CNA20140994.8	富合 2 号	黑龙江省农业科学院佳木斯分院	CNA20141763.5	隆 1A	天津市天隆科技股份有限公司

（续表）

品种权号	品种名称	品种权人	品种权号	品种名称	品种权人
CNA20141024.0	R886	湖南隆平种业有限公司	CNA20141766.2	天稻119	国家粳稻工程技术研究中心
CNA20141025.9	R1110	湖南隆平种业有限公司	CNA20141768.0	隆粳8号	国家粳稻工程技术研究中心
CNA20141033.9	创两优70122	袁隆平农业高科技股份有限公司	CNA20141771.5	瀍粳40号	天津天隆科技股份有限公司
CNA20141039.3	苏香粳100	江苏太湖地区农业科学研究所	CNA20141772.4	隆粳868号	天津天隆科技股份有限公司
CNA20141108.9	文稻11号	文山壮族苗族自治州农业科学院	CNA20150003.6	哈12563	黑龙江省农业科学院耕作栽培研究所
CNA20141207.9	隆香优3117	湖南隆平种业有限公司	CNA20150085.7	R475	湖南恒德种业科技有限公司
CNA20141216.8	隆香优7号	湖南隆平种业有限公司	CNA20150087.5	贺优328	湖南恒德种业科技有限公司
CNA20141260.3	XM307	宁夏钧凯种业有限公司	CNA20150113.3	绥粳21	黑龙江省农业科学院绥化分院
CNA20141354.0	农香32	湖南省水稻研究所	CNA20150114.2	绥粳20	黑龙江省农业科学院绥化分院
CNA20141379.1	旱稻906	安徽皖垦种业股份有限公司	CNA20150115.1	绥粳28	黑龙江省农业科学院绥化分院
CNA20141397.9	宁206S	江苏省农业科学院	CNA20150116.0	天稻320	天津天隆科技股份有限公司
CNA20141398.8	宁207S	江苏省农业科学院	CNA20150136.6	圣020	山东省水稻研究所
CNA20141399.7	Y两优832	江苏丘陵地区镇江农业科学研究所	CNA20150137.5	圣稻027	山东省水稻研究所
CNA20141400.4	镇籼优146	江苏丘陵地区镇江农业科学研究所	CNA20150138.4	圣香802	山东省水稻研究所
CNA20141401.3	镇恢82	江苏丘陵地区镇江农业科学研究所	CNA20150154.3	阳光800	郯城县种子公司
CNA20141452.1	甬优4949	宁波市种子有限公司	CNA20150165.0	新稻69	河南省新乡市农业科学院
CNA20141476.3	金粳818	天津市水稻研究所	CNA20150167.8	新科稻29	河南省新乡市农业科学院

（续表）

品种权号	品种名称	品种权人	品种权号	品种名称	品种权人
CNA20141478.1	金粳优 11 号	天津市水稻研究所	CNA20150209.8	莲育 06124	黑龙江省莲江口种子有限公司
CNA20141486.1	泸恢 22	四川省农业科学院水稻高粱研究所	CNA20150218.7	两优 766	安徽省农业科学院水稻研究所
CNA20141487.0	泸恢 828	四川省农业科学院水稻高粱研究所	CNA20150221.2	绥 129287	黑龙江省农业科学院绥化分院
CNA20141495.0	品两优 295	福建农林大学	CNA20150224.9	新两优 998	安徽省农业科学院水稻研究所
CNA20141503.0	创 9A	创世纪种业有限公司	CNA20150225.8	隆科 16 号	保山市隆阳区农业技术推广所
CNA20141504.9	创优 31	创世纪种业有限公司	CNA20150322.0	莲育 093252	黑龙江省莲江口种子有限公司
CNA20141505.8	创优 32	创世纪种业有限公司	CNA20151271.9	荃优粤农丝苗	北京金色农华种业科技股份有限公司
CNA20141506.7	创优 41	创世纪种业有限公司	CNA20161001.5	荃优 527	安徽荃银高科种业股份有限公司
CNA20141536.1	K70s	四川省绵阳市西山路 4 号（621000）	CNA20161443.1	C 两优 113	江苏瑞华农业科技有限公司
CNA20141537.0	K75s	四川省绵阳市西山路 4 号（621000）	CNA20162006.8	早籼 310	芜湖青弋江种业有限公司
CNA20141542.3	金粳优 132	天津市水稻研究所	CNA20162025.5	泰优 647	江苏红旗种业股份有限公司
CNA20141548.7	西科恢 768	西南科技大学	CNA20170113.1	绥粳 26	黑龙江省农业科学院绥化分院
CNA20141556.6	早籼 009	湖南杂交水稻研究中心	CNA20170114.0	绥粳 25	黑龙江省农业科学院绥化分院
CNA20141601.1	中佳早 20	中国水稻研究所	CNA20170118.6	绥粳 29	黑龙江省农业科学院绥化分院

品种权号	品种名称	品种权人	品种权号	品种名称	品种权人
CNA20141606.6	松峰 899	吉林市宏业种子有限公司	CNA20170313.9	绥 11151	黑龙江省农业科学院绥化分院
CNA20141618.2	中种 165	中国种子集团有限公司	CNA20170540.4	明糯 1332	江苏明天种业科技股份有限公司
CNA20141619.1	中种 446	中国种子集团有限公司	CNA20171429.8	宏科 181	高玉森
CNA20141620.8	中种 623	中国种子集团有限公司	CNA20171430.5	宏科 185	高玉森
CNA20141622.6	中种恢 181	中国种子集团有限公司	CNA20171678.6	隆两优 1353	袁隆平农业高科技股份有限公司
CNA20141623.5	中种恢 362	中国种子集团有限公司	CNA20171680.2	晶两优 1212	袁隆平农业高科技股份有限公司
CNA20141624.4	中种 1038A	中国种子集团有限公司	CNA20171688.4	隆晶优 1212	袁隆平农业高科技股份有限公司
CNA20141625.3	中种恢 9313	中国种子集团有限公司	CNA20171695.5	隆两优 1125	袁隆平农业高科技股份有限公司
CNA20141627.1	中种 1023S	中国种子集团有限公司	CNA20171718.8	宁籼优 42	江苏省农业科学院
CNA20141651.0	浙科 17S	浙江农科种业有限公司	CNA20171840.9	N 两优 1133	湖南金健种业科技有限公司
CNA20141654.7	浙科 82S	浙江农科种业有限公司	CNA20173010.9	广两优 867	湖南桃花源农业科技股份有限公司
CNA20141672.5	6 两优 8 号	江苏省农业科学院	CNA20173033.2	源两优 1562	湖南桃花源农业科技股份有限公司
CNA20141678.9	通禾 867	通化市农业科学研究院	CNA20173349.1	N 两优 1998	安徽新安种业有限公司
授权日：2019 - 03 - 01					
CNA20140155.3	E331	北京金色农华种业科技股份有限公司	CNA20151390.5	扬粳 113	江苏里下河地区农业科学研究所
CNA20140200.8	ZR300	北京金色农华种业科技股份有限公司	CNA20151401.2	得月 729A	四川得月科技种业有限公司

（续表）

品种权号	品种名称	品种权人	品种权号	品种名称	品种权人
CNA20140447.1	绿旱 1S	安徽省农业科学院水稻研究所	CNA20151404.9	焦香粳 082	焦作市农林科学研究院
CNA20141201.5	广 4 两优 674	湖南隆平种业有限公司	CNA20151405.8	焦粳 11 号	焦作市农林科学研究院
CNA20141527.2	龙洋 13	黑龙江省五常市民乐水稻研究所	CNA20151407.6	信粳 18	信阳市农业科学院
CNA20141691.2	吉粳 513	吉林省农业科学院	CNA20151448.7	PL69S	江苏焦点农业科技有限公司
CNA20141753.7	隆两优 1212	袁隆平农业高科技股份有限公司	CNA20151477.1	龙垦 201	北大荒垦丰种业股份有限公司
CNA20141761.7	隆粳 90	国家粳稻工程技术研究中心	CNA20151519.1	R6767	北京未名凯拓作物设计中心有限公司
CNA20150118.8	隆粳 1 号	天津天隆科技股份有限公司	CNA20151529.9	三江 6 号	北大荒垦丰种业股份有限公司
CNA20150419.4	南粳 3908	江苏省农业科学院	CNA20151551.0	WP786	北京未名凯拓作物设计中心有限公司
CNA20150420.1	南粳 505	江苏省农业科学院	CNA20151564.5	龙粳 1407	黑龙江省农业科学院佳木斯水稻研究所
CNA20150424.7	宁籼 2A	江苏省农业科学院	CNA20151566.3	龙粳 1427	黑龙江省农业科学院佳木斯水稻研究所
CNA20150425.6	南粳 3818	江苏省农业科学院	CNA20151567.2	龙粳 1429	黑龙江省农业科学院佳木斯水稻研究所
CNA20150430.9	南粳 3844	江苏省农业科学院	CNA20151568.1	龙粳 1431	黑龙江省农业科学院佳木斯水稻研究所
CNA20150491.5	新优丝苗	安徽荃银种业科技有限公司	CNA20151569.0	龙粳 1432	黑龙江省农业科学院佳木斯水稻研究所
CNA20150543.3	连粳 12 号	连云港市农业科学院	CNA20151570.7	龙粳 1491	黑龙江省农业科学院佳木斯水稻研究所
CNA20150579.0	袖珍稻 1 号	河南师范大学	CNA20151573.4	信香粳 1 号	信阳市农业科学院

（续表）

品种权号	品种名称	品种权人	品种权号	品种名称	品种权人
CNA20150634.3	壹粳	庆安县满禾堂食品经销有限公司	CNA20151574.3	信粳 1787	信阳市农业科学院
CNA20150649.6	13H358	中国种子集团有限公司	CNA20151584.1	恒祥糯 9 号	怀远县恒祥农业研究所
CNA20150705.0	龙庆稻 4 号	庆安县北方绿训稻作研究所	CNA20151717.1	盐 161S	江苏沿海地区农业科学研究所
CNA20150796.7	连糯 2 号	江苏省大华种业集团有限公司	CNA20151736.8	绿占 1 号	安徽绿亿种业有限公司
CNA20150808.3	沪旱 123 号	上海市农业生物基因中心	CNA20151737.7	绿占 2 号	安徽绿亿种业有限公司
CNA20150863.5	连稻 99	江苏年年丰农业科技有限公司	CNA20151738.6	玉稻 5188	河南师范大学
CNA20150870.6	郑稻 20	河南省农业科学院	CNA20151778.7	深两优 143	湖南金健种业科技有限公司
CNA20150871.5	郑稻 21	河南省农业科学院	CNA20151779.6	深两优 1033	湖南金健种业科技有限公司
CNA20150919.9	垦稻 28	北大荒垦丰种业股份有限公司	CNA20151783.0	两优 336	湖南金健种业科技有限公司
CNA20150920.6	垦稻 29	北大荒垦丰种业股份有限公司	CNA20151919.7	M280	江西金信种业有限公司
CNA20150986.7	春江 98A	中国水稻研究所	CNA20160999.1	荃两优丝苗	安徽荃银高科种业股份有限公司
CNA20150987.6	春优 927	中国水稻研究所	CNA20162337.8	Y 两优 9826	信阳市农业科学院
CNA20150988.5	春江 99A	中国水稻研究所	CNA20170006.1	甬优 7850	宁波市种子有限公司
CNA20151001.6	绥育 108002	黑龙江省农业科学院绥化分院	CNA20170155.0	Y 两优 957	湖南袁创超级稻技术有限公司
CNA20151005.2	粳 RP02	安徽绿亿种业有限公司	CNA20170919.7	和两优 713	广西恒茂农业科技有限公司
CNA20151006.1	粳 R507	安徽绿亿种业有限公司	CNA20171237.0	龙粳 69	黑龙江省农业科学院佳木斯水稻研究所
CNA20151137.3	武育粳 33 号	江苏（武进）水稻研究所	CNA20171238.9	龙粳 66	黑龙江省农业科学院佳木斯水稻研究所

（续表）

品种权号	品种名称	品种权人	品种权号	品种名称	品种权人
CNA20151272.8	广 8 优华占	北京金色农华种业科技股份有限公司	CNA20171691.9	锦两优华占	袁隆平农业高科技股份有限公司
CNA20151278.2	垦稻 139	河北省农林科学院滨海农业研究所	CNA20173697.9	黑粳 9 号	黑龙江省农业科学院黑河分院
CNA20151281.7	香糯 5	河北省农林科学院滨海农业研究所	CNA20173737.1	天两优 3000	湖南奥谱隆科技股份有限公司
CNA20151313.9	粮 98S	湖南粮安科技股份有限公司	CNA20180628.8	龙粳 67	黑龙江省农业科学院佳木斯水稻研究所
CNA20151353.0	湘恢 59	长沙奥林生物科技有限公司	CNA20180664.3	豪运粳 2278	安徽国豪农业科技有限公司
CNA20151356.7	湘恢 49	长沙奥林生物科技有限公司	CNA20180768.8	科优 139	江苏红旗种业股份有限公司
CNA20151368.3	浙优 13	浙江省农业科学院作物与核技术利用研究所			

授权日：2019 - 07 - 01

品种权号	品种名称	品种权人	品种权号	品种名称	品种权人
CNA20141722.5	深两优 973	四川泰隆农业科技有限公司	CNA20181318.1	甬籼 409	宁波市农业科学研究院
CNA20151638.7	R17	安徽袁粮水稻产业有限公司	CNA20181924.7	常农粳 10 号	常熟市农业科学研究所
CNA20160625.3	N 两优华占	天津天隆科技股份有限公司	CNA20182085.0	圳两优 758	长沙利诚种业有限公司
CNA20160862.5	皖垦粳 11036	安徽皖垦种业股份有限公司	CNA20182515.0	蓉 7 优 523	四川国豪种业股份有限公司
CNA20161583.1	苏秀 298	江苏苏乐种业科技有限公司	CNA20182567.7	常农粳 11 号	常熟市农业科学研究所
CNA20170449.6	金粳 698	天津市水稻研究所	CNA20182973.5	川谷优 2041	四川农大高科种业有限公司
CNA20171720.4	南粳 5837	江苏省农业科学院	CNA20182974.4	Y 两优 8517	四川农大高科种业有限公司
CNA20171721.3	南粳 5718	江苏省农业科学院	CNA20182975.3	冈 8 优 517	四川农大高科种业有限公司
CNA20171972.9	侬粳 8 号	安徽侬多丰农业科技有限公司	CNA20182980.6	C 两优 300	北京金色农华种业科技股份有限公司

（续表）

品种权号	品种名称	品种权人	品种权号	品种名称	品种权人
CNA20180857.0	川608A	四川省农业科学院作物研究所	CNA20182997.7	荟丰优3518	科荟种业股份有限公司

<table>
<tr><td colspan="6" align="center">授权日：2019-09-01</td></tr>
</table>

品种权号	品种名称	品种权人	品种权号	品种名称	品种权人
CNA20140864.5	JD77	江苏焦点农业科技有限公司	CNA20160235.6	镇籼9A	江苏丘陵地区镇江农业科学研究所
CNA20141071.2	R1392	安徽省农业科学院水稻研究所	CNA20160237.3	镇糯20号	江苏丰源种业有限公司
CNA20141072.1	W226S	安徽省农业科学院水稻研究所	CNA20160257.8	德恢666	安徽省农业科学院水稻研究所
CNA20141073.0	W869S	安徽省农业科学院水稻研究所	CNA20160290.7	盐恢065	盐城市盐都区农业科学研究所
CNA20141074.9	新二PS	安徽省农业科学院水稻研究所	CNA20160291.6	盐粳15号	盐城市盐都区农业科学研究所
CNA20141686.9	绿恢3号	江西汇丰源种业有限公司	CNA20160349.8	F133S	合肥丰乐种业股份有限公司
CNA20141764.4	RX01	国家粳稻工程技术研究中心	CNA20160406.8	袁策8号	青岛袁策生物科技有限公司
CNA20141767.1	隆粳4号	国家粳稻工程技术研究中心	CNA20160407.7	袁策10号	青岛袁策生物科技有限公司
CNA20150005.4	济稻2号	山东省农业科学院生物技术研究中心	CNA20160416.6	津育粳18	天津市农作物研究所
CNA20150031.2	W052S	合肥信达高科农业科学研究所	CNA20160430.8	精华208	郯城县精华种业有限公司
CNA20150117.9	隆粳401	天津天隆科技股份有限公司	CNA20160438.0	创粳1号	安徽金培因科技有限公司
CNA20150321.1	莲汇3号	黑龙江省莲江口种子有限公司	CNA20160447.9	哈121103	黑龙江省农业科学院耕作栽培研究所
CNA20150401.4	蜀鑫11S	合肥市友鑫生物技术研究中心	CNA20160471.8	福恢6028	福建省农业科学院水稻研究所
CNA20150445.2	泗稻15号	江苏省农业科学院宿迁农科所	CNA20160484.3	绥稻6号	绥化市盛昌种子繁育有限责任公司

（续表）

品种权号	品种名称	品种权人	品种权号	品种名称	品种权人
CNA20150469.3	龙科 08411	佳木斯龙粳种业有限公司	CNA20160512.9	金廊粳 2 号	上海市农业生物基因中心
CNA20150594.1	中种 Z0004	中国种子集团有限公司	CNA20160521.8	垦稻 33	北大荒垦丰种业股份有限公司
CNA20150595.0	中种 Z0005	中国种子集团有限公司	CNA20160524.5	龙垦 202	北大荒垦丰种业股份有限公司
CNA20150600.3	中种 Z0025	中国种子集团有限公司	CNA20160525.4	龙垦 203	北大荒垦丰种业股份有限公司
CNA20150601.2	中种 Z0026	中国种子集团有限公司	CNA20160526.3	梧选 007	北大荒垦丰种业股份有限公司
CNA20151002.5	绥粳 22	黑龙江省农业科学院绥化分院	CNA20160527.2	梧选 197	北大荒垦丰种业股份有限公司
CNA20151187.2	莲汇 2 号	黑龙江省莲江口种子有限公司	CNA20160529.0	垦稻 30	北大荒垦丰种业股份有限公司
CNA20151231.8	龙稻 25	黑龙江省农业科学院耕作栽培研究所	CNA20160530.7	垦稻 31	北大荒垦丰种业股份有限公司
CNA20151232.7	龙稻 24	黑龙江省农业科学院耕作栽培研究所	CNA20160531.6	垦稻 32	北大荒垦丰种业股份有限公司
CNA20151233.6	天稻 26	天津天隆科技股份有限公司	CNA20160532.5	垦稻 42	北大荒垦丰种业股份有限公司
CNA20151262.0	育桑 1 号	黑龙江省育桑农业有限公司	CNA20160552.0	富 1S	安徽丰大种业股份有限公司
CNA20151346.0	育桑 2 号	黑龙江省育桑农业有限公司	CNA20160556.6	天勤 3025	合肥市永乐水稻研究所
CNA20151355.8	R1095	长沙奥林生物科技有限公司	CNA20160557.5	永丰 8 号	合肥市永乐水稻研究所
CNA20151359.4	R9355	长沙奥林生物科技有限公司	CNA20160574.4	垦粳 6 号	北大荒垦丰种业股份有限公司
CNA20151369.2	浙恢 H813	浙江省农业科学院作物与核技术利用研究所	CNA20160631.5	Y 两优 59	江苏徐农种业科技有限公司

品种权号	品种名称	品种权人	品种权号	品种名称	品种权人
CNA20151476.2	三江 16	北大荒垦丰种业股份有限公司	CNA20160665.4	巨基 0113	黑龙江省巨基农业科技开发有限公司
CNA20151555.6	慧 007S	湖南省水稻研究所	CNA20160705.6	牡粘 5 号	黑龙江省农业科学院牡丹江分院
CNA20151560.9	龙粳 1501	黑龙江省农业科学院佳木斯水稻研究所	CNA20160706.5	牡育稻 39	黑龙江省农业科学院牡丹江分院
CNA20151561.8	龙粳 62	黑龙江省农业科学院佳木斯水稻研究所	CNA20160708.3	牡育稻 56	黑龙江省农业科学院牡丹江分院
CNA20151563.6	龙交 13S6	黑龙江省农业科学院佳木斯水稻研究所	CNA20160872.3	金 0831	金华市农业科学研究院
CNA20151583.2	肥粳 2020	安徽未来种业有限公司	CNA20160905.4	龙粳 59	黑龙江省农业科学院佳木斯水稻研究所
CNA20151596.7	R755	衡阳市农业科学研究所	CNA20160961.5	垦稻 41	北大荒垦丰种业股份有限公司
CNA20151624.3	ZXN1	江苏省农业科学院	CNA20160963.3	垦稻 50	北大荒垦丰种业股份有限公司
CNA20151666.2	莲育 1496	黑龙江省莲江口种子有限公司	CNA20160964.2	垦稻 121241	北大荒垦丰种业股份有限公司
CNA20151667.1	莲汇 631	黑龙江省莲江口种子有限公司	CNA20161029.3	垦稻 34	北大荒垦丰种业股份有限公司
CNA20151677.9	旱恢 151	上海天谷生物科技股份有限公司	CNA20161161.1	农香 39	湖南省水稻研究所
CNA20151678.8	申旱 1S	上海天谷生物科技股份有限公司	CNA20161214.8	华丰 59A	江西现代种业股份有限公司
CNA20151724.2	KDWB2	江苏省农业科学院	CNA20161242.4	望恢 018	湖南希望种业科技股份有限公司
CNA20151735.9	LR130	安徽省农业科学院水稻研究所	CNA20161248.8	望恢 209	湖南希望种业科技股份有限公司

（续表）

品种权号	品种名称	品种权人	品种权号	品种名称	品种权人
CNA20151764.3	全两优一号	湖北荃银高科种业有限公司	CNA20161255.8	035S	湖南希望种业科技股份有限公司
CNA20151800.9	珍宝2号	虎林市绿都种子有限责任公司	CNA20161257.6	B621S	湖南希望种业科技股份有限公司
CNA20151811.6	Li55S	中国种子集团有限公司	CNA20161310.1	金泰A	福建农林大学
CNA20151825.0	中早48	中国水稻研究所	CNA20161368.2	白金1205	广西白金种子股份有限公司
CNA20151836.7	中粳恢36	中国种子集团有限公司	CNA20161371.7	天源903S	武汉武大天源生物科技股份有限公司
CNA20151838.5	中粳恢183	中国种子集团有限公司	CNA20161392.2	雪麋香1号	江苏焦点农业科技有限公司
CNA20151841.0	中种956	中国种子集团有限公司	CNA20161435.1	舜耕01S	安徽舜耕农业有限公司
CNA20151846.5	广富S	广东省农业科学院水稻研究所	CNA20161444.0	红壳籼宝	湖南省水稻研究所
CNA20151882.0	宁两优7号	江苏省农业科学院	CNA20161485.0	N714S	宇顺高科种业股份有限公司
CNA20151890.0	信2121Awx	信阳市农业科学院	CNA20161540.3	源95S	武汉武大天源生物科技股份有限公司
CNA20151915.1	Z9028	合肥信达高科农业科学研究所	CNA20161758.0	Z69S	安徽省农业科学院水稻研究所
CNA20151916.0	HFR16	合肥信达高科农业科学研究所	CNA20161759.9	徽旱S	安徽省农业科学院水稻研究所
CNA20151917.9	F168S	安徽赛诺种业有限公司	CNA20161760.6	徽两优985	安徽省农业科学院水稻研究所
CNA20151918.8	绍籼122	绍兴市农业科学研究院	CNA20161761.5	永丰1239	合肥市永乐水稻研究所
CNA20151925.9	吉优粤农丝苗	北京金色农华种业科技股份有限公司	CNA20161767.9	荆占1号	湖北荆楚种业有限公司
CNA20151926.8	荣优粤农丝苗	北京金色农华种业科技股份有限公司	CNA20161935.6	两优华363	安徽省农业科学院水稻研究所

（续表）

品种权号	品种名称	品种权人	品种权号	品种名称	品种权人
CNA20151928.6	安优粤农丝苗	北京金色农华种业科技股份有限公司	CNA20161988.2	化感稻 6173	芜湖市星火农业实用技术研究所
CNA20151929.5	早优粤农丝苗	北京金色农华种业科技股份有限公司	CNA20161990.8	徽两优 280	江西金信种业有限公司
CNA20151960.5	全 2S	湖北荃银高科种业有限公司	CNA20162032.6	菌稻 6	河南师范大学
CNA20151962.3	松粳 22	黑龙江省农业科学院五常水稻研究所	CNA20162265.4	中种芯 3S	中国种子集团有限公司
CNA20151988.3	隆粳 13 号	国家粳稻工程技术研究中心	CNA20162312.7	春 6S	中国农业科学院深圳农业基因组研究所
CNA20151989.2	隆粳 1058	国家粳稻工程技术研究中心	CNA20162346.7	R802	湖南省水稻研究所
CNA20151990.9	隆粳香 9765	国家粳稻工程技术研究中心	CNA20170115.9	绥育 117463	黑龙江省农业科学院绥化分院
CNA20152008.7	甬优 1109	宁波市种子有限公司	CNA20170117.7	绥 118146	黑龙江省农业科学院绥化分院
CNA20152029.2	深两优 3117	湖南隆平种业有限公司	CNA20170335.3	齐粳 2 号	黑龙江省农业科学院齐齐哈尔分院
CNA20152036.3	广两优 998	安徽金培因科技有限公司	CNA20170384.3	中种 R1607	中国种子集团有限公司
CNA20152038.1	天粳 3 号	天禾农业科技集团股份有限公司	CNA20170614.5	Y 两优 911	湖南袁创超级稻技术有限公司
CNA20152044.3	L66S	鲁春香	CNA20170615.4	旺两优 900	湖南袁创超级稻技术有限公司
CNA20160003.5	荃优 727	安徽荃银高科种业股份有限公司	CNA20170898.2	粳香 0908	安徽凯利种业有限公司
CNA20160010.6	盐恢 1393	江苏沿海地区农业科学研究所	CNA20170957.0	龙粳 1525	黑龙江省农业科学院佳木斯水稻研究所
CNA20160016.0	交恢 1 号	上海旗冰种业科技有限公司	CNA20171536.8	龙粳 4298	黑龙江省农业科学院佳木斯水稻研究所

（续表）

品种权号	品种名称	品种权人	品种权号	品种名称	品种权人
CNA20160017.9	长农粳 1 号	长江大学	CNA20171537.7	龙粳 4556	黑龙江省农业科学院佳木斯水稻研究所
CNA20160020.4	天稻 13	国家粳稻工程技术研究中心	CNA20171538.6	龙粳 4344	黑龙江省农业科学院佳木斯水稻研究所
CNA20160032.0	津原 89	天津市原种场	CNA20172605.2	赣优 735	江苏中江种业股份有限公司
CNA20160046.4	明珠 16S	蚌埠海上明珠农业科技发展有限公司	CNA20172606.1	荃 9 优 063	江苏中江种业股份有限公司
CNA20160047.3	LR16	安徽绿雨种业股份有限公司	CNA20172850.4	连粳 15 号	连云港市农业科学院
CNA20160048.2	绿粳 58	安徽绿雨种业股份有限公司	CNA20172930.8	龙盾 513	黑龙江省莲江口种子有限公司
CNA20160077.6	润香 1 号	浙江省农业科学院	CNA20173223.2	春 199S	中国农业科学院作物科学研究所
CNA20160082.9	北粳 2 号	沈阳农业大学	CNA20173623.8	旺两优 107	湖南袁创超级稻技术有限公司
CNA20160090.9	淮稻 18 号	江苏徐淮地区淮阴农业科学研究所	CNA20180073.8	华恢 8129	湖南亚华种业科学研究院
CNA20160101.6	哈 135017	黑龙江省农业科学院耕作栽培研究所	CNA20180267.4	虾乡稻 1 号	湖北省农业科学院粮食作物研究所
CNA20160102.5	华粳 8 号	江苏省大华种业集团有限公司	CNA20180389.7	扬粳 3491	江苏里下河地区农业科学研究所
CNA20160121.2	E56s	广西大学	CNA20180391.3	扬粳 3012	江苏里下河地区农业科学研究所
CNA20160142.7	R2688	安徽省农业科学院水稻研究所	CNA20180627.9	龙粳 2401	黑龙江省农业科学院佳木斯水稻研究所
CNA012984G	金恢 6 号	福建农林大学	CNA20180673.2	新稻 89	河南省新乡市农业科学院
CNA20160165.9	金恢 7 号	福建农林大学	CNA20180822.2	嘉禾 212A	浙江省嘉兴市农业科学研究院（所）

（续表）

品种权号	品种名称	品种权人	品种权号	品种名称	品种权人
CNA20160167.7	金恢 11 号	福建农林大学	CNA20180823.1	中禾优 1 号	中国科学院遗传与发育生物学研究所
CNA20160169.5	金恢 44 号	福建农林大学	CNA20180957.9	莲育 1013	黑龙江省莲江口种子有限公司
CNA20160170.2	金恢 55 号	福建农林大学	CNA20181546.5	中广两优 1226	中国种子集团有限公司
CNA20160171.1	金恢 99 号	福建农林大学	CNA20181547.4	中广两优 2115	中国种子集团有限公司
CNA20160172.0	金恢 100 号	福建农林大学	CNA20181548.3	中广两优 2877	中国种子集团有限公司
CNA20160176.6	南粳 4850	江苏省农业科学院	CNA20181568.8	R2821	湖南农业大学
CNA20160177.5	南粳 4924	江苏省农业科学院	CNA20182568.6	常农粳 12 号	常熟市农业科学研究所
CNA20160178.4	南粳 5757	江苏省农业科学院	CNA20182901.2	扬两优 309	江苏里下河地区农业科学研究所
CNA20160179.3	南粳 5920	江苏省农业科学院	CNA20182902.1	扬两优 228	江苏里下河地区农业科学研究所
CNA20160217.7	冈优 952	西南大学	CNA20183152.6	全两优鄂丰丝苗	湖北荃银高科种业有限公司
CNA20160219.5	青香软粳	上海市青浦区农业技术推广服务中心	CNA20183414.0	福粳 1606	江苏神农大丰种业科技有限公司
CNA20160234.6	镇籼 2A	江苏丘陵地区镇江农业科学研究所	CNA20183604.0	魅两优黄占	湖北华之夏种子有限责任公司

注：来源于农业农村部科技发展中心《品种权授权公告》（2019 年）。